电工技术基础

主　编：吴丽丽

副主编：周爱美　俞丙威　王宇霄

参　编：赵国炳　马博经

　　　　王　飞　胡万里

机 械 工 业 出 版 社

本书共有 10 个项目，包括电路的建构和基础分析、电路的等效变换、电路的基本分析方法及定理、动态电路的暂态分析与测试、正弦交流电路的分析与测量、交流电路的频率特性、三相交流电路的分析与测量、含有耦合电感的电路、三相异步电动机、继电-接触器控制电路安装与调试。每个项目包含项目描述、学习目标、思政元素和思维导图，根据认知能力对每个项目进行任务细分，每个任务又有任务导入、任务要求、知识链接，在具备相应知识储备后进行任务实施（实践），最后以项目小结和思考与练习来巩固学习。本书配套资源丰富（配套资源与本书内容完全一致，每个知识点配有二维码讲课视频、电子课件、教学大纲、授课计划、电子教案、优秀教学设计案例、习题参考答案、多套试题及标准答案的试题库、完整齐全的实验指导书、实验操作视频等），具有超高的附加值，方便教学选用。书中还设有"点拨""经验传承""头脑风暴"等小模块，选用大量的工程应用实例作为例题，使本书的可读性、实用性大大增强。

本书可作为应用本科、职业本科、高职高专电类及非电类专业的教学用书，也可作为相关专业工程技术人员的参考用书。

图书在版编目（CIP）数据

电工技术基础/ 吴丽丽主编. —北京：机械工业出版社，2024.5
ISBN 978-7-111-75427-5

Ⅰ．①电… Ⅱ．①吴… Ⅲ．①电工技术 Ⅳ．①TM

中国国家版本馆 CIP 数据核字（2024）第 059056 号

机械工业出版社（北京市百万庄大街 22 号　邮政编码 100037）
策划编辑：任　鑫　　　　　　责任编辑：任　鑫　闫洪庆
责任校对：龚思文　刘雅娜　　封面设计：马若濛
责任印制：单爱军
北京虎彩文化传播有限公司印刷
2024 年 6 月第 1 版第 1 次印刷
184mm×260mm · 20 印张 · 535 千字
标准书号：ISBN 978-7-111-75427-5
定价：69.00 元

电话服务　　　　　　　　　　网络服务
客服电话：010-88361066　　机 工 官 网：www.cmpbook.com
　　　　　010-88379833　　机 工 官 博：weibo.com/cmp1952
　　　　　010-68326294　　金 书 网：www.golden-book.com
封底无防伪标均为盗版　　　　机工教育服务网：www.cmpedu.com

前 言

本书以习近平新时代中国特色社会主义思想为指导，坚持立德树人为根本任务，结合行业产业科技创新，以知识性和价值观塑造相统一为原则，凝练育人目标，并且充分结合电类岗位职业能力、"1+X"相关证书、中高级维修电工、技能竞赛等确定具体内容。从情感态度、精神谱系、核心素养等角度入手，将价值观显性化表达。

全书从基础理论和工程应用两个层次进行内容的组织，由 10 个项目组成。全书以职业胜任能力为本，凸显职业特点，每个项目开篇是项目描述，以成果为导向，来确立三大目标。为了达成目标，结合读者认知所需进行任务分解，每个任务又有任务导入、任务要求、知识链接等，由所需要的理论和实践知识构成，通过"点拨""经验传承""头脑风暴"等小模块和大量的工程实例来强化本书的可读性与实用性，先有知识的储备再进行任务的实施。任务达成后有对每个项目的总结提炼，巩固和强化所学知识和技能，最后以思考与练习作为学习拓展。

这样的编排使读者不仅能够接受新知识和新技术的能力，而且具有满足不同工作岗位需求的胜任力，增强适应真实工作任务的能力，使学生获得全面综合发展。为了多方位、多渠道展现图书的新形态，本书用简洁、生动的微课视频讲解抽象的理论知识，用虚拟现实技术展示高危险性的工作任务，以充分发挥现代技术的教学优势。本书配套资源丰富（配套资源与本书内容完全一致，每个知识点配有二维码讲课视频、电子课件、教学大纲、授课计划、电子教案、优秀教学设计案例、习题参考答案、多套试题及标准答案的试题库、完整齐全的实验指导书、实验操作视频等），为读者进行线上、线下同步学习提供方便。

本书项目二、项目七、项目十分别由王宇霄、俞丙威、周爱美负责编写，其余项目的编写和全书统稿、审核均由吴丽丽负责。赵国炳、马博经、王飞、胡万里作为课程教学团队，为本书的编写提供了很多素材，也录制了相关的视频。

本书在编写过程中得到多家企业和编者所在学校的大力支持。沈兵虎教授、黄庆华教授全面审阅了书稿，提出了许多宝贵的建议；编者校内电工授课团队对本书提出了积极的反馈意见；在本书的编写过程中，编者吸取了参考文献各位专家、学者的许多经验，在此一并向他们表示衷心的感谢。对本书给予热情帮助和支持的所有人，特别是机械工业出版社编辑的通力合作、大力帮助，在此致以诚挚的谢意。

限于编者的水平，本书难免有不妥之处，恳切希望广大读者批评指正。

编 者

2024 年 1 月

目　录

项目一　电路的建构和基础分析

项目描述

在现代科学技术的应用中，电工电子设备种类日益繁多，规模和结构也是日新月异，这些设备绝大多数都是由各种不同的电路所组成的。虽然电路的结构各异，但是它们与最基本的电路之间仍然存在许多基本的共性，遵循着相同的规律。本项目的任务是，对电气设备进行电路模型的建构，并掌握电路分析的基本规律。

学习目标

● 知识目标

❖ 熟悉电路模型和理想电路元件的概念。

❖ 理解电流、电压、电位、电动势、功率、电能的概念，能区分各量在描述问题时的区别及具体分析、计算。

❖ 熟悉电阻器、电容器、电感器、电压源、电流源、受控源等理想元件及性能特点。

❖ 理解并掌握参考方向在电路分析中的应用。

❖ 掌握基尔霍夫定律的内容，并能灵活运用定律解决电路分析中的问题。

● 能力目标

❖ 能对各设备进行电路模型的建构，并计算电路中的基本物理量。

❖ 会运用基尔霍夫定律分析电路。

❖ 能熟练使用万用表、电工仪器仪表来分析、探究、验证电路。

● 素质目标

❖ 培养学生细致、严谨、求真务实的学习态度和习惯。

❖ 培养学生团队协作、创新精神和具备一定的电工职业素养。

思 政 元 素

　　在学习本课程之前，建议读者查阅电不是发明而是被发现的相关资料，体会人类伟大的智慧源于不断的创新意识和创造力；在学习欧姆定律、基尔霍夫定律内容前，可以查阅欧姆、基尔霍夫等科学家的典型事迹和他们的励志故事，在学习这些知识内容时深刻感悟科学家如何以积极的态度对待人生以及他们的人格力量；在学习各物理量和电压、电流参考方向等内容时可以以个人自由和社会约束的辩证关系为类比，树立严谨细致的治学态度，不断提高自我要求，有意识地培养和锻炼自律能力；在学习电阻器、电容器、电感器、电源等电路元件时，可以查阅它们的应用实例以及科技前沿研究，深刻体会学好电工技术对国家、社会的重要作用，实现科技报国的家国情怀。

　　任务实施环节采用小组模式，从个人和集体关系的角度实现小我和大我的完美统一，培养自己的集体主义和团队协作精神。通过任务实施，养成认真、严谨、细致、一丝不苟的工作作风和良好的职业素养。

思 维 导 图

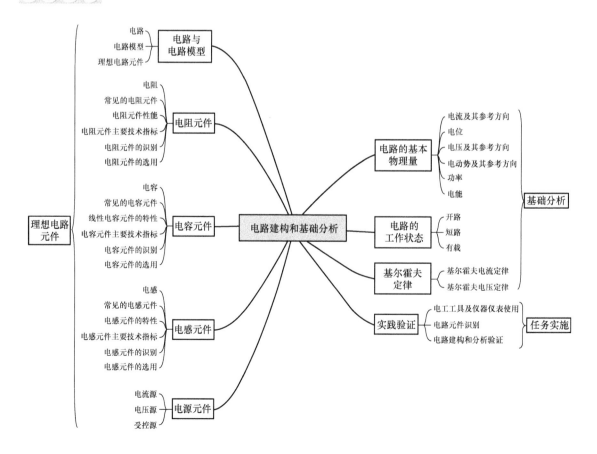

扫一扫看视频

任务 1　电路建构

任务 1.1　电路与电路模型

◆ **任务导入**

在现代电气化、信息化的社会里，电得到了广泛的应用，在收音机、电视机、音响设备、计算机、手机、通信系统和电力网络中都可以看到各种各样的电路，该如何表示它们呢？它们之间是否有共性？

◆ **任务要求**

熟悉电路模型和理想电路元件的基本知识。

重难点：电路中常用元件的表示性能。

◆ **知识链接**

1.1.1　电路

电路是电流的通路。它是为了实现某种功能，由各种电子元器件按一定的方式连接起来的整体。较复杂的电路又称为电网络。"电路"和"网络"这两个术语通常是相互通用的。

图 1.1 是手电筒电路，是实际应用中最简单的电路实例。在手电筒电路中，用导线将电池、开关、小灯泡连接起来，为电流提供了流动路径。图中电池为电路的电源，为电路提供电能，小灯泡为负载，消耗电能（或将电能转换为其他形式的能量），导线和开关为中间环节。当开关闭合时，电路接通，小灯泡发光；反之，电路断开，小灯泡熄灭。电动机电路、电视机电路、计算机电路、

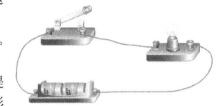

图 1.1　手电筒电路

雷达导航电路是较为复杂的电路。但不管电路结构如何，**电路的基本组成部分都离不开 3 个环节：电源、负载和中间环节。**

电源：向电路提供电能的装置，如电池、发电机等。由于电源在电路中是激发和产生电能的因素，因此，电路中电源供出的电压或电流通常称为激励。

负载：电路中接收电能的装置，如灯泡、电动机等。负载把从电源接收到的能量，转换为人们所需的能量形式。例如，灯泡把电能转换为光能和热能，电动机把电能转变成机械能，充电电池将电能转换为化学能等。负载通常为接收和转换电能的用电器，故负载上流过的电流以及其端电压通常被称为响应。

中间环节：连接电源和负载的导线、控制电路导通和断开的开关、保护和监控实际电路的设备（如断路器、熔断器以及热继电器等）等称为中间环节。中间环节在电路中的作用是传输、分配能量，同时控制并保护电气设备。

工程应用中的实际电路，按照功能的不同可分为两大类。

电力系统实现电能的传输和转换。如图 1.2 所示的电力系统中，发电厂的发电机把非电能形式的能源转换为电能，通过升压变压器把电压升高后进行远距离输电，到达目的地后再用降压

变压器把电压降低并输送到用户。通过电灯、电动机、电炉等负载把电能转换为光能、机械能、热能等其他形式的能量。对这类电路的要求主要是，在传输和转换的过程中消耗的能量要少，效率要高。

信号电路实现信号的处理和传递。如图 1.3 所示的扩音机中话筒是电信号的信号源。它把声音信息转换为相应的电压和电流，但这种电信号很微弱，必须通过放大器放大后才能推动扬声器工作。扬声器把电信号还原成声音，是信号电路的负载，而放大器则是连接信号源和负载的中间环节。此外，手机、电视机中也有将接收到的信号经过处理，转换成声音或图像的信号电路。信号电路中虽然也伴随着能量的传输和转换，但损耗和效率一般不是主要考虑的问题。对信号电路的要求主要是信号传递的质量，如不失真、抗干扰能力强。

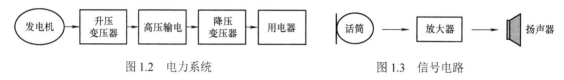

图 1.2　电力系统　　　　　　　　　　　　　图 1.3　信号电路

1.1.2　电路模型和理想电路元件

1. 电路模型

一个实际元件在电路中工作时，所表现的物理特性不是单一的，因此，实际电路发生的物理过程十分复杂，各元件和导线之间的电磁现象相互交织在一起。例如，电流通过一个实际的线绕电阻器时，电阻器除了对电流呈现阻碍作用，其周围还产生磁场，同时还会在各匝线圈间存在电场。因而，电阻器还显现出了电感器和电容器的性质。所以，直接对实际元件和设备构成的电路进行分析和计算往往很困难，有时甚至不可能。为了简化分析和计算，可以用理想电路元件来替代实际的电路元件，由理想电路元件构成的电路称为电路模型。图 1.4 所示为手电筒实际电路的电路模型。图中 U_s 为电源，S 为开关，R 为耗能元件。

2. 理想电路元件

为了便于对实际电路进行分析和计算，在电路理论中，通常在工程允许的条件下，常把实际元件近似化、理想化，忽略元件的次要性质，用足以表征其主要特征的理想电路元件来表示。例如，"电阻元件"就是电阻器、电烙铁、电炉等实际电路元件的理想电路元件，即"模型"。"电感元件"是电感器的模型，"电容元件"是电容器的模型。在电工技术中，常用的理想电路元件有 5 种，如图 1.5 所示，即**理想电阻元件、理想电感元件、理想电容元件、理想电压源、理想电流源。**

图 1.4　手电筒电路模型　　　　　　　　　　图 1.5　常用的理想电路元件

3. 电路图

在工程实际中，通常将各实物用一些特定的图形符号来表示。用特定的图形符号来表示电路连接情况的图，称为电路图。

表 1.1 中给出了常用电路元件的图形符号，按照一定的连接方式、有规律地组合在一起，便可构成各种电路图。例如图 1.4 所示的手电筒电路。

表 1.1 常用电路元件的图形符号

图形符号	名 称	图形符号	名 称	图形符号	名 称
———/—	开关	—□—	电阻器	—▭—	熔断器
—┤├—	电池	—▭—	电位器	⊗	灯
—⊕○⊖→	电压源	—┤├—	电容器	⊥	接机壳
—○↑—	电流源	Ⓐ	电流表	🟰	接地
⌇⌇⌇	电感器	Ⓥ	电压表	—•—	连接导线
⌇⌇⌇	带铁心的电感器	—▷⊢—	二极管	╪	不连接导线

通常，根据电路图来分析计算实际电路，因此，熟悉电路元件符号，掌握电路图的画法是十分重要的。

任务 1.2 电路的基本物理量

扫一扫看视频

◆ **任务导入**

通过前面的任务我们了解了电路的共性问题，它的组成、作用及表示方法。然而各种各样的电路，它们的特性和作用各不相同，那么该如何具体来表征呢？

◆ **任务要求**

1）理解电流、电压、电位、电动势、功率、电能的概念，能区分各量在描述问题时的不同。
2）理解并掌握参考方向在电路分析中的应用。
3）掌握功率与电能的计算。
重点：电流、电压、电位、电动势、功率、电能，参考方向的应用。
难点：电压、电位、电动势的区别，参考方向的应用。

◆ **知识链接**

1.2.1 电流及其参考方向

电路的主要物理量有电流、电压、功率和电能等。

电荷有规则的运动形成电流。电流的大小定义为单位时间内通过导体截面的电荷，又称为电流强度，用符号 i 表示，即

$$i = \frac{\mathrm{d}q}{\mathrm{d}t} \tag{1-1}$$

电流的单位是安培（库仑/秒），简称安，用字母 A 表示；另外还有毫安（mA）、微安（μA）等单位，它们的换算关系如下：

$$1\text{A}=10^3\text{mA}=10^6\text{μA}$$

电流主要分为两类。大小和方向都不随时间变化的电流，称为直流电流（Direct Current，DC），简称直流，**用大写字母 I 表示**，如图 1.6a 所示。

大小和方向均随时间的变化而变化的电流，称为交流电流（Alternating Current，AC），简称交流，**用小写字母 $i^{\ominus}$ 表示**，如图 1.6b、c 所示。

⊖ 本书中，没有特别指出是直流电的，一般都用小写 i、u 表示。

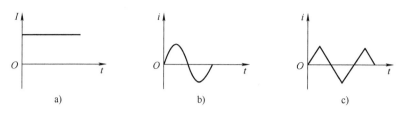

图 1.6　常见电流波形

> **点拨：** 电学中各物理量的表示方法及正确书写：按照规定不随时间变化的恒定电量或参量通常用大写字母表示，如直流电流用 I 表示；随时间变化的电量或参量通常用小写字母表示，如交流电流用 i 表示。

电流是有方向的。**习惯上，规定正电荷移动的方向（负电荷移动的反方向）为各支路电流的实际方向。**

在分析电路时，对于较复杂的电路，往往难于确定电流的实际方向。因此，引入了"参考方向"的概念。

参考方向是一个假想的电流方向。在分析计算电路时，先任意选定某一方向作为电流的参考方向，用实线箭头标在电路图上（也可用双下标表示），如图 1.7 所示。i_{ab} 表示参考方向是 a→b，而 i_{ba} 表示参考方向是 b→a。此时，$i_{ab}=-i_{ba}$。**本书电流的参考方向一般用实线箭头表示。**

当电流的实际方向与参考方向一致时，电流为正值，$i>0$，如图 1.7a 所示；反之，电流的实际方向与电流方向相反，$i<0$，如图 1.7b 所示。也就是说，在选定参考方向下，根据电流的参考方向和正负值就可以确定电流的实际方向。

a) 实际方向与参考方向一致　　b) 实际方向与参考方向相反

图 1.7　电流的参考方向

> **点拨：** 对电路进行分析计算时，必须先标出电路中各电量的参考方向，因为参考方向标定的情况下，各电量的正、负号才有意义。

【例 1.1】 在图 1.8 中的方框泛指电路中的一般元件，试分别指出各元件中电流的实际方向。

解：图 1.8 中电流的实际方向分别为图 a 由 a 到 b；图 b 由 b 到 a；图 c 不能确定。因为没有给出电流的参考方向。

【例 1.2】 试分别标示出图 1.9 中方框所示各元件中电流的实际方向。已知图 1.9a 中电流的参考方向为 b→a，图 1.9b 中电流的参考方向为 a→b。

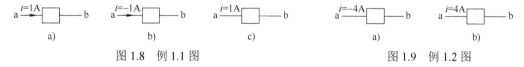

图 1.8　例 1.1 图　　　　　　　　　　图 1.9　例 1.2 图

解：图 1.9 中电流的实际方向分别为图 a 由 a 到 b；图 b 由 a 到 b。

1.2.2　电位、电压、电动势及其参考方向

1. 电位

空间各点位置的高度都是相对于海平面或某个参考高度而言的。同样地，电路中的电位也具有相对性。

在电路中任取一点作为参考点 0，则由某点 a 到参考点 0 的电压 u_{a0} 就称为 a 点的电位，用 V_a 表示。

电位参考点可以任意选取。通常选择大地、设备外壳或者接地点作为参考点。一个连通的系统中，只能选择一个参考点。参考点的电位为零。

电路中，电位一经选定，其余各点的电位都将有唯一确定的数值。任意两点间的电压就等于这两点的电位差，即

$$u_{ab} = V_a - V_b \qquad (1-2)$$

选取不同的参考点，同一点的电位值也会随之而变，但两点之间的电压与参考点的位置无关。

2. 电压

电压是用来表述电场力做功的物理量。电荷在电场力作用下，顺着或逆着电场力的方向运动，电场力做功，将电能转变为其他形式的能量。

由物理学知识可知，电场力将单位正电荷从电场中的一点移至另一点所做的功，称为电压。用数学表达式可表示为

$$u_{ab} = \frac{w_a - w_b}{q} = \frac{\mathrm{d}w}{\mathrm{d}q} \qquad (1-3)$$

式中，u_{ab} 用来衡量电场力做功本领的大小，即电压；$\mathrm{d}q$ 为由 a 点移动到 b 点的电荷；$\mathrm{d}w$ 为移动过程中电荷所减少的电能。

当电功的单位为焦耳（J），电荷的单位为库仑（C）时，电压的单位为伏特（V）。电压的单位还有千伏（kV）和毫伏（mV），各种单位之间的换算关系为

$$10^{-3}\,\mathrm{kV} = 1\mathrm{V} = 10^3\,\mathrm{mV}$$

3. 电压的参考方向

电压也是有方向的。**习惯上，规定电压的实际方向是从高电位点指向低电位点，即电压降低的方向。**

与电流一样，在进行电路分析前，通常很难确定电压的实际方向。这就需要人为假设一电压方向，把这种人为任意假设的电压方向称为电压的"参考方向"（也称"参考极性"），其标注方法有 3 种：箭头、双下标或正负极性，如图 1.10 所示。"+""－"的标注方法，又称参考极性标注法，"+"表示参考高电位点（正极），"－"表示参考低电位点（负极）。u_{ab} 的双下标 ab 即表示参考方向是由 a 点指向 b 点。**本书一般情况下采用参考极性标注法。**

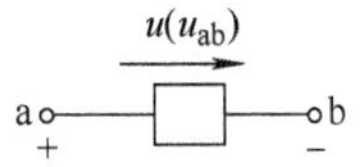

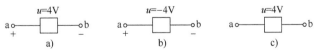

图 1.10　电压"参考方向"的标注方法

特别注意：在选定参考方向后，才能对电路进行分析计算。

选定参考方向后，电压就成为代数量。当电压的实际方向与参考方向一致（极性一致）时，电压为正（$u>0$），否则为负（$u<0$）。

【例 1.3】 在图 1.11 所示电路中，方框泛指电路中的一般元件。试分别指出图中各电压的实际方向。

图 1.11　例 1.3 图

解：各电压的实际方向为

在图 1.11a 中，点 a 为参考高电位，因为 $u=4\mathrm{V}>0$，因此，电压的实际方向与参考方向一致。

在图 1.11b 中，点 a 为参考高电位，因为 $u=-4\mathrm{V}<0$，因此，电压的实际方向与参考方向相反。

在图 1.11c 中，无法确定电压的实际方向。因为图中没有标出电压的参考极性。

4. 电动势及其参考方向

在电场力作用下，正电荷只能从高电位向低电位运动。为了形成连续的电流，在电源中，正电荷必须从低电位点移动到高电位点。这就要求在电源中有一个电源力作用在电荷上，使其逆电场力方向运动，反抗电场力做功，并把其他能量转换成电能。

例如，在发电机中，当导体在磁场中运动时，导体内部便出现这种电源力；在电池中，电源力存在于电极与电解液的接触处。

电动势就是用来描述电源力做功的物理量。在电源中，电动势 e 在数值上等于将单位正电荷由电源负极经电源内部移动到电源正极所做的功，即增加的电能，可表示为

$$e = \frac{\mathrm{d}w_s}{\mathrm{d}q} \tag{1-4}$$

式中，$\mathrm{d}q$ 为运动的电荷；$\mathrm{d}w_s$ 为运动过程中电荷所增加的电能。

习惯上把电动势的实际方向规定为电能增加的方向，即电位升高（从低电位点到高电位点）的方向，即由电源的负极指向正极。

对于一个实际电源而言，当没有电流流过，即内部没有电能消耗时，其电动势和端电压（正负极之间的电压）必定大小相等，方向相反，如图1.12所示。

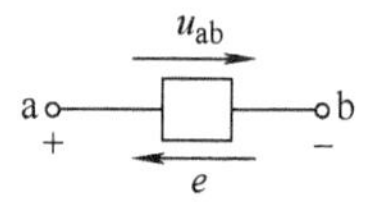

图 1.12 电压和电动势的参考方向

当电压 u 和电动势 e 的大小和方向都不变时，称为直流电压、直流电动势，分别用大写的 U 和 E 表示，则

$$U_{ab} = \frac{W}{Q}, \quad E = \frac{W_s}{Q} \tag{1-5}$$

5. 参考方向

在分析计算电路时，首先应该假定各电流、电压的参考方向，然后根据所选定的参考方向列写电路方程。不论电流、电压、电动势等物理量是直流还是交流，它们都是根据参考方向写出的。参考方向可以任意选定且不影响计算结果。参考方向相反时，解出的电压、电流值也要相应地改变正负号，因此，最后得出的实际结果仍然相同。

在同一电路中，电流参考方向和电压参考方向可以各自独立地选定。但为了分析计算方便，**通常选定同一元件的电流参考方向与电压参考方向一致，即电流从电压的正极性端流入该元件，从电压的负极性端流出，称为关联参考方向**，如图1.13a所示。反之，**电流从电压的负极性端流入元件，而从正极性端流出，称为非关联参考方向**，如图1.13b所示。

a) 关联参考方向　　b) 非关联参考方向

图 1.13 关联参考方向和非关联参考方向

> 📖 **经验传承**：一般来说，同一段电路中的电压、电流的参考方向彼此独立，可以各自选定。但为了方便分析，通常使电流和电压的参考方向一致，即关联参考方向。这时只需标出电流或电压中一个参考方向即可。一经选定，在整个分析计算过程中就不允许再变更，并以此标准进行分析计算，最后根据计算结果的正负来确定电流和电压的实际方向。

1.2.3 功率与电能

在电路分析中，将消耗电能（吸收电能）的电气设备及元件统称为负载；将释放电能的电气设备及元件统称为电源。**无论是负载还是电源都可以看作电路元件。**

电路元件在单位时间内吸收或释放的电能称为电功率，简称功率，用 p 表示，单位为瓦特（W）或千瓦（kW）。

在电路分析中，通常用电流 i 和电压 u 的乘积来描述功率。

在 u、i 为关联参考方向下，元件上吸收的功率定义为

$$p = ui \tag{1-6}$$

在 u、i 为非关联参考方向下，元件上吸收的功率定义为

$$p = -ui \tag{1-7}$$

无论 u、i 是否为关联参考方向，若 $p>0$，则该元件吸收功率（供自己消耗），为耗能元件；若 $p<0$，则该元件输出功率（供给其他元件），为储能元件。

【例 1.4】 在图 1.14 所示电路中，方框泛指电路中的一般元件。试求出各元件吸收的功率。

解：1）在图 1.14a 中，所选 u、i 为关联参考方向，元件吸收的功率为

$$p = ui = 4 \times (-2) = -8W$$

此时元件吸收的功率为-8W，即元件发出的功率为 8W。

2）在图 1.14b 中，所选 u、i 为非关联参考方向，元件吸收的功率为

$$p = -ui = -(-5) \times 4 = 20W$$

此时元件吸收的功率为 20W。

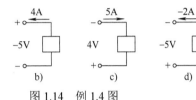

图 1.14　例 1.4 图

3）在图 1.14c 中，所选 u、i 为非关联参考方向，元件吸收的功率为

$$p = -ui = -4 \times 5 = -20W$$

此时元件吸收的功率为-20W，即元件发出的功率为 20W。

4）在图 1.14d 中，所选 u、i 为关联参考方向，元件吸收的功率为

$$p = ui = (-5) \times (-2) = 10W$$

此时元件吸收的功率为 10W。

⊛ **头脑风暴　电源与负载的判别**

电压和电流都是代数量，所以功率也是代数量，有正、有负。在电源与负载判别分析时我们一般都会选定 i 与 u 参考方向一致（关联参考方向）时，也就是 $p=ui$ 进行分析计算，如果求得 $p>0$，则表示电路实际消耗功率，这段电路（或元件）是负载；如果 $p<0$，则表示电路实际是提供功率，这段电路（或元件）是电源。

在同一个电路中，电源发出的总功率和电路吸收的总功率在数值上是相等的，这就是电路的功率平衡。

在 u、i 为关联参考方向下，在 t_0 到 t 的时刻内该部分电路吸收的电能为

$$W(t_0, t) = \int_{t_0}^{t} p(\xi) \, \mathrm{d}(\xi) = \int_{t_0}^{t} u(\xi) \, i(\xi) \mathrm{d}(\xi) \tag{1-8}$$

自变量用 ξ 表示是为了与积分上下限 t 区分。

在国际单位制中，电能的单位为焦耳（J），简称焦。

1.2.4　电气设备及元件的额定值

额定值是制造厂商为使电气设备及元件安全、经济地运行而规定的限额值。额定值通常用 I_N、U_N、P_N 等表示，标记在设备的铭牌上。由于功率、电压和电流之间满足一定的关系，因此，额定值没有必要全部给出。对灯泡、电烙铁等通常只给出额定电压和额定功率，而对于电阻器等，除阻值外，只给出额定功率。例如，某灯泡上标明的 36V、8W 是指它的额定电压和额定功率，表明该灯泡在 36V 电压下才能正常工作，这时消耗功率为 8W，通过计算能求得该灯泡在

36V 电压下流过的电流为 $I_N=P_N/U_N$=8/36=0.22A。

　　电气设备工作在额定值情况下的状态称为额定工作状态（又称"满载"）。此时电气设备的使用最经济合理和安全可靠，不仅能充分发挥设备的作用，而且能够保证电气设备的设计寿命。若电气设备超过额定值工作，则称为"过载"。由于温度升高需要一定时间，因此电气设备短时过载不会立即损坏。但过载时间较长，就会大大缩短电气设备的使用寿命，甚至会使电气设备损坏。若电气设备低于额定值工作，则称为"欠载"。在严重的欠载下，电气设备不能正常合理地工作或者不能充分发挥其工作能力。过载和严重欠载在实际工作中都是应避免的。

任务 1.3　电阻元件

◆ 任务导入

　　电阻元件是构成电路的基础，也是电气设备和电子产品中使用最多的电路元件。熟悉各类电阻元件及其性能，能识别各类电阻元件并进行合理选用，对研发、设计、安装、调试电路十分重要。

◆ 任务要求

　　1）理解电阻的概念及电阻元件性能。
　　2）熟悉欧姆定律及电阻元件主要性能指标。
　　3）了解常用电阻元件及其选用。
　　重点：电阻概念及电阻元件性能。
　　难点：电阻元件性能。

◆ 知识链接

1.3.1　电阻

　　自然界的物质按其导电性能可分为导体、绝缘体、半导体三大类。其中，导电性能良好的物体称为导体，导体内有大量的自由电荷；导电性能很差的物体称为绝缘体，绝缘体中几乎没有自由电荷；导电性能介于导体和绝缘体之间的物体称为半导体。金属导体中有大量的自由电子，因而具有导电的能力。但这些自由电子在受电场力作用而定向移动时，会与原子发生碰撞、摩擦，这种碰撞、摩擦阻碍了带电粒子的定向移动，即表现为导体对电流的阻碍作用，称为电阻。电阻用符号 R 表示，单位为欧姆（Ω）。工程上还常用千欧（kΩ）、兆欧（MΩ）作为单位。

　　在电气工程中根据不同的用途，用不同的材料制成各种形式的电阻器。当电流流过电阻器时，电阻器会发热消耗电能。但是电路中使用电阻器，主要是利用它会阻碍电流的特性。实验证明：在温度一定的条件下，截面均匀的导体的电阻与导体的长度成正比，与导体的截面积成反比，还与导电材料有关，即

$$R = \rho \frac{l}{s} \tag{1-9}$$

式中，ρ 为电阻率，单位为欧・米（Ω・m），电阻率与导体材料的性质和所处温度有关，而与导体的几何尺寸无关；l 为导体的长度，单位为米（m）；s 为导体的截面积，单位为米 ^{2}（m^2）；R 为电阻，单位为欧姆（Ω）。

通常情况下几乎所有的金属材料的电阻值都会随温度的升高而增大，如银、铜、铝、铁、钨等材料。但有些材料电阻值随温度升高而减小，如碳、石墨和电解液等，将其制成热敏电阻器，用于电气设备中可以起自动调节和补偿的作用。还有某些合金材料，如康铜、锰铜等，温度变化时电阻值变化极小，所以常用来制作标准电阻。电阻的倒数称为电导，它是表示材料导电能力的一个参数，用符号 G 表示。在国际单位制（SI）中，电导的单位是西[门子]（S）。

$$G = \frac{1}{R} \tag{1-10}$$

1.3.2 常见的电阻元件

理想电阻元件是只消耗电能的理想电路元件，简称为电阻元件。它是从实际电阻器抽象出来的理想化模型。电阻器是电子产品和设备中最常用的元件，主要用来稳定和调节电路的电流和电压，起限流、降压、分流、分压、阻抗匹配等作用。常用的电阻器可分为固定电阻器、可变电阻器、敏感电阻器三大类，如图 1.15a、b、c 所示。敏感电阻器是一种特殊电阻器，其电阻值随电压、温度、湿度、光线等外界因素的变化而变化，分别称为压敏电阻器、热敏电阻器、湿敏电阻器、光敏电阻器等。此外，像白炽灯、电炉、电烙铁等实际耗电元件，当忽略其磁场、电场作用时，也可抽象为只具有消耗电能性质的电阻元件。如图 1.16 所示，固定电阻器的图形符号是理想电阻元件的基本图形符号，其他图形符号都是在此基础上变化而来的。

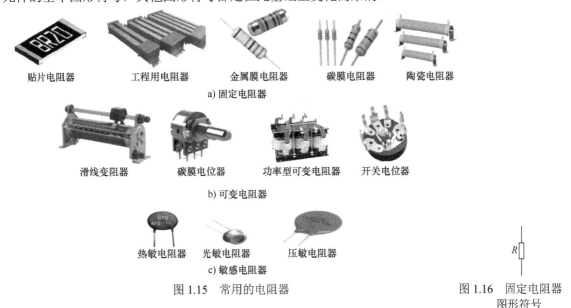

贴片电阻器　　工程用电阻器　　金属膜电阻器　　碳膜电阻器　　陶瓷电阻器

a) 固定电阻器

滑线变阻器　　碳膜电位器　　功率型可变电阻器　　开关电位器

b) 可变电阻器

热敏电阻器　　光敏电阻器　　压敏电阻器

c) 敏感电阻器

图 1.15　常用的电阻器

R

图 1.16　固定电阻器
图形符号

1.3.3 电阻元件性能

在电路理论中，电阻元件是耗能元件的理想化模型，它是一个二端元件。在讨论各种理想元件的性能时，重要的是要确定其端电压与电流的关系。在关联参考方向下，电阻元件的电压与电流的关系为

$$u = Ri \tag{1-11}$$

式（1-11）就是著名的欧姆定律，它在电路理论中具有重要的地位，并且应用广泛。从式（1-11）还可推出

$$i = \frac{u}{R} \text{或} R = \frac{u}{i}$$

　　如果以电压为横坐标，电流为纵坐标，可以画出一个直角坐标，则该坐标平面称为 $u\text{-}i$ 平面。电阻元件的电压与电流关系可以用 $u\text{-}i$ 平面上的一条曲线来表示，称为电阻元件的伏安特性曲线。

　　如果电阻元件的伏安特性呈一条直线，如图 1.17a 所示，则该电阻元件称为线性电阻元件。反之，伏安特性呈一条曲线，如图 1.17b 所示，该电阻元件称为非线性电阻元件。线性电阻元件的电阻值是常数，与元件两端电压或流过的电流无关，只与元件本身的材料、尺寸有关。

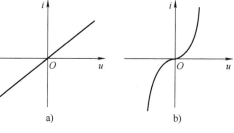

图 1.17　电阻元件伏安特性曲线

　　电阻元件的功率为

$$p = ui = \frac{u^2}{R} = i^2 R \qquad (1\text{-}12)$$

　　对于直流电路，则为

$$P = UI = \frac{U^2}{R} = I^2 R \qquad (1\text{-}13)$$

1.3.4　电阻元件主要技术指标

　　电阻元件的技术指标主要有标称阻值、精度和额定功率。

　　1. 标称阻值

　　标注在电阻器上的阻值，称为标称阻值。

　　2. 精度

　　实际阻值与标称阻值的相对误差为电阻精度，也称允许偏差。在电子产品设计中，可根据电路的不同要求选用不同精度的电阻器。常用电阻器的标称阻值包括 E6、E12、E24、E48、E96 和 E192 等系列，分别适应于允许偏差为 ±20%（M）、±10%（K）、±5%（J）、±2%（G）、±1%（F）、±0.5%（D）。常用的是 E6、E12、E24 系列的电阻器（见表 1.2）。

表 1.2　常用电阻器系列的参数

阻值系列	允许偏差	允许偏差等级	标称阻值
E24	±5%	I	1.0, 1.1, 1.2, 1.3, 1.5, 1.6, 1.8, 2.0, 2.2, 2.4, 2.7, 3.0, 3.3, 3.6, 3.9, 4.3, 4.7, 5.1, 5.6, 6.2, 6.8, 7.5, 8.2, 9.1
E12	±10%	II	1.0, 1.2, 1.5, 1.8, 2.2, 2.4, 2.7, 3.3, 3.6, 3.9, 4.7, 5.6, 6.8, 8.2
E6	±20%	III	1.0, 1.5, 2.2, 3.3, 3.9, 4.7, 5.6, 6.8, 8.2

　　3. 额定功率

　　当电流通过电阻器时，电流的热效应使电阻器发热，电能转化为热能。利用这一原理，人们制成很多种电热器，比如，电炉、电饭煲、电水壶和电烙铁。但电流的热效应也有着不利的一面，通电的导体会因电流的热效应而发热，温度过高容易使绝缘材料老化造成漏电，严重时甚至会烧毁电器或电气设备。为了保证电气设备的安全运行，生产厂商将其生产的电气设备标上额定功率、额定电压、额定电流等标称值，对用电设备技术参数加以提示，以便使用者正确选择和使用。电阻器在电路中长时间连续工作不损坏，或不显著改变其性能所允许消耗的最大功率称为电阻器的额定功率。常见的有 1/8W、1/4W、1/2W、1W 等色环碳膜电阻器。

　　点拨：电阻器的额定功率并不是电阻器在电路中工作时一定要消耗的功率，而是电阻器在电路中工作时允许消耗功率的限额。选择电阻器时，额定功率一般在工作功率的两倍以上。

1.3.5　电阻元件标称值的识别

　　电阻器参数的标注方法通常用文字符号直标法或用色码表示法和数码表示法标出。

1．文字符号直标法

（1）标称阻值

阻值单位：Ω，kΩ，MΩ，GΩ，TΩ，其词头为 k=10^3，M=10^6，G=10^9，T=10^{12}。遇有小数时，常以Ω、k、M取代小数点，如 0.1Ω 标为 Ω1，3.6Ω 标为 3Ω6，3.3kΩ 标为 3k3，2.7MΩ 标为 2M7。

（2）允许偏差

普通电阻器允许偏差分为±5%、±10%、±20%三种，在电阻器标称值后，标明Ⅰ（J）、Ⅱ（K）、Ⅲ（M）符号。精密电阻器的允许偏差等级，可用不同符号标明，见表1.3。

表1.3　精密电阻器的允许偏差等级

（%）	±0.001	±0.002	±0.005	±0.01	±0.02	±0.05	±0.1	±0.2	±0.5	±1	±2	±5	±10	±20
符号	E	X	Y	H	U	W	B	C	D	F	G	J	K	M

（3）功率

通常 2W 以下的电阻器不标出功率，通过外形尺寸即可判定；2W 以上的电阻器以数字标出功率。

（4）材料

2W 以下的小功率电阻器，材料通常不标出。对于普通碳膜和金属膜电阻器，通过外表颜色可以判定。通常碳膜电阻器涂绿色或棕色，金属膜电阻器涂红色或棕色。2W 以上的电阻器，大部分在电阻体上以符号标出材料，见表1.4。

表1.4　电阻器材料及代表符号

符号	T	J	X	H	Y	C	S	I	N
材料	碳膜	金属膜	线绕	合成膜	氧化膜	沉积膜	有机实心	玻璃釉膜	无机实心

2．色码表示法

色标电阻器（色环电阻器）可分为三环、四环、五环三种标注法。

三环色标电阻器：表示标称电阻值（允许偏差均为±20%）。

四环色标电阻器：表示标称电阻值及允许偏差，见表1.5。

五环色标电阻器：表示标称电阻值（三位有效数字）及允许偏差，见表1.5。

为避免混淆，允许偏差色环的宽度稍粗，且与相邻的色环间相距较大。

表1.5　色环表示对应表

4环	第一环 ↓	第二环 ↓	—	第三环 ↓	第四环 ↓
颜色	读数			倍率	允许偏差
黑	0	0	0	1	—
棕	1	1	1	10	1%
红	2	2	2	100	2%
橙	3	3	3	1k	—
黄	4	4	4	10k	—
绿	5	5	5	100k	0.50%
蓝	6	6	6	1M	0.25%
紫	7	7	7	10M	0.10%
灰	8	8	8	—	0.05%
白	9	9	9	—	—
金	—	—	—	0.1	5%
银	—	—	—	0.01	10%
5环	↑ 第一环	↑ 第二环	↑ 第三环	↑ 第四环	↑ 第五环

【**例 1.5**】图 1.18 所示的电阻器的色环有四个，对应电阻值为 $92×10^0±5\%=92\Omega±5\%$

【**例 1.6**】精密电阻器通常用 5 道色环标注，前 3 环表示三位有效数字，4、5 环表示倍乘和误差。图 1.19 所示的电阻器对应电阻值 $254×10^2±5\%=25.4k\Omega±5\%$。

3. 数码表示法

数码表示法是在元件表面上用三位或四位数码来表示元件的标称值。如果用三位数码表示元件的标称值，从左到右，前两位代表有效数，第三位表示 10 的乘方数，如果用四位数码表示元件的标称值，从左到右，前三位代表 3 位有效数，第四位表示 10 的乘方数，电阻器的单位是 Ω。

【**例 1.7**】如图 1.20 所示，103 表示 1000Ω 的电阻器，1502 是 $15k\Omega$ 的电阻器，2873 为 $287k\Omega$ 的电阻器。

图 1.18 例 1.5 图   图 1.19 例 1.6 图   图 1.20 例 1.7 图

1.3.6 电阻元件的选用

根据用途选择电阻器时，通常对性能要求不高的收音机、普通电视机等电子电路可选用碳膜电阻器；对整机质量和工作稳定性、可靠性要求较高的电路可选用金属膜电阻器；对仪器、仪表电路应选用精密电阻器或线绕电阻器；热敏电阻器的特点是电阻值随温度的变化而变化，主要在电路中作温度补偿用，也可在温度测量电路和控制电路中作感温元件。片状电阻器属于新一代电阻元件，是超小型电子元件，由于占用安装空间很小，没有引线，其分布电容和分布电感均很小，使高频设计易于实现，因此通常用于高频电路中。

电位器的体积大小和转轴的轴端式样要符合电路的要求，如经常旋转调整的选用铣平面式；作为电路调试用的可选用带螺丝刀槽式等。电位器在代用时应注意功率不得小于原电位器的功率，阻值可比原电位器的阻值略大或略小。

一般情况下所选用电阻器的额定功率要大于在电路中电阻器实际消耗功率的两倍左右，以保证电阻器使用的安全可靠性。

> 📖 **经验传承**：电阻元件的代用原则为大功率电阻器可代换小功率电阻器，但熔断电阻器除外；金属膜电阻器可代换碳膜电阻器；固定电阻器与半可调电阻器可相互代替使用。

扫一扫看视频

任务 1.4 电容元件

◆ 任务导入

电容元件是储能元件，在工程中应用极为广泛，熟悉各类电容元件及其性能，能识别各类电容元件并进行合理选用，对研发、设计、安装、调试电路十分重要。

◆ 任务要求

1）理解电容的概念及电容元件性能。

2）熟悉电容元件主要性能指标。

3）了解常用电容元件及其选用。

重点：电容概念及电容元件性能。

难点：电容元件性能。

◆ **知识链接**

1.4.1 电容元件

电容器在工程中的应用极为广泛。虽然电容器的种类和规格很多，但就其构成来说，都是用两块金属极板与不同的介质（如云母、绝缘纸、电解质等）组成。加上电源，经过一定时间后极板上分别聚集等量异号的电荷，并在介质中建立起电场。电源移去后，电荷可以继续聚集在极板上，电场继续存在。所以电容器是一种能够储存电场能量的实际电路元件。此外，电容器上电压变化时，在介质中也往往引起一定的介质损耗。同时介质不可能完全绝缘，多少还存在一些漏电流。如果损耗不能忽略，我们可以将实际电容元件等效为一个电阻器和电容器并联的模型。但是，质量优良的电容器的介质损耗和漏电流都很微小，可以忽略不计。这样就可以用一个只储存电场能量而不消耗电能的理想电容元件作为它的模型，称为电容元件，简称电容。线性电容元件是一个理想的二端元件，它在电路中的表示与标注如图 1.21 所示。

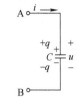

图 1.21 电容元件在电路中的表示与标注

1.4.2 常见的电容元件

电容器是电气设备和电子产品中常用的电路元件，它的种类很多，如图 1.22 所示，按电解质的不同可分为云母电容器、金属化纸质电容器、片状电容器、瓷片电容器、涤纶电容器、超高压电容器、电解电容器等。按结构可分为固定电容器、可变电容器和微调电容器等。常见的电容器的图形符号如图 1.23 所示，其中图 1.23a 所示固定电容器的图形符号是理想电容元件的基本图形符号，其他图形符号都是在此基础上变化而来。

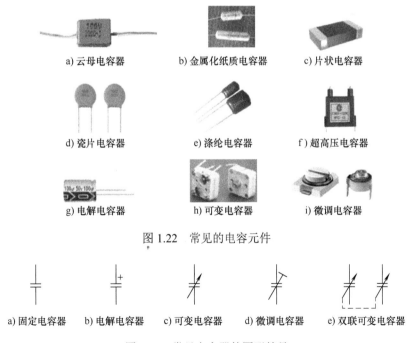

a) 云母电容器　　b) 金属化纸质电容器　　c) 片状电容器

d) 瓷片电容器　　e) 涤纶电容器　　f) 超高压电容器

g) 电解电容器　　h) 可变电容器　　i) 微调电容器

图 1.22 常见的电容元件

a) 固定电容器　b) 电解电容器　c) 可变电容器　d) 微调电容器　e) 双联可变电容器

图 1.23 常见电容器的图形符号

1.4.3 电容元件性能

图 1.21 中 $+q$ 和 $-q$ 是电容元件正极板和负极板上的电荷。若电容元件上的电压 u 的参考方向

规定由正极板指向负极板，则任何时刻正极板上的电荷 q 与其两端的电压 u 有如下关系：

$$q = Cu \tag{1-14}$$

式中，C 为电容元件的电容量。

1. 库伏特性

如果把电容元件的电荷 q 取为纵坐标（或横坐标），电压 u 取为横坐标（或纵坐标），画出电荷与电压的关系曲线，这条曲线就称为该电容元件的库伏特性。若电容元件的库伏特性是通过坐标原点的直线，如图 1.24 所示，则称它为线性电容元件。

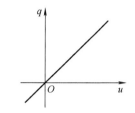

图 1.24　线性电容元件的库伏特性

2. 伏安关系

虽然电容元件是根据库伏特性定义的，如式（1-14）所示，但在电路分析中我们感兴趣的是元件的伏安关系。电容元件与电阻元件不同，电阻元件的两端只要有电压（不论是否变化），电阻元件中就一定有电流，而电容元件只有在它两端电压发生变化时，极板上集聚的电荷才相应地发生变化，同时介质中的电场强度发生变化，束缚电荷产生位移，这样电路中才会形成电流。当电容元件两端电压不变时，极板上的电荷也不发生变化，这时虽有电压，但电路中不会有电流。

若指定电流的参考方向为流进正极板的方向，即与电压的参考方向一致，把式（1-14）代入式（1-1），得

$$i = C\frac{\mathrm{d}u}{\mathrm{d}t} \tag{1-15}$$

当 u 和 i 的参考方向不一致时，则

$$i = -C\frac{\mathrm{d}u}{\mathrm{d}t} \tag{1-16}$$

这就是电容元件的伏安关系，表明电容元件的电流和电压具有动态关系，故又称电容元件为动态元件。当电容元件上电压发生剧变，即 $\mathrm{d}u/\mathrm{d}t$ 很大，电流很大。当电压不随时间变化时，电流为零，故电容元件在直流情况下其两端电压恒定，相当于开路，或者说**电容元件有隔断直流（简称隔直）的作用。**

3. 记忆特性

式（1-1）的逆关系为

$$q = \int i\mathrm{d}t \tag{1-17}$$

这是一个不定积分，可写成定积分的表达式：

$$q = \int_{-\infty}^{t_0} i\mathrm{d}\xi + \int_{t_0}^{t} i\mathrm{d}\xi = q(t_0) + \int_{t_0}^{t} i\mathrm{d}\xi \tag{1-18}$$

注：自变量用 ξ 表示是为了与积分上下限 t 区分。

式（1-18）中 $q(t_0)$ 为 t_0 时刻电容元件所带的电荷。其物理意义是，t 时刻具有的电荷等于 t_0 时刻的电荷加上 t_0 到 t 时间间隔内增加的电荷。如果指定 t_0 为时间的起点并设为零，则式（1-18）可改写为

$$q = q(0) + \int_{0}^{t} i\mathrm{d}\xi \tag{1-19}$$

对于电压与电流的关系，由式（1-14）因此有

$$u(t) = u(0) + \frac{1}{C}\int_{0}^{t} i\mathrm{d}\xi \tag{1-20}$$

由式（1-20）可知，电容元件电压除与 0 到 t 的电流值有关外，还与 $u(0)$ 值有关，因此**电容元件是一种有记忆的元件**。与之相比，**电阻元件的电压仅与该瞬间的电流值有关，是无记忆元件**。

> 👆点拨：没必要去了解 t_0 以前电流的情况，t_0 以前全部历史情况对未来（$t>t_0$）产生的效果可以由 $u(t_0)$ 即电容元件的初始电压来反映。也就是说，如果我们知道了由初始时刻 t_0 开始作用的电流 $i(t_0)$ 以及电容元件的初始电压 $u(t_0)$，就能确定 $t>t_0$ 时的电容元件电压 $u(t)$。

电容器是一个储存电场能量的元件，在电压和电流的关联参考方向下，线性电容元件吸收的功率为

$$p = ui$$

从 t_0 到 t 时间内，电容元件吸收的电能为

$$
\begin{aligned}
W_C &= \int_{t_0}^{t} p(\xi)\mathrm{d}\xi = \int_{t_0}^{t} u(\xi)i(\xi)\mathrm{d}\xi \\
&= \int_{t_0}^{t} Cu(\xi)\frac{\mathrm{d}u(\xi)}{\mathrm{d}\xi}\mathrm{d}\xi = C\int_{u(t_0)}^{u(t)} u(\xi)\,\mathrm{d}u(\xi) \\
&= \frac{1}{2}Cu^2\Big|_{u(t_0)}^{u(t)} = \frac{1}{2}Cu^2(t) - \frac{1}{2}Cu^2(t_0) \\
&= W_C(t) - W_C(t_0)
\end{aligned}
$$

如果我们选取 t_0 为电容元件两端电压等于零的时刻，即有 $u(t_0)=0$，电容元件中电场能量也为零，则电容元件在任何时刻 t 所储存的电场能量 $W_C(t)$ 将等于它所吸取的能量，可写为

$$W_C = \frac{1}{2}Cu^2(t) \tag{1-21}$$

> 👆点拨：电容元件上的电压反映了电容元件的储能状态。电容元件充电时，$|u(t)|>|u(t_0)|$，$W_C(t)>W_C(t_0)$，故在此时间内元件吸收能量，电容元件放电时，$W_C(t)<W_C(t_0)$，元件释放能量。电容元件在充电时吸收并存储起来的能量一定在放电完毕时全部释放，它不消耗能量，所以电容元件是一种储能元件，同时，电容元件也不会释放出多于它以前吸收或存储的能量，所以它又是一种无源元件。

1.4.4 电容元件主要技术指标

电容器的主要参数有电容量、额定耐压和绝缘电阻。

1. 电容量

电容量是电容器储存电荷的能力，简称电容。

电容量的 SI 单位是法拉（F）。其他常用的单位还有：毫法（mF）、微法（μF）、纳法（nF）和皮法（pF）。$1F = 10^3 mF = 10^6 \mu F = 10^9 nF = 10^{12} pF$。

在电容器上标注的电容量，称为标称容量。

2. 额定耐压

额定耐压指在规定温度范围下，电容器正常工作时能承受的最大直流电压。固定式电容器的耐压系列值有：1.6V、4V、6.3V、10V、16V、25V、32V*、40V、50V、63V、100V、125V*、160V、250V、300V*、400V、450V*、500V、1000V 等（带*号者只限于电解电容器使用）。耐压值一般直接标在电容器上，但有些电解电容器在正极根部用色点来表示耐压等级，例如 6.3V 用棕色，10V 用红色，16V 用灰色。电容器在使用时不允许超过这个耐压值，若超过此值，电容器就可能损坏或被击穿，甚至爆裂。

3. 绝缘电阻（漏阻）

绝缘电阻指加到电容器上的直流电压和漏电流的比值。绝缘电阻越低，漏电流越大，介质

耗能越大，电容器的性能就差，寿命也越短。

1.4.5 电容器的标注内容及方法

1. 电容器的标注方法

（1）字母数字混合表示法

数字表示有效数值，字母表示数值的单位。字母有时既表示单位也表示小数点，如 3p3 表示 3.3pF，μ22 表示 0.22μF，3n9 表示 3.9nF。

（2）数字直接表示法

用 1~4 数字表示，不标单位。当数字部分大于 1 时，其单位为 pF；当数字部分大于 0 小于 1 时，其单位为 μF。如 2200 表示 2200pF，0.1 表示 0.1μF。

（3）数码表示法

一般用三位数字来表示电容量的大小，单位为 pF。前两位为有效数字，后一位表示倍率，即乘以 10^i（i 为第三位数字）。若第三位为数字 9 或者 8，则乘以 10^{-1} 或者 10^{-2}。如 224 代表 22×10^4pF，即 0.22μF；229 代表 22×10^{-1}pF，即 2.2pF。

（4）色码表示法

与电阻器的色码表示法类似，颜色涂于电容器的一端或从顶端向引线排列，单位为 pF。

2. 型号命名方法

电容器型号命名由四部分内容组成（见表 1.6），其中第三部分作为补充，说明电容器的某些特征，如无说明，则只需三部分组成，即两个字母一个数字。大多数电容器都由三部分内容组成。

表 1.6 电容器的型号命名每部分对应的意义

第一部分		第二部分		第三部分		第四部分
用字母表示主体		用字母表示材料		用字母表示特征		用数字或字母表示序号
符号	意义	符号	意义	符号	意义	意义
C	电容器	C I O Y V Z J B F L S Q H D A G N T M	瓷介 玻璃釉 玻璃膜 云母 云母纸 纸介 金属化纸 聚苯乙烯 聚四氟乙烯 涤纶 聚碳酸酯 漆膜 纸膜复合 铝电解 钽电解 金属电解 铌电解 钛电解 压敏	T W J X S D M Y C	铁电 微调 金属化 小型 独石 低压 密封 高压 穿心式	包括：品种、尺寸代号、温度特性、直流工作电压、标称容量、允许偏差、标准代号等

【例 1.8】某电容器的型号为 CJX-250-0.33-±10%，则其含义如下：

C—主体：电容；J—材料：金属化纸介质；X—特征：小型；250—耐压：250V；0.33—标称容量为 0.33μF；±10%—允许偏差为 ±10%。

1.4.6 电容器的选用

1. 电容器型号的选用

应根据不同的电路、不同的要求来选用电容器。例如，在滤波电路、退耦电路中选用电解电容器；在高频、高压电路中选用瓷介质电容器、云母电容器；在谐振电路中选用云母电容器、陶瓷电容器、有机薄膜电容器；作隔直流用时可选用涤纶电容器、云母电容器、电解电容器等。电解电容器有正、负极之分，使用时应注意极性，它不能用于交流电路。

2. 电容器的额定工作电压选取

电容器的额定工作电压是指电容器长期使用时能可靠工作，不被击穿所能承受的最大直流电压值。每个电容器都有一定的耐压程度，所选电容器的电压一般应使其额定值高于线路施加在电容器两端电压的 20%～30%，个别电路工作电压波动较大时，须有更大的安全裕量。

3. 电容器标称容量及允许偏差等级的选取

各类电容器均有其标称容量系列及允许偏差等级。在确定电容量允许偏差时，应首先考虑电路对电容量允许偏差的要求，不同允许偏差的电容器价格相差很大，不要盲目追求电容器的允许偏差等级。电容器的电容量应选取靠近计算值的一个标称容量。

> 💡 **经验传承**：电容器的代用原则为电容器在代用时要与原电容器的电容量基本相同。对于旁路和耦合电容器，电容量可比原电容器的电容量大一些；耐压值要不低于原电容器的额定电压。在高频电路中，电容器的代换一定要考虑其频率特性应满足电路的频率要求。

任务 1.5 电感元件

扫一扫看视频

◆ 任务导入

电感元件是储存磁场能量的元件，在日常生活、工作和生产中常常会接触到用导线绕制而成的线圈，如荧光灯镇流器线圈、阻止低频或高频电流通过的扼流线圈、收音机天线线圈等。熟悉各类电感元件及其性能，能识别各类电感元件并进行合理选用，对研发、设计、安装、调试电路十分重要。

◆ 任务要求

1）理解电感的概念及电感元件性能。
2）熟悉电感元件主要性能指标。
3）了解常用电感元件及其选用。
重点：电感概念及电感元件性能。
难点：电感元件性能。

◆ 知识链接

1.5.1 电感元件

实际电感器是由导线绕制而成的线圈。若线圈导体电阻和匝间电容效应可忽略不计，则这样的线圈可用理想电感元件来表示，简称为电感（inductor）或自感（self inductor）。当电感元件中通以电流 i 后，在元件内部将产生磁通 Φ，电流建立磁场，元件储存磁场能量，所以说电感元件是一种储能元件。

若磁通 Φ 与线圈 N 匝交链，则磁链 $\Psi = N\Phi$。线性电感元件的实际图形和电路图形符号如图 1.25 所示。在

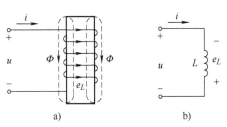

图 1.25 线性电感元件的实际图形和电路图形符号

图 1.25a 中，电流 i 与磁通 Φ 的参考方向符合右手螺旋法则，即 i 与 Φ 为关联参考方向。又由于电流 i 与电压 u 取关联的参考方向，所以有图 1.25b 所示图形符号。在国际单位制中，磁通 Φ 与磁链 Ψ 的单位都为韦伯（Wb）。

当磁通 Φ 与磁链 Ψ 的参考方向与电流 i 的参考方向之间符合右手螺旋定则时，有

$$\Psi = Li \tag{1-22}$$

式中，L 为线圈的自感或电感。

1.5.2　常见的电感元件

电感元件的种类很多，结构和外形各不相同。按其外形可分为固定电感器、可变电感器和微调电感器三类；按线圈内有无磁心或磁心所用材料，又可分为空心电感器、磁心电感器以及铁心电感器等。常见的电感元件如图 1.26 所示，它被广泛应用于电路的滤波、陷波、扼流、振荡、延迟等。

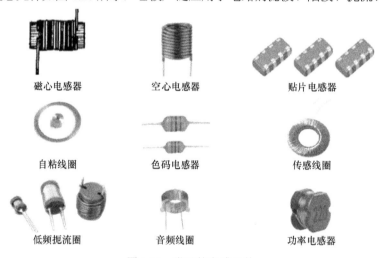

磁心电感器　　空心电感器　　贴片电感器

自粘线圈　　色码电感器　　传感线圈

低频扼流圈　　音频线圈　　功率电感器

图 1.26　常见的电感元件

1.5.3　电感元件的特性

1. 韦安特性

如果把电感元件的自感磁链 Ψ 取为纵坐标，电流 i 取为横坐标，画出自感磁链和电流的关系曲线，这条曲线称为该元件的韦安特性。线性电感元件的韦安特性是一条过原点的直线，如图 1.27 所示。所以，线性电感元件的自感 L 是一个与自感磁链 Ψ、电流 i 无关的正实常量。

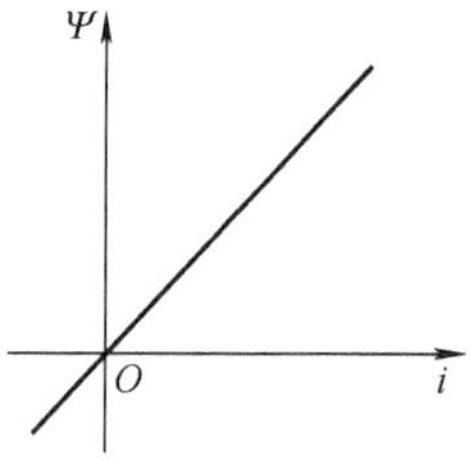

2. 动态特性

虽然线性电感元件是根据韦安关系定义的，但在电路分析中，我们关心的仍然是元件的伏安关系。当通过电感元件中的电流 i 随时间变化时，磁链 Ψ 也随之改变。根据电磁感应定律，电感元件两端出现感应电压；当通过电感元件的电流不变时，磁链也不发生变化，这时虽有电流，但没有电压。这与电阻、电容元件不同，电阻元件是有电压就一定有电流；电容元件是电压变化才有电流；电感元件是电流变化才有电压。电感元件中的感应电压等于磁链的变化率。在电压和电流的关联参考方向下（电压的参考方向与磁链的参考方向也符合右手螺旋定则），可得感应电压：

图 1.27　线性电感元件的韦安特性

$$u = \frac{\mathrm{d}\Psi}{\mathrm{d}t} \tag{1-23}$$

把式（1-22）代入式（1-23）可得

$$u = \frac{\mathrm{d}Li}{\mathrm{d}t} = L\frac{\mathrm{d}i}{\mathrm{d}t} \tag{1-24}$$

这就是电感元件的伏安关系，表明电感元件的电压和电流具有动态关系，故又称电感元件为动态元件。当电感元件上电流发生剧变，即 $\mathrm{d}i/\mathrm{d}t$ 很大，电压很大。当电流不随时间变化时，电压为零，故电感元件在直流情况下相当于短路。电压与电流的这种关系也称为电感元件的动态特性。

式（1-24）必须在电流、电压关联参考方向下才能使用，否则等式右边应该标以负号。

3. 记忆特性

式（1-24）的逆关系为

$$i = \frac{1}{L}\int u\mathrm{d}t \tag{1-25}$$

写成定积分形式：

$$i(t) = \frac{1}{L}\int_{-\infty}^{t}u\mathrm{d}\xi = \frac{1}{L}\int_{-\infty}^{t_0}u\mathrm{d}\xi + \frac{1}{L}\int_{t_0}^{t}u\mathrm{d}\xi = i(t_0) + \frac{1}{L}\int_{t_0}^{t}u\mathrm{d}\xi \tag{1-26}$$

式（1-26）指出，在某一时刻 t，电感元件的电流值 $i(t)$ 与初始值 $i(t_0)$ 以及从 t_0 到 t 区间所有电压值有关，因此，电感元件有记忆电压的作用，也是一种记忆元件。这种特性称为记忆特性。电感元件是一个储存磁场能量的元件，在电压和电流的关联参考方向下，线性电感元件吸收的功率为

$$p = ui$$

从 t_0 到 t 时间内，电感元件吸收的磁场能量为

$$\begin{aligned} W_L &= \int_{t_0}^{t}p(\xi)\,\mathrm{d}\xi = \int_{t_0}^{t}u(\xi)i(\xi)\mathrm{d}\xi \\ &= L\int_{i(t_0)}^{i(t)}i(\xi)\frac{\mathrm{d}i(\xi)}{\mathrm{d}\xi}\mathrm{d}\xi = L\int_{i(t_0)}^{i(t)}i(\xi)\mathrm{d}i(\xi) \\ &= \frac{1}{2}Li^2\Big|_{i(t_0)}^{i(t)} = \frac{1}{2}Li^2(t) - \frac{1}{2}Li^2(t_0) \\ &= W_L(t) - W_L(t_0) \end{aligned}$$

如果我们选取 t_0 为电感元件两端电流等于零的时刻，即有 $i(t_0)=0$，电感元件中磁场能量也为零，则电感元件在任何时刻 t 所储存的磁场能量 $W_L(t)$ 将等于它所吸取的能量，可写为

$$W_L = \frac{1}{2}Li^2(t) \tag{1-27}$$

> **点拨**：当电流 $|i|$ 增加时，$W_L > 0$，元件吸收能量，反之，元件释放能量。可见电感元件没有将吸收的能量消耗掉，而是以磁场能量的形式存储在磁场中，所以电感元件是一种储能元件。同时它也不会释放出多于它吸收或存储的能量，因此它又是一种无源元件。

1.5.4 电感元件主要技术指标

1. 电感量和允许偏差

衡量一个电感器储存磁场能量本领大小的参数是电感量，用 L 表示，国际单位制中用 H（亨利）、mH（毫亨）和 μH（微亨）作单位。这些单位之间的换算关系为

$$1\mathrm{H} = 10^3\,\mathrm{mH} = 10^6\,\mu\mathrm{H}$$

电感线圈的允许偏差为 $\pm(0.2\% \sim 20\%)$，通常用于谐振回路的电感线圈允许偏差比较小，而用于耦合回路、滤波回路、换能回路的电感线圈允许偏差比较大。精密电感线圈的允许偏差为 $\pm(0.2\% \sim 0.5\%)$，耦合回路电感线圈的允许偏差为 $\pm(10\% \sim 15\%)$，高频阻流圈、镇流器线圈等

的允许偏差为±(10%～20%)。

2. 品质因数

品质因数 Q 是衡量电感线圈质量的一个重要参数。$Q = \omega_0 L / R$，数值上即等于它谐振时的电抗与铜耗电阻之比。**品质因数越高，线圈的铜耗越小。**线圈的 Q 值通常为几十到几百。采用磁心线圈，多股粗线圈均可提高线圈的 Q 值。**在选频电路中，Q 值越高，电路的选频性能就越好。**（具体详见本书谐振部分内容）

3. 标称电流

标称电流是指电感线圈在正常工作时，允许通过的最大电流，也叫额定电流。若工作电流超过额定电流，线圈就会因发热而被烧毁。通常用字母 A、B、C、D、E 分别表示标称电流值为 50mA、150mA、300mA、700mA、1600mA。

4. 分布电容

线圈的匝与匝间、线圈与屏蔽罩间、线圈与地之间存在的电容被称为分布电容。分布电容的存在使线圈的 Q 值减小，稳定性变差，因而线圈的分布电容越小越好。为此，工程实际中常将线圈绕成蜂房式，或是采用多股漆包线作为导线，对天线线圈则采用间绕法，以减少分布电容的数值。

1.5.5 电感器标称值的标注方法

电感器上标注的电感量大小是它的标称值，表示线圈本身的固有特性，即储存磁能的本领，同时也反映了电感器通过变化电流时产生感应电动势的能力。

电感量的允许偏差是指线圈的实际电感量与标称值的差异，对振荡线圈的要求较高，允许偏差为 0.2%～0.5%；对耦合阻流线圈要求则较低，一般在 10%～15% 之间。

图 1.28 所示为电感器标称值的直标法，类似于电阻器的直标法，目前大部分国产固定电感器将电感量的标称值采用直标法直接标注在电感器上。

图 1.28　电感器标称值的直标法

色标法与电阻器的色码法类似。注意：电感器标注的标称值都是用 μH（微亨）作单位。

1.5.6 电感元件的选用

电感元件选用时首先要进行外观检查，查看线圈有无松散，引脚有无折断、生锈现象。然后用万用表测量线圈的直流阻值。若检测到电感器的阻值为无穷大，则表明电感线圈有断路；若发现比正常值小很多，则表明有局部短路；若为零，则线圈完全短路。对于有金属屏蔽罩的电感线圈，还需检查线圈与屏蔽罩间是否短路；对于有磁性的可调电感器，还需检查螺纹配合是否完好。电感器内部局部关系构成的其他电参数，则须通过专用的仪器进行检测。

任务 1.6　电源元件

◆ **任务导入**

从能量转换的角度进行分析，电路中存在着电能的产生以及电能的消耗、磁场能量的储存和电场能量的储存。理想电阻元件表征电能的消耗，理想电感元件表征磁场能量的储存，理想电容元件表征电场能量的储存。那么电路中电能的产生又该由谁来表征？它又有怎样的性能特点呢？

◆ **任务要求**

1）理解理想电压源、电流源和实际电压源、电流源的性能特点。

2）理解四种不同类型的受控源。

重点：电压源、电流源、受控源

难点：理想电压源、电流源与实际电压源、电流源的区别，四种受控源。

◆ **知识链接**

理想电源元件是由实际电源抽象而来的理想电路元件，当只考虑实际电源提供电能的作用，而其本身的功率损耗可以忽略不计时，这种电源便可以用一个理想电源元件来表示。理想电源元件包括理想电压源和理想电流源两种。

1.6.1 电压源

电流在纯电阻电路中流动时就会不断消耗能量，因此，电路中必须要有能量的来源。能向电路提供能量的设备称为电源。

一个实际电源可以用两种不同的电路模型来表示：一种是电压源模型，另一种是电流源模型。

能向电路提供一定电压的设备称为电压源。如干电池、蓄电池、直流发电机、交流发电机、电子稳压器等。

工程实际中，对电压源的要求为：当负载发生变化时，电压源向负载提供的电压应尽量保持或接近不变。实际电压源设备总是存在内阻，因此，当负载变动时，电源的端电压总随之发生变化。为了使供电设备较稳定地运行，且尽量满足工程实际要求，**制作电压源设备时，总是希望内阻越小越好。**

如果实际电压源设备的内阻等于零，就称为人们期望的理想电压源，简称电压源。

理想电压源是一个二端理想元件，具有两个显著特点：

1）理想电压源输出的端电压是恒定值或给定的时间函数，与流过的电流无关，即与接入电路的方式无关。

2）流过理想电压源的电流可以是任何值，其大小由它本身以及外电路共同决定，即与它相连接的外电路有关。

提供恒定电压的电压源称为直流电压源（时不变电压源）；提供一定时间函数的电压源称为时变电压源，如正弦电压源、方波电压源等。理想电压源的一般电路符号如图 1.29a 所示。

图 1.29b 所示为直流理想电压源（恒压源）的伏安特性曲线，在 $I\text{-}U$ 平面上它是一条与横坐标轴平行的直线，表明其端电压 U_s 与通过它的电流大小无关。根据与理想电压源相连的外电路的不同情况，流过理想电压源的电流可以是从 $-\infty$ 到 $+\infty$ 的任意值，相应地，理想电压源可以提供或者吸收任意值的功率。电压源不接外电路时，电流 i 总为零，这种情况称为"电压源处于开路"。

如果令一个电压源的电压 $u_s=0$，则其伏安特性为 $i\text{-}u$ 平面上的电流轴，它相当于短路，短路时端电压 $u=0$，这与电压源的特性不相容，因此，把电压源短路是没有意义的。

理想电压源实际上并不存在，给出它的目的是建立实际电源的电路模型。一个实际电源既产生电能，本身又消耗电能，因此，可以用一个理想电压源与电阻串联的含源支路作为实际电源的电压源模型。图 1.30a 所示为实际直流电压源，其伏安特性方程为 $U=U_s-R_sI$，当 $I=0$ 时，$U=U_s$。随着电流 I 的增大，U 减小，因此，伏安特性曲线为一条始于 U_s、向下倾斜的直线，如图 1.30b 所示。

一些实际电源，如稳压电源、新的电池等，由于其内阻很小，所以在一定电流范围内，其端电压随电流变化不大，因此也可以用理想电压源作为它们的电路模型。

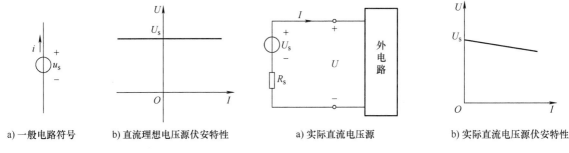

a) 一般电路符号　　　b) 直流理想电压源伏安特性

图 1.29　理想电压源

a) 实际直流电压源　　　b) 实际直流电压源伏安特性

图 1.30　实际电压源模型

1.6.2　电流源

　　实际电源还可以用电流源模型描述。如果负载要求提供较为稳定的电流时，就需要用到电流源，如光电池、电子稳流器等。实际电流源同样存在内阻，当电流源向负载供电时，其内阻上必定产生分流，在负载发生变动时，电流源由于其分流作用，会造成输出电流的不稳定，因此实际电流源的内阻越大越好。

　　例如，一个 60V 的蓄电池串联一个 60kΩ 的大电阻，就构成了一个最简单的高内阻电源。该电源如果向一个低阻负载 R 供电，电源供出的电流为 $I=60/(60000+R)$。假设负载 R 在 1～10Ω 范围变化，电流基本维持在 1mA 不变。这是因为只有几欧或几十欧的负载电阻，与几十千欧的电源内阻相加时，基本可以忽略不计。

　　由此可知，实际电流源的内阻越高，其向负载提供的电流就越稳定。当实际电流源的内阻为无穷大时，就称为理想电流源，简称电流源。

　　理想电流源是一个二端理想元件，具有两个显著特点：

　　1）输出的电流是恒定值（或一定的时间函数），与它的端电压无关，即与接入电路的方式无关。

　　2）加在理想电流源两端的电压由它本身与外电路共同决定，即与它相连接的外电路有关。

　　提供恒定电流的电流源称为直流电流源（时不变电流源）；提供一定时间函数的电流源称为时变电流源，如正弦电流源、方波电流源等。理想电流源的图形符号如图 1.31a 所示，图 1.31b 给出了电流源接外电路的情况。图 1.31c 为电流源在 t_1 时刻的伏安特性，它是一条不通过原点且与电压轴平行的直线。图 1.31d 所示为直流电流源的伏安特性，它不随时间改变。

　　电流源两端短路时，其端电压 u 为零，而 $i=i_s$，此时，电流源的电流即为短路电流。

　　若一电流源的电流 $i_s=0$，则其伏安特性为 i-u 平面上的电压轴，它相当于开路，开路时电流 $i=0$，这与电流源的特性不相容，因此，把电流源"开路"是没有意义的。

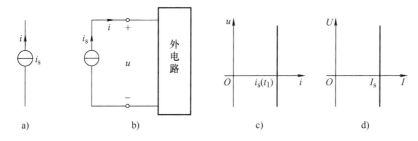

a)　　　　　b)　　　　　c)　　　　　d)

图 1.31　理想电流源及其伏安特性

理想电流源实际上也是不存在的,实际直流电流源模型如图 1.32 所示,其电路模型一般表示为:理想电流源和一个电阻并联的形式(电阻相当于实际电流源的内阻),电源的外特性为 $I=I_s-U/R_s$ 。

上述电流源和电压源常常被称为独立源,以区别于下面将要介绍的受控源(非独立源)。

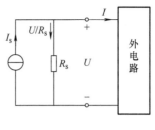
a) 实际直流电流源模型

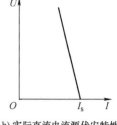
b) 实际直流电流源伏安特性

图 1.32　实际直流电流源模型

1.6.3　受控源

前面介绍的电压源和电流源有个共同特点:它们向电路提供的电压或电流是由自身决定的,与电路中其他电压和电流无关,因此称为"独立源"。

电路理论中,还有一种有源理想电路元件,这种电源向外提供的电压或者电流不像独立源那样由自身决定,而是受电路中某部分的电压或电流控制,因此,这种电源被称为"受控源"(或者"非独立源")。

实际中常见的受控源多为在一定条件下,电子电路中受电压或电流控制的晶体管、场效应晶体管和集成运放等有源器件。

根据被控量的不同,可将受控源分为两类:受控电压源和受控电流源。又因为控制量可为电压或者电流,所以常见的受控源共 4 种:电压控制电压源(Voltage Controlled Voltage Source,VCVS)、电流控制电压源(Current Controlled Voltage Source,CCVS)、电压控制电流源(Voltage Controlled Current Source,VCCS)、电流控制电流源(Current Controlled Current Source,CCCS),它们的图形符号如图 1.33 所示。

为了与独立源相区别,用菱形符号表示受控源的电源部分。在图 1.33 中,控制量 u_1 和 i_1 分别表示控制电压和控制电流,μ、g、r、β 分别是相关的控制系数。其中 μ 和 β 是无量纲的量,g、r 分别具有电导和电阻的量纲。控制系数为常数时,被控量和控制量成正比,对应的受控源为线性受控源。本书只讨论线性受控源,故一般将"线性"两字略去。

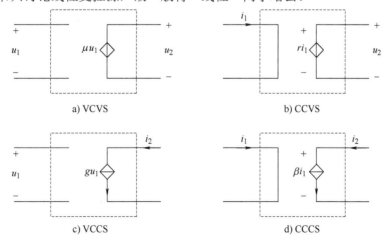
a) VCVS　　　　　　　　　　b) CCVS

c) VCCS　　　　　　　　　　d) CCCS

图 1.33　受控源的四种图形符号

从图中可以看出,受控源有两对端子(可以把它看作四端元件),一对端子开路或短路,另一对端子接受控电压源或受控电流源。受控源用来反映电路中某处电压或电流能控制另一处的电压或电流这一现象。

求解具有受控源的电路时，可以把受控源看作独立电源进行处理，但要注意前者的电压或电流是取决于控制量的。

【**例 1.9**】图 1.34 所示的电路是电压控制电压源（VCVS），求端口电压 u。

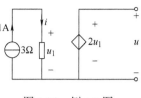

图 1.34　例 1.9 图

解：先求控制电压：

$$u_1 = 1 \times 3 = 3\,\mathrm{V}$$

则

$$u = 2u_1 = 6\,\mathrm{V}$$

任务 2　电路基础分析

任务 2.1　电路的工作状态

扫一扫看视频

◆ **任务导入**

我们知道电路是由电源、负载、中间环节组成的，缺少任何一个部分都不能称之为一个正常的电路，但现实中往往会因某些情况，导致电路出现一些状况，比如负载不小心被短路了或导线断了等现象，那么发生类似现象时，有什么特征，如有不良影响，我们该怎么处理呢？

◆ **任务要求**

熟悉电路的三种状态及各自对应的特征。

重难点：电路的三种状态及特征。

◆ **知识链接**

一简单的直流全电路如图 1.35 所示。其中，E 为电动势，U 为端电压，R_0 为电源的内阻，R 为负载电阻。开关是执行元件，导线将电源、负载和开关连成回路。

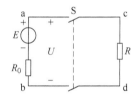

图 1.35　简单直流全电路

2.1.1　有载工作状态

图 1.35 中，当开关 S 闭合时，接通电源和负载，电源向负载提供电能，负载消耗电能，这种状态就是电路的有载工作状态。此时电路的特征如下：

1）根据**全电路欧姆定律（全电路中的电流与电源的电动势成正比，与全电路的总电阻成反比）**，电路中的电流为

$$I = \frac{E}{R_0 + R}$$

即当 E 和 R_0 一定时，电路中的电流取决于负载电阻 R。

2）负载电阻两端的电压为

$$U = IR$$

即 $U = E - IR_0$，若忽略线路电压降，负载的端电压等于电源电压 E。

3）电源对外的输出功率（即负载获得的功率）等于理想电压源发出的功率减去内阻消耗的功率，即 $P_R = P_E - P_{R0} = UI = (E - IR_0)I$。

2.1.2　开路（空载）

开关断开，电源没有向负载供电，此时称电路处于开路（空载）状态。此时电路的特征如下：

1）电路中电流为零，即 $I = 0$。

2）这时电源的端电压称为开路电压或空载电压 U_0，显然电路开路时，$U = E = U_0$。

3）$I = 0$，电源的输出功率和负载吸收的功率均为零。

2.1.3　短路

如图 1.35 所示，当电源的两端 c、d 两点之间直接被一条导线连接或由于某种原因被连在一起时，电路处于短路状态。此时电路的特征如下：

1）电源和负载的端电压均等于 0，即 $U = 0$。

2）此时 $R = 0$，$E = I_s R_0$，即电源的电动势全部降在内阻上。这时电源输出的短路电流 I_s 很大。$I_s = E/R_0$。

3）因为端电压为零，电源对外输出的功率为零，也使负载无法获得功率。电源的全部功率被电源内阻所消耗。

因为短路电流 I_s 远大于正常输出电流，电源能量全部消耗在它的内阻上，造成电源损坏，这是不允许的。所以常在电路中接入熔断器或自动断路器，起到保护作用。

短路是一种严重事故，常常是由于绝缘损坏或接线不慎引起，有时由于疏忽将不该导通的线路接通了，从而导致了短路，引起毁坏，因此应该经常检查电气设备和线路的绝缘情况。有时根据工作需要将电路的某一部分或某一元件的两端用导线连接起来，这种局部短路的情况就不是事故了。比如，为了测量电路电流而串入电流表，但不需要测量时，为了保护电流表，可用闭合开关的方法，将电流表"短路"，如图 1.36 所示。

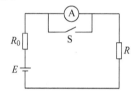

图 1.36　电流表短路保护

> 💡 **经验传承**：通常为了把这种人为安排的有用短路与事故短路区分开来，常将有用短路称为"短接"，如万用表欧姆调零时，将红、黑两表笔短接。

【**例 1.10**】电路如图 1.37 所示，已知 $R_1 = 2.6\Omega$，$R_2 = 5.5\Omega$。当开关 S_1 闭合，S_2 断开时，电流表读数为 2A；当开关 S_1 断开，S_2 闭合时，电流表读数为 1A，试求 E 和 R_0。

解：当开关 S_1 闭合，S_2 断开时，电路如图 1.38a 所示，此时：

$$I_1 = E/(R_0 + R_1) \tag{1-28}$$

当开关 S_1 断开，S_2 闭合时，电路如图 1.38b 所示，此时：

$$I_2 = E/(R_0 + R_2) \tag{1-29}$$

联立式（1-28）、式（1-29）方程组，解得

$$R_0 = (I_2 R_2 - I_1 R_1)/(I_1 - I_2) = 0.3\Omega$$

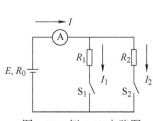

图 1.37　例 1.10 电路图

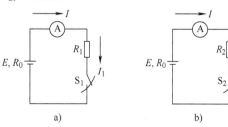

图 1.38　例 1.10 解答图

所以

$$E = I_1(R_0+R_1) = 5.8\text{V} \quad 或 \quad E = I_2(R_0+R_2) = 5.8\text{V}$$

任务 2.2　基尔霍夫定律

◆ **任务导入**

我们初中就学过欧姆定律，一些简单电路用它就可以计算。但实际接触的电路中往往比较复杂，那么解决这些复杂电路单纯靠欧姆定律显然已经无能为力了，那么我们该如何来解决这些问题呢？

◆ **任务要求**

掌握基尔霍夫定律的内容，并能灵活运用定律解决电路分析中的问题。

重点：电路名词理解，基尔霍夫电压、电流定律。

难点：基尔霍夫电压、电流定律的应用。

◆ **知识链接**

电路的基本元件按照一定的方式连接起来，组成一个完整电路，如图 1.39 所示，其中每一个小方框代表一个理想电路元件（如电阻器、电容器、电感器、理想电压源、理想电流源等）。在分析计算电路时，通常依据两种约束关系：元件的约束关系和电路的约束关系——基尔霍夫定律。其中，基尔霍夫定律包含两部分内容：**基尔霍夫电流定律（Kirhhoff's Current Law，KCL）和基尔霍夫电压定律（Kirhhoff's Voltage Law，KVL）**，它是电路分析的基本定律。在叙述基尔霍夫定律之前，先介绍几个常用的电路术语：

（1）支路

每个二端元件可视为一个支路，流过元件的电流称为支路电流，而元件两端的电压称为支路电压。

在实际分析电路时，我们把流过同一个电流的分支称为一条支路。图 1.39 中的 afc、ab、bc、aeo、bo、cdo 均为支路。

（2）节点

电路中，3 条或 3 条以上支路的连接点称为节点。例如，图 1.39 中的 a、b、c、o 点都是节点。

（3）回路

电路中，由若干条支路组成的闭合路径称为回路。图 1.39 中的 abcfa、aboea、bcdob、abcdoea、afcdoea 均为回路。

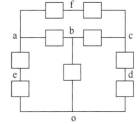

图 1.39　常用术语示例电路图

（4）网孔

内部不包含支路的回路称为网孔。网孔是特殊的回路。图 1.39 中的网孔有：abcfa、aboea、bcdob。由此可见，回路 abcfa、aboea、bcdob 既是回路，也是网孔，而回路 abcdoea、afcdoea 则不是网孔。

2.2.1　基尔霍夫电流定律

基尔霍夫电流定律（KCL）又称为节点电流定律，描述电路中各支路电流之间的约束关系。

基尔霍夫电流定律的内容：任一时刻，电路的任一节点，其流入（或流出）电流的代数和

恒等于零。或者说，电路中任一节点，在任一时刻，流入节点的电流之后等于流出节点的电流之和。即

$$\sum i = 0 \qquad (1\text{-}30)$$

或

$$\sum i_{入} = \sum i_{出} \qquad (1\text{-}31)$$

应用 KCL 时，应注意以下两点：

1）一般规定流入节点的电流在代数和[式（1-30）]中取正（"+"），流出节点的电流在代数和[式（1-30）]中取负（"-"）。

2）KCL 还可以从节点推广到任一假设的闭合面（广义节点）。如图 1.40 所示，将闭合面 S 视为一个广义节点，则由 KCL 可得 $I_1-I_2-I_3-I=0$

【例 1.11】在图 1.41 所示电路中，已知 $I_1=6A$，$I_2=-4A$，$I_3=-2A$，$I_4=2A$，求 I_5。

解：根据 KCL 列方程，若电流参考方向为流入节点 a 的，则取"+"，流出节点 a 的，则取"-"，有 $I_1-I_2-I_3+I_4-I_5=0$，将具体数值代入，得 $6-(-4)-(-2)+2-I_5=0$，则 $I_5=14A$。

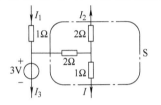

图 1.40　KCL 在广义节点上的应用 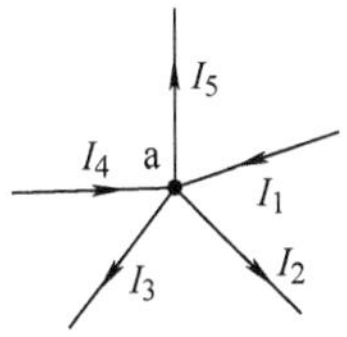　　　　图 1.41　例 1.11 图

> **经验传承：**应用 KCL 时应注意以下几点：
> 1）在列节点电流方程时，必须先设定电流的参考方向，然后依据电路图上标定的电流的参考方向正确列出。
> 2）KCL 不仅适用于线性电路，还适用于非线性电路。
> 3）KCL 不仅适用于电路中的节点，还可以推广应用于电路中的任一假设的封闭面，即在任一瞬间，通过电路中任一假设封闭面的电流的代数和为零。

2.2.2　基尔霍夫电压定律

基尔霍夫电压定律（KVL）又称为回路电压定律，描述电路中任一回路各段电压之间的相互约束关系。

基尔霍夫电压定律的内容：**在任意时刻，沿任意回路，所有支路电压的代数和恒等于零，或者说，在任意时刻，沿任一回路，各支路电压降的代数和等于电压升的代数和。**

$$\sum u = 0 \qquad (1\text{-}32)$$

或

$$\sum u_{升} = \sum u_{降} \qquad (1\text{-}33)$$

在式（1-32）取和时需要任意指定一个回路的绕行方向，凡支路电压的参考方向与回路绕行方向一致的取正（"+"），支路电压的参考方向与回路绕行方向相反的取负（"-"）。

【例 1.12】在图 1.42 所示电路中，已知 $U_{s1}=7V$，$U_{s2}=4V$，$I_1=1A$，$R_1=R_2=2\Omega$，求电压 U_3、电流 I_2 和 I_3。

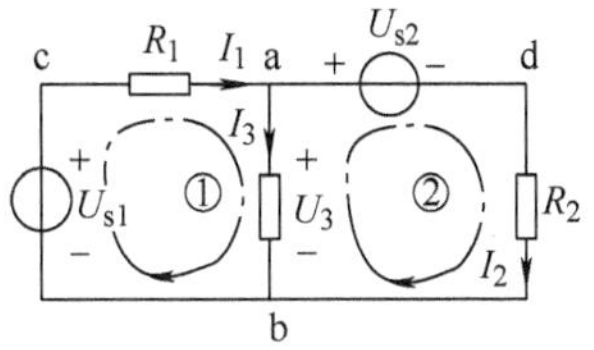

解：对回路①列写 KVL 方程：

$$R_1 I_1 + U_3 - U_{s1} = 0$$

则

$$U_3 = U_{s1} - R_1 I_1 = 7 - 2 \times 1 = 5V$$

图 1.42　例 1.12 图

对回路②列写 KVL 方程:

$$U_{s2} + R_2 I_2 - U_3 = 0$$

则

$$I_2 = \frac{U_3 - U_{s2}}{R_2} = \frac{5-4}{2} = 0.5A$$

对节点 a 列写 KCL 方程:

$$I_1 - I_2 - I_3 = 0$$

则

$$I_3 = I_1 - I_2 = 1 - 0.5 = 0.5A$$

【例 1.13】在电子电路中,我们经常会看到与图 1.43a 相似的电路形式,试分别求开关 S 断开和闭合两种情况下 a 点的电位。

解:图 1.43a 所示为电子电路中的一种习惯画法:电源不再用符号表示,而改为标出其电位的极性和数值。可将图 1.43a 改画为图 1.43b 的形式。

1)开关 S 断开时,由 KVL 可得

$$(2+15+3)I - 5 - 15 = 0$$

$$I = \frac{5+15}{2+15+3} = 1A$$

a 点电位:

$$V_a = U_{ao} = U_{ab} + U_{bc} + U_{co} = (15+3)I - 5 = 13V$$

或 $V_a = U_{ao}$, 当取 $U_{ao} = U_{ad} + U_{do}$ 时

$$V_a = U_{ao} = 2(-I) + 15 = 13V$$

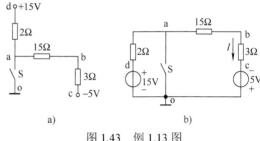

图 1.43 例 1.13 图

2)开关 S 闭合时,a 点直接与参考地 o 点相连,两者电位相等,即

$$V_a = 0$$

> 🔆 拓展:KVL 还可以从真实回路扩展到任一虚拟回路,而不论该虚拟回路中实际电路元件是否存在。也就是说,电路中任意虚拟回路中各电压的代数和恒等于零。

【例 1.14】图 1.44 所示电路,可假设闭合回路 acba,并列出 KVL 方程:

$$u_1 + u_s - u_{ab} = 0$$

$$u_{ab} = u_1 + u_s$$

由欧姆定律知:

$$u_1 = -iR$$

故:

$$u_{ab} = u_s - iR$$

> 🌱 经验传承:
>
> 1)KVL 方程的常用形式是把变量和已知量区分放在方程两边,这样可以给解题带来一定的方便。
>
> 2)在列 KVL 回路电压方程前,必须标注各元件的端电压、各支路电流的参考方向以及回路的绕行方向,然后依据电路图上标注的参考方向正确列出。
>
> 3)KVL 与 KCL 相同,不仅适用于线性电路,还适用于非线性电路。
>
> 4)KVL 可以从真实回路扩展到任一虚拟回路,该虚拟回路仍满足 KVL 方程。

【例 1.15】图 1.45 所示电路中,$R_1 = 2k\Omega$,$R_2 = 500\Omega$,$R_3 = 200\Omega$,$u_s = 12V$,电流控制电流源的激励电流 $i_d = 5i_1$,求电阻器 R_3 两端的电压 u_3。

解:这是一个有受控源的电路,宜选择控制量 i_1 作为未知量先求解,解得 i_1 后再通过 i_d 求 u_3。可分以下步骤进行:

1)在节点 a 使用 KCL 可知流过 R_2 的电流:

$$i_2 = i_1 + i_d = 6i_1$$

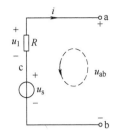

图 1.44 例 1.14 图

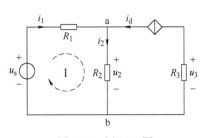

图 1.45 例 1.15 图

2）在回路 I 中使用 KVL，得

$$u_s=R_1i_1+R_2i_2=(R_1+6R_2)i_1$$

代入已知数值，可得

$$i_1=2.4\text{mA}$$

R_3 两端的电压 u_3 为

$$u_3=-R_3i_d=-R_3\times5i_1=-2.4\text{V}$$

任务 3　实践验证

扫一扫看视频

任务实施 3.1　基本电工仪表的使用及测量误差的计算

1. 实施目标

1）熟悉实验台上各类电源及各类测量仪表的布局和使用方法。

2）掌握指针式电压表、电流表内阻的测量方法。

3）熟悉电工仪表测量误差的计算方法。

2. 原理说明

为了准确地测量电路中实际的电压和电流，必须保证仪表接入电路后不会改变被测电路的工作状态。这就要求电压表的内阻为无穷大、电流表的内阻为零。而实际使用的指针式电工仪表都不能满足上述要求。因此，当测量仪表一旦接入电路，就会改变电路原有的工作状态，这就导致仪表的读数值与电路原有的实际值之间出现误差。这种测量误差的大小与仪表本身内阻的大小密切相关。只要测出仪表的内阻，即可计算出由其产生的测量误差。以下介绍几种测量指针式仪表内阻的方法。

（1）用分流法测量电流表的内阻

如图 1.46 所示，A 为被测内阻（R_A）的直流电流表。测量时先断开开关 S，调节电流源的输出电流 I 使电流表指针满偏转。然后合上开关 S，并保持 I 不变，调节电阻箱 R_B 的阻值，使电流表的指针指在 1/2 满偏转位置，此时有

$$I_A=I_S=I/2$$
$$\therefore R_A=R_B /\!/ R_1$$

式中，R_1 为固定电阻器的阻值，R_B 可由电阻箱的刻度盘上读得。

（2）用分压法测量电压表的内阻

如图 1.47 所示，V 为被测内阻（R_V）的电压表。测量时先将开关 S 闭合，调节直流稳压电源的输出电压，使电压表的指针为满偏转。然后断开开关 S，调节 R_B 使电压表的指示值减半。此时有

$$R_V=R_B+R_1$$

电压表的灵敏度为 $S=R_V/U(\Omega/\text{V})$。式中，U 为电压表满偏时的电压值。

（3）仪表内阻引入的测量误差（通常称为方法误差，而仪表本身结构引起的误差称为仪表基本误差）的计算

1）以图 1.48 所示电路为例，R_1 上的电压为

$$U_{R1} = \frac{R_1 U}{R_1 + R_2}$$

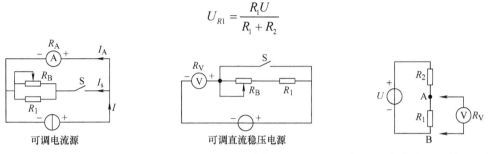

图 1.46　分流法待测电路　　　　图 1.47　分压法待测电路　　　　图 1.48　仪表内阻误差测量电路

现用一内阻为 R_V 的电压表来测量 U_{R1} 值，当 R_V 与 R_1 并联后，$R_{AB} = \dfrac{R_V R_1}{R_V + R_1}$，以此来替代上式中的 R_1，则得

$$U'_{R1} = \frac{\dfrac{R_V R_1}{R_V + R_1}}{\dfrac{R_V R_1}{R_V + R_1} + R_2} U$$

绝对误差为

$$\Delta U = U'_{R1} - U_{R1} = \frac{-R_1^2 R_2 U}{R_V(R_1^2 + 2R_1 R_2 + R_2^2) + R_1 R_2(R_1 + R_2)}$$

若 $R_1 = R_2 = R_V$，则得

$$\Delta U = -\frac{U}{6}$$

相对误差为

$$\Delta U\% = \frac{U'_{R1} - U_{R1}}{U_{R1}} \times 100\% = \frac{-U/6}{U/2} \times 100\% = -33.3\%$$

由此可见，当电压表的内阻与被测电路的电阻相近时，测得值的误差是非常大的。

2）伏安法测量电阻的原理为：测出流过被测电阻 R_X 的电流 I_R 及其两端的电压降 U_R，则其阻值 $R_X = U_R / I_R$。图 1.49a、b 为伏安法测量电阻的两种电路。设所用电压表和电流表的内阻分别为 $R_V = 20\text{k}\Omega$，$R_A = 100\Omega$，电源 $U = 20\text{V}$，假定 R_X 的实际值为 $R_X = 10\text{k}\Omega$。现在来计算用此两电路测量结果的误差。

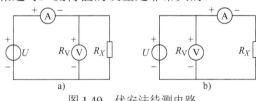

图 1.49　伏安法待测电路

图 1.49a：$I_R = \dfrac{U}{R_A + \dfrac{R_V R_X}{R_V + R_X}} = \dfrac{20}{0.1 + \dfrac{10 \times 20}{10 + 20}} = 2.96\text{mA}$

$$U_R = I_R \frac{R_V R_X}{R_V + R_X} = 2.96 \times \frac{10 \times 20}{10 + 20} = 19.73\text{V}$$

$$\therefore R_X = \frac{U_R}{I_R} = \frac{19.73}{2.96} = 6.666\text{k}\Omega$$

相对误差为

$$\Delta a = \frac{R_X - R}{R} = \frac{6.666 - 10}{10} \times 100\% = -33.3\%$$

图 1.49b：$I_R = \dfrac{U}{R_A + R_X} = \dfrac{20}{0.1 + 10} = 1.98 \text{mA}$ ，$U_R = U = 20\text{V}$

$$\therefore R_X = \frac{U_R}{I_R} = \frac{20}{1.95} = 10.1 \text{k}\Omega$$

相对误差为

$$\Delta b = \frac{10.1 - 10}{10} \times 100\% = 1\%$$

由此例既可看出仪表内阻对测量结果的影响，也可看出采用正确的测量电路也可获得较满意的结果。

3. 实施设备及器材（见表 1.7）

表 1.7 实施设备及器材

序 号	名 称	型号与规格	数 量	备 注
1	可调直流稳压电源	0～30V	1	
2	可调恒流源		1	
3	指针式万用表	MF-47 或其他	1	
4	可调电阻箱	0～9999Ω	1	ZDD-12
5	电阻器	按需选择	若干	

4. 实施内容

1）根据分流法原理测定指针式万用表（MF-47 型或其他型号）直流电流 0.5mA 档和 5mA 档量限的内阻，见表 1.8。电路如图 1.46 所示。R_B 可选用 ZDD-12 中的电阻箱（下同）。

表 1.8 分流法待测数据表

被测电流表量限	S 断开时的表读数/mA	S 闭合时的表读数/mA	R_B/Ω	R_1/Ω	计算内阻 R_A/Ω
0.5mA					
5mA					

2）根据分压法原理按图 1.47 接线，测定指针式万用表直流电压 2.5V 档和 10V 档量限的内阻，见表 1.9。

表 1.9 分压法待测数据表

被测电压表量限	S 闭合时表读数/V	S 断开时表读数/V	$R_B/\text{k}\Omega$	$R_1/\text{k}\Omega$	计算内阻 $R_V/\text{k}\Omega$	$S/(\Omega/\text{V})$
2.5V						
10V						

3）用指针式万用表直流电压 10V 档量程测量图 1.48 电路中 R_1 上的电压 U_{R1}，并计算测量的绝对误差与相对误差，见表 1.10。

表 1.10 伏安法待测数据表

U	R_2	R_1	$R_{10V}/\text{k}\Omega$	计算值 U_{R1}/V	实测值 U'_{R1}/V	绝对误差 ΔU	相对误差 $(\Delta U/U_{R1})\times100\%$
12V	10kΩ	50kΩ					

5. 实施注意事项

1）实验前应认真阅读直流稳压电源的使用说明书，以便在实验中能正确使用。

2）电压表应与被测电路并联使用，电流表应与被测电路串联使用，并且都要注意极性与量程的合理选择。

3）本实验仅测试指针式仪表的内阻。由于所选指针式仪表的型号不同，本实验中所列的电流、电压量程及选用的 R_B、R_1 等均会不同。实验时应按选定的表型自行确定。

6. 思考题

1）根据实施内容1）和2），若已求出 0.5mA 档和 2.5V 档的内阻，可否直接计算得出 5mA 档和 10V 档的内阻？

2）用量程为 10A 的电流表测实际值为 8A 的电流时，实际读数为 8.1A，求测量的绝对误差和相对误差。

7. 实施报告

1）列表记录实验数据，并计算各被测仪表的内阻值。

2）计算实施内容3）的绝对误差与相对误差。

任务实施 3.2　电路元件的识别和特性测试

1. 实施目标

1）学会识别常用电路元件的方法。

2）掌握线性电阻元件、非线性电阻元件伏安特性的测试技能。

3）掌握实验台上直流电工仪表和设备的使用方法。

4）加深对线性电阻元件、非线性电阻元件伏安特性的理解。

2. 原理说明

任何一个二端元件的特性可用该元件上的端电压 U 与通过该元件的电流 I 之间的函数关系 $I=f(U)$ 来表示，即用 I-U 平面上的一条曲线来表征，这条曲线称为该元件的伏安特性曲线。

1）线性电阻器的伏安特性曲线是一条通过坐标原点的直线，如图 1.50 曲线 a 所示，该直线的斜率等于该电阻器的电阻值。

2）一般的白炽灯，其灯丝电阻从冷态开始随着温度的升高而增大。通过白炽灯的电流越大，其温度越高，阻值也越大。灯丝的"冷电阻"与"热电阻"的阻值可相差几倍至十几倍，其伏安特性如图 1.50 曲线 b 所示。

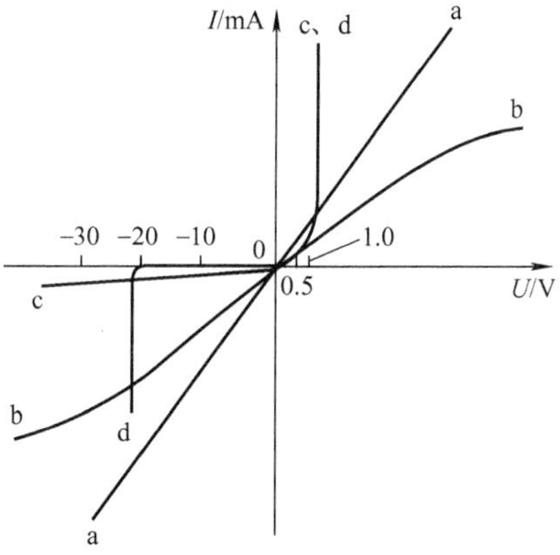

3）一般的半导体二极管是一个非线性电阻元件，其伏安特性如图 1.50 曲线 c 所示。其正向电压降很小（一般的锗管为 0.2~0.3V，硅管为 0.5~0.7V），正向电流随正向电压降的升高而急骤上升。而反向电压从零一直增加到十多伏

图 1.50　各二端元件伏安特性

至几十伏时，其反向电流增加很小，粗略地可视为零。可见，二极管具有单向导电性，但反向电压加得过高，超过管子的极限值，则会导致管子击穿损坏。

4）稳压二极管是一种特殊的半导体二极管，其正向特性与普通二极管类似，但其反向特性较特别，如图 1.50 曲线 d 所示。在反向电压开始增加时，其反向电流几乎为零，但当电压增加到某一数值时（称为管子的稳压值，有各种不同稳压值的稳压二极管），电流将突然增加，以后它的端电压将基本维持恒定，当反向电压继续升高时其端电压仅有少量增加。

!!注意：流过二极管或稳压二极管的电流不能超过管子的极限值，否则管子就会烧坏。

对于一个未知的电阻元件，可以参照对已知电阻元件的测试方法进行测量，根据测得数据描绘其伏安特性曲线，再与已知元件的伏安特性曲线相对照，即可判断出该未知电阻元件的类

型及某些特性，如线性电阻的电阻值、二极管的材料（硅或锗）、稳压二极管的稳压值等。

3. 实施设备及器材（见表 1.11）

表 1.11　实施设备及器材

序　号	名　　称	型号与规格	数　量	备　注
1	可调直流稳压电源	0~30V	1	
2	万用表		1	
3	直流电流表	0~2A	1	
4	直流电压表	0~200V	1	
5	二极管	1N4007、2AP9	1	ZDD-12
6	稳压二极管	2CW51	1	ZDD-12
7	白炽灯	12V/0.1A	1	ZDD-12
8	线性电阻器	200Ω/2W、510Ω/2W、1kΩ/2W	各 1	ZDD-11
9	未知电阻器		若干	ZDD-12

4. 实施内容

（1）测定线性电阻器的伏安特性

按图 1.51 接线，调节稳压电源的输出电压 U，使 R 两端的电压 U_R 依次为表 1.12 所列值，记下相应的电流表读数 I。

表 1.12　线性电阻器伏安特性测试数据表

U_R/V	0	2	4	6	8	10
I/mA						

（2）测定非线性电阻器的伏安特性

将图 1.51 中的 R 换成一只 12V、0.1A 的灯泡，重复实施内容（1）的测量。U_L 为灯泡的端电压，按表 1.13 中 U_L 的取值，记下相应的电流表读数 I。

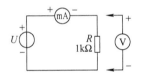

图 1.51　线性电阻器伏安特性测量电路

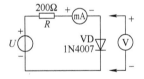

图 1.52　非线性电阻器伏安特性测量电路

表 1.13　非线性电阻器伏安特性测试数据表

U_L/V	-1	-5	1	2	3	5	8	10
I/mA								

（3）测定半导体二极管的伏安特性

按图 1.52 接线，R 为限流电阻器。测二极管的正向特性时，其正向电流不得超过 36mA，二极管 VD 的正向电压 U_{VD+} 按表 1.14 所列取值。测反向特性时，只需将图 1.52 中的二极管 VD 反接，其反向电压 U_{VD-} 按表 1.15 所列取值。

表 1.14　正向特性实验数据

U_{VD+}/V	0.10	0.30	0.50	0.60	0.70	0.80	0.90	1.0
I/mA								

表 1.15　反向特性实验数据

U_{VD-}/V	0	-5	-10	-15	-20	-25	-30
I/mA							

（4）测定稳压二极管的伏安特性

1）正向特性实验：将图 1.52 中的二极管换成稳压二极管 2CW51，重复实施内容（3）中的正向测量。U_{VS+} 为 2CW51 的正向电压测得的实验数据填入表 1.16 中。

表 1.16　正向特性实验数据

U_{VS+}/V	
I/mA	

2）反向特性实验：将图 1.52 中的 R 换成 510Ω，2CW51 反接，测量 2CW51 的反向特性。稳压电源的输出电压 U_0 为 0～20V，测量 2CW51 两端的电压 U_{VS} 及电流 I，由 U_{VS} 的变化情况可看出其稳压特性。测得的实验数据填入表 1.17 中。

表 1.17　反向特性实验数据

U_0/V	
U_{VS-}/V	
I/mA	

（5）未知电阻元件伏安特性的测试

测试未知电阻元件的伏安特性时，操作应特别小心，否则就可能会损坏被测元件。按图 1.52 接线，但 R 用 510Ω，二极管 VD 不接入，先将稳压电源的输出电压 U 调至最低（0 或 0.1V），再任选一种未知元件接入线路，步骤如下。

1）缓慢调节稳压电源的输出电压 U，以毫安表每次增加 3mA 为测试点，依次记录每个电流测试点下元件两端的电压值 U_X。如果电流达到 36mA 或者 U_X 达到 30V，则停止测试，并将 U 调至最低。

2）将稳压电源正、负输出端的连接线互换位置，重复步骤 1）。

3）另选一种未知电阻元件接入线路，重复步骤 1）、2）的测量，数据记录在表 1.18 中。

> 注意：各 ZDD-12 实验箱中未知元件的排列顺序和元件方向是随机的，各不相同。

表 1.18　未知电阻元件伏安特性测试数据表

I_X/mA	0	3	6	9	12	15	18	21	24	27	30	33	36
U_X/V													
I_X/mA	0	−3	−6	−9	−12	−15	−18	−21	−24	−27	−30	−33	−36
U_X/V													

5.　实施注意事项

1）测二极管正向特性时，稳压电源输出应由小至大逐渐增加，应时刻注意电流表读数不得超过 36mA。稳压源输出端切勿碰线短路。

2）如果要测定二极管 2AP9 的伏安特性，则正向特性的电压取 0V、0.10V、0.13V、0.15V、0.17V、0.19V、0.21V、0.24V、0.30V，反向特性的电压取 0V、2V、4V、6V、8V、10V。

3）进行不同实验时，应先估算电压和电流大小，合理选择仪表的量程，勿使仪表超量程使用。仪表的极性也不可接错。

6.　思考题

1）线性电阻器与非线性电阻器的概念是什么？电阻器与二极管的伏安特性有何区别？

2）设某元件伏安特性曲线的函数式为 $I=f(U)$，试问在逐点绘制曲线时，其坐标变量应如何放置？

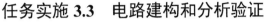

3）稳压二极管与普通二极管有何区别，其用途如何？

4）在图 1.52 中，设 U=2V，U_{VD+}=0.7V，则电流表读数为多少？

任务实施 3.3　电路建构和分析验证

1．实施目标

1）验证基尔霍夫定律的正确性，掌握基尔霍夫定律的内容。

2）学会用电流插头、插座测量各支路电流的方法。

2．原理说明

基尔霍夫定律是电路的基本定律。测量某电路的各支路电流及每个元件两端的电压，应能分别满足基尔霍夫电流定律和电压定律。

基尔霍夫第一定律，也称节点电流定律：对电路中的任一节点，在任一时刻，流入节点的电流之和等于流出节点的电流之和。即对电路中的任一个节点而言，应有 $\sum i = 0$。

基尔霍夫第二定律，也称回路电压定律：对电路中的任一闭合回路，在任一时刻，沿回路绕行方向上各段电压的代数和等于零。即对任何一个闭合回路而言，应有 $\sum u = 0$。

运用该定律时必须注意各支路或闭合回路中电流的方向，此方向可预先任意设定。

3．实施设备及器材（见表 1.19）

表 1.19　实施设备及器材

序　号	名　称	型号与规格	数　量	备　注
1	直流稳压电源	+12V	1	
2	可调直流稳压电源	0～30V	1	
3	万用表		1	
4	直流电压表	0～200V	1	
5	直流电流表	0～2A	1	
6	电路基础模块（一）		1	ZDD-11

4．实施内容及步骤

实验线路如图 1.53 所示，用 ZDD-11 挂箱的"基尔霍夫定律/叠加定理"线路。

1）实验前先任意设定三条支路和三个闭合回路的电流正方向。图 1.53 中的 I_1、I_2、I_3 的方向已设定。三个闭合回路的绕行方向可设为 ADEFA、BADCB 和 FBCEF。

2）将+12V 和+6V（可调电源输出）直流稳压电源分别接入 U_1 和 U_2 处。

3）熟悉电流插头的结构，将电流插头的两端接至直流电流表的"+""-"两端。

4）将电流插头分别插入三条支路的三个电流插座中，读出并记录电流。

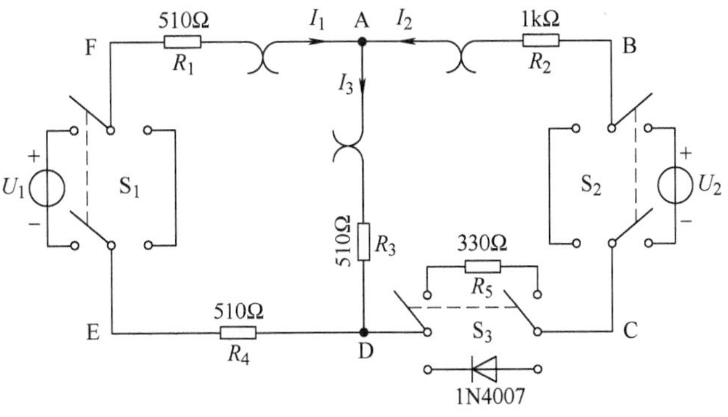

图 1.53　基尔霍夫定律实验线路图

5）用直流电压表分别测量两路电源及电阻元件上的电压，并记录。

实验数据记录在表 1.20 中。

表 1.20　实验数据

被测量	I_1/mA	I_2/mA	I_3/mA	U_1/V	U_2/V	U_{FA}/V	U_{AB}/V	U_{AD}/V	U_{CD}/V	U_{DE}/V
计算值										
测量值										
相对误差										

5．实施注意事项

1）据图 1.53 的电路参数，计算出待测的电流 I_1、I_2、I_3 和各电阻上的电压值，记入表中，以便实验测量时，可正确地选定电流表和电压表的量程。

2）用电流插头测量各支路电流时，或者用电压表测量电压降时，应注意仪表的极性，并应正确判断测得值的正负。

3）所有需要测量的电压，均以电压表测量的读数为准。U_1、U_2 也需测量，不应取电源本身的显示值。

4）用指针式电压表或电流表测量电压或电流时，如果仪表指针反偏，则必须调换仪表极性，重新测量。此时指针正偏，可读得电压或电流。若使用数字电压表或电流表进行测量，则可直接读出电压或电流。但应注意，所读得的电压或电流的正负应根据设定的电流方向来判断。

6．思考题

1）若用指针式万用表直流电流档测各支路电流，在什么情况下可能出现指针反偏，应如何处理？在记录数据时应注意什么？若用直流电流表进行测量时，则会有什么显示呢？

2）根据实验数据，选定节点 A，验证基尔霍夫电流定律的正确性。

3）根据实验数据，选定实验电路中的任一个闭合回路，验证基尔霍夫电压定律的正确性。

项 目 小 结

1）电路理论研究的对象，是由理想电路元件构成的电路模型。理想电路元件是实际电路元件的理想化模型。

2）理想电路元件有电阻元件、电感元件、电容元件、理想电压源、理想电流源等。从能量角度可分为耗能元件、储能元件和供能元件三类。电阻元件是耗能元件，电感元件和电容元件分别是储存磁场能和电场能的理想元件，理想电压源和理想电流源分别是提供恒定电压和恒定电流的理想化电源。

3）电阻元件是耗能元件，当元件上的电压与电流取关联参考方向时，$u=Ri$。

电容元件是储存电场能的元件，当元件上的电压与电流取关联参考方向时，$i=C\mathrm{d}u/\mathrm{d}t$。

电感元件是储存磁场能的元件，当元件上的电压与电流取关联参考方向时，$u=L\mathrm{d}i/\mathrm{d}t$。

4）理想电压源的电压恒定不变，电流随外电路而变化。理想电流源的电流恒定不变，电压随外电路而变化。

实际电源的电路模型有两种：实际电源的电压源模型、实际电源的电流源模型分别为理想电压源和电阻器串联组成、理想电流源和电阻器并联组成。

受控源的电压和电流不是独立的，而是受电路中某个电压和电流控制的。理想的受控源电路可分为电压控制电压源（VCVS）、电压控制电流源（VCCS）、电流控制电压源（CCVS）和电流控制电流源（CCCS）。

5）电压、电流的参考方向：电路图中所标注的电压、电流方向均为参考方向，在分析计算电路时，首先必须标出各电压、电流的参考方向，这是列写方程的依据。

通常，电压的参考方向（极性）用"+""−"标注，电流的参考方向用"→"标注。

当 u（或 i）>0 时，表明其方向与参考方向一致；否则相反。

6）功率。

当元件的 u、i 选择关联参考方向时，功率 $p=ui$。

当元件的 u、i 选择非关联参考方向时，功率 $p=-ui$。

如果 $p>0$，则该元件吸收功率，为耗能元件；如果 $p<0$，则该元件输出功率，为储能元件。电路中的功率是平衡的，满足 $\sum p=0$，即发出的功率和等于吸收的功率和。

7）电路有载工作状态：$I=E/(R_0+R)$、$U=E-IR_0$；开路工作状态：$I=0$，$U=U_0=E$；短路工作状态：$U=0$，$I=I_S=E/R_0$，短路往往是一种严重事故，会导致电器损坏、电路损毁等，所以要竭力避免。

8）基尔霍夫定律。

① 基尔霍夫电流定律。

电路中的任一节点，都满足：$\sum i=0$。

根据各支路电流 i 的参考方向，流入节点的电流前取"+"，流出节点的电流前取"−"。

② 基尔霍夫电压定律。

沿着电路中的任一回路绕行一周，都满足：$\sum u=0$。

根据各端电压 u 的参考方向，各电压降的方向与绕行方向一致时取"+"，各电压升的方向与绕向方向一致时取"−"。

思考与练习

1.1　根据图 1.54 所示的接线图，绘制出相应的电路图，说一说它的组成。

1.2　某四色环电阻器的 4 个色环依次是红色、紫色、橙色、银色，请确定该电阻器的电阻值和允许偏差。

1.3　在图 1.55 中，图 a $u>0$，$i<0$；图 b $u<0$，$i>0$，分别说明元件是发出功率还是吸收功率？

1.4　如图 1.56 所示，已知 $U_1=3V$，$U_2=10V$，$U_3=4V$，试求电压 U_{ab}，并判断 a、b 两点哪点电位高？

图 1.54　题 1.1 图

1.5　已知电路中 A、B 两点间的电压 $U_{AB}=-20V$，A 点的电位为 $V_A=5V$，那么 B 点的电位为多少？如果以 B 点为参考点，那么 A 点的电位又是多少？

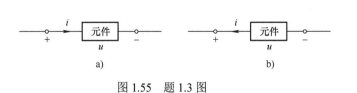

图 1.55　题 1.3 图

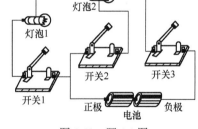

图 1.56　题 1.4 图

1.6　解下列各题：

1）一个 6V、0.15A 的小电珠的额定功率是多少？若加上 12V 电压，结果如何？

2）一个 1kΩ、1/8W 的金属膜电阻器，其额定电流是多少？若加上 15V 电压，结果如何？

3）求一台 100kW、220V 的直流发电机的额定电流。

1.7　电路如图 1.57 所示，6V 理想电压源与不同的外电路相接，求 6V 电压源 3 种情况下的功率。

1.8　电路如图 1.58 所示，计算各电路中的未知电流。

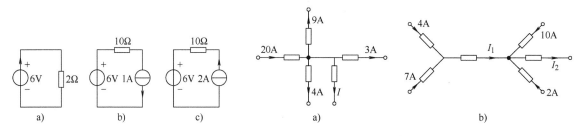

图 1.57　题 1.7 图　　　　　　　　　　　图 1.58　题 1.8 图

1.9　电路如图 1.59 所示，1）求电压 U；2）求 50Ω 电阻的功率 P。

1.10　求如图 1.60 所示电路中，求 2Ω 的电压。

1.11　图 1.61 所示电路，已知：u_1=20V，u_4=8V，i_3=5A，i_4=2A。1）试求 i_1 和 u_2 的值；2）计算元件 2 和元件 3 的功率，并判断它们是吸收功率还是提供功率。

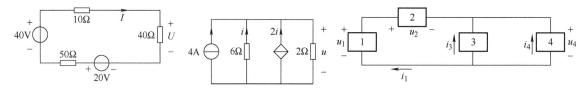

图 1.59　题 1.9 图　　　　图 1.60　题 1.10 图　　　　　图 1.61　题 1.11 图

1.12　图 1.62 所示电路，其中 R_1=10Ω，R_2=60Ω，R_3=30Ω，R_4=10Ω。若电源电流 I 超过 6A 时，熔断器的熔丝会熔断。试问：哪个电阻器因损坏而短路时，会熔断熔丝？

1.13　如图 1.63 所示，求开路电压 U。

1.14　如图 1.64 所示，求电流 I_1、I_2、I_3、I_4。

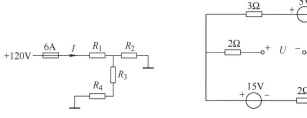
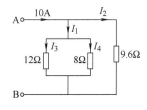

图 1.62　题 1.12 图　　　　图 1.63　题 1.13 图　　　　　图 1.64　题 1.14 图

1.15　在图 1.65 所示的电路中，已知电源电动势 E_1=130V，内阻 R_1=1Ω，电源电动势 E_2=117V，内阻 R_2=0.6Ω；负载电阻 R_3=4Ω。求各支路电流 I_1、I_2、I_3。

1.16　求图 1.66 所示电路中的 U_{AB}、I_2、I_3 和 R_3。

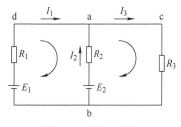
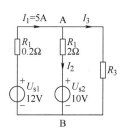

图 1.65　题 1.15 图　　　　　　　　　图 1.66　题 1.16 图

项目二　电路的等效变换

项目描述

前面我们已经学习了电路的基本概念和基尔霍夫电压、电流定律等，有了这些知识我们就可以分析简单的电路了。但现实生活中，存在很多复杂电路，那么我们应该如何去计算复杂电路呢？本项目内容，将学习电路的等效变换，包含电路等效变换的概念以及应用。

学习目标

- **知识目标**

❖ 理解并掌握电路等效变换的概念。

❖ 掌握无源电阻电路等效电阻的计算。

❖ 熟悉理想电源的等效变换。

❖ 掌握实际电流源与实际电压源之间的等效变换。

❖ 了解电容、电感的串、并联电路特点及等效电容、电感计算。

- **能力目标**

❖ 能利用等效方法计算、分析电路并结合实验方法加以验证。

- **素质目标**

❖ 培养学生寻根求真的学习能力和主动探究的创新能力及强化学生的科学思维。

❖ 培养学生实验研究、分析归纳等的科学研究方法及一定的职业素养。

思政元素

在学习电路等效这部分内容时，可以把人与自然和谐共生的理念有机融合，深刻领悟"绿水青山就是金山银山"和中国式现代化是人与自然和谐共生的现代化的伟大内涵和实质，牢固树立中国特色社会主义的道路自信、理论自信、制度自信和文化自信，对中国特色社会主义充满信心。

在学习方法上要注重强化自己的科学思维、方法的训练，在遇到问题时要善于思考，学会发现问题、寻求解决问题的能力，实现不断挑战自我、超越自我。

任务实施环节，通过任务实施，深刻理解探索问题客观规律的实验研究法和从具体到一般升华的分析归纳法的重要作用和意义，从而掌握科学研究的方法和养成良好的职业素养。

思维导图

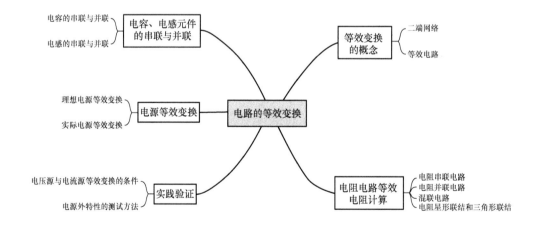

任务 1 电路的等效变换

◆ **任务导入**

在一些相对复杂的电路中，我们无法用前面的知识完成电路计算，因此要想办法将复杂电路简化为我们能够计算的电路。这部分内容，我们将学习电路的等效变换的概念。

◆ **任务要求**

理解电路等效变换的概念。

重难点：电路的等效变换的原则。

◆ **知识链接**

在学习等效变换之前，我们先来看一下什么是二端网络。

电路中某一部分电路，若只有两个端钮与外部电路相连接，那么由这一部分电路构成的整体称为二端网络，又称为一端口网络或单口网络。如图 2.1 所示的 a、b 端口，端口上的 u 和 i 分别称为端口电压和端口电流，端口电压和端口电流构成的伏安关系，也称为该二端网络的外特性。

根据二端网络内部是否含有电源，又分为含源二端网络和无源二端网络。在图 2.2a 中，电阻 R_2、R_3、R_4 这部分电路可以看成是一个无源二端网络，而在图 2.2b 中，点画线框内是一个含源二端网络。

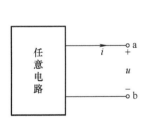
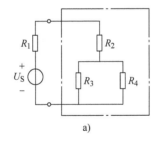
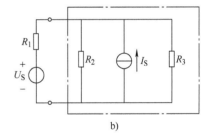

图 2.1 二端网络的定义   图 2.2 二端网络

如图 2.3a、b 中，N_1 和 N_2 是两个内部结构和元件数值均不同的二端网络。若这两个二端网络的伏安关系完全相同，则称 N_1 和 N_2 对端口上的伏安关系互为等效电路，简称等效电路。在保持端口伏安关系不变的条件下，把 N_1 变换为 N_2，或者反之，称为电路的等效变换。简而言之，当我们对电路进行分析和计算时，将电路中的某一部分简化，用一个较为简单的电路来代替原电路，就是电路的等效变换。我们在后续任务中会学习到电阻电路的等效变换，电容、电感的串联、并联等效变换，理想电源的等效变换以及实际电源的等效变换。

【例 2.1】图 2.4a、b、c 所示三个电路是否等效？

解：

图 2.4a，$u_1 = 2i_1 + 3 \times (i_1 + 4) = 5i_1 + 12$

图 2.4b，$u_2 = 5i_2 + 12$

图 2.4c，$u_3 = 4i_3 + 1 \times (i_3 - 12) = 5i_3 - 12$

可见图 2.4a 和 b 所示电路的端口具有相同的电压、电流关系，故图 2.4a 和 b 所示电路等效。

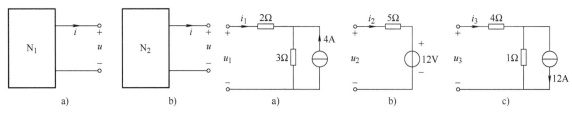

图 2.3　二端网络等效电路　　　　　　　　　图 2.4　例 2.1 图

任务 2　电阻电路等效电阻计算

任务 2.1　电阻串联电路

扫一扫看视频

◆　**任务导入**

如果你的收音机不响了，检查后发现有一个 300Ω 的电阻烧坏了，需要更换，但是你手边却只有数个 100Ω 电阻和 50Ω 电阻，我们能否把它们组合起来使用，使组合后的电阻值为 300Ω？在本任务中，我们将学习电阻串联等效电路的计算。

◆　**任务要求**

理解串联电路的特点及总电阻与各个串联电阻的关系。

重难点：串联电阻规律的应用。

◆　**知识链接**

电阻的串联就是两个或以上电阻首尾依次相连，转化成电路模型就是在一个电阻后紧跟着另一个电阻，如图 2.5a 所示，其电路特点有：①流过各电阻的电流相同；②总电阻等于各分电阻之和；③电压为各电阻电压之和。结合图 2.5a 所示的模型，将其特点转换成公式可得到：① $I = I_1 = I_2$；② $R = R_1 + R_2$；③ $U = U_1 + U_2$。其中在第二个公式中，我们可以将 R 称为串联电阻的等效电阻，等效电阻就是几个连接起来的电阻所起的作用可以用一个电阻来代替，如图 2.5b 所示。

下面用等效的思维推导多个串联电阻的等效电阻。

在图 2.6a 中，n 个电阻串联，应用 KVL 和欧姆定律，得到其端口伏安特性为

$$u = u_1 + u_2 + \cdots + u_k + \cdots + u_n = \left(R_1 + R_2 + \cdots + R_k + \cdots + R_n \right) i = R_{eq} i$$

式中

$$R_{eq} = \frac{u}{i} = R_1 + R_2 + \cdots + R_k + \cdots + R_n = \sum_{k=1}^{n} R_k \tag{2-1}$$

电阻 R_{eq} 是这些串联电阻的等效电阻，等效电路如图 2.6b 所示。

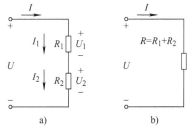

图 2.5　两个电阻串联及其等效

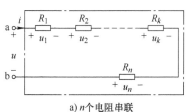

图 2.6　电阻的串联

电阻串联时，各电阻上的电压为

$$u_k = R_k i = \frac{R_k}{R_{eq}} u \qquad (k=1,2,\cdots,n) \tag{2-2}$$

> **点拨：** 串联电路的等效电阻必大于任一个串联的电阻。串联的每个电阻其电压与电阻成正比，因此串联电阻电路可用作分压电路，式（2-2）又称分压公式。实验室常用的电位器就是一个典型的分压电路。同理，可以导出每个串联电阻的功率与其电阻值成正比。

【例 2.2】 图 2.5a 所示电路中，已知 $R_1=10\Omega$，$R_2=20\Omega$，$U=30V$，求电路的等效电阻 R 和 I、U_1、U_2 的值。

解：在图 2.5a 中，R_1 和 R_2 串联，所以

$$R = R_1 + R_2 = 10 + 20 = 30\Omega \ , \quad I = \frac{U}{R} = \frac{30}{30} = 1A$$

$$U_1 = IR_1 = 1\times10 = 10V \ , \quad U_2 = IR_2 = 1\times20 = 20V$$

扫一扫看视频

任务 2.2　电阻并联电路

◆ **任务导入**

前面内容我们学习了电阻串联电路的特点及其等效电阻计算方式，本任务内容我们将学习电阻并联电路等效电阻的计算。

◆ **任务要求**

掌握电阻并联电路的特点及等效电阻计算。

重难点：并联电阻规律的应用。

◆ **知识链接**

电阻的并联就是两个或以上电阻首首相接，同时尾尾相接，转化成电路模型就是一个电阻并排连着另一个电阻，如图 2.7 所示，其特点有：①所有电阻的端电压相同；②总电流等于各电阻上的分电流之和；③总电阻的倒数为各电阻倒数之和。结合图 2.7 所示模型，将其特点转换成公式可得到：①$U = U_1 = U_2$；②$I = I_1 + I_2$；③$\frac{1}{R} = \frac{1}{R_1} + \frac{1}{R_2}$。

可以将第 3 个公式转换为

$$R = \frac{R_1 R_2}{R_1 + R_2} \tag{2-3}$$

我们可以将式（2-3）中的 R 称为并联电阻电路的等效电阻，如图 2.8 所示。式（2-3）可以简化的描述为 $R = R_1 // R_2$。

下面用等效的思维推导多个并联电阻电路的等效电阻，电路模型如图 2.9 所示。

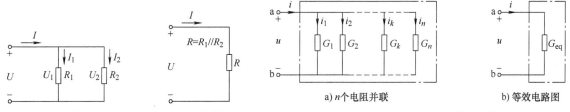

图 2.7　电阻并联电路　　图 2.8　电阻并联等效电路　　　　a）n 个电阻并联　　　b）等效电路图

图 2.9　多个并联电阻的等效变换

$$i = i_1 + i_2 + \cdots + i_k + \cdots + i_n = G_1 u + G_2 u + \cdots + G_k u + \cdots + G_n u$$

$$= (G_1 + G_2 + \cdots + G_k + \cdots + G_n) u = G_{eq} u$$

式中，G_1，G_2，$\cdots$，G_k，$\cdots$，G_n 为电阻 R_1，R_2，$\cdots$，R_k，$\cdots$，R_n 的电导，而

$$G_{eq} = \frac{i}{u} = (G_1 + G_2 + \cdots + G_k + \cdots + G_n) = \sum_{k=1}^{n} G_k \tag{2-4}$$

G_{eq} 是 n 个电阻并联后的等效电导，显然它大于任意一个被并联的电导。式（2-4）还可以表示为

$$R_{eq} = \frac{1}{G_{eq}} = \frac{1}{\sum_{k=1}^{n} G_k} = \frac{1}{\sum_{k=1}^{n} \frac{1}{R_k}} \tag{2-5}$$

或

$$\frac{1}{R_{eq}} = \sum_{k=1}^{n} \frac{1}{R_k} \tag{2-6}$$

R_{eq} 称为 n 个电阻并联后的等效电阻。

电阻并联时，各电阻中电流为

$$i_k = G_k u = \frac{G_k}{G_{eq}} i \quad (k = 1, 2, \cdots, n) \tag{2-7}$$

点拨：并联电路的等效电阻必小于任意一个被并联的电阻。每个并联电阻中的电流与它们各自的电导成正比，式（2-7）称为分流公式。同理，可以导出每个并联电阻的功率与其电阻成反比。

任务 2.3 混联电路等效电阻计算

◆ 任务导入

前面两个任务我们学习了串联电路和并联电路的等效电阻计算，有很多时候电路里不单单是串联和并联，有的电路里既有串联又有并联，本任务内容，我们来学习混联电路等效电阻的计算。

◆ 任务要求

熟悉混联电路结构，掌握混联电路等效电阻的计算。

重难点：混联电路等效电阻计算。

◆ 知识链接

既有电阻的串联又有电阻的并联的电路叫作电阻的串、并联电路，又称为混联电路。如图 2.10 所示，两个电阻并联完后再与另一个电阻串联，两个电阻串联完后与另一个电阻并联。

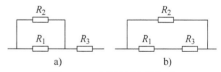

图 2.10 电阻的混联电路

当电路中有电阻的混联时，应该如何求解混联后的等效电阻，从而对电路进行简化呢？要正确地简化混联电路，关键在于正确识别混联电路中各电阻的连接关系。我们通过以下例题，来学习如何进行混联电阻电路的简化方法。

【例 2.3】已知图 2.11 中各电阻元件的电阻均为 1Ω，求两端点之间的等效电阻。

解：1）在原电路图上为各电阻的连接点依次标上字母，如图 2.12 所示，中间无电阻的两个

连接点只能用同一个字母。

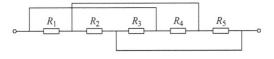

图 2.11　例 2.3 电路图

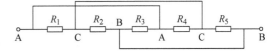

图 2.12　例 2.3 解答电路图（1）

2）将已命名的各个字母沿着同一条直线依次排开，且端点应在直线两侧，并将原电路图中各电阻依次填入相应的连接点之间，如图 2.13 所示。

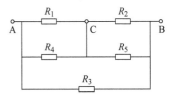

3）利用串、并联电路的计算公式进行计算，最终得到两端电阻 R 等于 0.5Ω。

图 2.13　例 2.3 解答电路图（2）

任务 2.4　电阻的星形联结和三角形联结的等效变换

◆　**任务导入**

电阻的串联、并联和混联电路都是相对简单的电路，生活中还有很多其他的电路，如电阻的星形联结和三角形联结等，本任务我们来学习电阻的星形联结和三角形联结形式的等效变换计算方式。

◆　**任务要求**

熟悉电阻的星形联结和三角形联结的形式。

重难点：电阻的星形联结和三角形联结的等效变换的计算方式。

◆　**知识链接**

电阻的连接方式除了串联、并联和混联外，还有比较复杂的连接方式。

图 2.14a 所示电路为电阻的星形联结，也称为丫联结，图 2.14b 所示电路为电阻的三角形联结，也称为△联结。它们都是具有三个端子与外部相连。如果它们的对应端子之间具有相同的电压 u_{12}、u_{13} 和 u_{23}，而流入对应端子的电流分别相等，即 $i_1=i_1'$、$i_2=i_2'$、$i_3=i_3'$，在这种条件下，它们彼此等效。这就是丫-△等效变换的条件。

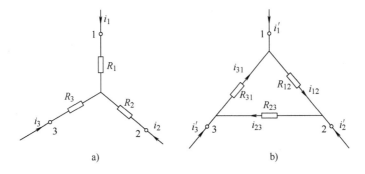

图 2.14　星形联结与三角形联结的等效变换

对于三角形联结电路，各电阻中电流为

$$i_{12}=\frac{u_{12}}{R_{12}},\ i_{23}=\frac{u_{23}}{R_{23}},\ i_{31}=\frac{u_{31}}{R_{31}}$$

根据 KCL，端子电流分别为

$$\begin{cases} i_1' = \dfrac{u_{12}}{R_{12}} - \dfrac{u_{31}}{R_{31}} \\[2mm] i_2' = \dfrac{u_{23}}{R_{23}} - \dfrac{u_{12}}{R_{12}} \\[2mm] i_3' = \dfrac{u_{31}}{R_{31}} - \dfrac{u_{23}}{R_{23}} \end{cases} \tag{2-8}$$

根据星形联结电路，应根据 KCL 和 KVL 求出端子电压和电流之间的关系为

$$\begin{cases} i_1 + i_2 + i_3 = 0 \\ R_1 i_1 - R_2 i_2 = u_{12} \\ R_2 i_2 - R_3 i_3 = u_{23} \end{cases}$$

可以解出电流

$$\begin{cases} i_1 = \dfrac{R_3 u_{12}}{R_1 R_2 + R_2 R_3 + R_3 R_1} - \dfrac{R_2 u_{31}}{R_1 R_2 + R_2 R_3 + R_3 R_1} \\[2mm] i_2 = \dfrac{R_1 u_{23}}{R_1 R_2 + R_2 R_3 + R_3 R_1} - \dfrac{R_3 u_{12}}{R_1 R_2 + R_2 R_3 + R_3 R_1} \\[2mm] i_3 = \dfrac{R_2 u_{31}}{R_1 R_2 + R_2 R_3 + R_3 R_1} - \dfrac{R_1 u_{23}}{R_1 R_2 + R_2 R_3 + R_3 R_1} \end{cases} \tag{2-9}$$

由于不论 u_{12}、u_{23} 和 u_{31} 为何值，两个等效电路对应的端子电流均相等，故式（2-8）与式（2-9）中电压 u_{12}、u_{23} 和 u_{31} 前面的系数应该对应相等。于是得到

$$\begin{cases} R_{12} = \dfrac{R_1 R_2 + R_2 R_3 + R_3 R_1}{R_3} \\[2mm] R_{23} = \dfrac{R_1 R_2 + R_2 R_3 + R_3 R_1}{R_1} \\[2mm] R_{31} = \dfrac{R_1 R_2 + R_2 R_3 + R_3 R_1}{R_2} \end{cases} \tag{2-10}$$

式（2-10）就是根据星形联结的电阻确定三角形联结的电阻的公式。将式（2-10）中三式相加，并对等式右方进行通分可得

$$R_{12} + R_{23} + R_{31} = \frac{(R_1 R_2 + R_2 R_3 + R_3 R_1)^2}{R_1 R_2 R_3} \tag{2-11}$$

又由式（2-10）可得 $R_1 R_2 + R_2 R_3 + R_3 R_1 = R_{12} R_3 = R_{31} R_2$，代入式（2-11），可得 R_1 为

$$R_1 = \frac{(R_1 R_2 + R_2 R_3 + R_3 R_1)^2}{(R_{12} + R_{23} + R_{31}) R_2 R_3} = \frac{R_{12} R_{31}}{R_{12} + R_{23} + R_{31}}$$

同理可得 R_2 和 R_3。因此 R_1、R_2 和 R_3 分别为

$$\begin{cases} R_1 = \dfrac{R_{12} R_{31}}{R_{12} + R_{23} + R_{31}} \\[2mm] R_2 = \dfrac{R_{23} R_{12}}{R_{12} + R_{23} + R_{31}} \\[2mm] R_3 = \dfrac{R_{31} R_{23}}{R_{12} + R_{23} + R_{31}} \end{cases} \tag{2-12}$$

式（2-12）就是根据三角形联结的电阻确定星形联结的电阻公式。为了便于记忆，以上互换公式可归纳为

$$星形电阻 = \frac{三角形相邻电阻的乘积}{三角形电阻之和} \qquad 三角形电阻 = \frac{星形电阻两两乘积之和}{星形不相邻电阻}$$

若星形联结中三个电阻相等，即 $R_1 = R_2 = R_3 = R_Y$，则等效三角形联结中三个电阻也相等，即有

$$R_\triangle = R_{12} = R_{23} = R_{31} = 3R_Y \quad 或 \quad R_Y = \frac{1}{3}R_\triangle \tag{2-13}$$

【例 2.4】求图 2.15 所示电阻电路的等效电阻 R_{ab}。

解：首先应用公式将虚线包围的三角形联结电路转换为星形联结，然后用电阻的串、并联等效即可求出等效电阻，如图 2.16 所示。

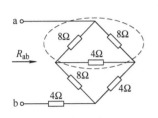

图 2.15 例 2.4 电路图

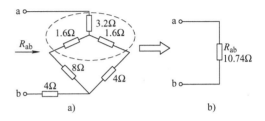

图 2.16 例 2.4 解答电路图

任务 3 电容、电感元件的串、并联

任务 3.1 电容元件的串、并联

◆ **任务导入**

电容在工程中的应用极为广泛，那么我们遇上电容串联、并联又该如何计算呢？在本任务中，我们将学习电容元件的串联与并联。

◆ **任务要求**

熟悉电容的串联和并联电路的基本知识。

重难点：电容的串联和并联电路的等效变换的计算。

◆ **知识链接**

3.1.1 电容的串联

电容串联如图 2.17 所示。由于仅有串联的首尾两块电容极板与电源相连，因此电源就使这两块极板带上等量的异种电荷，其他中间的极板则因静电感应才出现等量的异号电荷。因而每个电容上的电荷均为 q。电路的总电压 $u = u_1 + \cdots + u_n$。

此时，每个电容上的电压分别为

图 2.17 电容的串联等效

$$u_1 = \frac{q}{C_1}, u_2 = \frac{q}{C_2}, \cdots, u_n = \frac{q}{C_n}$$

总电压可写为

$$u = \frac{q}{C_1} + \frac{q}{C_2} + \cdots + \frac{q}{C_n}$$

由于总电压与串联等效电容满足 $u = \frac{q}{C}$，因此有 $\frac{q}{C} = \frac{q}{C_1} + \frac{q}{C_2} + \cdots + \frac{q}{C_n}$，可得

$$\frac{1}{C} = \frac{1}{C_1} + \frac{1}{C_2} + \cdots + \frac{1}{C_n} \qquad (2\text{-}14)$$

等效电容的倒数等于各电容倒数之和。式（2-14）表明，电容串联时，由每个电容上的电压也可推出

$$u_1 : u_2 : \cdots : u_n = \frac{1}{C_1} : \frac{1}{C_2} : \cdots : \frac{1}{C_n} \qquad (2\text{-}15)$$

式（2-15）表明，电容串联时，各电容的电压与电容容量成反比，即电容小的承受较高的电压，电容大的反而承受较小的电压。

3.1.2 电容的并联

电容并联如图 2.18 所示。所有电容同处一个电压 u，则各极板上的电荷为

$$q_1 = C_1 u, q_2 = C_2 u, \cdots, q_n = C_n u$$

此时，极板上总的电荷 $q = q_1 + q_2 + \cdots + q_n$。

如有一电容，能在同样的电压下存储电荷 q，则此电容 C 即为 n 个电容的等效电容。其等效关系为

$$C = \frac{q}{u} = \frac{q_1 + q_2 + \cdots + q_n}{u} = \frac{q_1}{u} + \frac{q_2}{u} + \cdots + \frac{q_n}{u}$$

进一步可得

$$C = C_1 + C_2 + \cdots + C_n \qquad (2\text{-}16)$$

即几个电容并联时，等效电容等于各个电容之和。

【例 2.5】已知 3 个电容如图 2.19 所示连接，$C_1 = 60\mu F$，$C_2 = 20\mu F$，$C_3 = 10\mu F$，每个电容器的耐压值均为 50V。求：1）等效电容；2）电路端电压接上 75V 电源时是否超出电容的耐压值？

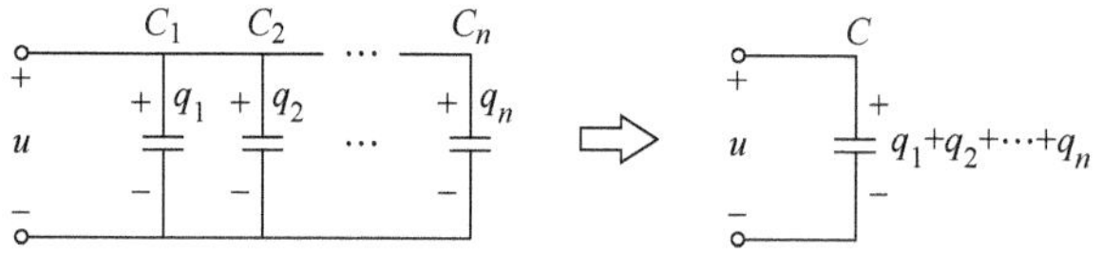

图 2.18 电容的并联等效

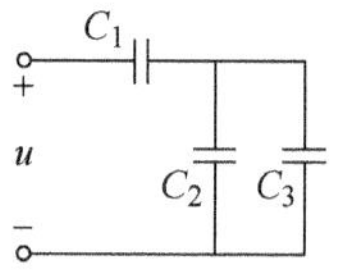

图 2.19 例 2.5 图

解：1）C_2、C_3 并联后电容为 $C_{23} = C_2 + C_3 = 20 + 10 = 30\mu F$，$C_1$ 与 C_{23} 串联，电容为

$$\frac{1}{C} = \frac{1}{C_1} + \frac{1}{C_{23}} = \frac{1}{60} + \frac{1}{30} = \frac{1}{20}$$

所以 $C = 20\mu F$。

2）记 C_1 上的电压为 u_1，C_2 和 C_3 并联后 C_{23} 两端的电压为 u_{23}，则有

$$u_1 : u_{23} = \frac{1}{C_1} : \frac{1}{C_{23}} = \frac{1}{60} : \frac{1}{30} = 1:2$$

端电压为 75V 时，u_1=25V，u_{23}=50V。未超过电容耐压值 50V。

任务 3.2　电感元件的串、并联

◆ **任务导入**

在任务 3.1 中，我们学习了电容元件的串、并联计算，本任务内容我们来学习电感元件的串、并联电路的基本知识以及电感元件的串、并联等效变换。

◆ **任务要求**

熟悉电感的串联和并联电路的基本知识。

重难点：电感的串联和并联电路的等效变换的计算。

◆ **知识链接**

两个电感连入同一个电路，则不可避免地会发生其中一个电感线圈的磁链变化穿过另一个线圈，从而使另一个线圈产生感应电动势。这种现象称为互感。而一个线圈的磁链交链到另一个线圈则称为耦合（互感和耦合的具体分析在项目八中论述）。

无耦合情况或者在互耦影响可忽略不计的情况下，n 个电感串联，如图 2.20a 所示，其等效电感 L 为各个电感的自感量之和，即

$$L = L_1 + L_2 + \cdots + L_n \tag{2-17}$$

n 个电感并联，如图 2.20b 所示，等效电感 L 的倒数等于各电感的倒数之和，即

$$\frac{1}{L} = \frac{1}{L_1} + \frac{1}{L_2} + \cdots + \frac{1}{L_n} \tag{2-18}$$

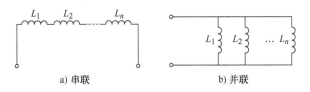

a) 串联　　　　　　　　　　b) 并联

图 2.20　电感的串、并联

任务 4　电源等效变换

任务 4.1　理想电源的连接及等效

扫一扫看视频

◆ **任务导入**

在含电阻的电路中有电流流动时，就会不断地消耗能量，这就要求电路中必须要有能量来源——电源（不断提供能量）。没有电源，在一个纯电阻电路中是不可能存在电流和电压的。那么理想电源有哪几种连接方式，它对应的等效电路又将如何？

◆ **任务要求**

熟悉理想电源的几种连接方式及对应的等效电路。

重难点：理想电源的连接及等效。

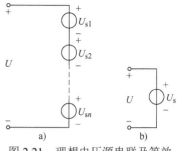

◆ 知识链接

4.1.1 理想电压源的串联

当多个理想电压源串联（见图 2.21a）向外电路提供电压时，可用一个理想电压源对外等效，如图 2.21b 所示。等效电压源的电压 U_s 等于各串联理想电压源电压的代数和，即

$$U_s = U_{s1} + U_{s2} + \cdots + U_{sn}$$

图 2.21　理想电压源串联及等效

> **注意：** 与等效电压源电压 U_s 的参考方向相同的各电压源的电压取正，相反的各电压源电压应取负值。

4.1.2 理想电压源的并联

理想电压源的并联如图 2.22a 所示。根据 KVL 可知，电压源的并联是有条件的，只有电压数值相等且极性相同的电压源才能并联。多个电压源并联时，对外等效为其中一个电压源，如图 2.22b 所示，即

$$u_s = u_{s1} = u_{s2} = \cdots = u_{sn}$$

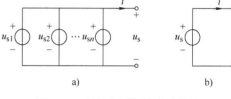

图 2.22　理想电压源并联及等效

> **注意：** 电压源并联后，每个电压源中的电流分配是不确定的。

4.1.3 理想电压源与支路串联

理想电压源与支路串联如图 2.23a 所示，根据 KVL 可得

$$u = u_{s1} + R_1 i + u_{s2} + R_2 i = (u_{s1} + u_{s2}) + (R_1 + R_2)i = u_s + Ri$$

由二端网络等效的定义，可得图 2.23a 所示电路与图 2.23b 所示电路等效。等效关系为

$$u_s = u_{s1} + u_{s2}, \quad R = R_1 + R_2$$

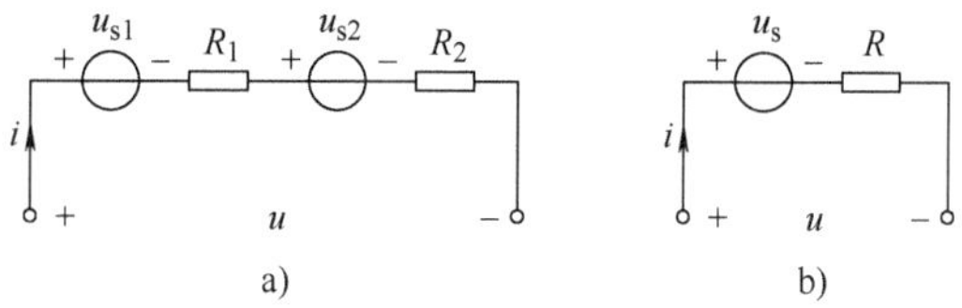

图 2.23　理想电压源与支路串联及等效

4.1.4 理想电压源与支路并联

理想电压源与支路并联，如图 2.24a 所示。根据 KVL 可得，无论该支路是由什么元件组成，都不会影响端口电压，因此分析此处电路时，可以把并联支路做开路处理，只保留电压源，如图 2.24b 所示。

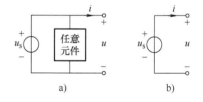

图 2.24　理想电压源与支路并联及等效

> **注意：** 等效是对外电路而言，在被等效电路内部，电压源流过的电流并不相等。图 2.24a 中电压源流过的电流受并联支路的影响。

4.1.5 理想电流源的串联

根据 KCL 可知，电流源的数值相等且极性相同时可以串联。理想电流源的串联如图 2.25a 所示，可以等效为如图 2.25b 所示电路，$i_s = i_{s1} = i_{s2}$。

4.1.6 理想电流源的并联

理想电流源的并联如图 2.26a 所示，根据 KCL 可得

$$i_s = i_{s1} + i_{s2}$$

因此，图 2.26a 所示电路可以等效为图 2.26b 所示电路。

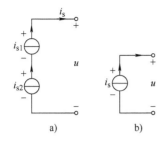

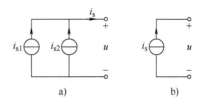

图 2.25 理想电流源串联及等效　　　　　　图 2.26 理想电流源并联及等效

同理，N 个电流源并联可以用一个电流源等效，等效电流等于并联电流源电流的代数和。注意：此处的代数和表示其中一个电流源方向与等效电流源 i_s 一致时，其前面取正号，否则取负号。

4.1.7 理想电流源与支路并联

理想电流源与支路并联如图 2.27a 所示，根据 KCL 可得

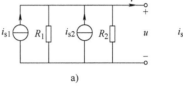

$$i = i_{s1} - \frac{u}{R_1} + i_{s2} - \frac{u}{R_2} = (i_{s1}+i_{s2}) - \left(\frac{1}{R_1} + \frac{1}{R_2}\right)u = i_s - \frac{u}{R}$$

图 2.27 理想电流源与支路并联及等效

由二端网络等效的定义，可得图 2.27a 所示电路与图 2.27b 所示电路等效。等效关系为

$$i_s = i_{s1}+i_{s2}, R = R_1//R_2$$

4.1.8 理想电流源与支路串联

理想电流源与支路串联，如图 2.28 所示。根据 KCL 可得，无论该支路是由什么元件组成，都不会影响端口电流，因此分析对外电路时，可以把串联支路做短路处理，只保留电流源，如图 2.28b 所示。

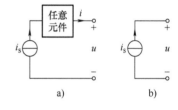

图 2.28 理想电流源与支路串联及等效

> **注意**：等效是对外电路而言，在被等效电路内部，电流源两端的电压并不相等。图 2.28a 中电流源两端的电压受串联支路的影响。

> **点拨**：只有电压相等的电压源才允许并联；只有电流相等的电流源才允许串联；理想电流源与支路串联，可以等效为该理想电流源；理想电压源与支路并联，可以等效为该理想电压源。

任务 4.2 两种实际电源模型的等效变换

◆ 任务导入

一个实际电源，既可以用一个电压源模型表征，也可以用一个电流源模型表征。在电路的计算中，有时需要将电压源模型等效为电流源模型，或将电流源模型等效为电压源模型。通过电源的等效变换，可将电路简化成只有一种电源模型的简单电路，使计算变得方便。

◆ 任务要求

熟悉实际电压源与实际电流源的等效变换。

重点：两种实际电源的等效变换。

难点：两种实际电源等效变换方向的确定。

◆ **知识链接**

一个实际电源，可以用一个理想电压源与电阻的串联支路作为模型，即电压源模型，如图 2.29a 所示；也可以用一个理想电流源和电阻的并联电路作为模型，即电流源模型，如图 2.29b 所示。这两种电源模型之间存在着等效变换的条件。下面根据二端网络等效的定义，推导出电源模型等效变换的条件。

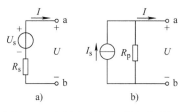

图 2.29 实际电压源与实际电流源

图 2.29a 所示电源的电压源模型，端钮上的伏安关系为

$$U=U_s-IR_s \tag{2-19}$$

图 2.29b 所示电源的电流源模型，端钮上的伏安关系为

$$I=I_s-U/R_p$$

即

$$U=I_sR_p-IR_p \tag{2-20}$$

比较式（2-19）和式（2-20），可知只要

$$U_s=I_sR_p, \quad R_s=R_p$$

或者

$$I_s=U_s/R_s, \quad R_p=R_s$$

则图 2.29a 和 b 所示电源模型端钮上的伏安关系就会完全相同。在这样的条件下，电压源模型与电流源模型是等效的。若实际电源的电压源模型的参数为 U_s 和 R_s，则其等效的电流源模型的参数为 $I_s=U_s/R_s$，并联电阻 R_p 的大小与 R_s 相等；若实际电源的电流源模型的参数为 I_s 和 R_p，则其等效的电压源模型的参数为 $U_s=I_sR_p$，串联电阻 R_s 的大小应与 R_p 相等。

电压源电压与电流源电流参考方向的关系为：**电流源电流参考方向指向电压源电压正极，电压源电压正极为电流源电流参考方向流出端。**

> ⚠**注意**：由等效电路的概念可知，**电源模型的等效变换只是对外电路等效，对于电源内部，它们是没有等效关系的。**例如在图 2.29a 中，当电压源模型外电路开路时，其电流 I 为零，所以电阻 R_s 消耗的功率也为零。然而在图 2.29b 所示电流源模型中，当外电路开路时，电流 I 为零，但电阻 R_p 中仍有电流 I_s 通过，所以电阻 R_p 仍消耗功率。因此，在分析电源内部的问题时，仍要回到原电路去寻求解答。

> 👆**点拨**：根据理想电压源和理想电流源的性质，在某一时刻，理想电压源的电压是一个确定值，而理想电流源的电流是一个确定值，两者的伏安关系曲线只能相交，而不可能重合。因此，依据等效电路的概念，理想电压源与理想电流源之间不能进行等效变换。

【**例 2.6**】试用电压源电路与电流源电路等效变换的方法计算图 2.30a 中电阻 1Ω 两端的电压 U。

解：将电路简化为图 2.30b。由 $I(1+2)+5-20=0$，可得 $I=5\text{A}$，则 $U=I×1=5\text{V}$。

【**例 2.7**】化简如图 2.31 所示的电路图，并求出电流 I。

解：根据电源的等效变换简化电路，可以将图 2.31 按如图 2.32 所示的 4 步化简。

可求得 $I=\dfrac{12}{4}=3\text{A}$。

> 💡**经验传承**：两个实际电流源串联时（见图 2.32b）一般先分别转换为实际电压源进行处理；两个实际电压源并联时（见图 2.31），一般先分别转换成实际电流源进行处理。

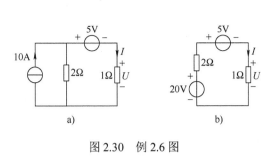

图 2.30 例 2.6 图

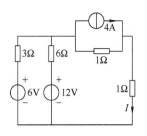

图 2.31 例 2.7 电路图

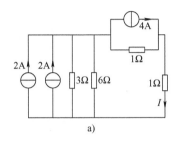

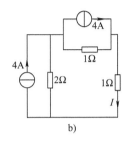

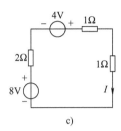

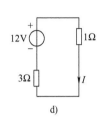

图 2.32 例 2.7 解答电路图

任务 5 实践验证

任务实施 电压源与电流源的等效变换

1. 实施目标

1）掌握电源外特性的测试方法。

2）验证电压源与电流源等效变换的条件。

2. 原理说明

1）一个直流稳压电源在一定的电流范围内，具有很小的内阻。故在实际中，常将它视为一个理想的电压源，即其输出电压不随负载电流变化。其外特性曲线，即其伏安特性曲线 $U=f(I)$ 是一条平行于 I 轴的直线。

一个恒流源在实用中，在一定的电压范围内，可视为一个理想的电流源，即其输出电流不随负载两端的电压（即负载的电阻值）而变。

2）一个实际的电压源（或电流源），其端电压（或输出电流）不可能不随负载变化，因它具有一定的内阻值。故在实验中，用一个小电阻（或大电阻）与稳压源（或恒流源）串联（或并联）来模拟一个实际的电压源（或电流源）。

3）一个实际的电源，就其外特性而言，既可以看成是一个电压源，也可以看成是一个电流源。若视为电压源，则可用一个理想的电压源 U_s 与一个电阻 R_0 串联的组合来表示；若视为电流源，则可用一个理想电流源 I_s 与一电导 g_0 并联的组合来表示。如果有两个电源，它们能向同样大小的电阻供出同样大小的电流和端电压，则称这两个电源是等效的，即具有相同的外特性。

如图 2.33 所示，一个电压源与一个电流源等效变换的条件如下：

电压源变换为电流源：$I_s=U_s / R_0$，$g_0=1/R_0$

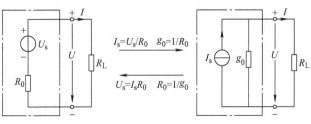

图 2.33 电压源与电流源等效变换的条件

电流源变换为电压源：$U_s=I_sR_0$，$R_0=1/g_0$

3．实施设备及器材（见表 2.1）

表 2.1 实施设备及器材

序 号	名 称	型号与规格	数 量	备 注
1	可调直流稳压电源	0~30V	1	
2	可调直流恒流源		1	
3	直流电压表	0~200V	1	
4	直流电流表	0~2A	1	
5	万用表		1	自备
6	电阻器	100Ω、200Ω、510Ω	各 1	ZDD-11
7	电位器	1kΩ/2W	1	ZDD-12

4．实施内容

（1）测定直流稳压电源（理想电压源）与实际电压源的外特性

1）按图 2.34a 接线。U_s 为 +12V 直流稳压电源。调节 R_2，令其阻值由大至小变化，把相应读数记录到表 2.2 中。

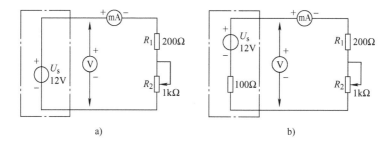

a)   b)

图 2.34 测定直流稳压电源与实际电压源的外特性

表 2.2 实验数据表（1）

U/V								
I/mA								

2）按图 2.34b 接线，点画线框可模拟为一个实际的电压源。调节 R_2，令其阻值由大至小变化，把相应读数记录到表 2.3 中。

表 2.3 实验数据表（2）

U/V								
I/mA								

（2）测定电流源的外特性

按图 2.35 接线，I_s 为直流恒流源，调节其输出为 10mA，令 R_0 分别为 1kΩ 或 ∞（即接入或断开），调节电位器 R_L（从 0 至 1kΩ），测出这两种情况下的电压表和电流表的读数。自拟数据表格，记录实验数据。

（3）测定电源等效变换的条件

1）按图 2.36a 接线，自拟表格，记录电路中两表的读数。

2）利用图 2.36a 中的元件和仪表，按图 2.36b 接线。

3）调节恒流源的输出电流 I_s，使两表的读数与图 2.36a 时的数值相等，记录 I_s 的值，验证等效变换条件的正确性。

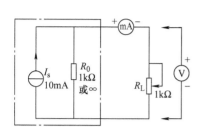

图 2.35 测定电流源的外特性电路图

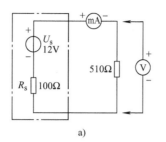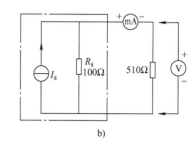

图 2.36 测定电源等效变换的条件

5. 实施注意事项

1）换接电路时，必须关闭电源开关。

2）直流仪表的接入应注意极性与量程。

6. 思考题

稳压源和恒流源的输出在任何负载下是否保持恒定值？

7. 实施报告

1）从实验结果，验证电源等效变换的条件。

2）心得体会及其他。

✦ 项 目 小 结 ✦

1）二端网络：电路中某一部分电路，若只有两个端钮与外部电路连接，那么由这一部分电路构成的整体称为二端网络。

2）等效变换：当对电路进行分析和计算时，将电路中的某一部分简化，用一个较为简单的电路来代替原电路。

3）电阻串联电路特点：①流过各电阻的电流相同；②总电阻等于各分电阻之和；③总电压为各电阻电压之和。

4）串联电路的等效电阻必大于任一个串联的电阻。串联的每个电阻的电压与电阻成正比。

5）电阻并联电路特点：①所有电阻的端电压相同；②总电流等于各电阻上的分电流之和；③总电阻的倒数为各电阻倒数之和。

6）并联电路的等效电阻一定小于任意一个被并联的电阻。每个并联电阻中的电流与它们各自的电导成正比。

7）要正确地化简混联电路，关键在于正确识别混联电路中各电阻的连接关系。

8）星形联结与三角形联结的等效变换。

9）电容串联时，各电容的电压与电容容量成反比；电容并联时，等效电容等于各电容之和。

10）几个电感串联，总电感等于各个电感的自感量之和。几个电感并联，等效电感的倒数等于各电感的倒数之和。

11）一个能输出恒定不变的电压且输出电压与其电流无关的电源，称为理想电压源。

12）当负载在一定范围内变化时，它的端电压随之变化，而输出电流恒定不变，这类电源称为理想电流源。

13）理想电流源的两个重要特性：①输出电流在任何时刻都与它两端电压的大小无关；②它

的端电压取决于外电路，由外部负载电阻决定。

14）当多个恒压源串联向外电路提供电能时，可用一个恒压源等效代替，等效恒压源的电压等于各串联恒压源电压的代数和（与等效恒压源电压的参考方向相反的各恒压电源的电压应取负值）。

15）当多个恒流源并联时，也可以用一个恒流源来等效替代，等效恒流源的电流等于各并联恒流源的代数和（与等效电流源的参考方向相反的各并联恒流源的电流应取负值）。

16）只有电压相等的电压源才允许并联；只有电流相等的电流源才允许串联。

17）理想电压源与理想电流源不能相互转换，因为两者的定义本身是相互矛盾的。

18）实际电压源和实际电流源之间对外电路可以等效变换。

19）电压源电压与电流源电流参考方向的关系为:电流源电流参考方向指向电压源电压正极，电压源电压正极为电流源电流参考方向流出端。

思考与练习

2.1 电阻的串联和并联分别有什么特点？

2.2 三个阻值相同的电阻，两个并联后与另一个串联，其总电阻是多少？

2.3 多个恒流源并联时，其等效电流源的参考方向如何确定？

2.4 请说明两种电源相互等效时，电压源电压与电流源电流的参考方向关系。

2.5 电容串联时，各电容的电压与电容容量的关系如何？并联时呢？

2.6 在图 2.37 所示电路中，已知电路中的电流 $I=3A$，$R_1=30\Omega$，$R_2=60\Omega$。试求总电阻及流过每个电阻的电流。

2.7 求图 2.38 所示电路中 A、B 端口的等效电阻 R_{AB}。

2.8 在图 2.39 所示的分压器电路中，若已知 A、D 两端的电压为 50V，$R_1=14k\Omega$，$R_2=4k\Omega$，$R_3=2k\Omega$，试求开关 S 在 1、2、3 位置时的 U_{PD}。

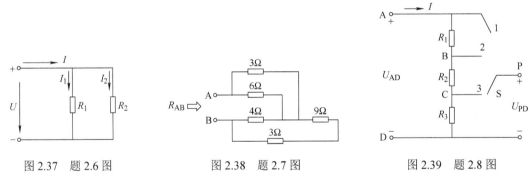

图 2.37 题 2.6 图   图 2.38 题 2.7 图   图 2.39 题 2.8 图

2.9 在图 2.40 中，已知 $R_1=3k\Omega$，$R_3=7k\Omega$，R_2 是总阻值为 $10k\Omega$ 的电位器（电位器具有 3 个端钮，可以通过动触点改变接入电路的电阻值）。若该电路的输入电压 u_1 为 20V，试求输出电压 u_2 的变化范围。

2.10 请用等效变换法求图 2.41 中的等效电阻，已知 $R_1=6\Omega$，$R_2=3\Omega$，$R_3=8\Omega$，$R_4=2\Omega$。

2.11 请用等效变换法将图 2.42 中的电路简化为电压源与电阻串联的电路。

2.12 如图 2.43 所示，$U_{s1}=10V$，$U_{s2}=8V$，$R_1=2\Omega$，$R_2=2\Omega$，$R_3=2\Omega$，求电阻 R_3 中的电流 I_3（参考方向已标在图中）。

2.13 试求图 2.44 所示电路中的电压 u。

2.14 请利用电源的等效变换，求图 2.45 所示电路的电流 i。

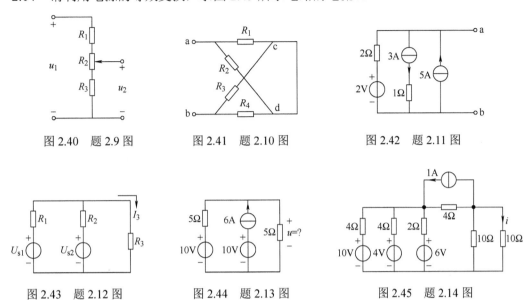

图 2.40 题 2.9 图   图 2.41 题 2.10 图   图 2.42 题 2.11 图

图 2.43 题 2.12 图   图 2.44 题 2.13 图   图 2.45 题 2.14 图

2.15 求图 2.46 所示电路中的电流 i。

2.16 求图 2.47 所示电路图中的端电压 U_{ab}。

2.17 试用电压源电路与电流源电路等效变换的方法计算图 2.48 中 2Ω 电阻的电流 I。

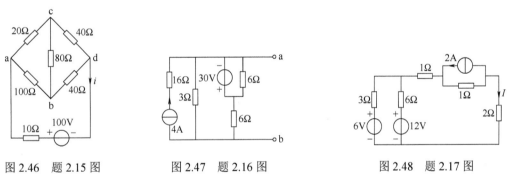

图 2.46 题 2.15 图   图 2.47 题 2.16 图   图 2.48 题 2.17 图

2.18 电路如图 2.49 所示，求 3Ω 支路的电流。

2.19 电路如图 2.50 所示，$R_1=R_2=R_3=R_4=R$，分别求 S 断开和 S 闭合时 AB 之间的等效电阻 R_{AB} 和 R'_{AB}。

2.20 求图 2.51 电路中的电流 i。

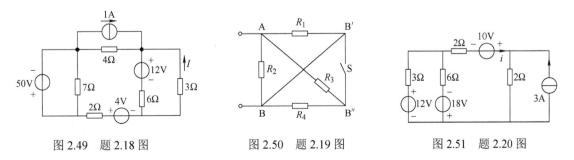

图 2.49 题 2.18 图   图 2.50 题 2.19 图   图 2.51 题 2.20 图

项目三　电路的基本分析方法及定理

项目描述

电路分析是指已知电路的结构和元件的参数，分析计算电路中各处的电流、电压以及功率。任何电路，不论其结构如何复杂，都是由电路元件通过节点和回路以一定的连接方式组成的，因此，基尔霍夫定律和元件的伏安关系是分析电路的依据。但电路结构形式多种多样，有些可以用我们前面学习的等效变换使电路进行简化，但有些电路是多回路的，仅依靠等效变换无法使电路简化，可以用比电路等效变换更直接、简便的方法来分析。换言之，虽然电路结构形式多样，但是仍然是基于节点、支路、网孔等这几个电路组成元素，可以使用一些通用化的基本分析方法及定理，让电路分析更简单、更易实现。这便是本项目要解决的问题。

学习目标

● 知识目标

❖ 理解并掌握支路电流法、网孔电流法、节点电压法、叠加定理、戴维南定理的解题步骤，并能分析、解决具体的电路问题。

❖ 了解替代定理、诺顿定理的内容及应用。

❖ 掌握实验法验证叠加定理、戴维南定理的方法及实际应用。

● 能力目标

❖ 能准确应用支路电流法、网孔电流法、节点电压法、叠加定理、戴维南定理等电路分析方法，并能结合实际选择合适的方法进行电路的分析、计算。

❖ 能用实验法、虚拟仿真法分析、验证电路。

● 素质目标

❖ 培养实事求是、一丝不苟、严格认真的科学态度和工作作风。

❖ 培养辩证思维、独立思考的习惯，培养明辨是非、明察秋毫的职业素养。

思政元素

在学习电路基本分析方法时，要强化自己科学思维的养成，学会探究问题的本质和用辩证思维来看待问题。在学习支路电流法时，以事物是普遍联系的和从现象到本质的逻辑思维来分析它，就会发现它实际是基尔霍夫定律的实际应用。在学习本项目每个方法或基本定理时，要多思考查阅它们的实际应用，如节点法在电力系统潮流计算中的应用，叠加定理在晶体管放大电路中的应用等，来建立自己的工程思维，不断激发自己学好本课程的责任意识，为实现科技强国尽一份自己的力量。

在学习方法上要学会做思维导图，这不仅可以有效提高自己的归纳总结、逻辑思维能力，也可以同步提升自主探究能力和创新能力。

在任务实施环节前，建议多查阅相关的科学家故事，领悟科学和技术都始于问题，要善于发现问题并坚持不懈地努力解决问题。通过任务实施，体会遵循现象观察、实验测量、分析判断、归纳总结的探索过程，养成遵章守纪的工作作风和树立实事求是的科学态度。

思维导图

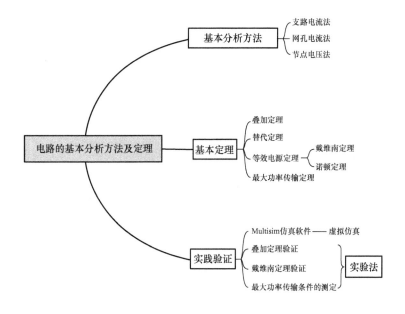

任务 1　电路的基本分析方法

任务 1.1　支路电流法

◆ **任务导入**

电路的支路电流之间受 KCL 方程约束，支路电压之间受 KVL 方程约束，每条支路的电压和电流之间受该支路的伏安特性（VCR）方程约束。n 个节点，b 条支路，可以列写 $n-1$ 个 KCL 独立电流方程、$b-(n-1)$ 个 KVL 独立电压方程；b 条支路还可以列写 b 个相互无关的 VCR 方程，这样共有 $2b$ 个方程，它们都是彼此独立、线性无关的。联立 $2b$ 个独立的方程，可解出 $2b$ 个未知量，这种方法称为 $2b$ 法。如果用 $2b$ 法分析电路，当支路数较多时，如 $b=10$，联立 20 个方程求解，求解并不容易。下面介绍减少方程的数量，从而提高求解效率的方法，首先介绍支路电流法。

◆ **任务要求**

理解支路电流法的应用及解题步骤。

重难点：支路电流法的解题步骤。

◆ **知识链接**

支路电流法就是分析计算复杂电路的一种基本方法。它是以各支路电流为未知量，依据 KCL 和 KVL 列写电路方程，求解各支路电流的方法。在应用此方法时，必须先选定各支路电流的参考方向，再用基尔霍夫定律分别对节点和回路列出方程。所列方程数应等于支路数，而且各方程均应是独立的。若电路中支路数为 b，节点数为 n，则

1）用 KCL 所列独立方程数为 $n-1$ 个（另一个是不独立的）。

2）其余的 $b-(n-1)$ 个方程需要运用 KVL 来列出。要保证所列出的 $b-(n-1)$ 个 KVL 方程是独立的，通常可采用两种方法：①全部选取网孔列写 KVL 方程，各方程一定是相互独立的；②在依次选取列写 KVL 方程的回路时，每次所选的回路中至少有一条支路是已选回路所没有包含的支路，这样列写的 KVL 方程一定是相互独立的。根据电路的情况，采用这两种方法中的任何一种即可，列写的各方程一定是相互独立的。

【**例 3.1**】图 3.1 所示电路，有几条支路？几个节点？可以列写几个独立 KCL 和 KVL 方程。

解：图 3.1 所示电路，有 aec、ab、bc、db、ad 和 cd 共 6 条支路。有 a、b、c、d 共 4 个节点。

因此，我们可以列写 KCL 方程个数为 3 个，KVL 方程个数为 3 个。这与图中网孔数刚好一致，也刚好可以说明电路中的网孔数就是 KVL 独立方程数。

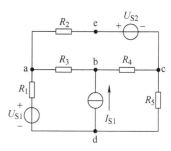

图 3.1　例 3.1 图

【**例 3.2**】图 3.2 所示电路为汽车、摩托车等运输车辆的照明电路示意图。已知 U_{S1}、R_1 分别为发电机的电动势和内阻；U_{S2}、R_2 分别为蓄电池的电动势和内阻；R_3 为照明灯负载。如已知 R_1、R_2、R_3、U_{S1}、U_{S2} 的值，求各支路的电流 I_1、I_2、I_3。

解：1）确定节点、支路、网孔数，标出各节点，并假设各支路电流的参考方向和回路的绕行方向。

如图 3.2 所示，节点数为 2 个，支路数为 3 条，网孔数为 2 个。因此可列 1 个独立的 KCL 方程和 2 个独立的 KVL 方程，3 条支路 3 个方程求解。支路电流参考方向和回路绕行方向如图 3.2 所示。

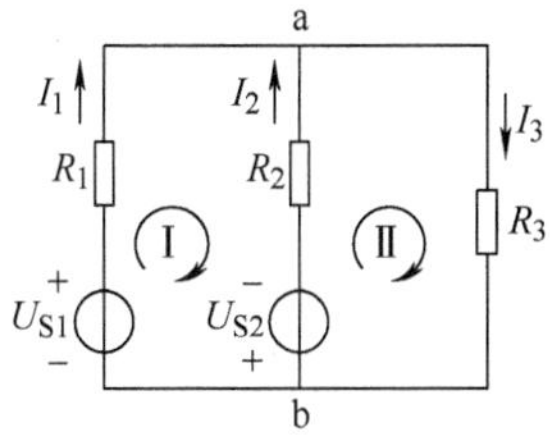

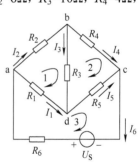

图 3.2　例 3.2 图

2）列出独立的 KCL、KVL 方程：

对节点 a 列写 KCL 方程：$\qquad I_1+I_2=I_3$

对回路 I 列写 KVL 方程：$\qquad R_1I_1-R_2I_2-U_{S2}-U_{S1}=0$

对回路 II 列写 KVL 方程：$\qquad U_{S2}+I_3R_3+R_2I_2=0$

3）代入数据，求解各支路电流。计算结果为正，实际方向与参考方向相同；计算结果为负，实际方向与参考方向相反。

从上述电路的解题过程可以总结出支路电流法求解电路的一般步骤如下：

1）首先确定电路的支路数 b、节点数 n 和网孔数 m；标出各节点，假设各支路电流的参考方向和回路的绕行方向。

2）列出 $n-1$ 个独立节点 KCL 电流方程。

3）列出 $b-(n-1)$ 个独立回路（m 个网孔）KVL 电压方程。

4）代入数据，解出各支路电流，进一步求出其他所需电路物理量。

> 🖋 **经验传承**：当多个电源并联时，并不是每一个电源都会向负载提供电流和功率。当两个电源的电动势相差太大时，某些电源不仅不输出功率，反而会吸收功率。因此，在实际的供电系统中，应使两个电源的电动势和内阻尽量相同。对于设备电池也是同样，更换时全部换新，避免一新一旧（读者如有兴趣，可以利用图 3.2 自行验证）。

【例 3.3】 如图 3.3 所示直流电路，其中 $U_S=24\text{V}$，$R_6=2\Omega$，$R_1=3\Omega$，$R_2=6\Omega$，$R_3=10\Omega$，$R_4=4\Omega$，$R_5=3\Omega$，各支路电流已标注在电路图中，求各支路电流。

解：1）确定电路的支路为 6 条，节点为 4 个，网孔数为 3，标出各节点，假设各支路电流的参考方向和网孔的绕行方向如图 3.3 所示。

2）列写 3 个独立节点 KCL 方程：

节点 a：$\qquad I_1+I_2=I_6$

节点 b：$\qquad I_3+I_4=I_2$

节点 c：$\qquad I_5+I_4=I_6$

3）列写 3 个独立回路 KVL 方程：

网孔 1：$\qquad R_3I_3-R_1I_1+R_2I_2=0$

网孔 2：$\qquad R_4I_4-R_5I_5-R_3I_3=0$

网孔 3：$\qquad R_5I_5+R_6I_6+R_1I_1=U_S$

4）代入已知条件，联立方程求解各支路电流：

$I_1=2.66\text{A}$，$I_2=1.52\text{A}$，$I_3=-0.113\text{A}$，$I_4=1.63\text{A}$，$I_5=2.55\text{A}$，$I_6=4.18\text{A}$

图 3.3　例 3.3 图

【例 3.4】 求图 3.4 所示直流电路的各支路电流（电路参数已在图中标注）。

解：1）确定电路的支路为 3 条，两个节点，两个网孔。标出电路中的各节点、标出支路电流参考方向和回路绕行方向如图 3.4 所示。

2）列写 1 个独立 KCL 方程：

对节点 a：$\qquad I_1+I_2=I_3$

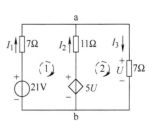

图 3.4　例 3.4 图

3）列写 2 个独立 KVL 方程：

对回路 1：$\qquad\qquad\qquad 7I_1-11I_2+5U=21$

对回路 2：$\qquad\qquad\qquad 7I_3+11I_2-5U=0$

4）由于受控源的控制量 U 为未知量，因此增补方程 $7I_3=U$，以使得未知量个数和方程数依然相对应。

5）求解上述方程，得各支路电流为

$$I_1=8.5\text{A}，\quad I_2=-14\text{A}，\quad I_3=-5.5\text{A}$$

点拨：采用支路电流法解含有受控源的电路时，需要将受控源先按照独立源处理，然后再将受控源的控制量用支路电流表示，增补一个方程，以求解支路电流。

扫一扫看视频

任务 1.2　网孔电流法

◆ 任务导入

应用支路电流法，有几条支路就要列几个独立方程。支路数越多，需要列的方程数量就越多，计算也就越繁琐。因此仍有必要继续探讨能够减少方程数量的其他方法。

◆ 任务要求

理解网孔电流法的应用及解题步骤。

重难点：网孔电流法的解题步骤。

◆ 知识链接

对每个闭合的网孔都可以设想有一个回路电流在流动，以网孔电流作为未知量，依据 KVL 列方程分析电路的方法称为网孔电流法。

所谓网孔电流是一种沿着网孔边界流动的假想电流，如图 3.5 中所示的 I_{m1}、I_{m2}⊖。

不难看出，各网孔电流不能用 KCL 相联系。因为每一网孔电流沿着网孔流动，当它流经某节点时，从该节点流入，又从该节点流出，在为该节点所列的、以网孔电流表示的 KCL 方程中彼此抵消。因此，网孔电流不能用 KCL 相联系，求解网孔电流所需的方程组只能来自 KVL 和支路的 VCR。

在选定网孔电流后，可为每一个网孔列写一个 KVL 方程，方程中的支路电压可以通过欧姆定律用网孔电流来表示。这样就可以得到一组以网孔电流为变量的方程组，它们必然与待解变量数目相同而且是独立的，由此可解得各网孔电流。通常，在列方程时还把网孔电流的参考方向作为列方程时的回路绕行方向。以网孔电流为变量的方程组称为网孔方程。

扫一扫看视频

【例 3.5】已知直流电路如图 3.5 所示，如已知 R_1、R_2、R_3、U_{S1}、U_{S2} 的值，试用网孔电流法求解 I_1、I_2、I_3。

解：1）先确定电路网孔个数为 2 个，并在电路中假设各网孔电流的方向都为顺时针，同时设网孔电流为 I_{m1}、I_{m2}。

2）以两个网孔电流为未知量，分别列写 KVL 方程。

$$R_1I_{m1}+R_3(I_{m1}-I_{m2})=U_{S1}$$
$$R_2I_{m2}+U_{S2}+R_3(I_{m2}-I_{m1})=0$$

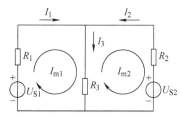
图 3.5　例 3.5 图

⊖ 网孔（mesh），以下标 m 表示网孔。

整理可得

$$\left. \begin{array}{l} I_{m1}(R_1 + R_3) - R_3 I_{m2} = U_{S1} \\ I_{m2}(R_2 + R_3) - R_3 I_{m1} = -U_{S2} \end{array} \right\} \tag{3-1}$$

3）代入已知量，求解网孔电流 I_{m1}、I_{m2}。

4）将各支路电流用网孔电流来表示，即

$$I_1 = I_{m1}$$
$$I_2 = -I_{m2}$$
$$I_3 = I_{m1} - I_{m2}$$

代入各网孔电流的值，就可以求得各支路电流 I_1、I_2、I_3。

在例 3.5 中，现在用 R_{11}、R_{22} 分别代表网孔 1 和网孔 2 的自阻，即分别是各自网孔内所有电阻的总和，本例中 $R_{11}=R_1+R_3$，$R_{22}=R_2+R_3$。R_{12}、R_{21} 分别为网孔 1 与网孔 2 的互阻，本例中即 $R_{12}=R_{21}=-R_3$。U_{S11}、U_{S22} 分别为网孔 1、网孔 2 所有电压源电压的代数和，当电压源参考方向和网孔电流方向一致时取负，反之取正。如本例中，$U_{S11}=U_{S1}$，$U_{S22}=-U_{S2}$。自阻是正的，互阻总是为负，在不含受控源的电阻电路的情况下，$R_{ik}=R_{ki}$。

因此式（3-1）可改写为

$$\left. \begin{array}{l} R_{11}I_{m1} + R_{12}I_{m2} = U_{S11} \\ R_{21}I_{m1} + R_{22}I_{m2} = U_{S22} \end{array} \right\} \tag{3-2}$$

对具有 m 个网孔的平面电路，网孔电流方程的一般形式可以由式（3-2）推广而得，即

$$\left. \begin{array}{l} R_{11}i_{m1} + R_{12}i_{m2} + R_{13}i_{m3} + \cdots + R_{1m}i_{mm} = u_{S11} \\ R_{21}i_{m1} + R_{22}i_{m2} + R_{23}i_{m3} + \cdots + R_{2m}i_{mm} = u_{S22} \\ R_{31}i_{m1} + R_{32}i_{m2} + R_{33}i_{m3} + \cdots + R_{3m}i_{mm} = u_{S33} \\ \vdots \\ R_{m1}i_{m1} + R_{m2}i_{m2} + R_{m3}i_{m3} + \cdots + R_{mm}i_{mm} = u_{Smm} \end{array} \right\} \tag{3-3}^{\ominus}$$

从上述分析可以总结出网孔电流法求解电路的一般步骤如下：

1）首先确定电路的网孔数 m；假设各网孔电流的参考方向，通常规定都为顺时针（或都为逆时针）。

2）以 m 个网孔电流为未知量，分别列写 m 个网孔的 KVL 方程，可以直接套用式（3-3）的一般式。

3）代入数据，解出各网孔电流，进一步求出其他所需电路物理量。

以上讨论的电路中只含有电压源。如果电路中含有电流源，可采用以下两种方法进行处理：

1）如果电路中包含理想电流源，且电流源所在支路位于电路的边界位置，则该网孔电流可以用电流源电流表示，电路分析更为简单。如果电流源所在支路处于某两个网孔的公共支路位置，则两个网孔电流之差即为该电流源电流，因此需增补一个网孔电流差的方程，同时设电流源的电压为 U，列网孔电流方程。

2）如电路中含有受控电流源时，可按上述处理电流源的方法处理，但要把控制量用网孔电流表示。如电路中含有受控电压源时，也应先把控制量用网孔电流表示，暂将受控电压源视为独立电压源。

【例 3.6】用网孔电流法求解直流电路如图 3.6 所示的各支路电流。已知 $R_1=R_3=0.1\Omega$，$R_2=0.2\Omega$，$R_6=6\Omega$，$R_4=R_5=2\Omega$，$U_{S1}=12V$，$U_{S2}=7.5V$，$U_{S3}=1.5V$，$I_{S4}=-1A$。

$\ominus$ 式中用小写的 i、u 表示它的一般性。

解：1）先确定电路网孔个数为 3 个，并在电路中假设各网孔电流的方向都为顺时针方向，同时设网孔电流为 I_{m1}、I_{m2}、I_{m3}。

2）由电路图可得，电路中含有电流源，并且该电流源处于边界位置，处理方法为用电流源来表示网孔电流。其 2 个网孔套用式（3-3）可得 KVL 方程为

网孔 1： $(R_1+R_2+R_5)I_{m1}-R_2I_{m2}-R_5I_{m3}=U_{S1}-U_{S2}$

网孔 2： $-R_2I_{m1}+(R_2+R_3+R_6)I_{m2}-R_6I_{m3}=U_{S2}-U_{S3}$

网孔 3： $I_{m3}=-I_{S4}$

3）代入已知数据，解出各网孔电流分别为

$$I_{m1}=3A, \quad I_{m2}=2A, \quad I_{m3}=1A$$

4）进一步求出各支路电流，即

$I_1=I_{m1}=3A$, $I_2=I_{m2}-I_{m1}=-1A$, $I_3=-I_{m2}=-2A$, $I_4=I_{m3}=1A$, $I_5=I_{m1}-I_{m3}=2A$, $I_6=I_{m2}-I_{m3}=1A$

【例 3.7】求图 3.7 所示直流电路的各网孔电流（电路参数已在图中标注，其中电流 I_1 为电阻 4Ω 上流过的电流，方向与网孔电流 I_{m1} 一致）。

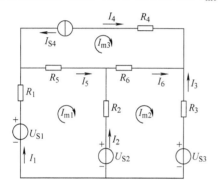
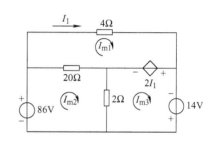

图 3.6　例 3.6 图　　　　　　图 3.7　例 3.7 图

解：1）先确定电路网孔个数为 3 个，假设网孔电流的方向都是顺时针方向，网孔电流为 I_{m1}、I_{m2}、I_{m3}，如图 3.7 所示。

2）由电路图可得，电路中含有受控电压源，可以把它先看成独立电压源处理，控制量 I_1 刚好就是网孔电流 I_{m1}。因此只需要列出三个网孔的 KVL 方程，套用式（3-3）可得 KVL 方程为

网孔 1： $(4+20)I_{m1}-20I_{m2}=-2I_1$

网孔 2： $-20I_{m1}+(20+2)I_{m2}-2I_{m3}=86$

网孔 3： $-2I_{m2}+2I_{m3}=2I_1+14$

其中： $I_1=I_{m1}$

3）解方程可得

$$I_{m1}=25A, \quad I_{m2}=32.5A, \quad I_{m3}=64.5A$$

扫一扫看视频

任务 1.3　节点电压法

◆ 任务导入

在 n 个节点、b 条支路、m 个网孔的电路中，用网孔电流法求解只需要列写 m 个方程，可以省去 n-1 个 KCL 方程，分析计算支路数多、网孔少的电路会方便很多。那么针对节点较少的电路，是否还有其他减少电路未知数的方法吗？这就是本任务要完成的内容。

◆ **任务要求**

　　理解节点电压法的应用及解题步骤。
　　重难点：节点电压法的解题步骤。

◆ **知识链接**

　　本节介绍另一种减少电路未知量的方法，它是以节点电压作为未知量，依据 KCL 列方程分析电路的方法，称为节点电压法。节点电压：任选一节点作为参考点，设其电位为零，其余节点称为独立节点，这些节点与此参考节点之间的电压称为节点电压。

　　由于每一支路都连接在两个节点上，根据 KVL，该支路电压就是这两个节点电压之差。如果每一个支路电流都可由支路电压来表示，那么它也一定可以用节点电压来表示。在具有 n 个节点的电路中写出 $n-1$ 个独立节点 KCL 方程，而 KCL 方程中的各个支路电流都以节点电压来表示，这样就能得 $n-1$ 个独立方程，称之为节点电压方程。最后由这些方程解出节点电压，再求出所需要的电压、电流等，这就是节点电压法。

　　节点电压法不受电路结构的限制，对平面电路和非平面电路都适用，又便于编制程序用计算机解题，应用广泛，应熟练掌握。下面通过一个具体电路来介绍节点电压法方程的建立。

　　【例 3.8】 图 3.8 所示直流电路，$R_1=1\Omega$，$R_2=R_3=2\Omega$，$I_{S1}=5A$，$I_{S2}=3A$，$U_{S1}=4V$，$U_{S2}=10V$，试用节点电压法求解各支路电流。

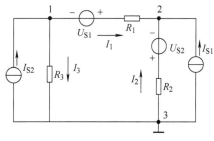

图 3.8　例 3.8 图

　　解：1）确定电路的节点数，本例中有 3 个节点，如图 3.8 所示，以其中一个节点为参考点，另两个独立节点与该参考节点之间的电压就是它的节点电压，分别用 U_{n1} 和 U_{n2} 表示。

　　2）利用 KVL 和欧姆定律，用节点电压分别表示各支路电流：

$$I_1 = (U_{n1} - U_{n2} + U_{S1})/R_1$$
$$I_2 = (-U_{S2} - U_{n2})/R_2$$
$$I_3 = U_{n1}/R_3$$

扫一扫看视频

　　3）对节点列写 KCL 方程：

节点 1：$\qquad\qquad\qquad\qquad I_3 + I_1 = I_{S2}$

节点 2：$\qquad\qquad\qquad\qquad I_2 + I_1 + I_{S1} = 0$

用节点电压代入可得

$$\left.\begin{array}{l} U_{n1}/R_3 + (U_{n1} - U_{n2} + U_{S1})/R_1 = I_{S2} \\ (-U_{S2} - U_{n2})/R_2 + (U_{n1} - U_{n2} + U_{S1})/R_1 = -I_{S1} \end{array}\right\} \qquad (3\text{-}4)$$

整理式（3-4）可得

$$\left.\begin{array}{l} (1/R_1 + 1/R_3)U_{n1} - U_{n2}/R_1 = I_{S2} - U_{S1}/R_1 \\ -U_{n1}/R_1 + (1/R_1 + 1/R_2)U_{n2} = I_{S1} - U_{S2}/R_2 + U_{S1}/R_1 \end{array}\right\} \qquad (3\text{-}5)$$

　　4）代入已知量进行求解，得 $U_{n1}=2V$、$U_{n2}=4V$。

　　5）进一步解得各支路电流为 $I_1=2A$、$I_2=-7A$、$I_3=1A$。

　　式（3-5）可写成

$$(G_1 + G_3)U_{n1} - G_1 U_{n2} = I_{S2} - U_{S1}G_1 \\ \left. -G_1 U_{n1} + (G_1 + G_2)U_{n2} = I_{S1} - U_{S2}G_2 + U_{S1}G_1 \right\} \tag{3-6}$$

式中，G_1、G_2、G_3 为支路 1、2、3 的电导。列写节点电压方程时，可以根据观察按 KCL 直接写出式（3-6）或式（3-7）。为归纳出更为一般的节点电压方程，可令 $G_{11}=G_1+G_3$，$G_{22}=G_1+G_2$，分别为节点 1、2 的自导，自导总是为正的，它等于连接于各节点支路电导之和；令 $G_{12}=G_{21}=-G_1$，为节点 1、2 间的互导，互导总是为负的。它们等于连接于两节点间支路电导的负值。方程右边写为 I_{S11}、I_{S22} 分别表示节点 1、2 的注入电流。注入电流等于流向节点的电流源电流的代数和，流入节点取正，流出节点取负。注入电流源还应包括电压源和电阻串联组合经等效变换形成的电流源，如本例中的节点 1：$I_{S11}=I_{S2}-U_{S1}G_1$，节点 2：$I_{S22}=I_{S1}-U_{S2}G_2+U_{S1}G_1$。因此式（3-6）又可以写成更一般的节点电压方程为

$$G_{11}U_{n1} + G_{12}U_{n2} = I_{S11} \\ \left. G_{21}U_{n1} + G_{22}U_{n2} = I_{S22} \right\} \tag{3-7}$$

式（3-6）不难推广到具有 n 个独立节点的电路中，有

$$G_{11}u_{n1} + G_{12}u_{n2} + G_{13}u_{n3} + \cdots + G_{1n}u_{nn} = i_{S11} \\ G_{21}u_{n1} + G_{22}u_{n2} + G_{23}u_{n3} + \cdots + G_{2n}u_{nn} = i_{S22} \\ \left. G_{31}u_{n1} + G_{32}u_{n2} + G_{33}u_{n3} + \cdots + G_{3n}u_{nn} = i_{S33} \right\} \tag{3-8} \\ \vdots \\ G_{n1}u_{n1} + G_{n2}u_{n2} + G_{n3}u_{n3} + \cdots + G_{nn}u_{nn} = i_{Snn}$$

求得各节点电压后，可根据 VCR 求出各支路电流。列节点电压方程时，不需要事先指定支路电流的参考方向。节点电压方程本身已包含 KVL，而以 KCL 的形式写出，故如果需要检验答案，应对支路电流用 KCL 进行。

📖 **经验传承**：节点电压法求解的一般步骤归纳如下：

1）确定电路的节点数 n，选定参考节点，标出其他各节点的代号。

2）按式（3-8）标准方程形式列出节点方程。其中自导为正值，互导为负值，以及流入各节点的电流源的代数和（当电流流向节点时取正号，流出节点时取负号）。

3）代入已知量，求解节点电压并进一步求出其他所需电路物理量。

4）当电路中有受控源或无伴电压源时，需另行处理。

【例 3.9】如图 3.9 所示电路，电路参数已在图中标注，试用节点电压法求解各节点电压。

解：1）确定电路的节点数为 4 个，选定参考点，标出其余各独立节点，如图 3.9 所示。

2）按式（3-8）列写节点方程：

节点 1：$(1/0.05+1/0.5)U_{n1}-U_{n2}/0.05-U_{n3}/0.5=86$

节点 2：这里有一个电流受控源，控制量 U_A 刚好是节点电压 U_{n2}，此时可以当作独立电流源处理，控制量 U_A 用节点电压 U_{n2} 代入，因此可得

$$-U_{n1}/0.05+(1/0.05+1/0.25)U_{n2}=-2U_{n2}$$

节点 3：$-U_{n1}/0.5+U_{n3}/0.5=14+2U_{n2}$

由以上三个方程解得

$$U_{n1}=32.5V,\quad U_{n2}=25V,\quad U_{n3}=64.5V$$

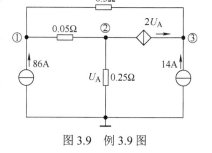

图 3.9 例 3.9 图

⊖ 式中用小写的 i、u 表示它的一般性。

任务 2 电路的基本定理

任务 2.1 叠加定理

◆ **任务导入**

前面电路的分析主要围绕电路结构的支路、网孔、节点这几个名词展开，利用 KCL、KVL，得到了电路的基本分析方法：支路电流法、网孔电流法、节点电压法。那么电路结构中如果是有多个电源共同作用时，是否另有电路分析的规律可以探寻呢？这即是本任务要完成的内容。

◆ **任务要求**

理解叠加定理的应用及解题步骤。

重点：叠加定理的应用。

难点：叠加定理的适用范围。

◆ **知识链接**

叠加定理是分析和计算线性问题的普遍原理。这一定理可用来分析计算线性电路（电压与电流成正比关系的电路）。电路的叠加定理可表述为：**在由多个独立源共同作用的线性电路中，任一支路的电流（或电压）等于各个独立源分别单独作用时在该支路中所产生的电流（或电压）的叠加（代数和）。** 对不作用电源的处理办法是，电压源用短路线代替，电流源开路，内阻保留。现以图 3.10 为例，证明叠加定理的正确性。

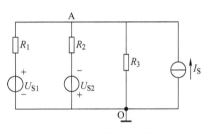

图 3.10　例 3.10 图

【**例 3.10**】如果图 3.10 所示电路为线性电路，请选用合适的方法来求解 R_3 支路上的电流。

解题思路：图 3.10 中有 4 条支路，2 个节点、3 个网孔，因此用支路电流法，需要列写 4 个方程，用网孔电流法，需要列写 3 个方程，用节点电压法，只需要列写 1 个方程即可。因此本例用节点电压法来求解支路电流。

解：1）本例中有两个节点，因此以一个节点为参考点，另外一个为独立节点 A，如图 3.10 所示。

2）套用式（3-8）对节点 A 列写方程：

$$(1/R_1 + 1/R_2 + 1/R_3)U_A = I_S + U_{S1}/R_1 - U_{S2}/R_2$$

令

$$1/R_1 + 1/R_2 + 1/R_3 = G$$

$$U_A = \frac{I_S}{G} + \frac{U_{S1}}{GR_1} - \frac{U_{S2}}{GR_2}$$

3）因此 R_3 支路上的电流为

$$I_{R3} = \frac{U_{S1}}{GR_1R_3} - \frac{U_{S2}}{GR_2R_3} + \frac{I_S}{GR_3}$$

R_3 支路上的电流可表示为 $I_{R3} = K_1U_{S1} + K_2U_{S2} + K_3I_S$，也就是说，$R_3$ 支路上的电流可以看成由三个部分组成，分别是电压源 U_{S1} 和 U_{S2} 和电流源 I_S 单独作用时，R_3 支路产生的电流的叠加。同样我们可以看出节点 A 的电压 U_A 也是 U_{S1}、U_{S2}、I_S 分别单独作用在该节点所产生的电压的叠加。

因此，多个电源共同作用在线性电路中时，我们可以将复杂电路看成每个电源单独作用时的简单电路的叠加。因此叠加定理可表述为：在多个电源共同作用的线性电路中，某一支路的电流（或电压）等于每个电源单独作用时在这一支路所产生的电流（或电压）的代数和。

在应用叠加定理时，所谓每个电源单独作用是指某一电源作用时，其他电源都不作用，即其他电源的参数应视为零值。

对于理想电压源而言，不作用时，参数视为零值，即在电路图上应将其用短路代替。相当于将不考虑其作用的理想电压源从电路中移除后，在原接电源处接一条短路线。

对于理想电流源而言，不作用时，参数视为零值，即在电路图上应将其用开路代替。相当于将不考虑其作用的理想电流源从电路中移除后，在原接电源处开路。

除去不考虑其作用的电源后，电路的其余结构保持不变，即除了不作用的电源被除去外，其他所有元件的连接方式和参数均不改变，只剩下考虑起作用的电源保留在电路中。

叠加定理只适用于线性电路，不适用于非线性电路。另外，在线性电路中应用叠加定理，也只限于电路中的电压的叠加计算或是电流的叠加计算，因为电压和电流与理想电压源的电压或理想电流源的电流是一次函数关系。电路中的功率不是电压、电流的一次函数，因此，功率不能直接进行叠加计算。

【例 3.11】 如图 3.11a 所示电路中，$R_1=R_2=2\Omega$，$U_S=4V$，$I_S=3A$。用叠加定理求流过 R_2 支路的电流，并计算 R_2 所消耗的功率。

解：1）如图 3.11a 所示电路中，有两个独立源，分别画出两个独立源单独作用的电路图，电压源 U_S 单独作用，I_S 不作用（开路），如图 3.11b 所示，电流源 I_S 单独作用，电压源 U_S 不作用（短路），如图 3.11c 所示。

2）先分析电压源单独作用时的电路（图 3.11b），此时 R_2 支路的电流利用 KVL 可得

$$I' = U_S / (R_1 + R_2) = 1A$$

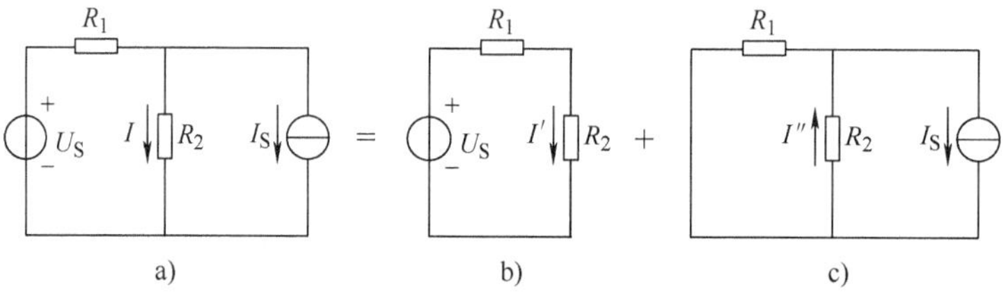

图 3.11 例 3.11 图

3）再分析电流源 I_S 单独作用的电路（图 3.11c），此时 R_2 支路的电流（分流公式）可得

$$I'' = I_S R_1 / (R_1 + R_2) = 1.5A$$

4）最后在计算两个电源共同作用时，R_2 支路产生的电流 I，按图 3.10a 所示 R_2 支路的电流参考方向，每个电源单独作用时所产生的电流参考方向与所有电源共同作用时所产生的电流参考方向相同者取正值，反之，则应取负值。因此两个电源共同作用时，R_2 支路产生的电流 I 和 R_2 所消耗的功率 P_2 分别为

$$I = I' + I'' = -0.5A$$

$$P_2 = I^2 R_2 = 0.5W$$

> 👆 **经验传承**：从上述电路的解题过程可以总结出叠加定理求解电路的一般步骤如下：
> 1）首先确定电路的独立源数，并做出每个独立源单独作用时的电路图。
> 2）对每个独立源单独作用的电路图进行电路分析，求解电路物理量。
> 3）求各个独立源单独作用所得到的电路物理量的代数和。

【例 3.12】 含受控源电路如图 3.12a 所示，试用叠加定理求电流 I（电路参数已在图中标注）。

解题思路：本例中含有受控源，解题时必须注意的是，受控源不是独立源，不能单独作用。但当各独立源单独作用时，受控源必须始终保留在电路中。

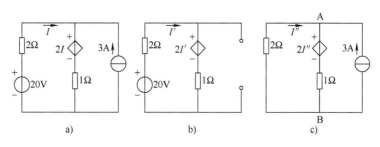

图 3.12　例 3.12 图

解：1）由图 3.12a 所示电路可知，有两个独立源，画出电压源单独作用时，此时电流源不作用，开路处理的电路如图 3.12b 所示；画出电流源单独作用时，此时电压源不作用，短路处理的电路如图 3.12c 所示。

2）先分析电压源单独作用的电路（图 3.12b），列写 KVL 方程可得

$$2I' + 2I' + 1I' = 20$$
$$I' = 4A$$

3）接着分析电流源单独作用的电路（图 3.12c），选 B 为参考点，列写 A 点的节点电压方程为

$$(1/2 + 1)U_A = 3 + 2I''$$
$$U_A = -2I''$$

得
$$I'' = -0.6A$$

4）求所有独立源共同作用的代数和：

$$I = I' + I'' = 3.4A$$

点拨：叠加定理在使用时需要特别注意以下几点：

1）叠加定理只适用于线性电路，不适用于非线性电路。

2）电路中的受控源不是独立源，不能单独作用，需要一直保留在电路中。

3）叠加时需要注意电路参数的参考方向不能变化。

4）叠加定理只能应用于电压和电流，不可以求解电路的功率。

5）叠加方式是任意的，可以一次一个独立源单独作用，也可以一次几个独立源同时作用，取决于使分析计算简便。

任务 2.2　替代定理

扫一扫看视频

◆ 任务导入

电路内部如果某条支路元件未知，但知道这条支路的电流或电压，针对这样的电路，我们是否可以寻找一定的规律或方法去解决呢？这就是本任务将要解决的问题。

◆ 任务要求

理解替代定理及其应用。

重点：替代定理的应用。

难点：替代与等效的区别，替代的应用条件。

◆ 知识链接

我们先来分析一个简单电路如图 3.13a 所示，不难得出 3Ω 电阻的电压 u 等于 6V，电流 i 等于 2A。若 3Ω 电阻用 6V 电压源替代，如图 3.13b 所示，电路中的电流 i 还是 2A，若 3Ω 电阻用 2A 电流源替代，如图 3.13c 所示，电路中的电压 u 仍然是 6V。三个电路有相同的解。

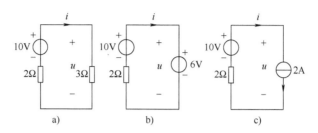

图 3.13　简单电路

在图 3.13 所示电路图中，电阻为何可以用独立源替代呢？这就是替代定理。

替代定理的内涵：在任意电路 N 中（可以线性或非线性），若已知某条支路 k 的电压为 u_k、电流为 i_k，如图 3.14a 所示，则支路可用大小为 u_k，其极性与原支路的端电压极性相同的独立电压源替代，如图 3.14b 所示，或者支路也可用大小为 i_k，方向与原支路电流方向相同的独立电流源替代，如图 3.14c 所示。替代的条件：**在原电路和替代后的电路均具有唯一解，电路工作状态要相同。**

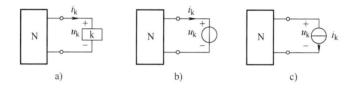

图 3.14　替代定理示意图

对唯一解的理解

【例 3.13】如图 3.15a 所示电路，已知电阻 2Ω 上的电压 u 为 10V，电流 i 为 5A，是否可以分别用 5A 电流源或 10V 电压源替代？为什么？

解：1）首先用 5A 电流源替代 2Ω 电阻，如图 3.15b 所示，此时两端电压 u 仍等于 10V，因此具有唯一解，可以替代。

2）用 10V 电压源替代 2Ω 电阻，如图 3.15c 所示，此时电流 i 取任何值都不会违背 KVL 和 KCL，因此替代后的电路不再具有唯一解，这种替代就是不可行的替代。

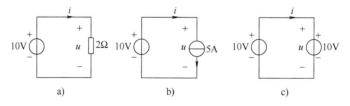

图 3.15　例 3.13 图

替代与等效的区别

【例 3.14】如图 3.16a 所示电路，求两个并联 6Ω 电阻两端的电压 u 和电流 i，并分别用相同数值的电压源、电流源替代，以及用 3Ω 电阻来等效替代两个 6Ω 的并联电阻。试分析它们的工作性能特点。

解：1）图 3.16a 中电压 u 为 6V，电流 i 为 2A，用 6V 电压源替代，如图 3.16b 所示，此时电路中的电流 i 为 2A，因此电路具有唯一解，是有效替代。

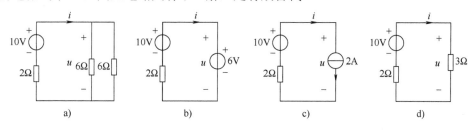

图 3.16 例 3.14 图

2）用 2A 的电流源替代，如图 3.16c 所示，此时电流源两端电压 u 为 6V，因此电路具有唯一解，是有效替代。

3）用 3Ω 电阻来等效替代两个 6Ω 的并联电阻，如图 3.16d 所示，此时电路电压 u 仍为 6V，电流 i 仍为 2A。

4）如果改变电路中的参数，如把电路中 10V 的电压源改为 6V，电压 u 为 3.6V，电流 i 为 1.2A，也就是图 3.16b 中的电压源要换成 3.6V，图 3.16c 中的电流源要换成 1.2A，替代要发生变化。但此时图 3.16d 中还是可以用 3Ω 的电阻来等效，此时电路电压 u 为 3.6V，电流 i 为 1.2A。

因此替代并不等于等效。

应用替代定理时要注意以下内容：

1）替代定理应用的前提是，原电路和替代后的电路均具有唯一解。线性电路通常具有唯一解。

2）替代是维持工作点不变。改变电路的参数，意味着改变被替代支路的工作点，因而，替代该支路的电压源或电流源要随之而变。

3）等效是维持电压、电流关系不变。改变电路的参数，只要被等效部分的参数不变，等效电路就不变。

4）替代定理不仅可以用于线性电路，也可以用于非线性电路。

【例 3.15】如图 3.17a 所示电路，试用替代定理确定电阻 R。

解：由图 3.17a 可知，电阻 R 支路上的电流为 1/8A，因此电阻 R 可用 1/8A 的理想电流源替代，如图 3.17b 所示。

我们选用节点电压法分析图 3.17b。

1）图中有 4 个节点，对其中 3 个节点分别进行标定，如图 3.17b 所示。

2）可以看出节点 a 的电压 u_a 为 2V。

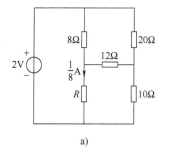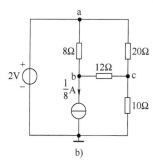

图 3.17 例 3.15 图

3）对节点 b 列写节点电压方程：

$$\left(\frac{1}{8}+\frac{1}{12}\right)u_b-\frac{1}{12}u_c-\frac{1}{8}u_a=-\frac{1}{8}$$

4）对节点 c 列写节点电压方程：

$$-\frac{1}{12}u_b+\left(\frac{1}{20}+\frac{1}{12}+\frac{1}{10}\right)u_c-\frac{1}{20}u_a=0$$

5）解方程得

$$u_b=0.9\text{V}, \quad u_c=0.75\text{V}$$

6）因此得

$$R = \frac{u_b}{\frac{1}{8}} = 7.2\Omega$$

任务 2.3   等效电源定理

◆ **任务导入**

实际工作中，常常遇到只需研究复杂电路中某一特定支路的问题，用前面介绍的电路分析方法可以求解，但过程将是比较烦琐的。那么针对这一特定支路问题是否有有效的分析方法呢？这就是本任务要解决的。

◆ **任务要求**

理解戴维南定理、诺顿定理及应用。

重点：戴维南定理的应用。

难点：求解等效电阻的方法。

◆ **知识链接**

遇到只需研究复杂电路中某一特定支路的问题，我们先把这一支路的两端断开，就出现两个端钮，从这两个端钮看去，电路中除去这一支路的其余部分是一个线性含源二端网络，该含源二端网络对这一支路起着电源的作用。因此，可以将该含源二端网络等效化简为一个理想电压源与电阻串联的支路，即电压源模型；或者将该含源二端网络等效化简为一个理想电流源与电阻并联的支路，即电流源模型。经过这样的等效变换之后，再将断开的支路与等效电源模型相接，原电路将变成一个单回路的简单电路，因此可简化电路的计算。

将线性含源二端网络等效化简为理想电压源与电阻串联的电路称为戴维南等效电路，其依据是戴维南定理；将线性含源二端网络等效化简为理想电流源与电阻并联的电路称为诺顿等效电路，其依据是诺顿定理。这两个定理又可统称为等效电源定理。

扫一扫看视频

2.3.1   戴维南定理

戴维南定理（Thevenin's theorem）叙述如下：一个线性有源二端网络 N 与任意外电路相连，如图 3.18a 所示，对外电路来说，可以用一个电压源和电阻的串联组合来等效替代，如图 3.18b 所示；此电压源的电压等于外电路断开时端口处的开路电压 u_{oc}，而电阻等于二端网络内全部独立源置零后的输入电阻（等效电阻 R_{eq}）。

下面来证明戴维南定理。

如图 3.19a 所示电路，已知线性有源二端网络 N 的负载 R 上电流为 i，根据替代定理，用一大小为 i 的电流源替代 R，得到图 3.19b 所示电路。

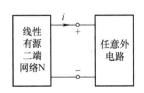

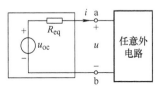

图 3.18   戴维南定理图示

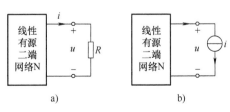

a)   b)

图 3.19   戴维南定理证明

因为图 3.19b 所示电路是线性电路，所以该电路可采用叠加定理分析。图中电压 u 可视为两分量之和，其中一个分量是当外接电流源为零时（外接电流源开路），由二端网络内部所有独立源（包括独立电压源、独立电流源）共同作用产生的电压 $u' = u_{oc}$，另一个分量则是在有源二端网络内部所有独立源置零时（电压源短接，电流源开路），由外接电流源单独作用产生的电压 $u'' = -R_{eq}i$（因为此时有源二端网络已转换为无源二端网络，可用一个电阻 R_{eq} 进行等效）。于是有

$$u = u' + u'' = u_{oc} - R_{eq}i \tag{3-9}$$

式（3-9）即为线性有源二端网络 N 在端口处的伏安关系。同时式（3-9）也是电压源与电阻串联支路的伏安特性表达式，其中电压源电压等于有源二端网络的开路电压 u_{oc}，所串电阻等于有源二端网络变为无源二端网络时，从端口看进去的等效电阻 R_{eq}，戴维南定理得证。由证明过程可知，**戴维南定理也适用于线性无源二端网络，不含有独立源的线性无源二端网络的开路电压 u_{oc} 等于 0，线性无源二端网络的等效电阻即为戴维南等效电阻 R_{eq}。**

由于证明戴维南定理应用了只适用于线性电路的叠加定理，因此，**戴维南定理只适用于线性二端网络，不适用于非线性二端网络。**

应用戴维南定理的关键是求出二端网络的开路电压和等效电阻。计算开路电压 u_{oc} 可应用前面所有电路分析方法进行求解，如等效变化法、支路电流、网孔电流法、节点电压法、叠加定理等。

计算等效电阻的方法有以下四种。

（1）电阻串、并联等效法

线性二端网络 N 的结构已知，在不含有受控源时，令 N 内部所有独立源置零（电压源用短路替代，电流源用开路替代），即成为无源网络 N_0，直接利用电阻的串、并联以及 丫-△等效变换化简求得。

（2）加压求流法

对于结构复杂或含有受控源的有源线性二端网络 N，其内部独立源置零成为无源二端网络 N_0，如图 3.20a 所示，难以简单利用电阻的串、并联等效等方法求解内阻 R_{eq}。若在图 3.20b 所示电路两端外加电压源 u_S，则在外加电压源的作用下，端口必然会有电流 i 流过，此时一定要注意电流的方向，对外电路而言，电压、电流要取关联参考方向，如图 3.20c 所示，可以看出，电压 u_S、电流 i 及电阻 R_{eq} 之间满足欧姆定律（其中端口电压和电流取关联参考方向）。因此，可得等效电阻为

$$R_{eq} = u_S / i \tag{3-10}$$

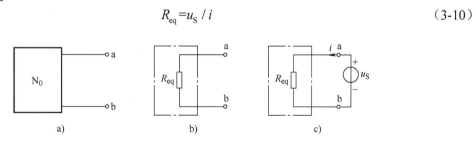

a)　　　　　　　b)　　　　　　　c)

图 3.20　加压求流法

（3）加流求压法

与加压求流法原理类似，其内部独立源置零成为无源二端网络 N_0，如图 3.21a 所示，它总是可以用一个电阻 R_{eq} 来等效，如图 3.21b 所示。若在该两端加上一个电流源，且端口电压和电流取关联参考方向，如图 3.21c 所示，可得等效电阻为

$$R_{eq} = u / i_S \tag{3-11}$$

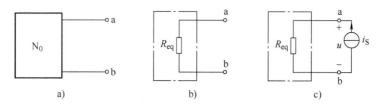

图 3.21　加流求压法

（4）开路电压、短路电流法

一个有源二端网络 N，如图 3.22a 所示。利用戴维南定理，可将其等效为一个理想电压源 u_{oc} 与等效内阻 R_{eq} 的串联，如图 3.22b 所示。理想电压源 u_{oc} 的值为：把图 3.22a 中 a、b 两端开路时的开路电压 $u_{ab}=u_{oc}$。又将图 3.22a 中 a、b 两点短路，如图 3.22c 所示。求出短路电流 i_{sc}，即

$$R_{eq}=u_{oc} / i_{sc} \tag{3-12}$$

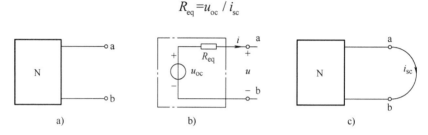

图 3.22　开路电压、短路电流法

【例 3.16】 如图 3.23a 所示直流电路，试用戴维南定理求 1Ω 电阻上的电压 U 和电流 I。

解题思路：用戴维南定理求解此类问题，首先要将待求支路从原电路移开，余下的电路是一个有源二端网络，如图 3.23b 所示。图 3.23b 中没有受控源，因此在求解戴维南等效电路的等效电阻时可以用电阻的串、并联法进行等效，得到戴维南等效电路后再把待求支路连上，再求未知量 U、I。

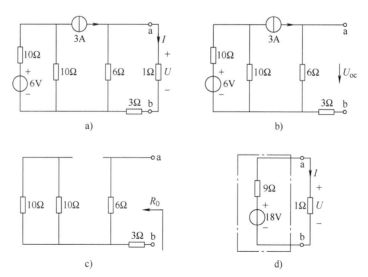

图 3.23　例 3.16 图

解：1）求开路电压 U_{oc}：由图 3.23b 可得，开路电压 U_{oc} 就是 6Ω 电阻上的电压，即

$$U_{oc}=3\times 6=18\text{V}$$

2）求等效电阻 R_{eq}：等效电阻为将二端网络内部独立源全部置零（电压源短路，电流

源开路）后，所得的输入电阻，如图 3.23c 所示，即

$$R_{eq} = R_0 = 3 + 6 = 9\Omega$$

3）求解待求量：将戴维南等效电路与待求电阻 1Ω 相连接，得到图 3.23d 所示的简单电路，1Ω 电阻上的电压及电流分别为

$$U = 18 \times 1/10 = 1.8V$$

$$I = 1.8/1 = 1.8A$$

> 💡 **经验传承**：从上述电路的解题过程可以总结出戴维南定理求解电路的一般步骤如下：
> 1）断开所要求解的支路或局部网络，求出所剩二端网络的开路电压 u_{oc}。
> 2）对二端网络内独立源置零（独立电压源短路处理，独立电流源开路处理），求等效电阻 R_{eq}。
> 3）将待求支路或网络接入等效后的戴维南电路求解待求量。

【例 3.17】如图 3.24a 所示，已知 $r=1\Omega$，求其戴维南等效电路。

解：（1）求开路电压 u_{oc}

图 3.24a 中 a、b 开路，因此 $i=0$。

$$u_{oc} = 10 \times 4 = 40V$$

（2）求等效电阻 R_{eq}

因为图 3.24a 中有受控源，受控源不是独立源，所以不能置零，我们分别利用开路电压、短路电流法和外加电压法来求解等效电阻 R_{eq}。

第一种：开路电压、短路电流法

1）求开路电压。

$$u_{ab} = u_{oc} = 10 \times 4 = 40V$$

2）求短路电流。将图 3.24a 中的 a、b 两端短接（内部独立源不置零），求短路电流 i_{sc}，如图 3.24b 所示。此时受控源中的控制量 i 即为 i_{sc}。

对节点 c 列写 KCL 方程：

$$i_{sc} = 10 + i_4$$

对回路 abc 列写 KVL 方程：

$$1 \times i_{sc} + 4 \times i_4 = ri_{sc}$$

解得　　　　　　　　　　　　　$i_{sc} = 10A$

因此　　　　　　　　　　　　$R_{eq} = u_{oc}/i_{sc} = 4\Omega$

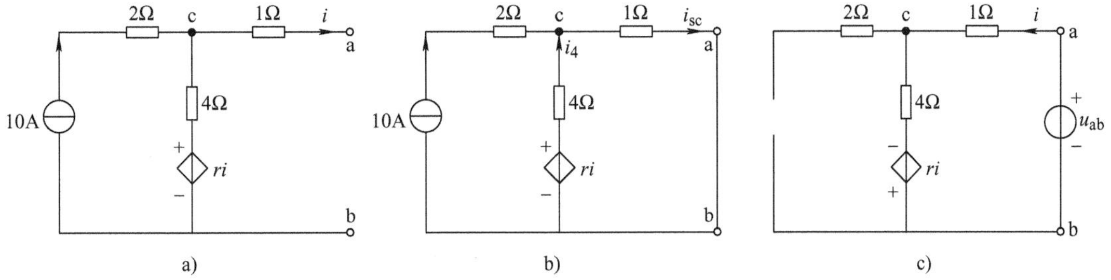

图 3.24　例 3.17 图

第二种：外加电压法

将 a、b 端外施一电压源 u_{ab}，内部独立源置零（10A 的独立电流源置零开路处理），此时将产生电流 i（注意此时的电流方向对外电路而言取电压源 u_{ab} 的关联参考方向）。此电流也是受控源的控制量，所以改变控制量电流 i 的方向，受控源方向也将发生改变。可得图 3.24c

所示电路。

在回路 acb 中列写 KVL 方程：

$$(1+4)i - i = u_{ab}$$

因此可得

$$R_{eq} = u_{ab} / i = 4\Omega$$

> 💡 **经验传承**：在使用戴维南定理时需要特别注意以下几点：
> 1）含源二端网络所接的外电路可以是任意的线性或非线性电路，当外电路发生改变时，含源网络的等效电路不变。
> 2）当含源二端网络内部含有受控源时，控制电路与受控源必须包含在被化简的同一部分电路中。
> 3）二端网络内部可以没有独立源，此时开路电压为 0，等效电路就是一个等效电阻 R_{eq}。
> 4）常用以下三种方法计算等效电阻 R_{eq}，后两种方法更具有一般性。
> ① 电阻串、并联等效法（二端网络内没有受控源时）。
> ② 外加电源法（加压求流或加流求压，注意此时电压和电流取关联参考方向。另外，此时二端网络所有独立源置零处理，独立电压源短路处理，独立电流源开路处理）。
> ③ 开路电压、短路电流法（二端网络所有独立源保留）。

2.3.2 诺顿定理

扫一扫看视频

诺顿定理叙述如下：一个线性有源二端网络 N 与任意外电路相连，如图 3.25a 所示，对外电路来说，可以用一个电流源和电阻的并联组合电路来进行等效，如图 3.25b 所示；此电流源的电流等于外电路断开时，端口处的短路电流 i_{sc}，如图 3.25c 所示，等效电阻 R_{eq} 等于二端网络内全部独立源置零后的输入电阻（等效电阻 R_{eq}），如图 3.25d 所示。

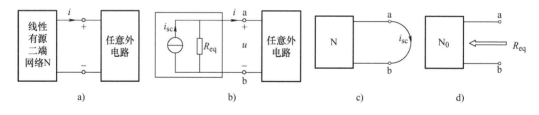

图 3.25 诺顿定理图示

诺顿定理的证明非常简单。由戴维南定理可知，任意线性二端网络 N 可以等效为一个理想电压源与内阻的串联，根据实际电源两种类型间的相互转换，戴维南定理等效的结果可以进一步转化为理想电流源与内阻的并联，即诺顿等效电路。因此，诺顿定理可看作戴维南定理的另一种形式。

一般而言，线性有源二端网络的戴维南等效电路和诺顿等效电路都存在。但当有源二端网络内部含有受控源时，其等效电阻有可能为零，这时戴维南等效电路为理想电压源，其诺顿等效电路将不存在。同理，如果等效电阻为无穷大，这时诺顿等效电路为理想电流源，其戴维南等效电路就不存在。

【例 3.18】 如图 3.26a 所示电路，利用诺顿定理求 4Ω 电阻上的电流 i。

解题思路：用诺顿定理求图 3.26a 中 4Ω 电阻上的电流 i，先将 4Ω 电阻这条支路从电路中移除，求此时两端短路电流 i_{sc} 和两端看进去的等效电阻 R_{eq}，得到诺顿等效电路，之后再把 4Ω 电阻这条支路连回电路中，如图 3.26b 所示。

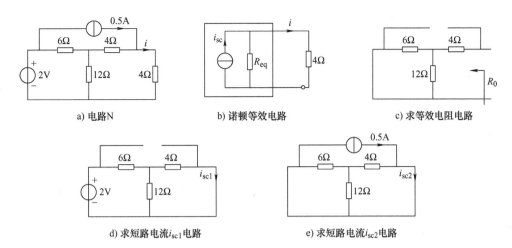

图 3.26　例 3.18 图

解：1）求等效电阻 R_{eq}。将图 3.26a 中 4Ω 电阻这条支路从电路中移除后剩余的电路中所有独立源置零（图中 2V 电压源短路，0.5A 电流源开路），如图 3.26c 所示。此时电路中没有受控源，可以用电阻的串、并联方法求等效电阻。

$$R_{eq} = 4 + 6//12 = 8\Omega$$

2）求短路电流 i_{sc}。将图 3.26a 中 4Ω 电阻这条支路从电路中移除后剩余的电路中有两个独立源，我们可以用叠加定理求短路电流 i_{sc}。

① 求电压源单独作用时（电流源开路处理）的短路电流 i_{sc1}，如图 3.26d 所示。

$$i_{sc1} = \frac{2}{6 + 4//12} \times \frac{12}{12 + 4} = \frac{1}{6}A$$

② 求电流源单独作用时（电压源短路处理）的短路电流 i_{sc2}，如图 3.26e 所示。

$$i_{sc2} = 0.5A$$

因此短路电流 i_{sc} 为

$$i_{sc} = i_{sc1} + i_{sc2} = \frac{2}{3}A$$

3）用诺顿等效电路求所求量。在图 3.26b 中，利用分流公式可得 4Ω 电阻的电流 i：

$$i = \frac{R_{eq}}{4 + R_{eq}} i_{sc} = \frac{8}{4 + 8} \times \frac{2}{3} = \frac{4}{9}A$$

【例 3.19】确定图 3.27a 的等效电路（电路中所有参数已在图中标出）。

解：对图 3.27a 求其诺顿等效电路。

1）求短路电流 i_{sc}。如图 3.27b 所示电路，此时受控电流源的控制量 i 就是短路电流 i_{sc}，对受控电流源进行等效变换，之后对图中回路列写 KVL 方程：

$$(4 + 2)i_{sc} = 10 + 2 \times 3i_{sc}$$

可得此时

$$i_{sc} \to \infty$$

因此图 3.27a 所示电路将不存在诺顿等效电路。

2）求开路电压。如图 3.27a 所示，此时电流 $i=0$，因此受控电流源为 0A，即开路处理，可得到图 3.28。

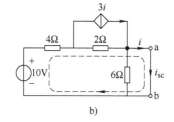

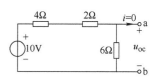

图 3.27　例 3.19 图

图 3.28　例 3.19 求开路电压

在图 3.28 所示电路中，开路电压 u_{oc} 就是 6Ω 电阻上的电压，即 $u_{oc}=5V$。

因此图 3.27a 的等效电路只有戴维南等效电路，如图 3.29 所示，没有诺顿等效电路。

图 3.29　例 3.19 戴维南等效电路

> 👆点拨：一般情况下，诺顿等效电路可以由戴维南等效电路变换得到，求解诺顿等效电路，短路电流的求解可以利用前面所学的方法进行分析计算，等效电阻 R_{eq} 的求解与戴维南等效电路一致。特别注意两个极限情况：若 $R_{eq}=0$，只能得到戴维南等效电路；若 $R_{eq}\rightarrow\infty$，只能得到诺顿等效电路。

任务 2.4　最大功率传输定理

扫一扫看视频

◆　任务导入

在分析计算从电源向负载传输功率时，会遇到两种不同类型的问题。电力传输系统关注的是传输效率，即输出功率与输入功率的比值要大，从而提高电能的利用率；在电子电信网络中，由于系统本身信号弱，为了提高负载的功率，关注的是负载上能否获得最大功率以及获得最大功率时的阻值，即要求电阻（交流电路中称为阻抗）匹配，这时效率并不是主要问题。那么第二类问题最大功率传输该如何解决呢？

◆　任务要求

理解最大功率传输定理并能解决实际的应用。

重点：利用等效电源定理求解最大功率。

难点：最大功率传输定理的理解。

◆　知识链接

对负载而言，剩余部分的电路统称为电源，下面以图 3-30 所示电路讨论最大功率传输定理。图中，R_L 为负载电阻，二端网络 N 为其电源。根据戴维南定理，图 3-30a 可等效为图 3-30b，其中 u_{oc} 和 R_{eq} 已求得，即确定当 R_L 取值多大时可以获得最大功率。

负载 R_L 上的功率为

$$P_L = I_L{}^2 R_L = \left(\frac{u_{oc}}{R_{eq}+R_L}\right)^2 R_L$$

根据极值定理，有

$$\frac{dP_L}{dR_L}=0 \Rightarrow u_{oc}{}^2\left[\frac{(R_{eq}+R_L)^2-R_L\times 2(R_{eq}+R_L)}{(R_{eq}+R_L)^2}\right]=0$$

求得

$$R_L=R_{eq} \tag{3-13}$$

最大功率为
$$P_{\text{Lmax}} = \frac{u^2_{\text{oc}}}{4R_{\text{eq}}}$$
（3-14）

总结如下：**当负载电阻等于电源内阻时，负载可获得最大功率，这就是最大功率传输定理。**

【**例 3.20**】图 3.31a 中负载电阻 R_L 取何值时它能获得最大功率，并求出此最大功率以及电源的效率 η。

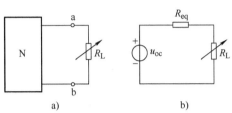

图 3.30　最大功率传输定理图示

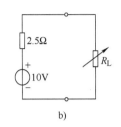

图 3.31　例 3.20 图

解：如图 3.31a 所示，要求负载电阻 R_L 取何值时它能获得最大功率，先把负载电阻 R_L 支路移除，剩余的电路用戴维南定理进行等效，可得此时开路电压 $u_{\text{oc}}=10\text{V}$，等效电阻 $R_{\text{eq}}=2.5\Omega$，因此可以得到戴维南等效电路，之后再把负载支路连接进去，可得图 3.31b 所示电路。

由式（3-13）可得，负载电阻为
$$R_L = R_{\text{eq}} = 2.5\Omega$$

由式（3-14）可得，最大功率为
$$P_{\text{Lmax}} = \frac{u^2_{\text{oc}}}{4R_{\text{eq}}} = \frac{10 \times 10}{4 \times 2.5} = 10\text{W}$$

图 3.31a 中电压源的电流为
$$I_{20\text{V}} = \frac{20}{5 + \dfrac{5 \times 2.5}{5 + 2.5}} = 3\text{A}$$

电压源发出的功率为
$$P = 20 \times 3 = 60\text{W}$$

电源的效率 η 为　　　$\eta = P_{\text{Lmax}}/\boldsymbol{P} \times 100\% = 10/60 \times 100\% = 16.67\%$

点拨：运用最大功率传输定理时要注意以下几点：

1）计算最大功率问题应用戴维南定理或诺顿定理最方便。

2）功率最大时，$R_L = R_{\text{eq}}$，此时认为 R_{eq} 固定不变，R_L 可调。

3）若 R_{eq} 可调，R_L 固定不变，则随着 R_{eq} 减小，R_L 获得的功率增大，当 $R_{\text{eq}}=0$ 时，负载获得的功率最大。

4）理论上，传输的效率 $\eta = P_L/P_S \times 100\% = 50\%$，但实际上二端网络和其等效电路对内而言功率不等效，因此 R_{eq} 所得的功率一般不等于网络内部消耗的功率，即 $\eta \neq 50\%$。

任务 3　实践验证

任务实施 3.1　Multisim 仿真软件

1. 实施目标

掌握利用 Multisim 仿真软件对电路的真实行为进行模拟的工程方法。

扫一扫看视频

2. 软件说明

Multisim 是一款专门用于电路仿真和设计的软件,是目前较为流行的 EDA(Electronic Design Automation,电子设计自动化)工具之一,能够实现电路原理图的图形输入、电路硬件描述语言输入、电子线路和单片机仿真、虚拟仪器测试、多种性能分析、PCB 布局布线和基本机械 CAD 设计等功能。

Multisim 具有丰富的元件库,还提供了万用表、示波器、信号发生器等虚拟仪器,且虚拟仪器的操作方式与真实仪器基本一致,界面友好直观,操作简洁。

将下载下来的压缩包解压在文件夹中,找到 NI_Circuit_Design_Suite_14_0.exe,双击开始解压并安装(安装路径采用默认),如图 3.32 所示。

Multisim 仿真软件界面如图 3.33 所示。

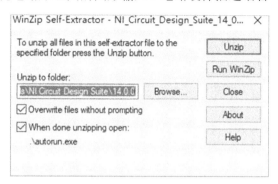

图 3.32 软件解压示意图

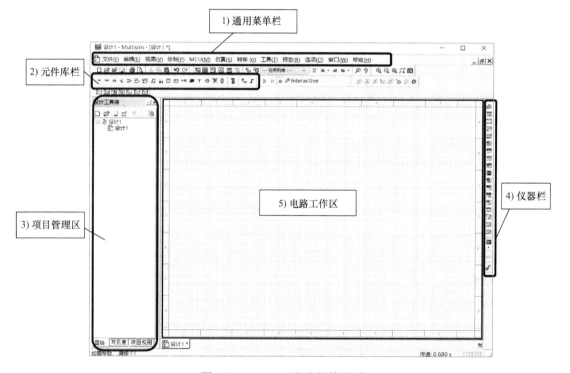

图 3.33 Multisim 仿真软件界面

1)通用菜单栏,其中有文件、编辑、视图、绘制、仿真、工具等选项。

2)元件库栏,主要包括源、二极管、晶体管、基本元器件、功率器件、MCU 等。

3)项目管理区,主要包含项目名称和子设计等。

4)仪器栏,主要包括万用表、示波器、函数发生器、逻辑分析仪等。

5)电路工作区,主要用于设计电路和仿真。

3. 实施设备及器材

Multisim 仿真软件。

4. 实施内容

如图 3.34 所示，电路中电源电压 U 为 12V，电阻 R_1 为 20Ω，R_2 为 6Ω，R_3 为 6Ω，R_4 为 5Ω，R_5 为 15Ω，R_6 为 7Ω，试用仿真软件搭建电路，求电流 i 的大小。

实施步骤如下：

（1）选择元器件并放置

本电路中涉及的元器件只有两类：电阻和直流电源。那么我们可以在主数据库，Basic 基本组中找到 RESISITOR 并选中确认进行放置。在主数据库的 Sources 组中找到 POWER_SOURCES，将元器件 DC_POWER 选中确认并放置，如图 3.35 所示。

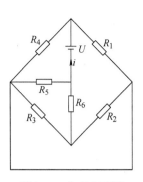

图 3.34　仿真电路图

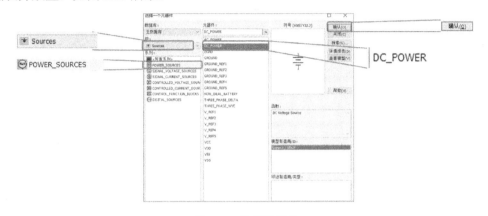

图 3.35　选择元器件

（2）修改元器件参数

以电阻 R_1 为例，题中 R_1 的阻值为 20Ω。双击元器件的 R_1，在弹出的电阻属性窗口中，选择"值"下的电阻值，将其值改为 20。所有电阻的参数修改重复上述步骤即可。电源参数修改同样双击电源 V1，在弹出的电源属性窗口中，选择"值"下的电压值，将其改为题中的 12V，如图 3.36 所示。

图 3.36　修改元器件参数

（3）元器件布局和电路模型搭建

为了使仿真更为直观，我们需要将元器件按照电路原理图给出的形式进行布局。如遇到需要旋转的元器件，可用鼠标右键单击该元器件，选择相应的翻转或旋转方式。布局和模型搭建后的电路工作区如图 3.37 所示。

（4）电路连线并仿真

首先按照电路要求对元器件进行连线。仅需将鼠标放到元器件的一端，按下鼠标左键，就可以从端点处引出导线，选中导线的另一端同样按下鼠标右键，即可完成一根导线的连接。

将电路模型搭建完毕后，单击元件库栏右侧的绿色运行按钮开始仿真。软件会出现一致性检查错误弹窗提示，电路未接地。这是软件内部的电路规则检查，根据提示，我们需要在电路模型中加入接地。元器件接地对应 Sources 组的 POWER_SOURCES 系列中的 Ground。将接地放置到原电路模型中后重新单击运行开始仿真。

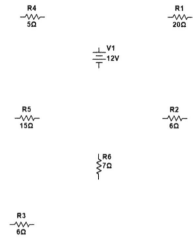

图 3.37　电路工作区模型布局图

由于要求最后求的是电流 i，因此我们需要借助于虚拟仪器中的万用表或者电流节点探针。万用表在仪器栏，将鼠标移动到一个仪器上不动，下方会显示该仪器的名称；节点探针在元件库栏的右侧。由于万用表测电流需要串接到电路中，不太方便，因此常用的是用电流节点探针的方式对电流进行测量，仅需将探针放置到需要测试的线路中即可。从电流节点探针边上的窗口可以直观地看到电流 i 为 1.2A，且在整个软件界面的右下角可以看到仿真已经执行的时间。可通过元件库栏的右侧的停止或暂停按钮，中止当前的仿真。电路仿真如图 3.38 所示。

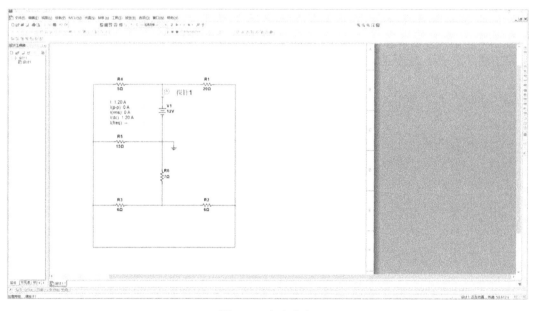

图 3.38　电路仿真

5．实施注意事项

1）注意元器件的选择和连接方式。在使用 Multisim 软件设计电路时，需要注意元器件的选择和连接方式。不同的元器件具有不同的特性和工作方式，正确选择和连接元器件是保证电路正常工作的前提条件。

2）注意仿真条件和仿真结果的分析。在仿真电路时，需要注意仿真条件和仿真结果的分析。

不同的仿真条件会影响仿真结果的准确性和可靠性，正确分析仿真结果可以帮助我们优化电路的设计。

3）电路的仿真运行前一定要注意接地。

6．思考题

Multisim 软件中万用表、示波器、信号发生器等虚拟仪器的使用。

7．实施报告

通过分析计算电路中的未知量，用 Multisim 仿真软件完成电路搭建、仿真测试并加以验证分析。

任务实施 3.2　叠加定理验证

扫一扫看视频

1．实施目标

验证线性电路叠加定理的正确性，掌握线性电路叠加定理的分析方法。

2．原理说明

叠加定理是线性电路分析的基本方法，它的内容是，在由多个独立源共同作用的线性电路中，任一支路的电流（或电压）等于各个独立源分别单独作用时在该支路中所产生的电流（或电压）的叠加（代数和）。对不作用电源的处理办法是，电压源用短路线代替，电流源开路，内阻保留。

3．实施设备及器材（见表 3.1）

表 3.1　实施设备及器材

序　号	名　称	型号与规格	数　量	备　注
1	直流稳压电源	+12V	1	
2	可调直流稳压电源	0～30V	1	
3	万用表		1	自备
4	直流电压表	0～200V	1	
5	直流电流表	0～2A	1	
6	电路基础模块（一）		1	ZDD-11

4．实施内容

实验电路如图 3.39 所示，用 ZDD-11 挂箱的"基尔霍夫定律/叠加定理"电路。实施步骤如下。

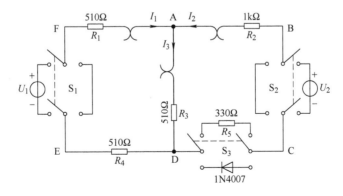

图 3.39　实验电路图

1）将+12V 和+6V（可调电源输出）直流稳压电源分别接入 U_1 和 U_2 处。

2）令电源 U_1 单独作用（将开关 S_1 投向 U_1 侧，S_2 投向短路侧，S_3 投向 330Ω 电阻侧）。用电压表和电流表（接电流插头）测量各支路电流及各电阻元件两端的电压，数据记入表 3.2。

表 3.2   实验数据记录表

测量项目	U_1/V	U_2/V	I_1/mA	I_2/mA	I_3/mA	U_{AB}/V	U_{CD}/V	U_{AD}/V	U_{DE}/V	U_{FA}/V
U_1=12V 单独作用										
U_2=6V 单独作用										
U_1、U_2 共同作用										

3）令电源 U_2 单独作用（将开关 S_1 投向短路侧，开关 S_2 投向 U_2 侧，S_3 投向 330Ω 电阻侧），重复实施步骤 2）的测量和记录，数据记入表 3.2。

4）令 U_1 和 U_2 共同作用（开关 S_1 和 S_2 分别投向 U_1 和 U_2 侧，S_3 投向 330Ω 电阻侧），重复上述的测量和记录，数据记入表 3.2。

5）将 R_5（330Ω）换成 1N4007 二极管（即将开关 S_3 投向 1N4007 二极管侧），重复实施步骤 1）～4）的测量过程，自拟表格。

5．实施注意事项

1）用电流插头测量各支路电流或者用电压表测量电压降时，应注意仪表的极性，并应正确判断测得值的正负。

2）注意仪表量程应及时更换。

6．思考题

实验电路中，若有一个电阻改为二极管，试问叠加定理还成立吗？为什么？

7．实施报告

1）根据实验数据记录表，进行分析、比较，归纳、总结实施结论。

2）通过实施步骤 5），你能得出什么样的结论？

扫一扫看视频

任务实施 3.3   戴维南定理和诺顿定理

1．实施目标

1）验证戴维南定理和诺顿定理的正确性，加深对这两个定理的理解。

2）掌握测量有源二端网络等效参数的一般方法。

2．原理说明

1）任何具有两个出线端的部分电路称为二端网络。若网络中含有电源，称为有源二端网络，否则称为无源二端网络。

2）戴维南定理：一个线性有源二端网络 N 与任意外电路相连，对外电路来说，可以用一个电压源和电阻的串联组合来等效替换；此电压源的电压等于外电路断开时端口处的开路电压 u_{oc}，而电阻等于二端网络内全部独立源置零后的输入电阻（等效电阻 R_{eq}）。

3）诺顿定理：一个线性有源二端网络 N 与任意外电路相连，对外电路来说，可以用一个电流源和电阻的并联组合电路来进行等效；此电流源的电流等于外电路断开时，端口处的短路电流 i_{sc}，等效电阻 R_{eq} 等于二端网络内全部独立源置零后的输入电阻（等效电阻 R_{eq}）。

3．实施设备及器材（见表 3.3）

表 3.3   实施设备及器材

序 号	名 称	型号与规格	数 量	备 注
1	可调直流稳压电源	0～30V	1	
2	可调直流恒流源		1	
3	直流电压表	0~200V	1	

（续）

序　号	名　　称	型号与规格	数　量	备　注
4	直流电流表	0~2A	1	
5	万用表		1	自备
6	电阻器		若干	ZDD-11
7	可调电阻箱	0~9999Ω	1	ZDD-12
8	电位器	1kΩ/2W	1	ZDD-12

4. 实施内容

根据图 3.40 的要求接好实验电路。实施步骤如下。

1）用开路电压、短路电流法测定戴维南等效电路的 U_{oc} 和 R_0。在图 3.40 中，U_1 端接入稳压电源 U_s=12V，D 和 D′ 之间加入 10mA 电流，U_2 端不接入 R_L。利用开关 S_2，分别测定 U_{oc} 和 I_{sc}，并计算出 R_0（测 U_{oc} 时，不接入电流表）。测得的数据记入表 3.4 中。

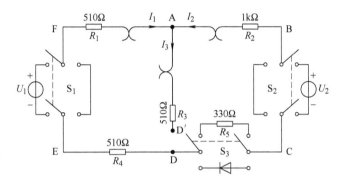

图 3.40　实验电路

表 3.4　开路电压、短路电流法的实验数据表

U_{oc}/V	I_{sc}/mA	R_0=U_{oc}/I_{sc}/Ω

2）负载实验。按图 3.40 在 U_2 端接入 R_L。改变 R_L 阻值，测量不同端电压下的电流值，数据记入表 3.5，并据此画出有源二端网络的外特性曲线。

表 3.5　负载实验数据表

U/V							
I/mA							

3）验证戴维南定理：从电阻箱上取得按实施步骤 1）所得的等效电阻 R_0 的值，然后令其与直流稳压电源（调到实施步骤 1）时所测得的开路电压 U_{oc} 的值）相串联，如图 3.41 所示，仿照实施步骤 2）测其外特性，对戴维南定理进行验证。测得的数据记入表 3.6。

表 3.6　戴维南等效电路实验数据表

U/V							
I/mA							

4）验证诺顿定理：从电阻箱上取得按实施步骤 1）所得的等效电阻 R_0 的值，然后令其与直流恒流源（调到实施步骤 1）时所测得的短路电流 I_{sc} 的值）相并联，如图 3.42 所示，仿照实施步骤 2）测其外特性，对诺顿定理进行验证。测得的数据记入表 3.7。

表 3.7 诺顿等效电路实验数据表

U/V										
I/mA										

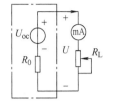

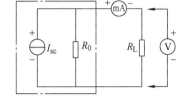

图 3.41 戴维南定理实验图　　　　　　图 3.42 诺顿定理实验图

5. 实施注意事项

1）测量时应注意电流表量程的更换。

2）用万用表直接测 R_0 的值，然后令其与直流恒流源（调到实施步骤 1）时所测得的短路电流 I_{sc} 的值）并联时，网络内的独立源必须先置零，以免损坏万用表。其次，欧姆档必须经调零后再进行测量。

3）改接电路时，要关掉电源。

6. 思考题

在求戴维南等效电路时，做短路实验，测 I_{sc} 的条件是什么？在本实验中可否直接做负载短路实验？请实验前对图 3.40 预先做好计算，以便调整实验电路及测量时可准确地选取万用表的量程。

7. 实施报告

1）根据实施步骤 2）和 3），分别绘出曲线，验证戴维南定理的正确性，并分析产生误差的原因。

2）归纳、总结实验结果。

任务实施 3.4　最大功率传输条件的测定

1. 实施目标

1）掌握负载获得最大功率传输的条件。

2）了解电源输出功率与效率的关系。

2. 原理说明

（1）负载获得最大功率的条件

在闭合电路中，电源电动势所提供的功率，一部分消耗在电源的内电阻 R_0 上，另一部分消耗在负载电阻 R_L 上。

数学分析证明：当负载电阻 R_L 和电源内阻 R_0 相等时，电源输出功率最大（负载获得最大功率 P_{max}），即当 $R_L = R_0$ 时。

$$P_{max} = \left(\frac{U}{R_0 + R_L}\right)^2 R_L = \left(\frac{U}{2R_L}\right)^2 R_L = \frac{U^2}{4R_L}$$

（2）匹配电路的特点及应用

在电路处于"匹配"状态时，负载可以获得最大功率，但电源本身要消耗一半的功率。此时电源的效率只有 50%。显然，这对电力系统的能量传输过程是绝对不允许的。发电机的内阻是很小的，电路传输的最主要目的是要高效率送电，最好是 100%的功率均传送给负载。为此负载电阻应远大于电源的内阻，即不允许运行在匹配状态。而在电子技术领域里却完全不同，一般的信号源本身功率较小，且都有较大的内阻。而负载电阻（如扬声器等）往往是较小的定值，且希望能从电源获得最大的功率输出，而电源的效率往往不予考虑。通常设法改变负载电阻，或者在信号源与负载之间加阻抗变换器（如音频功放的输出级与扬声器之间的输出变压器），使电路处于工作匹配状态，以使负载能获得最大的输出功率。

3. 实施设备及器材（见表 3.8）

表 3.8 实施设备及器材

序 号	名 称	型号规格	数 量	备 注
1	直流电流表	0~2A	1	
2	直流电压表	0~200V	1	
3	可调直流稳压电源	0~30V	1	
4	电阻器	100Ω、300Ω	各 1	ZDD-11
5	电位器	1kΩ/2W	1	ZDD-12

4. 实施内容

负载获得最大功率的条件测量电路如图 3.43 所示，图中的电源 U_S 接直流稳压电源，负载 R_L 取自实验挂箱。

1）按图 3.43 所示连接实验原理电路。

2）将直流稳压电源输出 10V 电压接入电路。

3）设置 R_0=100Ω，开启稳压电源，令 R_L 在 0~1kΩ 范围内变化时，用直流电压表进行测量，分别测出 U_0、U_L 及 I 的值，自拟表格，填入数据。

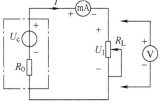

图 3.43 实验电路

4）改变内阻值为 R_0=300Ω，输出电压 U_S=15V，重复上述测量。

5. 实施注意事项

1）实验前要了解直流电压、电流表的使用与操作方法。

2）在最大功率附近可多测几点。

6. 思考题

1）电力系统进行电能传输时为什么不能工作在匹配工作状态？

2）实际应用中，电源的内阻是否随负载而变？

3）电源电压的变化对最大功率传输的条件有无影响？

7. 实施报告

1）根据实验结果，说明负载获得最大功率的条件是什么？

2）心得体会及其他。

 项 目 小 结

1. KCL 和 KVL 独立方程数

对于 n 个节点、b 条支路的电路中，利用基尔霍夫定律，可列出的独立方程数量如下：

1）KCL 电流独立的方程数为 $n-1$ 个。

2）KVL 电压独立的方程数为 $b-(n-1)$个。

2. 支路电流法

支路电流法求解电路的一般步骤如下：

1）首先确定电路的支路数 b、节点数 n 和网孔数 m；标出各节点，假设各支路电流的参考方向和回路的绕行方向。

2）列出 $n-1$ 个独立节点 KCL 电流方程。

3）列出 $b-(n-1)$ 个独立回路（m 个网孔）KVL 电压方程。

4）代入数据，解出各支路电流，进一步求出其他所需电路物理量。

3. 网孔电流法

网孔电流法是通过将网孔电流作为待求量，利用基尔霍夫电压定律列出相应的方程，对电路参数进行求解的方法，具体解题步骤如下：

1）首先确定电路的网孔数 m；假设各网孔电流的参考方向，通常规定都为顺时针（或都为逆时针）。

2）以 m 个网孔电流为未知量，分别列写 m 个网孔的 KVL 方程，可以直接套用式（3-3）。

3）代入数据，解出各网孔电流，进一步求出其他所需电路物理量。

4. 节点电压法

节点电压法是通过将节点电压作为待求量，利用基尔霍夫电流定律列出相应的方程，对电路参数进行求解的方法，具体解题步骤如下：

1）确定电路的节点数 n，选定参考节点，标出其他各节点的代号。

2）按式（3-8）标准方程形式列出节点方程。其中自导为正值，互导为负值，以及流入各节点的电流源的代数和（当电流流向节点时取正号，流出节点时取负号）。

3）代入已知量，求解节点电压并进一步求出其他所需电路物理量。

4）当电路中有受控源或无伴电压源时，需另行处理。

5. 叠加定理

叠加定理反映了线性电路的基本性质。在线性电路中，多个独立源（电压源或电流源）同时作用时，在任一支路产生的电压或电流等于这些电源单独作用在该支路所产生电压或电流的代数和。

6. 替代定理

在任何电路中，若某条支路 k 的电压为 u_k，则支路可用电压源 u_k 替代，若某条支路 k 的电流为 i_k，则支路可用电流源 i_k 替代，在原电路和替代后的电路均具有唯一解的条件下，两个电路工作状态相同。

7. 戴维南定理

一个线性含源二端网络，对外电路来说，可以用一个电压源和电阻的串联组合来等效替换；此电压源的电压等于外电路断开时端口处的开路电压 u_{oc}，而电阻等于二端网络内全部独立源置零后的输入电阻（等效电阻 R_{eq}）。

8. 诺顿定理

一个含源线性二端网络，对外电路来说，可以用一个电流源和电阻的并联组合来等效置换；电流源的电流等于该二端网络的短路电流，电阻等于该二端网络中全部独立源置零后（理想电压源短路，理想电流源开路）的输入电阻。

戴维南定理、诺顿定理中被等效代替的有源二端网络必须是线性的，而外电路可以是线性元件和非线性元件，或者是线性网络和非线性网络。

9. 等效电阻求解方法

1）当网络 N 内部不含有受控源时可采用电阻串、并联和 Y-△ 互换的方法计算等效电阻。

2）外加电源法（加电压源或加电流源），此时网络内部独立源置零。

3）开路电压、短路电流法（网络 N 内部独立源不处理）。

10. 计算最大功率

计算最大功率应用戴维南定理或诺顿定理最为方便。理论上，传输的效率 $\eta=P_L/P_S \times 100\%=50\%$，但实际上二端网络和它的等效电路对内而言功率不等效，因此 R_{eq} 所得的功率一般不等于网络内部消耗的功率，即 $\eta \neq 50\%$。

思考与练习

3.1 电路如图 3.44 所示，求各支路电流。

3.2 用支路电流法求电路图 3.45 中的 I、I_1、I_2。

3.3 电路如图 3.46 所示。1）求电流 I；2）求电压 U；3）求理想电流源的功率 P，并判断是提供功率还是吸收功率。

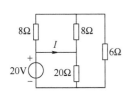

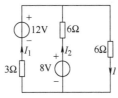

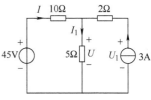

图 3.44 题 3.1 图　　　　图 3.45 题 3.2 图　　　　图 3.46 题 3.3 图

3.4 电路如图 3.47 所示，求各支路电流。

3.5 用网孔电流法求解图 3.48 电路中的电压 U_0。（要求：按图中所标出的网孔电流列写网孔电流方程。）

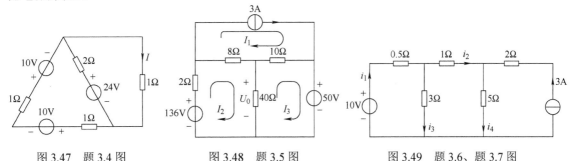

图 3.47 题 3.4 图　　　　图 3.48 题 3.5 图　　　　图 3.49 题 3.6、题 3.7 图

3.6 分别用支路电流法、网孔电流法求图 3.49 中各支路电流。

3.7 用节点电压法求图 3.49 中各支路电流。

3.8 分别用节点电压法和叠加定理求图 3.50 中电流 I、I_1。

3.9 电路如图 3.51 所示。1）求电流 I；2）求电压 U。

3.10 电路如图 3.52 所示，分别用叠加定理和戴维南定理求电流 I。

3.11 电路如图 3.53 所示，用戴维南定理求电压 U。

3.12 电路如图 3.53 所示，用诺顿定理求电压 U。

3.13 分别用节点电压法、支路电流法、网孔电流法、叠加定理、戴维南定理、诺顿定理求解电路图 3.54 中的电压 U。

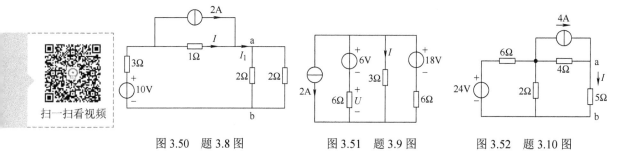

图 3.50 题 3.8 图   图 3.51 题 3.9 图   图 3.52 题 3.10 图

3.14 分别用支路电流法、网孔电流法、节点电压法、叠加定理求解电路图 3.55 中的电流 I、I_1、I_2、I_3。

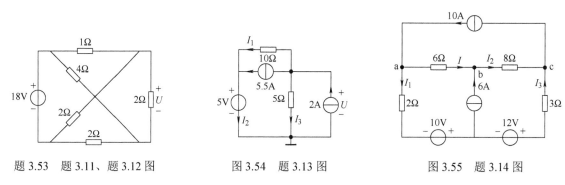

题 3.53 题 3.11、题 3.12 图   图 3.54 题 3.13 图   图 3.55 题 3.14 图

3.15 求解图 3.56 中电压 U。

3.16 用叠加定理求解图 3.57 中的电流 I。

3.17 在图 3.58 所示电路中，已知 $U = 5\text{V}$，试求电阻 R。

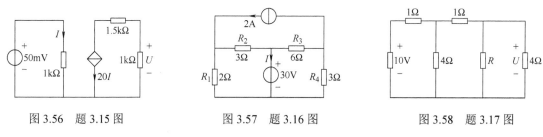

图 3.56 题 3.15 图   图 3.57 题 3.16 图   图 3.58 题 3.17 图

3.18 分别用戴维南定理、叠加定理、诺顿定理求图 3.59 所示电路中的电流 I。

3.19 电路如图 3.60 所示。1）求当 $R_L = 2\Omega$ 时，流过 R_L 的电流 I_L；2）求当 R_L 为何值时，R_L 消耗的功率最大，并求此最大功率 $P_{L\max}$。

3.20 电路如图 3.61 所示。1）若负载 $R_L = 40\text{k}\Omega$，求 R_L 获得的功率 P_L；2）若负载 R_L 可变，要使 R_L 获得最大功率，R_L 应为何值？并求 R_L 获得的最大功率 $P_{L\max}$。

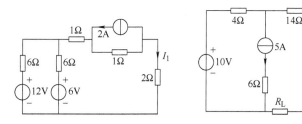
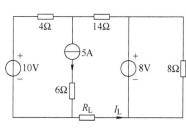
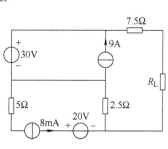

图 3.59 题 3.18 图   图 3.60 题 3.19 图   图 3.61 题 3.20 图

项目四 动态电路的暂态分析与测试

项目描述

在前面的电阻电路分析中，电路中的电压、电流等物理量都是某一稳定值，我们把这种状态称为稳态。当电路中含有储能元件时，我们称该电路为动态电路。动态电路状态发生变化时，电路从一种稳态变换到另外一种稳态需要有一个变换过程，而这个过程比较短暂，因此称为暂态过程。动态电路在暂态过程中往往会出现高电压或大电流现象，可能会损坏电气设备，造成严重事故，但是这种瞬间产生的大电流和高电压又是可以利用的，如汽车启动电路、闪光灯。因此分析动态电路暂态过程的目的是掌握规律，兴利除弊。本项目任务：动态电路及换路定律和一阶电路的暂态分析和典型应用。

学习目标

● 知识目标

❖ 熟悉动态电路、一阶电路、零输入响应、零状态响应、全响应等的定义。

❖ 掌握换路定律及电路初始值、稳态值的计算方法。

❖ 理解并掌握三要素法的分析方法及适用范围，能有效利用三要素法求解暂态过程中的电压和电流随时间变化的规律。

❖ 了解微分电路、积分电路的电路形式及其电路实现条件。

● 能力目标

❖ 能分析暂态过程中电压和电流（响应）随时间变化的规律。

❖ 能分析计算一阶电路影响暂态过程快慢的时间常数。

❖ 能用实验法分析验证一阶电路的暂态响应。

● 素质目标

❖ 培养学生细致、严谨、求真务实的学习态度和工作作风。
❖ 养成良好的职业素养和科学思维。

思政元素

在学习本项目前，建议查阅科拉顿做类似法拉第的电磁感应实验时"跑"失良机的相关资料。体会由于缺少电磁"稳态"转变到"暂态"的逻辑思维，导致科拉顿在两个房间跑来跑去，没有发现插入电磁铁的瞬间电流表的指针发生了偏转这一关键现象。深刻领悟暂态分析的重要作用及养成细致、严谨、求真务实的学习态度和工作作风的重要性。

在学习电路暂态过程及应用时，强化事物一分为二的辩证思维，树立积极向上的人生态度。与此同时，关注暂态在我国重大工程和技术突破中的重要应用，强化中国特色社会主义道路自信、理论自信、制度自信和文化自信。同时也希望更多地关注我国"卡脖子"的关键技术，希望通过大家的努力学习，尽快解决这些困局。

在学习方法、方式的选择上，建议以电路方程求解中经典法与运算法的比较，来领悟认识新旧事物的发展规律，培养科学思维的重要性。

通过任务实施环节，来强化自己的电工职业素养和培养细致入微、尊重观察事实、勇于探究、敢于创新的工匠精神。

思维导图

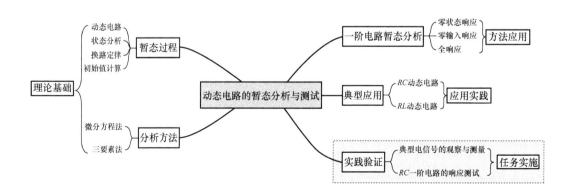

任务 1　暂态过程与换路定律

任务 1.1　电路中的暂态过程

◆ **任务导入**

　　自然界事物的运动，在一定的条件下有一定的稳定状态。当条件改变时，就要过渡到新的稳定状态。像电动机从静止状态（一种稳定状态）起动，它的转速从零逐渐上升，最后到达稳态值（新的稳定状态）。又像电动机通电运转时，就要发热，温升（比周围环境温度高出的值）从零逐渐上升，最后到达稳态值。由此可见，从一种稳定状态转到另一种新的稳定状态往往不能跃变，而是需要一定的过程（时间）。那么电路中是否也存在这一现象呢？这一现象发生是否有什么条件？这就是本任务的学习内容。

◆ **任务要求**

　　理解动态电路及暂态发生的条件。
　　重难点：暂态发生的条件。

◆ **知识链接**

　　将 3 只同样的白炽灯 EL_1、EL_2、EL_3 分别串联电容 C、电感 L、电阻 R，然后一起并联在电路中，如图 4.1 所示。开关 S 原处于断开状态，电路中各支路电流均为零。在这种稳定状态下，3 只白炽灯都不亮。

　　当开关 S 合上时，在外加直流电压 U_S 的作用下将看到：

　　1）白炽灯 EL_1 在开关闭合的瞬间突然闪亮了一下，随着时间的延迟逐渐暗下去，直到完全熄灭。

　　2）白炽灯 EL_2 由暗逐渐变亮后稳定发光。

　　3）白炽灯 EL_3 在开关闭合的瞬间立刻变亮，而且亮度稳定不变。

　　为什么 3 只白炽灯点亮的情况各不相同，这说明什么？

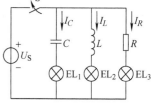

图 4.1　电路中的暂态过程

　　电阻电路是用代数方程来描述的，如果外施的激励源（电压源或电流源）为常量，那么在激励作用到电路的瞬间，电阻电路的响应（电压和电流）也立即为相应的常量。电阻电路在任一时刻的响应大小只由同一时刻的激励大小所决定，与之前加在电路上的激励的大小无关，因此电阻电路是"无记忆的"。因此与电阻串联的白炽灯 EL_3 在开关闭合的瞬间立刻变亮，而且亮度稳定不变。

　　电容和电感元件都能够储存能量，称为储能元件。这两种元件的电压-电流关系都涉及对电流、电压的微分或积分，因此又称为动态元件。含有动态元件的电路称为动态电路，动态电路是用微分方程来描述的。动态电路在任一时刻的响应大小不仅与同一时刻的激励大小有关，还与之前加在电路上的激励的大小或动态元件的储能有关，因此，动态电路是"有记忆的"，也因此电容支路和电感支路都经历了暂态过程。

　　电路中元件参数的改变或电路结构的改变称为换路，如果换路将导致动态元件储存能量的变化，则这种变化通常不能在瞬间完成，需要一段时间历程，这一时间历程称为动态电路的过渡过程，也称为暂态过程。

　　电路发生暂态过程是由于电路的状态发生变化，如电路接通、断开，电路连接方式改变，电路参数突然变化。这种电路状态的变化统称为换路。**换路是引起暂态过程的外部原因，而动态电路中含有储能元件（电容或电感）是产生暂态过程的内部原因。储能元件中储存的能量在换路后发生了变化，才会产生暂态过程。**

动态电路从一种稳定状态到另一种稳定状态的变化过程可以用图 4.2 表示。设以换路瞬间作为计时起点，令此时 $t=0$，换路前瞬间以 $t=0_-$ 表示，换路后初始瞬间以 $t=0_+$ 表示。0_- 和 0_+ 在数值上都等于 0，但 0_- 是指时间 t 从负值趋近于 0，属于换路前的稳定状态；0_+ 是指时间 t 从正值趋近于 0，属于换路后的暂态过程。换路后的电路经历了暂态过程的变化后进入另一种稳定状态，后一种稳定状态的时间通常以 $t\to\infty$ 表示。

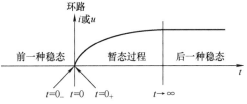

图 4.2 动态电路状态的变化过程

任务 1.2 换路定律

◆ **任务导入**

动态电路在换路时，存在着暂态（过渡）过程，那么在换路过程中，是否存在着一定的规律，即在换路过渡过程中，哪些量是能突变和不能突变的？

◆ **任务要求**

理解换路定律。

重难点：换路定律。

◆ **知识链接**

任何能量的积累和释放都需要一定时间（如电动机的加速和减速，物体的升温和降温），不可能从一个量值马上变到另一个量值，即能量不能跃变。电容元件储有电能 $W_C = \dfrac{1}{2}Cu_C^2$ 和电感元件储有磁能 $W_L = \dfrac{1}{2}Li_L^2$，这意味在换路过程中，电容电压 u_C 和电感电流 i_L 都不能跃变，这个结论称为换路定律。可见**电路的暂态过程是由于储能元件的能量不能跃变而产生的。**

反之，可以设想，如果在换路瞬间电容的电压 u_C 能够发生跃变，则电容的储能 $W_C = \dfrac{1}{2}Cu_C^2$ 就发生跃变，电容的电流 $i_C = C\dfrac{\mathrm{d}u_C}{\mathrm{d}t}$ 将为无穷大，这就意味着电源需要提供无穷大的功率。

同理，如果在换路瞬间电感的电流 i_L 能够发生跃变，则电感的储能 $W_L = \dfrac{1}{2}Li_L^2$ 就发生跃变，电感的电压 $u_L = L\dfrac{\mathrm{d}i_L}{\mathrm{d}t}$ 将为无穷大，这就意味着电源需要提供无穷大的功率。

然而，实际电源只能提供有限的功率，所以在换路瞬间电容电压 u_C 和电感电流 i_L 都不能跃变。

换路定律表明，电容上的电压 u_C 和电感电流 i_L 在换路瞬间等于换路前那一瞬间所具有的数值，不能够跃变。

换路定律用数学关系式表示时，对电容元件有

$$u_C(0_+) = u_C(0_-) \tag{4-1}$$

对电感元件则有

$$i_L(0_+) = i_L(0_-) \tag{4-2}$$

换路定律只是说明换路瞬间电容电压 u_C 和电感电流 i_L 不能跃变。但是，在换路瞬间，其他电量都是可以跃变的，包括电容电流、电感电压、电阻电流和电阻电压都是可以跃变的。

在动态电路中，电容电压决定电容的储能，电感电流决定电感的储能，电容电压和电感电流这两个电量称为状态变量，具有特殊性，在换路瞬间状态变量不能跃变。其他电量称为非状态变量，非状态变量包括电容电流、电感电压、电阻电流和电阻电压等。在换路瞬间非状态变量都可以跃变。

任务 1.3　初始值计算

◆ 任务导入

一个动态电路的独立初始条件为电容电压 $u_C(0_+)$ 和电感电流 $i_L(0_+)$，它们可以通过前面分析的换路定律来确定。那么该电路中除此之外的其他初始条件，又该如何求得呢？

◆ 任务要求

掌握初始值计算的方法和步骤。

重难点：初始值计算方法。

◆ 知识链接

由于电路中的暂态过程开始于换路后的瞬间，即开始于 $t=0_+$ 时，因此首先讨论如何确定 $t=0_+$ 时电路中各部分电压和电流的值，即暂态过程的初始值。初始值的计算步骤如下：

1）做出 $t=0_-$ 时的等效电路，并在此等效电路中求出 $u_C(0_-)$ 和 $i_L(0_-)$。在做 $t=0_-$ 等效电路时，在直流激励下若换路前电路已处于稳态，则可将电容看作开路，将电感看作短路。

2）由换路定律确定换路后瞬间（$t=0_+$）的电容电压 $u_C(0_+)$ 和电感电流 $i_L(0_+)$ 的初始值。

3）画出换路后瞬间（$t=0_+$）的等效电路。由于电容电压和电感电流不能突变，在换路后的一瞬间，可将电容看作理想电压源（若电压为零，则相当于短路），将电感看作理想电流源（若电流为零，则相当于开路），注意两者的方向。各独立源用 $t=0$ 时的值代入。

4）在 $t=0_+$ 的等效电路中，应用电路的基本定律和分析方法，求出电路中其他电流和电压的初始值。

【例 4.1】设图 4.3a 所示电路中电压表的内阻为 $1000\mathrm{k}\Omega$，求在开关 S 打开瞬间电压表所承受的电压和电感两端的电压。

解：1）开关打开前电路处于稳定状态，电感相当于短路，故

$$i_L(0_-) = 10/5\mathrm{A} = 2\mathrm{A}$$

2）根据换路定律可知，开关 S 打开后初始瞬间，电感电流为

$$i_L(0_+) = i_L(0_-) = 2\mathrm{A}$$

3）将电感看作理想电流源，换路后瞬间的等效电路如图 4.3b 所示。

4）由等效电路可得，$t=0_+$ 瞬间电压表所承受的电压为

$$u_V(0_+) = -2\mathrm{A} \times 1000\mathrm{k}\Omega = -2000\mathrm{kV}$$

电感两端的电压为

$$u_L(0_+) = (-2 \times 10^6 - 2 \times 5)\text{V} = -2000010\text{V}$$

此例说明，电感电路断开的瞬间，电感电流不能突变，但电感电压能够突变。电感电路断电瞬间，$i_L(0_+)$通过大电阻时会产生高电压，使电压表承受很高的反向电压，虽然发生在瞬间，也可能损坏仪表。同时，电感线圈两端会感应出很高的电压，也可能使线圈之间的绝缘层被击穿。因此，这个电路设计有缺陷，需要改进。另外一般电压表不应"接死"在电路中。具体改进的方法在 RL 暂态电路里讲述。

【例 4.2】电路如图 4.4 所示，已知 $I_S = 4\text{A}$，$R_1 = R_2 = R_4 = R_5 = 2\Omega$，$R_3 = 1\Omega$，在打开开关 S 以前电路已处于稳态。若 $t = 0$ 时将 S 打开，求电容和电感的电压、电流初始值。

解：1）先求换路前 $u_C(0_-)$ 和 $i_L(0_-)$。

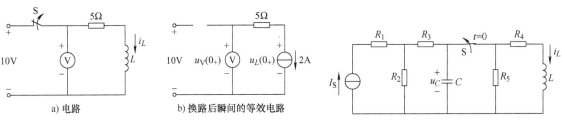

图 4.3 例 4.1 图　　　　　　　　图 4.4 例 4.2 图

由已知条件可知，换路前电路已处于稳态，则电容相当于开路，电感相当于短路。$t = 0_-$ 时的等效电路如图 4.5 所示，由此可得

$$i_L(0_-) = I_S \frac{R_2}{R_2 + \left(R_3 + \dfrac{R_4 \times R_5}{R_4 + R_5}\right)} \frac{R_5}{R_4 + R_5} = 4 \times \frac{2}{2 + \left(1 + \dfrac{2 \times 2}{2 + 2}\right)} \times \frac{2}{2 + 2} = 1\text{A}$$

$$u_C(0_-) = i_L(0_-)R_4 = 1 \times 2 = 2\text{V}$$

根据换路定律，在换路瞬间只有电容的电压和电感的电流不发生变化，而电路中其他电压和电流换路前瞬间与换路后瞬间是否相等，要通过对 $t = 0_+$ 的等效电路进行分析计算才能得出结论，故在 $t = 0_-$ 的等效电路中，只需求出 $u_C(0_-)$ 和 $i_L(0_-)$。

2）做出 $t = 0_+$ 的等效电路，根据换路定律，有

$$u_C(0_+) = u_C(0_-) = 2\text{V}$$
$$i_L(0_+) = i_L(0_-) = 1\text{A}$$

在 $t = 0_+$ 时电容等效为 2V 的恒压源，电感等效为 1A 的恒流源，如图 4.6 所示。

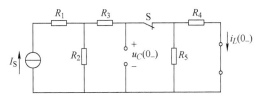

图 4.5 例 4.2 中 $t = 0_-$ 时的等效电路

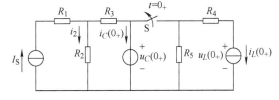

图 4.6 例 4.2 中 $t = 0_+$时的等效电路

3）在 $t = 0_+$ 的等效电路中，可求得其他待求的各电压、电流的初始值。

$$u_L(0_+) = -i_L(0_+)(R_4 + R_5) = -1 \times (2 + 2) = -4\text{V}$$

在图 4.6 中，由 KCL 可得

$$i_2 = I_S - i_C(0_+) \tag{4-3}$$

由 KVL 可得

$$i_C(0_+)R_3 + u_C(0_+) - i_2 R_2 = 0 \tag{4-4}$$

将式（4-3）代入式（4-4），并代入各元件参数，可得

$$i_C(0_+) = 2A$$

以上解答说明，在换路瞬间 u_C 和 i_L 不能跃变，而电容的电流和电感的电压却是可以跃变的。

> 📖 **经验传承**：电容电压、电感电流不能突变，但电容电流、电感电压不但可以突变，有时还会突变成危险的大电流和高电压，必须加以防范。另外电路中其他变量，如电阻的电压和电流也可以突变。这些变量是否突变，需视具体电路而定，它们不受换路定律约束。

任务 2　一阶电路暂态分析方法

扫一扫看视频

任务 2.1　微分方程法

◆ **任务导入**

前面任务我们已经介绍了动态电路会发生暂态过程，那么在电路的这个暂态过程中，电流和电压随时间变化的规律该用什么方法来进行分析？

◆ **任务要求**

熟悉 3 种暂态响应和一阶电路的定义。

熟悉微分方程法（经典法）进行暂态分析。

重点：3 种暂态响应。

难点：微分方程法。

◆ **知识链接**

换路定律只能确定暂态过程的初始值，而整个暂态过程中电流和电压的变化情况需进一步分析才能确定，这种分析称为暂态分析。

在暂态分析中，通常把电路中的电源（电压源、电流源）和电路中的初始储能（电容储能相当于电压源，电感储能相当于电流源）称为激励。由于激励的作用，在电路各部分产生的电流和电压称为响应。动态电路的暂态分析就是根据电路的激励求出它的响应。

暂态过程中的响应，可根据激励的情况分为以下 3 种类型：

1）零输入响应，是电路无电源输入时，仅由储能元件的初始储能激励产生的响应。

2）零状态响应，是电路的初始储能为零，仅由电源激励产生的响应。

3）全响应，是既有初始储能，又有电源输入，由两种激励共同作用所产生的响应。

可见，零输入响应和零状态响应是全响应的一种特例。储能元件的伏安关系为微分或积分关系，因此暂态过程常需要微分方程来描述。只包含一个储能元件，或者用串、并联方法化简后只包含一个储能元件的线性动态电路，其暂态过程可用一阶线性微分方程来描述，称为一阶电路。如果是二阶或高阶微分方程，则相应的电路就分别称为二阶电路或高阶电路。

一阶电路不论是零状态响应、零输入响应还是全响应均可利用基尔霍夫定律和电路的伏安关系进行分析。

例如，图 4.7 所示的 RC 电路，$t = 0$ 时开关 S 闭合。设闭合前电容

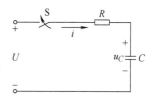

图 4.7　RC 电路

已充电，$u_C(0_-) = U_0$，求换路过程中电容电压响应 $u_C(t)$ 的变化规律。

开关 S 闭合后，由基尔霍夫电压定律得

$$U = Ri + u_C$$

$$i = C\frac{\mathrm{d}u}{\mathrm{d}t}$$

由

$$U = RC\frac{\mathrm{d}u}{\mathrm{d}t} + u_C$$

通过解这个一阶微分方程，可得

$$u_C(t) = U + (U_0 - U)\mathrm{e}^{\frac{-t}{RC}} \tag{4-5}$$

这就是换路后暂态过程中电容电压的表达式。

它表明了这一过程中电压 u_C 随时间变化的规律。由于该暂态过程中既有初始储能，又有电源输入，故所产生的响应 $u_C(t)$ 为全响应。

任务 2.2　三要素法

◆ 任务导入

前面我们用微分方程法（经典法）进行一阶 RC 电路的暂态分析，得出式（4-5）的解析式，通过分析发现，要确定这个解析式需要知道 3 个物理量。有了这个发现，那么针对一阶电路，式（4-5）的解析式是否具有一般性？这就是本任务要完成的内容。

◆ 任务要求

理解并掌握三要素法及适用范围。

重难点：三要素法，求解时间常数。

◆ 知识链接

2.2.1　三要素法

在式（4-5）中，U_0 为响应的初始值，$u_C(0_+) = u_C(0_-) = U_0$，$U$ 为响应的最终值，即 $t\to\infty$ 时，$u_C(\infty) = U$，该值称为响应的稳态值。再令 $\tau = RC$，则式（4-5）可写成：

$$u_C(t) = u_C(\infty) + \left[u_C(0_+) - u_C(\infty)\right]\mathrm{e}^{\frac{-t}{\tau}} \tag{4-6}$$

式中，$\tau = RC$，是由电路参数决定的常数，具有时间量纲[$\Omega \cdot \mathrm{F} = \Omega \cdot \mathrm{C/V} = (\mathrm{V/A}) \cdot (\mathrm{A} \cdot \mathrm{s/V}) = \mathrm{s}$]，称为 RC 电路的时间常数。可见，只要知道了初始值、稳态值、时间常数 τ 这 3 个要素，就可以方便地求出全响应 $u_C(t)$。这种方法还可以推广到求解一阶电路中的其他变量，并得出一般规律，用数学公式统一表示为

$$f(t) = f(\infty) + \left[f(0_+) - f(\infty)\right]\mathrm{e}^{\frac{-t}{\tau}} \tag{4-7}$$

这就是分析一阶电路暂态过程中任意变量的一般公式。这种利用三要素来分析暂态过程的方法称为三要素法。

由以上介绍可知，分析一阶电路暂态过程的两种方法中，微分方程法需要求解微分方程，比较麻烦，又称经典法。三要素法比较简便，是工程上常用的方法。

2.2.2　三要素法的求解步骤

应用三要素法求解一阶电路，不仅适用于较普遍的非零初始状态的全响应，也包含了零输

入响应和零状态响应特例，可使一阶电路的过渡过程分析更为简明。具体方法如下：

1）确定初始值 $f(0_+)$：利用在直流稳态情况下，电容 C 相当于开路，电感 L 相当于短路，求出在换路前 $t=0_-$ 时的 $u_C(0_-)$ 和 $i_L(0_-)$，并由换路定律得到 $u_C(0_+)$、$i_L(0_+)$；再根据 $t=0_+$ 时换路后的电路，求解其他电压或电流的初始值 $f(0_+)$。

2）确定稳态值 $f(\infty)$：$f(\infty)$ 是该响应的稳态值，可按换路后达到稳态时的等效电路求取。在直流稳态电路中，电容相当于开路，电感相当于短路。

3）求时间常数 τ：

① 求时间常数，一定要在换路以后的电路中求取，不能在换路前的电路中求取。因为过渡过程发生在换路后的电路，时间常数是换路后电路的时间常数，不是换路前电路的时间常数。

② 将换路后电路中的动态元件（电容或电感）断开移除，剩下的电路就是一个二端网络，动态元件原连接于这个二端网络的两端。用戴维南定理求解二端网络等效电阻的方法可求出此二端网络的戴维南等效电阻 R。

③ 具有时间的量纲，单位为秒（s），其值取决于电路结构和元件参数，与激励无关。RC 电路的时间常数为 $\tau=RC$，RL 电路的时间常数为 $\tau=L/R$。

在 RC 电路中，$\tau=RC$；在 RL 电路中，$\tau=L/R$。其中 R 应理解为换路后将电路中所有独立源置零后，从 C 或 L 两端看进去的等效电阻。

4）由三要素公式写出电路中电压或电流的过渡响应表达式。三要素的适用范围：①直流电源激励；②一阶线性动态电路；③f 可以是电路中任何电压和电流。

任务 3 一阶电路暂态分析

任务 3.1 RC 电路暂态分析

扫一扫看视频

◆ **任务导入**

RC 电路在日常生活、工作中随处可见，这些电路在接通或断开的暂态过程中，要产生电压过高（称为过电压）或电流过大（称为过电流）的现象，从而可能使电气设备或器件遭受损坏，但与此同时也有很多电子设备中利用这个暂态过程来改善我们的生活。因此，认识和掌握这种客观存在的物理现象的规律，做到在生产上既要充分利用暂态过程的特性，同时也必须防范其所产生的危害。

◆ **任务要求**

掌握三要素法分析 RC 电路的暂态响应。

重难点：RC 电路暂态响应。

◆ **知识链接**

RC 电路即由电阻元件、电容元件激励组成的电路，由于是一阶电路，所以等效电容元件应该只有一个。暂态分析就是对 $t \geq 0_+$ 的电路进行分析。分析电路的方法可以利用经典法即微分方程法依据 KCL、KVL 和元件 VCR，以及电路分析方法列写方程，得到电路微分方程，求解微分方程得出电压和电流响应。因为求解微分方程相对比较复杂，因此后面涉及的 RC 一阶电路的暂态分析，我们以三要素法来分析。RC 电路的动态响应分为零输入（非零状态）响应、零状态（非零输入）响应和全响应（非零输入非零状态响应）。

3.1.1 *RC* 电路的零输入响应

RC 电路的零输入响应是指换路后电路中无电源激励,输入信号为零,电路中的电压、电流由电容元件的初始储能所引起,故称这些电压、电流为 *RC* 电路的零输入响应。分析 *RC* 电路的零输入响应,实际上是分析电容通过电阻的放电过程。

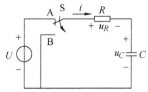

在图 4.8 所示电路中,开关 S 先与 A 接通,给电容充电,并达到某一数值 U,在 $t = 0$ 瞬间,将开关 S 由 A 拨到 B 位置,使 *RC* 电路与外加电压断开并短接。此时电源输入为零,电容将储存的能量放出,电容电压逐渐降低,直到电容储存的电场能消耗殆尽,暂态过程结束,这就是电容的放电过程。

图 4.8   RC 放电电路

分析 *RC* 电路的零输入响应,实际上就是分析它的放电过程。现用三要素法分析电容电压和电流的变化规律。

电路中只有一个动态元件 C,所以是一阶电路,我们用三要素法求出换路后的初始值、稳态值和时间常数,就可以写出 *RC* 电路放电过程中的电压和电流。

1)确定初始值:由题意可知换路前,开关 S 合在 A,电路已处于稳态,电容电压 $u_C(0_-) = U_0$,由换路定律可知:

$$u_C(0_+) = u_C(0_-) = U_0$$

再求解电路中其他初始值:

$$i(0_+) = -U_0/R, \quad u_R(0_+) = -U_0$$

2)确定稳态值:换路后电路达到新的稳态时,电容相当于短路,此时:

$$u_C(\infty) = 0, \quad i(\infty) = 0, \quad u_R(\infty) = 0$$

3)确定时间常数为

$$\tau = RC$$

又由一阶电路三要素法的统一数学公式[式(4-7)],把电容电压对应的三要素分别代入,可得电容两端电压为

$$u_C(t) = u_C(\infty) + \left[u_C(0_+) - u_C(\infty)\right]e^{\frac{-t}{\tau}}$$

$$u_C(t) = 0 + (U_0 - 0) = U_0 e^{\frac{-t}{RC}}$$

(4-8)

同理可得电流和电阻电压为

$$i = -\frac{U_0}{R}e^{\frac{-t}{RC}} \tag{4-9}$$

$$u_R = -U_0 e^{\frac{-t}{RC}} \tag{4-10}$$

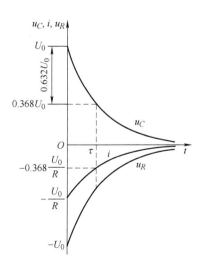

由 u_C、i、u_R 的数学表达式可以画出它们随时间变化的曲线,如图 4.9 所示。这就是 *RC* 电路的零输入响应。从图中可以看出,它们都是以相同的时间常数从初始值按指数规律衰减而趋于零的。u_C 的初始值保持换路前的 U_0 不变,而 i、u_R 的初始值则发生了大小和方向的突变。因为放电电流的方向与充电电流相反,所以电阻电压的极性也与充电时相反。

RC 电路放电过程的快慢同样由时间常数 $\tau = RC$ 来表征,不同时间 t 的 $u_C(t)$ 变化见表 4.1。τ 等于电容电压由初始值下降了 63.2%(衰减至初始值的 36.8%)需要的时间。改变电路参数 R、

图 4.9   RC 电路零输入响应

C 可以改变暂态过程的长短。

对 RC 串联电路来说,时间常数 $\tau=RC$,显然,τ 越大,电路的暂态过程就越长。这是因为当 U_0 一定时,C 越大,电路储存的电场能量越多;而当 R 越大,电路中电荷移动的阻力越大,放电电流越小,则单位时间内消耗的能量越小,这些都会使放电时间加长。

表 4.1 不同 t 值对应的 $u_C(t)$

t	0	τ	2τ	3τ	4τ	5τ	...	∞
$u_C(t)$	U_0	$0.368U_0$	$0.135U_0$	$0.05U_0$	$0.018U_0$	$0.0067U_0$	...	0

点拨:关于时间常数 τ:

1)具有时间的量纲,单位为秒(s),其值取决于电路结构和元件参数,与激励无关。

2)τ 决定了衰减的快慢,其值等于电压 u 衰减到初始值 U_0 的 36.8% 所需的时间,其值越小衰减越快,反之越慢。由表 4.1 可知,理论上 $t\to\infty$,$u_C(\infty)=0$,工程上一般认为经过($3\sim$5)τ 后,暂态过程结束,电路达到新的稳态。

3)若 RC 电路中电阻、电容的数值是未知的,则可用实验的方法测出电路的时间常数。具体做法是,先将电容充电到 U_0,然后经 RC 电路放电,记下电容电压由 U_0 衰减到 $0.368U_0$ 所需时间,该时间即为待求 RC 电路的时间常数。

【例 4.3】图 4.10a 所示,$U_S=20\text{V}$,$R_1=2\text{k}\Omega$,$R_2=3\text{k}\Omega$,$R_3=1\text{k}\Omega$,$C=10\mu\text{F}$,开关 S 预先闭合。$t=0$ 时开关打开。求换路后电容两端电压的响应表达式 $u_C(t)$ 和电容上的电流 $i(t)$。

解:换路后无电源激励输入,电容放电,暂态过程中的电容电压 u_C 和电流 i 都是 RC 电路的零输入响应,其变化规律都可用三要素法求解。

1)确定初始值:开关 S 打开前,电容已充电,电路处于稳定状态,电容电流为零,电容 C 相当于开路,电容电压等于电阻 R_2 两端电压,故

$$u_C(0_-)=\frac{R_2}{R_1+R_2}U_S=\frac{3}{2+3}\times20=12\text{V}$$

由换路定律得电容电压初始值为

$$u_C(0_+)=u_C(0_-)=12\text{V}$$

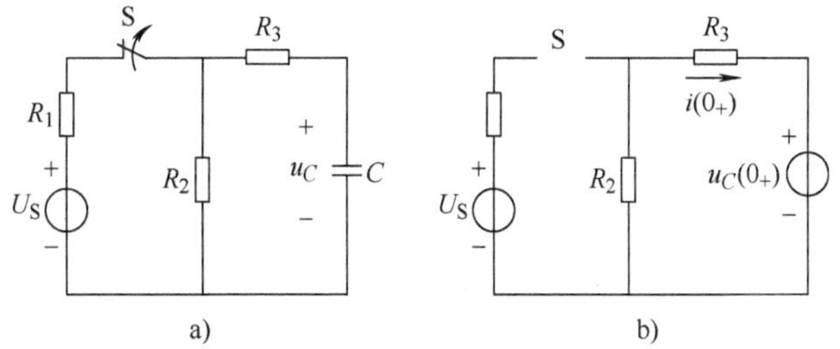

图 4.10 例 4.3 图

在换路后的瞬间,电容 C 可视为理想电压源。此时的等效电路如图 4.10b 所示,故电流初始值为

$$i(0_+)=-\frac{u_C(0_+)}{R_2+R_3}=-\frac{12}{1+3}=-3\text{mA}$$

2)确定稳态值:开关 S 打开后,RC 电路脱离电源,电容的初始储能通过电阻 R_3 和 R_2 放电,直至电压降为零,故电容电压稳态值为

$$u_C(\infty)=0$$

电流稳态值为

$$i(\infty) = 0$$

3）确定时间常数：放电电路的电阻为 R_2+R_3，故时间常数为

$$\tau = (R_2 + R_3)C = (1+3)\times 10^3 \times 10 \times 10^{-6} = 0.04s$$

4）将三要素数据分别代入式（4-7），得开关 S 打开后电容上的电压和电流分别为

$$u_C(t) = u_C(\infty) + \left[u_C(0_+) - u_C(\infty)\right]e^{\frac{-t}{\tau}}$$

$$= 0 + (12 - 0)e^{\frac{-t}{0.04}} = 12e^{-25t}V$$

$$i(t) = i(\infty) + \left[i(0_+) - i(\infty)\right]e^{\frac{-t}{\tau}}$$

$$= 0 + (-3 - 0)e^{\frac{-t}{0.04}} = -3e^{-25t}mA$$

【例 4.4】 高压电路中有一个 30μF 的电容 C，断电前已充电至 4kV。断电后，电容经本身的漏电阻进行放电。若电容的漏电阻 R 为 100MΩ，1h 后电容的电压降至多少？若电路需要检修，应采取怎样的安全措施？

解：1）由题意可知，电容电压的初始值为

$$u_C(0_+) = u_C(0_-) = 4\times 10^3 V$$

2）稳态值为

$$u_C(\infty) = 0$$

3）放电时间常数为

$$\tau = RC = 100\times 10^6 \times 30 \times 10^{-6} = 3\times 10^3 s$$

4）将三要素数据分别代入式（4-7）得

$$u_C(t) = 4e^{\frac{-t}{3000}}kV \tag{4-11}$$

5）将 t = 3600s 代入式（4-11）得

$$u_C(3600) = 4e^{\frac{-3600}{3000}}kV = 1205V$$

可见，断电 1h 后，电容仍有很高的电压。为了安全，必须使电容充分放电后才能进行电路检修。为了缩短电容的放电时间，一般用一个阻值较小的电阻并联到电容两端，使放电时间常数减小，加速放电过程。

> 🖐️ **经验传承**：对于零输入响应，只需要求出初始值和时间常数，就可以得出一阶电路的零输入响应为
>
> $$f(t) = f(0_+)e^{\frac{-t}{\tau}} \tag{4-12}$$

3.1.2　RC 电路的零状态响应

换路前电容元件未储有能量，仅由电路激励产生的电路响应称为零状态响应。RC 电路的零状态响应，实际上就是 RC 电路的充电过程。

图 4.11 所示的电路为 RC 串联电路。在开关合上前电容未充电，电压 $u_C(0) = 0$，即 RC 电路的零状态。在 $t = 0$ 瞬时，将开关 S 闭合，则电容 C 通过电阻 R 与直流电压 U 接通，此时电容从电源吸收电能，以电场能的形式储存起来，电容电压逐渐升高，称为充电过程。

下面我们还是运用三要素法来分析电容两端电压的变化情况。先求出三要素。

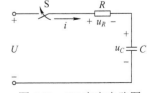

图 4.11　RC 充电电路图

1）确定初始值：由于电容事先未充电，则根据换路定律可得：

$$u_C(0_+) = u_C(0_-) = 0$$

再求解电路中其他初始值，开关 S 闭合后瞬间，电容事先未充电，电压为零，相当于短路，故

$$i(0_+) = U / R, \quad u_R(0_+) = U_0$$

2）确定稳态值：开关 S 闭合后，电容 C 开始充电，进入暂态过程，至 $t \to \infty$ 时，电容电压升至 U，电路达到稳态，电容相当于开路，故

$$u_C(\infty) = U$$
$$i(\infty) = 0, \quad u_R(\infty) = 0$$

3）确定时间常数：

$$\tau = RC$$

把这三要素法分别代入式（4-7），分别可得电容两端电压、电流和电阻电压为

$$u_C(t) = U(1 - e^{\frac{-t}{RC}}) \tag{4-13}$$

$$i = \frac{U}{R} e^{\frac{-t}{RC}} \tag{4-14}$$

$$u_R = U e^{\frac{-t}{RC}} \tag{4-15}$$

根据式（4-13）的计算，可列表 4.2，并得 $u_C(t)$ 随时间变化的过程。

表 4.2　不同 t 值对应的 $u_C(t)$

t	0	τ	2τ	3τ	4τ	5τ	…	∞
$u_C(t)$	0	0.632U	0.865U	0.950U	0.982U	0.993U	…	1

从表 4.2 可以看出，时间常数 τ 的数值等于电容电压由初始值上升到稳态值的 63.2% 所需的时间。电压的变化开始较快，而后逐渐缓慢。虽然从理论上说，只有当 $t \to \infty$ 时，u_C 才能达到稳定值，充电过程才结束，但在工程上可认为，经过 $t = (3 \sim 5)\tau$ 的时间，暂态过程就基本结束。因此，时间常数 τ 表征暂态过程的快慢，τ 越大，则 u_C 上升越慢，暂态过程越长，反之亦然。这是因为 τ 大，即 RC 的乘积大，R 大意味着充电电流小，能量储存速度慢，C 大意味着电容所储存的最终能量大，两者都会促使暂态过程变长。改变电路参数 R、C 就可改变暂态过程的长短。

由 u_C、i、u_R 的数学表达式，可以画出它们在充电过程中随时间变化的曲线，即 RC 电路的零状态响应，如图 4.12 所示。它们都是以相同的时间常数按指数规律变化的曲线，其中 u_C 从零开始连续增长至稳态值 U，而 i 和 u_R 则在换路瞬间从零突变到最大值，然后连续衰减至零。这就可以解释串联电容的白炽灯，为什么在开关合上瞬间突然闪亮了一下，随着时间的延迟逐渐暗下去，直到完全熄灭。

> 🕮 **经验传承**：分析较复杂电路的暂态过程时，可以将储能元件（电容或电感）划出，因为剩余的是有源二端网络，它是线性有源电阻电路，可以等效为戴维南模型，再利用公式可得出电路响应。对于零状态响应，只需要求出换路后的稳态值和时间常数，就可以得出一阶电路的零状态响应为
>
> $$f(t) = f(\infty)(1 - e^{\frac{-t}{\tau}}) \tag{4-16}$$

【例 4.5】如图 4.13 所示，$C = 1F$，开关动作前电路已达稳态，求 $t \geq 0$ 时，电容电压 $u_C(t)$。

解：$t \geq 0$ 时，开关打开，为零输入响应。

1）确定初始值：$t = 0_-$ 时，$u_C(0_-) = 10V$。

根据换路定律：

$$u_C(0_+) = u_C(0_-) = 10\text{V}$$

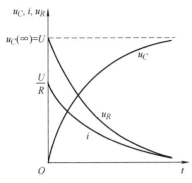

图 4.12 RC 电路的零状态响应

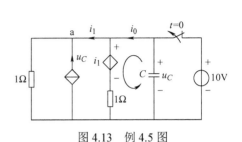

图 4.13 例 4.5 图

2）$t>0$ 时，确定时间常数 $\tau = R_{\text{eq}}C$。求等效电阻 R_{eq}（加压 u_C 求流 i_0）结合画出的绕行方向的回路列写 KVL 方程：

$$u_C = i_1 + (i_0 - i_1) \times 1 \tag{4-17}$$

对节点 a 列写 KCL 方程：

$$i_1 + u_C = u_C / 1 \tag{4-18}$$

求解式（4-17）、式（4-18）可得

$$R_{\text{eq}} = u_C / i_0 = 1\Omega$$

因此

$$\tau = R_{\text{eq}}C = 1 \times 1 = 1\text{s}$$

3）$t \geqslant 0$ 时，确定 $u_C(t)$：

$$u_C(t) = u_C(0_+)\mathrm{e}^{-\frac{t}{\tau}} = 10\mathrm{e}^{-t}\text{V}$$

3.1.3 RC 电路的全响应

一阶电路的零输入响应是仅由储能元件的初始储能激励产生的响应，零状态响应是仅由电源激励产生的响应，而全响应则是由电源激励和初始储能激励两种激励的共同作用产生的响应。**因此，一阶电路根据叠加定理有全响应=零输入响应+零状态响应。**

在图 4.14 所示电路中，开关 S 先与 A 接通，给电容充电达到稳定值 U 之后，再将开关 S 由 A 拨到 B 位置，让电容放电。不等放电结束，在 $t=0$ 瞬间，当电容电压降至 U_0，又将开头拨到 A 位置，使 RC 电路与外加电压重新接通。试分析 $t=0$ 以后电路中电压和电流的变化情况。

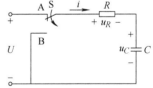

图 4.14 RC 全响应电路

由于这时 RC 电路有输入激励 U 的作用，初始状态又不为零，故电路中产生的电压和电流为全响应。需要分析的是电容电压 u_C、电阻电压 u_R、电流 i。

电容电压的初始值 $u_C(0_+) = u_C(0_-) = U_0$，稳定值 $u_C(\infty) = U$，时间常数 $\tau = RC$，将三要素代入式（4-6）得

$$u_C(t) = u_C(\infty) + \left[u_C(0_+) - u_C(\infty) \right]\mathrm{e}^{\frac{-t}{\tau}} \tag{4-19}$$
$$= U + (U_0 - U)\mathrm{e}^{\frac{-t}{RC}}$$

由式（4-8）、式（4-13）、式（4-19）可以验证，u_C 的全响应是零输入响应和零状态响应两者的叠加。

求解 RC 电路中电流 i、电阻电压 u_R 的全响应也可以通过叠加定理来求得，根据式（4-9）、

式（4-14）和式（4-10）、式（4-15）可得

$$i = \frac{U - U_0}{R}\mathrm{e}^{\frac{-t}{RC}} \qquad (4\text{-}20)$$

$$u_R = (U - U_0)\mathrm{e}^{\frac{-t}{RC}} \qquad (4\text{-}21)$$

当然，RC 电路中电流 i 和电阻电压 u_R 的全响应也可由三要素法直接求得。i 的初始值为 $\frac{U - U_0}{R}$，电阻电压的初始值为 $U - U_0$，它们的稳态值都为 0，时间常数都为 $\tau = RC$，将其分别代入式（4-7），同样可得式（4-20）和式（4-21）。

RC 电路的全响应都是从初始值到稳态值随时间按指数规律变化的，变化的快慢取决于时间常数 $\tau = RC$。其中 u_C 从 U_0 变化到 U，i 从 $\frac{U - U_0}{R}$ 变化到零，u_R 从 $U - U_0$ 变化到零，都是在同一暂态过程中完成的。

【例 4.6】 图 4.15 所示电路中，$U_{S1}= 6\mathrm{V}$，$U_{S2}= 9\mathrm{V}$，$R_1= 1\mathrm{k\Omega}$，$R_2= 2\mathrm{k\Omega}$，$C= 3\mathrm{\mu F}$，开关 S 预先闭合于 a 端。$t = 0$ 瞬时开关从 a 端换接至 b 端，求换路后电容两端电压 $u_C(t)$ 和流过电阻 R_2 的电流 $i_2(t)$ 的响应表达式。

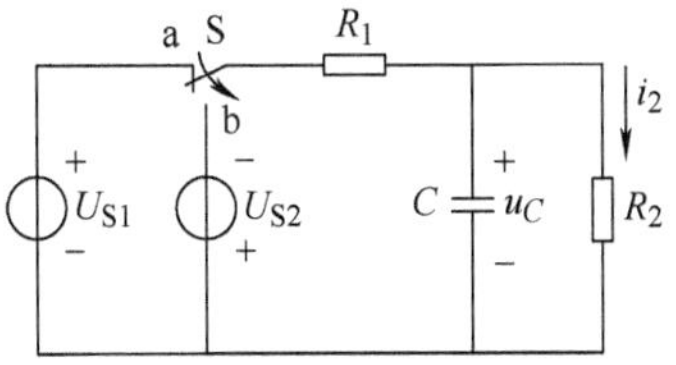

电路的初始条件为

$$u_C(0_-) = \frac{R_2}{R_1 + R_2}U_{S1} = \frac{2}{1 + 2}\times 6 = 4\mathrm{V}$$

图 4.15　例 4.6 图

第一种方法：换路后受到外电源 U_{S2} 的激励，此电路为全响应，它可通过分解为零输入响应和零状态响应，然后用叠加的方法来求得。

1）零输入响应：

① 初始条件为

$$U_0' = u_C(0_+) = u_C(0_-) = \frac{R_2}{R_1 + R_2}U_{S1} = \frac{2}{1 + 2}\times 6 = 4\mathrm{V}$$

② 电路的时间常数 $\tau = RC$。R 为图 4.16a 中独立源置零，从 C 两端看进去的等效电阻，等效电阻就是 R_1 和 R_2 并联电阻，因此

$$R = \frac{R_1 R_2}{R_1 + R_2} = \frac{2}{3}\mathrm{k\Omega}$$

$$\tau = RC = \frac{2}{3}\times 10^3 \times 3\times 10^{-6} = 2\times 10^{-3} = 2\mathrm{ms}$$

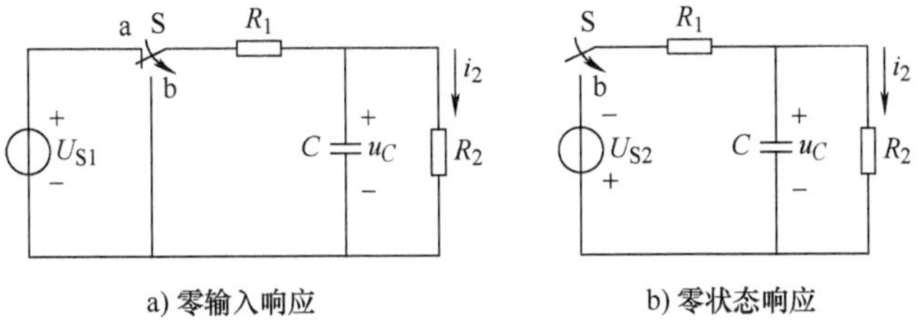

图 4.16　例 4.6 的分解

零输入响应为

$$u_C'(t) = U_0'\mathrm{e}^{\frac{-t}{\tau}} = 4\mathrm{e}^{\frac{-t}{2\times 10^{-3}}} = 4\mathrm{e}^{-500t}\mathrm{V}$$

2）零状态响应：

① 电路的时间常数 τ 仍然是 2ms。

② 电容 C 上电压的稳态值为

$$U'' = \frac{R_2}{R_1 + R_2}U_{S2} = -\frac{2}{1+2} \times 9 = -6\text{V}$$

U_{S2} 的极性与 u_C 的参考极性相反，故取负值。

零状态响应为

$$u_C''(t) = U_S''(1 - e^{-\frac{t}{\tau}}) = -6(1 - e^{-500t})\text{V}$$

3）全响应：

$$u_C(t) = u_C'(t) + u_C''(t) = 4e^{-500t} - 6(1 - e^{-500t}) = -6\text{V} + 10e^{-500t}\text{V}$$

流过电阻 R_2 的电流为

$$i_2(t) = \frac{u_2}{R_2} = \frac{u_C(t)}{R_2} = -3\text{mA} + 5e^{-500t}\text{mA}$$

第二种方法：三要素法。

1）初始值的确定：

$$u_C(0_-) = \frac{R_2}{R_1 + R_2}U_{S1} = \frac{2}{1+2} \times 6 = 4\text{V}$$

由换路定律：

$$u_C(0_+) = u_C(0_-) = 4\text{V}$$

2）稳定值的确定。换路之后的电路如图 4.16b 所示，电路达到稳态，此时电容相当于短路，因此

$$u_C(\infty) = -9 \times \frac{2}{1+2} = -6\text{V}$$

3）电路的时间常数 $\tau = RC$。R 为换路后图 4.16b 中独立源置零，从 C 两端看进去的等效电阻，等效电阻就是 R_1 和 R_2 并联电阻，因此

$$R = \frac{R_1 R_2}{R_1 + R_2} = \frac{2}{3}\text{k}\Omega$$

$$\tau = RC = \frac{2}{3} \times 10^3 \times 3 \times 10^{-6} = 2 \times 10^{-3} = 2\text{ms}$$

把以上三个要素代入式（4-6），换路后电容两端电压 $u_C(t)$ 得

$$u_C(t) = u_C(\infty) + [u_C(0_+) - u_C(\infty)]e^{-\frac{t}{\tau}} = -6 + [4 - (-6)]e^{-500t} = -6\text{V} + 10e^{-500t}\text{V}$$

任务 3.2　*RL* 电路暂态分析

◆　**任务导入**

前面我们利用三要素法分析了 *RC* 电路的暂态响应，日常生活、工作中 *RL* 也随处可见，那么如何利用三要素法分析 *RL* 电路的暂态响应呢？这就是本任务的内容。

◆　**任务要求**

掌握三要素法分析 *RL* 电路的暂态响应。

重难点：*RL* 电路暂态响应。

◆　**知识链接**

RL 电路即由电阻元件、电感元件激励组成的电路，由于是一阶电路，所以等效电感元件应

该只有一个。分析 RL 电路的响应与分析 RC 电路的响应相类似。下面还是用三要素法分别分析 RL 电路的零输入响应、零状态响应和全响应。

3.2.1　RL 电路的零输入响应

如图 4.17 所示，设开关 S 在 A 点接通的同时将 B 点断开，在 B 点接通的同时将 A 点断开。如果原来的电流为 I_0，在 $t=0$ 时将开关 S 从 A 点拨到 B 点，使 RL 电路短接，电路无输入激励，电感的磁场储能开始释放，直至释放完毕，电路进入新的稳定状态。显然，换路后暂态过程中发生变化的电流和电压是 RL 电路的零输入响应。

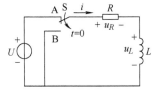

图 4.17　RL 电路

由前面的分析得出，一阶电路的零输入响应只要求取三要素中的两个要素，即初始值和时间常数。

由于电流的初始值 $i_L(0_+)=i_L(0_-)=I_0$，时间常数 $\tau=L/R$，将这两个要素代入式（4-12）可得 RL 电路短接时的电流为

$$i(t)=i(0_+)\mathrm{e}^{\frac{-t}{\tau}}=I_0\mathrm{e}^{\frac{-tR}{L}}\qquad（4-22）$$

由欧姆定律可得电阻 R 的端电压为

$$u_R(t)=Ri(t)=RI_0\mathrm{e}^{\frac{-tR}{L}}\qquad（4-23）$$

由基尔霍夫电压定律可得电感 L 的端电压为

$$u_L(t)=-u_R(t)=-RI_0\mathrm{e}^{\frac{-tR}{L}}\qquad（4-24）$$

根据以上三式可画出 RL 电路的零输入响应曲线，如图 4.18 所示。它们都是以 $\tau=L/R$ 为时间常数（注意：式中的 R 是换路完成后将电路中所有独立源置零后，从 L 两端看进去的等效电阻），按指数规律变化的曲线。

在 $t>0$ 以后，流过电感中的电流和它两端电压以及电阻的电压均按同一指数规律变化，其绝对值随时间逐渐衰减。当 $t\to\infty$ 时，过渡过程结束，电路中的电流、电阻和电感的电压均为零。RL 电路中电流和电压随时间衰减的过程，实质上是电感所储存的磁场能量被电阻转换为热能逐渐消耗掉的过程。

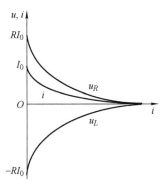

图 4.18　RL 电路的零输入响应曲线

RL 电路的时间常数 $\tau=L/R$ 来表征，不同时间 t 的 $i(t)$ 变化规律可以参考表 4.1 中的变化规律。τ 等于电感电流由初始值下降了 63.2%（衰减至初始值的 36.8%）需要的时间。它与 L 成正比，与 R 成反比。当 L 越大、R 越小时，τ 越大，则电路的暂态过程就越长。这是由于 L 越大，在一定的电流下，磁场能量越大；而 R 越小，则在一定的电流下，电阻消耗的功率越小，耗尽相同能量所用的时间也就越长。

【例 4.7】图 4.19 所示电路为他励电动机的励磁回路的电路模型。设电阻 $R=80\Omega$，$L=1.5\mathrm{H}$，电源电压 $U_S=40\mathrm{V}$，电压表量程为 50V，内阻 $R_V=50\mathrm{k}\Omega$。开关 S 在未打开前电路已处于稳定状态，在 $t=0$ 时打开 S。求：1）S 打开后 RL 电路的时间常数；2）S 打开后电流 i 和电压表两端的电压 u_V；3）开关 S 刚打开时，电压表所承受的电压。

解：1）时间常数，在换路之后的电路中，从 L 两端看进去的等效电阻为 R 和电压表内阻串联，即

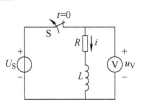

图 4.19　例 4.7 图

$$\tau = \frac{L}{R + R_{\mathrm{V}}} = \frac{15}{80 + 50 \times 10^3} = 0.3 \text{ms}$$

2）S 打开后，电路状态为 RL 电路的零输入响应，即只要求解出初始值和时间常数两项参数即可。

确定初始值。开关 S 打开前电路已达稳态，在恒定直流激励下，电感相当于短路，故有

$$i(0_-) = \frac{U_{\mathrm{S}}}{R} = \frac{40}{80} = 0.5 \text{A}$$

由换路定律知

$$i(0_+) = i(0_-) = 0.5 \text{A}$$

所以电流为

$$i = i(0_+)\mathrm{e}^{\frac{-t}{\tau}} = 0.5\mathrm{e}^{-3.3 \times 10^3 t} \text{A}$$

电压表两端的电压为

$$u_{\mathrm{V}}(t) = -i(t)R_{\mathrm{V}} = -0.5\mathrm{e}^{-3.3 \times 10^3 t} \times 50 \times 10^3 = -25 \times 10^3 \mathrm{e}^{-3.3 \times 10^3 t} \text{V}$$

3）开关 S 打开时，电压表所承受的电压也就是 $t = 0$ 时刻电压表两端的电压，即

$$u_{\mathrm{V}}(0) = -25 \times 10^3 \text{V}$$

由以上分析、计算再一次验证了例 4.1 的结论。那么如何避免呢？

为了防止电感线圈和直流电源断开时造成的高电压，可以采用并联接入二极管的方法，如图 4.20a 所示。由于二极管正向电阻很小，反向电阻很大，当电路正常工作时，二极管为反向接法，对电路工作无影响。当开关 S 打开时，感应电动势的方向和电流方向相同，此时二极管为正向接法，给电流 i 提供了一条通路，其实质是电感中所储存的磁场能量通过电阻转换为热能消耗掉，从而避免因换路而产生过电压现象。这个二极管称为续流二极管。在电感线圈两端并联续流二极管是实际电路中经常采用的一种安全措施。此外，也可在线圈两端并联一个适当容量的电容 C，如图 4.20b 所示，或在线圈两端并联一个适当阻值的电阻 R_0，如图 4.20c 所示，用以吸收断开电感电路时线圈突然释放的能量，也能避免高电压的产生。这个 C 和 R_0 分别称为吸收电容和泄放电阻。

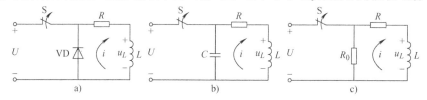

图 4.20 避免因换路而产生过电压现象的措施

泄放电阻不宜过大，否则在线圈两端会出现过电压。因为线圈两端的电压（若换路前电路已处于稳态，则 $I_0 = U/R$）$u_{RL}(t) = -i(t)R' = -UR'/R\mathrm{e}^{\frac{-tR}{L}}$，在 $t = 0$ 时，其绝对值为 $u_{RL}(0) = UR'/R$，若 $R' > R$，则 $u_{RL}(0) > U$。

在电力系统中，由于存在大量的感性负载（主要是各种电动机），带负载断电时会在开关的触点上产生很强的电弧，因此还要在开关上安装灭弧装置。

3.2.2 RL 电路的零状态响应

图 4.21 所示为 RL 电路，在 $t = 0$ 时，将开关 S 闭合，则电感 L 通过电阻 R 与直流电压 U 接通，此时电感从电源吸收电能以磁场能的形式储存起来。显然，换路后暂态过程中电路产生的电流和电压是 RL 电路的零状态响应。

零状态响应的特点是初始储能为零。对于图 4.21 所示的 RL 电路来说，由前面 RC 零状态响

应的分析方法可得，只要将电流的稳态值 $i(\infty) = U/R$，时间常数 $\tau = L/R$，两个要素将其代入式（4-16），可得 RL 电路与直流电压接通时暂态过程中的电流为

$$i(t) = U / R(1 - e^{\frac{-tR}{L}}) \tag{4-25}$$

对于电感 L 上的端电压为

$$u_L(t) = L\frac{\mathrm{d}i(t)}{\mathrm{d}t} = Ue^{\frac{-tR}{L}} \tag{4-26}$$

电阻上的电压为

$$u_R = Ri(t) = U(1 - e^{\frac{-tR}{L}}) \tag{4-27}$$

根据以上三式可画出 RL 电路的零状态响应曲线，如图 4.22 所示。

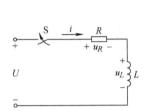

图 4.21　RL 电路零状态响应

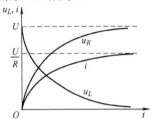

图 4.22　RL 电路的零状态响应曲线

由图中可知，RL 电路与直流电压接通时，电流 i 是由 0 按指数规律逐渐上升至稳态值 U/R 的。这就可以解释串联电感的白炽灯，为什么在开关闭合的瞬间由暗逐渐变亮，最后稳定发光。也就是说，电感元件相当于由开始断路逐渐演变成短路，这个过程实质上是电感元件储存磁场能量的过程。电阻电压 u_R 随电流 i 由零按同一指数规律增长而趋于 U，电感电压 u_L 则由零突变到 U 后立即也按同一指数规律衰减而最后趋于零，在任何时刻，u_R 与 u_L 之和始终等于 U。

RL 电路暂态过程的快慢由时间常数 $\tau = L/R$ 决定。改变电路参数 R、L，就可以改变暂态过程时间的长短。同样，时间常数 τ 的数值等于电感电流由初始值上升到稳态值 63.2% 所需的时间。工程上可认为经过 $t = (3 \sim 5)\tau$ 的时间，电路基本上达到稳态，暂态过程结束。

【例 4.8】图 4.23a 所示，$t = 0$ 时，开关 S 打开，求 $t \geqslant 0$ 后 i_L、u_L 的变化规律。

解：这是一个 RL 电路零状态响应问题。

1）求时间常数 τ。求 $t \geqslant 0$ 时，开关打开，先化简电路可得图 4.23b，此时的 R_{eq} 为

$$R_{eq} = 80 + 200//300 = 200\Omega$$

$$\tau = L / R_{eq} = 2 / 200 = 0.01s$$

2）求稳态值。换路之后新的稳态，此时电感相当于短路。$i_L(\infty) = 10A$。把这两个要素代入式（4-16）可得

$$i_L(t) = 10(1 - e^{-100t})A$$

$$i_{eq} = 10 - i_L(t) = 10e^{-100t}A$$

电感上的电压就是电阻 R_{eq} 上的电压，即

$$u_L(t) = R_{eq} \times 10e^{-100t} = 2000e^{-100t}V$$

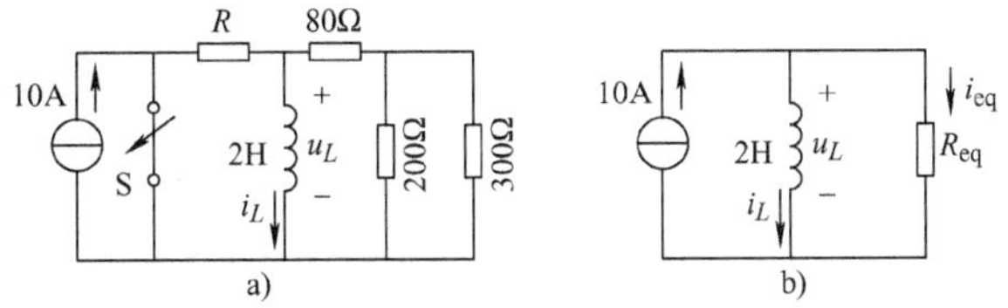

图 4.23　例 4.8 图

3.2.3　*RL* 全响应

在图 4.17 所示电路中，如果当开关 S 处于 B 点而电感磁场能尚未放完时，将开关 S 拨到 A 点，电感重新储能，这时的响应就是既有从电源输入的激励，初始状态又不为零的全响应。

设换路前瞬间电感的放电电流为 I_0，即 $i_L(0_+) = i_L(0_-) = I_0$，又知换路后电感充电到最后的稳定电流 $i(\infty)=U/R$，时间常数 $\tau=L/R$，根据三要素法代入式（4-7）可得暂态过程中电感电流为

$$
\begin{aligned}
i(t) &= i(\infty) + [(i(0_+) - i(\infty)]e^{\frac{-t}{\tau}} \\
&= \frac{U}{R} + \left(I_0 - \frac{U}{R} \right)e^{\frac{-tR}{L}} \\
&= I_0 e^{\frac{-tR}{L}} + \frac{U}{R}(1 - e^{\frac{-tR}{L}})
\end{aligned}
$$
（4-28）

由式（4-28）可知，等号右边第一项为零输入响应式（4-22），第二项为零状态响应式（4-25），两者叠加而成，即为全响应。可见 *RL* 电路的全响应与 *RC* 电路在恒定直流激励下的全响应相类似，分析方法也大体相同。

【例 4.9】 在图 4.24 中，如在稳定状态下 R_1 被短路，试问短路后经多少时间电流才达到 15A？

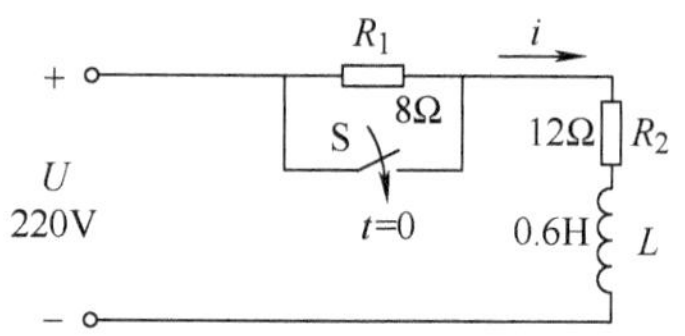

解：先用三要素法求 i。

1）确定 i 的初始值。换路前开关未合上，此时

$$
i(0_-) = \frac{U}{R_1 + R_2} = \frac{220}{8+12} = 11\text{A}
$$

由换路定律可知：

$$
i(0_+) = i(0_-) = 11\text{A}
$$

2）确定 i 的稳态值。换路后，电路达到新的稳态，此时电感相当于短路。

$$
i(\infty) = \frac{U}{R_2} = \frac{220}{12} = 18.3\text{A}
$$

3）确定时间常数。换路后等效电阻为 R_2，则

$$
\tau = \frac{L}{R_2} = \frac{0.6}{12} = 0.05\text{s}
$$

把三要素代入式（4-7）可写出电流 $i(t)$ 为

$$
i(t) = 18.3 - 7.3e^{-20t}
$$

当电流达到 15A 时，得

$$
15 = 18.3 - 7.3e^{-20t}
$$

所经过的时间 $t = 0.039\text{s}$。

图 4.24　例 4.9 图

【例 4.10】 图 4.25a 所示电路在开关打开前已达稳态。求 $t>0$ 时的响应 u_C、i_L 和 u。

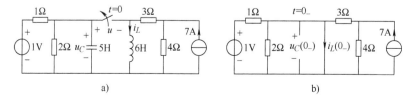

a)　　　　　　　　　　b)

图 4.25　例 4.10 图

解：（1）初始值

$t = 0_-$ 时，直流稳态如图 4.25b 所示。

$$u_C(0_-) = 0\text{V}$$

$$i_L(0_-) = \frac{1}{1} + \frac{4}{4+3} \times 7 = 5\text{A}$$

由换路定律可知，$t = 0_+$ 时

$$u_C(0_+) = u_C(0_-) = 0\text{V}$$

$$i_L(0_+) = i_L(0_-) = 5\text{A}$$

（2）稳态值

$t \to \infty$ 时，直流稳态如图 4.26 所示。

$$u_C(\infty) = \frac{2}{1+2} \times 1 = \frac{2}{3}\text{V}$$

$$i(\infty) = \frac{4}{4+3} \times 7 = 4\text{A}$$

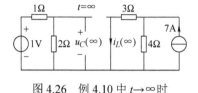

图 4.26　例 4.10 中 $t \to \infty$ 时

（3）时间常数

$$\tau_L = \frac{L}{R_{eq}} = \frac{6}{3+4} = \frac{6}{7}\text{s}$$

$$\tau_C = CR_{eq} = 5 \times (1//2) = \frac{10}{3}\text{s}$$

（4）三要素法

$$u_C(t) = u_C(\infty) + [u_C(0_+) - u_C(\infty)]e^{-\frac{t}{\tau_C}} = \frac{2}{3}(1 - e^{-\frac{3}{10}t})\text{V}$$

$$i_L(t) = i_L(\infty) + [i_L(0_+) - i_L(\infty)]e^{-\frac{t}{\tau_L}} = (4 + e^{-\frac{7}{6}t})\text{A}$$

$$u(t) = u_C(t) - L\frac{di_L}{dt} = \left[\frac{2}{3}(1 - e^{-\frac{3}{10}t}) + 7e^{-\frac{7}{6}t}\right]\text{V}$$

任务 4　一阶电路的典型应用

任务 4.1　*RC* 电路的典型应用

扫一扫看视频

◆ **任务导入**

　　在研究脉冲电路时，经常遇到的是电子器件的开关特性和电容的充放电。由于脉冲是一种跃变的信号，并且持续时间很短，因此值得注意的是电路的暂态过程，即电路中每个瞬时的电压和电流的变化情况。此外，在电子技术中也常利用 *RC* 电路中暂态过程现象来改善波形以及产生特定的波形。我们已经掌握了分析它的规律的一些方法，那么在生产生活中它到底扮演了哪些角色呢？

◆ **任务要求**

　　RC 电路的实际应用

　　重难点：*RC* 电路暂态响应分析的应用。

◆ **知识链接**

　　RC 动态电路的应用十分广泛，常用作数字电路中的积分器、微分器、延时电路等。

4.1.1 积分电路

在图 4.27a 所示 RC 电路中，输入电压 u_1 是一个矩形脉冲电压，脉冲电压的幅值为 U，宽度为 $t_P(t_P=t_2-t_1)$。那么输出电压 u_2（即 u_C）的波形将是怎样的呢？

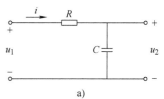

由图 4.27b 可见，在 $t=t_1$ 瞬时，u_1 突然从零上升到 U，电容被充电，其端电压 u_C 由零按指数规律上升，即 RC 的零状态响应。输出电压 u_2 即电容电压为

$$u_C(t)=U(1-\mathrm{e}^{\frac{-t}{RC}})$$

当 $\tau\gg t_P$ 时，充电很慢，电容电压 u_2 的上升也很慢；在 $t=t_2$ 瞬时，电容电压 u_2 远未达稳态值 U，脉冲就终止。此后电容经电阻放电，同样由于时间常数 τ 很大，电容电压按指数规律缓慢衰减，在远未衰减完时，第二个矩形脉冲又来到，重复以上过程，在输出端输出一个锯齿波电压。由于电容电压的上升和下降都是指数曲线的起始阶段，可近似地认为是线性的。当时间常数越大时，充放电越缓慢，锯齿波的线性也就越好。

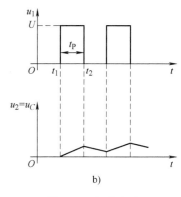

从图 4.27b 还可以看出，当时间常数 τ 很大时，由于电容的充放电缓慢，在整个脉冲宽度 t_P 内，电容电压的变化不大，其值很小，以致可近似认为电阻电压基本上就是输入电压，即

$$u_1=u_C+u_R\approx u_R$$

图 4.27　积分电路

因而输出电压为

$$u_2=u_C=\frac{1}{C}\int i\mathrm{d}t=\frac{1}{C}\int\frac{u_R}{R}\mathrm{d}t\approx\frac{1}{RC}\int u_1\mathrm{d}t$$

由于输出电压 u_2（即 u_C）与输入电压 u_1 的积分成正比，而且从图 4.27b 的波形上看，u_2 是对 u_1 积分的结果。因此这种 RC 电路一般称为积分电路。

 点拨： 构成 RC 积分电路需同时具备两个条件：

1）u_2 从电容 C 两端输出。

2）在矩形脉冲电压作用下，$\tau=RC\gg t_P$，工程上一般 $\tau>5T$（矩形波的周期）。

积分电路常用于将矩形脉冲信号变换成锯齿波或三角波信号。

4.1.2 微分电路

图 4.28a 所示为 RC 微分电路，如果电源输入的激励是矩形脉冲电压 u_1，如图 4.28b 所示，脉冲电压的幅值为 U，宽度为 $t_P(t_P=t_2-t_1)$。那么输出电压 u_2（即 u_R）的波形将是怎样的呢？

通过前面的分析可知，在 $t=t_1$ 瞬时，u_1 突然从零上升到 U，电容被充电，其端电压 u_C 由零按指数规律上升，即 RC 的零状态响应。电容电压为

$$u_C(t)=U(1-\mathrm{e}^{\frac{-t}{RC}})$$

而电阻电压：

$$u_R(t)=U-u_C=U\mathrm{e}^{\frac{-t}{RC}}$$

故 u_R 由初始值 U 按指数规律下降。

当 $t=(3\sim5)\tau$ 时，u_C 接近于 U，u_R 趋于零。如果电路的时间常数 τ 很小，即 $\tau\ll t_P$，则电容电压很快充电至稳态值 U，其波形如图 4.28b 所示。

而输出电压 u_2（即 u_R）的波形则为一正尖脉冲，其宽度 t'_P 远较矩形脉冲 t_P 窄得多，如图 4.28b 所示。

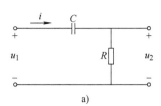

在 $t = t_2$ 瞬间，u_1 突然从 U 下降到零，相当于 RC 零输入响应，电容放电，电容端电压 u_C 由初始值 U 按指数规律衰减，电容电压为

$$u_C(t) = Ue^{\frac{-t}{RC}}$$

而电阻电压为

$$u_R(t) = -u_C = -Ue^{\frac{-t}{RC}}$$

即电阻电压 u_R 由零突变为初始值 $-U$ 后，按指数规律上升。

同样是由于电路的时间常数 τ 很小，故在下一个脉冲来到之前，早已达稳态值（零），因而输出电压 u_2（即 u_R）为一负尖脉冲。若输入是一个周期性的矩形波脉冲电压，则输出就是周期性的正、负尖脉冲电压。

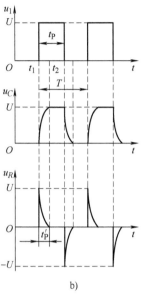

从图 4.28b 中还可以看出，当时间常数 τ 很小时，电容的充、放电过程很快，故电容电压基本上与输入电压相平衡，即

$$u_1 = u_C + u_2 \approx u_C$$

因而输出电压为

$$u_2 = u_R = Ri = RC\frac{\mathrm{d}u_C}{\mathrm{d}t} \approx RC\frac{\mathrm{d}u_1}{\mathrm{d}t}$$

即输出电压 u_2（即 u_R）与输入电压 u_1 之间存在近似的微分关系。在脉冲电路中，常用微分电路把矩形脉冲变换为尖脉冲，作为触发信号。

图 4.28　RC 微分电路

> **点拨：** 构成 RC 微分电路需同时具备两个条件：
> 1）u_2 从电阻两端输出。
> 2）在矩形脉冲电压作用下，$\tau=RC \ll t_P$，工程上一般要求 $\tau<0.2\min\{t, T-t_P\}$。

4.1.3　延时电路

一阶 RC 电路可以提供不同的时间延迟,用作警示灯或感应灯延时关断以及各种电器的延时启动。

警示灯充有氖气，利用阴极辉光作信号指示，常用来维护道路安全，安装在警车、工程车、消防车、急救车等上面，或者用于机械、电力、机床、化工、电信、船舶、冶金等电气控制电路中作为控制信号联锁等。图 4.29a 所示为常用警示灯外形图。延时电路原理如图 4.29b 所示，由一阶 RC 电路以及一个与电容并联的氖光灯组成。氖光灯开路时不发光。当开关 S 闭合时，电容开始充电，当电容电压逐渐增大到一定值时，触发并联在 C 上的氖光灯，灯泡点亮，由于此时灯泡电阻较小，电容将通过灯泡放电，当电容电压下降到一定值时，灯泡再次开路，电容重新开始充电，反复进行充电—点亮—放电—灯灭—充电的过程。

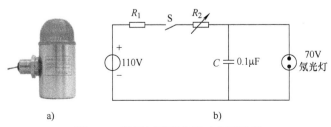

图 4.29　警示灯外形和延时电路原理

这样利用一阶 RC 电路的电容充放电过程，氖光灯呈现闪烁的效果，起到警示作用。通过调整 R_2 的阻值，可以得到不同的延时电路。

任务 4.2 RL 电路的典型应用

◆ **任务导入**

日常生活中我们常用 RL 电路中暂态过程现象来改善我们的生活，我们已经掌握了分析它的规律的一些方法，那么在生产生活中它到底扮演了哪些角色呢？

◆ **任务要求**

RL 电路的实际应用。

重难点：RL 电路暂态响应分析的应用。

◆ **知识链接**

4.2.1 汽车起动电路

日常生活中常用的汽车起动电路的主要构成部分是一个典型的一阶 RL 电路。汽油发动机的启动是由一对气隙电极组成的火花塞完成的，图 4.30a 所示为常用火花塞。当火花塞的两个电极间产生几千伏的高压时，电极气隙就会形成火花，从而点燃气缸中的油气混合物，显然仅通过供电电压 12V 的汽车电池是无法达到的。

汽车点火电路如图 4.30b 所示。图中电感 L 为点火线圈，R 为限流电阻，S 为点火开关。当点火开关 S 闭合时，流过电感线圈的电流逐渐增大，达到稳态时的电流最大值为 $i=U_S/R$，若 S 忽然断开，则由于电感电流不能突变，只能在火花塞的空气隙中强行通过，设空气隙的电阻为 R_0，这时空气隙两端的电压为 $u=iR_0=U_SR_0/R$，由于 $R_0 \gg R$，故空气隙两端的电压比汽车电池电压 U_S 高得多，能在气隙中产生火花或电弧，准时点燃汽缸中的燃料空气混合气体。汽车点火电路中电感的电流和电压变化曲线如图 4.30c 所示。可见，RL 电路可以产生大的脉冲电压，其原理也可用于荧光灯的启动。

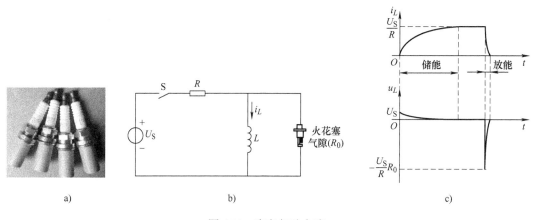

图 4.30　汽车起动电路

4.2.2 闪光灯实例

闪光灯用于在比较暗的地方加强曝光量。图 4.31 所示为闪光灯的等效电路，左半部分是

RL 电路，前面汽车起动电路中已经分析了，它可以产生大的脉冲电压；右半部分的闪光灯管可以用阻值较小的电阻 R 来近似等效，即 RC 电路；左右部分中间用一个二极管 VD 相连，用以保护电子开关不被过电压击穿烧毁，具体可以参阅前面的解释。左半部分当 S_1 闭合时，电感 L 中有电流流过，电感储能，当

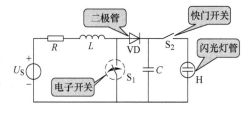

图 4.31 闪光灯等效电路

S_1 断开时，电感中的能量不能突变，电感的电流通过二极管 VD 给电容充电。当照相机的快门按下时，S_2 闭合，因为二极管的正向导通性，此时电容只能向闪光灯管放电，由于闪光灯电阻很小，时间常数 $\tau_C = CR_{eq}$ 很小，电容很快放电完毕，在很短时间内产生很大的电流，使闪光灯闪亮。

任务 5 实践验证

任务实施 5.1 典型电信号的观察与测量

1. 实施目标

能正确使用示波器，并用示波器观察与测量直流、交流信号。

2. 示波器使用说明

1）垂直控制区包括三个按键和四个旋钮。CH1、CH2 菜单按键为通道 1 和通道 2 的参数设置菜单，可以设置耦合（直流、交流、接地）、反相（开启、关闭）、探头（衰减、测量电流）、带宽限制（全带宽、20MHz）。

波形计算"Math"按键，对应波形计算菜单，计算菜单中包括加减乘除及 FFT（快速傅里叶变换）运算。

两个垂直位移旋钮分别控制通道 1 和通道 2 的垂直位移，即扫描基线的垂直位移。

两个"伏/格"旋钮分别控制通道 1 和通道 2 的电压档位（显示区垂直方向每格代表的伏特数值）的选择。

2）水平控制区包括一个按键和两个旋钮。水平菜单"HORIZ"按键对应水平系统设置菜单，包括主时基、视窗设定、视窗扩展。

"水平位置"旋钮控制触发的水平位置，即扫描线的水平位移（左右位移）。

"秒/格"旋钮控制时基档位，即水平方向每格代表的时间宽度（ms）。

3）触发控制区包括三个按键和一个旋钮。"触发电平"旋钮调整触发电平。触发电平用于选择输入信号波形的触发点。具体来说，就是调节开始扫描的时间，决定扫描在触发信号波形的哪一点上被触发。顺时针方向旋动时，触发点趋向信号波形的正向部分，逆时针方向旋动时，触发点趋向信号波形的反向部分。

触发菜单"Menu"按键，可以设置单触发类型、信源（CH1、CH2、EXT、EXT/5）、耦合。

其他两个按键对应触发系统的设置。

4）横排菜单选项设置区，包括 5 个按键：H1、H2、H3、H4、H5。

竖排菜单选项设置区，包括 5 个按键：F1、F2、F3、F4、F5。

5）菜单关闭"Menu off"按键，关闭当前屏幕上显示的菜单。

6）通用旋钮：当屏幕菜单中出现 M 标志时，可以转动通用旋钮来选择当前菜单或设置数

值，按下通用旋钮可关闭屏幕左侧菜单。

7）功能按键区共 12 个按键。常用按键：自动设置"Auto"按键，可以进行自动测量；测量"Measure"按键（添加测量、删除测量），用来显示或删除测量数据。

8）运行/停止"Run/Stop"按键，单次"Single"按键，分别用来控制单次或连续测量。

3. 实施设备及器材

YTZDD-2 型电工电子综合实验平台、万用表、EDS102E（V）型双踪电子示波器。

4. 实施内容

（1）实施项目一：直流电压测量和波形观察

1）直流电压测量电路图（见图 4.32）。

2）万用表测量操作步骤。

① 调节 YTZDD-2 型电工电子综合实验平台的直流电源，使其输出直流电源电压值为 12V 或 6V。

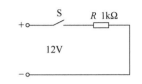

图 4.32 直流电压测量和观察电路图

② 按图 4.32 电路图接线，经检查无误后通电。

③ 用万用表直流电压档测量直流电源 U，将结果填入表 4.3 中。

表 4.3 直流电压测量数据与波形

U 波形	万用表 U 数值/V	示波器 U 平均数值

3）示波器测量操作步骤

① "探头补偿"校准信号测量：示波器提供一个 5V、1kHz 的标准方波检测信号（示波器右下角）。查看方法是探头的黑色夹子连接到信号源的接地端，红色夹子连接到信号源的信号端。按动自动设置"Auto"按键，对输入的标准检测信号进行自动测量。按动"Run/Stop"按键，固定显示方波信号的曲线。

② 测量直流电压时，打开示波器电源，示波器无衰减探头接到通道 1（CH1）接口，探头另一端红色夹子接到实验平台直流电源的正极，黑色夹子（接地线）接到实验平台直流电源负极。

测量操作方法如下：

a. 按动 CH1 菜单按键，设置通道 1 菜单参数（耦合方式为直流、探头衰减为×1），接着按动竖排菜单 H1 按键，再按动横排菜单 F1 按键，设置耦合方式为直流；按动竖排菜单 H3 按键，再按动横排菜单 F1 按键，旋转"通用"旋钮，设置探头衰减系数为×1。

b. 按动自动设置"Auto"按键，对输入的直流电压进行自动测量，此时，零电平线位于箭头对正的水平线，旋转"垂直位置"旋钮将零电平线调整到需要的位置（一般要调到显示屏的中心位置）。

调节垂直控制区通道 1（CH1）"伏/格"旋钮手动调节通道 1 的电压档位（垂直方向每格代表的伏特数值），将直流电压的幅度调整到适当的高度。

直流电压计算：直流电压=水平中心线向上查到电压曲线的格数×伏/格。

③ 数据显示清单：按动测量"Measure"按键，接着按动横排菜单选项设置区的 H1 按键添加测量，然后按动竖排菜单选项设置区的 F3 按键（快照全部），在屏幕上列表显示全部数据。读取平均电压 U、屏幕上显示波形等信息填入表 4.3 中。

（2）实施项目二：正弦交流电压测量和波形观察

1）正弦交流电压测量电路示意图（见图4.33）。

2）万用表测量操作步骤。

① 调节 YTZDD-2 型电工电子综合实验平台上的函数信号发生器，选择正弦波形，通过信号输出端输出正弦交流电压，电压数值 U 调为 3V，其中频率任选。

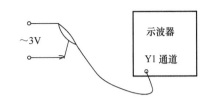

② 按图4.33电路图接线，经检查无误后通电。

图 4.33 正弦交流电压测量和观察电路示意图

③ 用万用表交流电压档测量输入电压 U，将结果填入表4.4中。

3）示波器测量操作步骤。示波器探头红色夹子接到实验平台信号发生器信号输出端正极，黑色夹子（接地线）接到实验平台信号发生器信号输出端负极。

① 自动测量操作方法。

a. 按动 CH1 菜单按键，设置通道 1 菜单参数（耦合方式为交流、反相为关闭、探头衰减为×1）。接着按动竖排菜单 H1 按键，再按动横排菜单 F2 按键，设置耦合方式为交流；按动横排菜单 H3 按键，再按动竖排菜单 F1 按键，旋转"通用"旋钮，设置探头衰减系数为×1。

b. 按动自动设置"Auto"按键，对输入的正弦交流电压进行自动测量。旋转"垂直位置"旋钮使零电平线调到显示屏的中心位置。

c. 正弦波信号电压幅值的计算：旋转垂直控制区"伏/格"旋钮可以手动调节通道 1 的电压档位（垂直方向每格代表的伏特数值），将正弦波信号电压的幅度调整到适当的高度。

电压幅值=水平中心线向上查到电压最大值对应纵轴的格数×伏/格。

d. 正弦波形周期时间和频率的计算：旋转"水平位置"旋钮使得扫描线的水平左、右位移，将正弦波电压的正向过零点与显示器中心点（坐标圆点）重叠。

调节水平控制区"秒/格"旋钮可以手动调节时基档位（水平方向每格代表的时间宽度）。将正弦波信号电压周期调整到适当的宽度。

从圆点出发向右查找一个周期（2π 弧度）水平方向所跨格数。

周期时间 T=所跨格数×秒/格(ms)，频率 f=1/T(Hz)。

e. 正弦波形的绘制：按动"Run/Stop"按键，稳定显示（Stop状态）正弦波形信号曲线。

② "快照全部"数据显示清单。按动测量"Measure"按键，接着按动横排菜单选项设置区的 H1 按键添加测量，然后按动竖排菜单选项设置区的 F3 按键（快照全部），在屏幕上列表显示全部数据，读取 u 的最大值、峰-峰值、有效值、周期时间、频率和屏幕上显示的波形，填入表4.4中。

表 4.4 交流测量数据与波形

U 波形	万用表 U 数值/V	示波器 U 数值/V	周期 T/ms	频率 f/Hz
		最大值： 峰-峰值： 有效值：		

5. 实施注意事项

1）实施之前应先检查设备、器材的好坏。

2）进行电路连接时，要注意电源极性，避免反接。

3）使用万用表时，要正确选择档位，且要规范操作。若选用指针式万用表、电压表和电流表，则应注意选用合适量程的表，并且进行连接时要注意极性。

4）测量电压时，应将表并联在所测对象两端；测量电流时，应将表串联入电路。

6. 思考题

1）直流电有什么特点？

2）交流电有什么特点？与直流电有什么区别？

7. 实施报告

1）完成实验数据测量。

2）回答思考题。

任务实施 5.2　　RC 一阶电路响应测试

1. 实施目标

1）测定 RC 一阶电路的零输入响应、零状态响应及全响应。

2）学习电路时间常数的测量方法。

3）掌握有关微分电路和积分电路的概念。

4）进一步学会使用示波器观测波形。

2. 原理说明

1）动态网络的过渡过程是十分短暂的单次变化过程。要用普通示波器观察过渡过程和测量有关的参数，就必须使这种单次变化的过程重复出现。为此，我们利用信号发生器输出的方波来模拟阶跃激励信号，即利用方波输出的上升沿作为零状态响应的正阶跃激励信号；利用方波的下降沿作为零输入响应的负阶跃激励信号。只要选择方波的重复周期远大于电路的时间常数 τ，那么电路在这样的方波序列脉冲信号的激励下，其响应就与直流电接通和断开的过渡过程是基本相同的。

2）图 4.34a 所示的 RC 一阶电路的零输入响应和零状态响应分别按指数规律衰减和增长，其变化的快慢决定于电路的时间常数 τ。

3）时间常数 τ 的测定方法。用示波器测量零输入响应的波形如图 4.34b 所示。

根据一阶微分方程的求解得知，$u_C = U_m e^{-t/RC} = U_m e^{-t/\tau}$。当 $t = \tau$ 时，$U_C(\tau) = 0.368 U_m$。此时所对应的时间就等于 τ。也可用零状态响应波形增加到 $0.632 U_m$ 所对应的时间测得，如图 4.34c 所示。

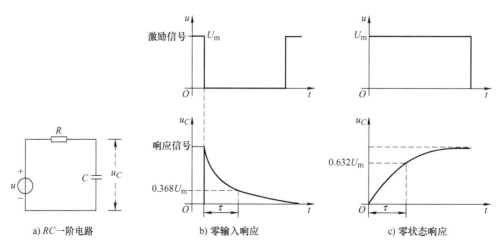

图 4.34　RC 一阶电路响应

4）微分电路和积分电路是 RC 一阶电路中较典型的电路，它对电路元件参数和输入信号的周期有着特定的要求。一个简单的 RC 串联电路，在方波序列脉冲的重复激励下，当满足 $\tau = RC \ll T/2$ 时（T 为方波脉冲的重复周期），且由 R 两端的电压作为响应输出时，就是一个微分电路。因为此时电路的输出信号电压与输入信号电压的微分成正比，如图 4.35a 所示，利用微分电路可以将方波转变成尖脉冲。

若将图 4.35a 中的 R 与 C 位置调换一下，如图 4.35b 所示，由 C 两端的电压作为响应输出。当电路的参数满足 $\tau = RC \gg T/2$ 条件时，即称为积分电路。因为此时电路的输出信号电压与输入信号电压的积分成正比。利用积分电路可以将方波转变成三角波。

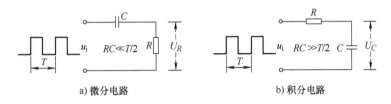

a) 微分电路   b) 积分电路

图 4.35 RC 电路

从输入输出波形来看，上述两个电路均起着波形变换的作用，请在实施过程仔细观察与记录。

3. 实施设备及器材（见表 4.5）

表 4.5 实施设备及器材

序 号	名 称	型号与规格	数 量	备 注
1	信号发生器		1	自备
2	双踪示波器		1	自备
3	实验元件		1	ZDD-11

4. 实施内容

1）按图 4.34a 所示连接实验电路。选 $R = 10\text{k}\Omega$，$C = 6800\text{pF}$；u 为脉冲信号发生器输出的 $U_{\text{p-p}} = 3\text{V}$、$f = 1\text{kHz}$ 的方波电压信号，并通过两根同轴电缆线，将激励源 u 和响应 u_C 的信号分别连至示波器的两个输入口 YA 和 YB。这时可在示波器的屏幕上观察到激励与响应的变化规律，请测算出时间常数 τ，并用方格纸按 1：1 的比例描绘波形。少量地改变电容值或电阻值，定性地观察对响应的影响，并记录观察到的现象。

2）令 $R = 10\text{k}\Omega$，$C = 0.1\mu\text{F}$，观察并描绘响应的波形，继续增大 C 的值，定性地观察对响应的影响。

3）令 $C = 0.01\mu\text{F}$，$R = 100\Omega$，组成如图 4.35a 所示的微分电路。在同样的方波激励信号（$U_{\text{p-p}} = 3\text{V}$，$f = 1\text{kHz}$）作用下，观测并描绘激励与响应的波形。

增减 R 的值，定性地观察对响应的影响，并做好记录。

5. 实施注意事项

1）调节电子仪器各旋钮时，动作不要过快、过猛。实验前，需熟读双踪示波器的使用说明书。观察波形时，要特别注意相应开关、旋钮的操作与调节方法。

2）信号源的接地端与示波器的接地端要连在一起（称共地），以防外界干扰而影响测量的准确性。

3）用示波器观察响应的一次过程时，扫描时间要选取适当，当扫描亮点开始在荧光屏左端出现时，应立即合上开关 S。

4）观察 $u_C(t)$ 和 $i_C(t)$ 的波形时，由于其幅度差别较大，因此要注意调节 Y 轴的灵敏度。

由于示波器和方波函数发生器的公共地线必须接在一起，因此在实验中，方波响应、零输入响应和零状态响应的电流取样电阻的接地端不同，在观察和描绘电流响应波形时，注意分析波形的实际方向。

6. 思考题

1）什么样的电信号可作为 RC 一阶电路零输入响应、零状态响应和全响应的激励信号？

2）当电容有初始电压时，RC 电路在阶跃激励下是否可能出现没有暂态过程的现象？为什么？

3）改变激励电压的幅值是否会改变过渡过程的快慢？为什么？

4）根据输出电压波形的变化规律，说明构成微分电路和积分电路的条件是什么？

7. 实施报告

1）绘出 RC 电路的零输入响应和零状态响应波形。

2）绘出 RC 电路的方波响应波形。

3）回答思考题。

✦✦ 项 目 小 结 ✦✦

1）含有储能元件（电感、电容）的电路称为动态电路，动态电路从一种稳定状态变换到另一种稳定状态时，电路中储能元件所储存的能量会发生变化，这个变化过程需要一段时间，就是电路的暂态过程。换路是引起暂态过程的外部原因，而动态电路中含有储能元件（电容或电感）则是产生暂态过程的内部原因。

2）在换路瞬间，从 $t=0_-$ 到 $t=0_+$，电容上的电压和电感中通过的电流必然是连续变化的，不能突变，这称为换路定律。

对电容元件：$u_C(0_+) = u_C(0_-)$，对电感元件：$i_L(0_+) = i_L(0_-)$。

3）动态电路的暂态分析是根据电路的激励求出它的响应。暂态分析中的激励分为电源激励和储能元件的初始储能激励两种。仅由储能元件的初始储能激励产生的响应称为零输入响应，仅由电源激励产生的响应称为零状态响应，由电源激励和储能元件的初始储能激励共同作用所产生的响应称为全响应。

4）分析一阶电路暂态过程的方法主要有微分方程分析法和三要素法两种，本项目重点介绍三要素法。只要知道了初始值、稳态值、时间常数这 3 个要素，就可以方便地求出全响，其应用数学公式统一表示为

$$f(t) = f(\infty) + \left[f(0_+) - f(\infty) \right] e^{\frac{-t}{\tau}}$$

5）三要素具体方法如下：

确定初始值 $f(0_+)$：利用在直流稳态情况下，电容 C 相当于开路，电感 L 相当于短路，求出在换路前 $t=0_-$ 时的 $u_C(0_-)$ 和 $i_L(0_-)$，并由换路定律得到 $u_C(0_+)$、$i_L(0_+)$；再根据 $t=0_+$时换路后的电路，求解其他电压或电流的初始值 $f(0_+)$。

确定稳态值 $f(\infty)$：$f(\infty)$是该响应的稳态值，可按换路后达到稳态时的等效电路求取。在直流稳态电路中，电容相当于开路，电感相当于短路。

求时间常数 τ：

① 求时间常数，一定要在换路以后的电路中求，不能在换路前的电路中求。因为过渡过程发生在换路后的电路，时间常数是换路后电路的时间常数，不是换路前电路的时间常数。

② 将换路后的电路中的动态元件（电容或电感）断开移除，剩下的电路就是一个二端网络，

动态元件原连接于这个二端网络的两端。用戴维南定理求二端网络等效电阻的方法求出此二端网络的戴维南等效电阻 R。

③ 具有时间的量纲，单位为秒（s），其值取决于电路结构和元件参数，与激励无关。RC 电路的时间常数为 $\tau=RC$，RL 电路的时间常数为 $\tau=L/R$。在 RC 电路中，$\tau=RC$；在 RL 电路中，$\tau=L/R$。其中 R 应理解为换路后将电路中所有独立源置零后，从 C 或 L 两端看进去的等效电阻。

由三要素公式写出电路中电压或电流的过渡响应表达式。

三要素的适用范围：①直流电源激励；②一阶线性动态电路；③f 可以是电路中任何电压和电流。

6）分析 RC 电路的零输入响应，就是分析电容的放电过程。电压和电流也是随时间按指数规律变化的，它们都是从初始值衰减至零的。由于放电电流与充电电流方向相反，故放电电流为负值。

7）分析 RC 电路的零状态响应，就是分析电容由零初始值开始的充电过程。电压和电流都是随时间按指数规律变化的，其中电容电压是增长型的指数曲线，电流是衰减型的指数曲线。

8）RC 电路的全响应就是零状态响应和零输入响应两者的叠加。

9）分析 RL 电路的零输入响应，就是分析电感释放磁场能的过程。电压和电流也是随时间按指数规律变化的，它们都是从初始值衰减至零的。

10）分析 RL 电路的零状态响应，就是分析电感由零初始值开始储存磁场能的过程。电压和电流都是随时间按指数规律变化的，其中电感电流是增长型的指数曲线，电压是衰减型的指数曲线。

11）RL 电路的全响应也是零状态响应和零输入响应的叠加。

12）RC 电路输入矩形波激励常被用作微分电路或积分电路。微分电路从电阻端输出，须满足 $\tau \ll t_{\mathrm{p}}$，输出电压与输入电压近似成微分关系，能将矩形波转换成尖脉冲，积分电路从电容端输出，应满足 $\tau \gg t_{\mathrm{p}}$，输出电压与输入电压近似成积分关系，能将矩形波转换成三角波。

13）动态电路在换路瞬间，电容电压和电感电流不能突变，如果电容和电感已经储存了一定能量，要在短时间内把它释放，则会在瞬间产生很大的放电电流和电感电压。电容的泄放电阻越小，放电电流越大；电感的泄放电阻越大，则产生的电压越高。为了防止危险大电流和高电压的产生，不允许电容短接放电，在线圈两端须采取并联续流二极管、吸收电容、泄放电阻等防范措施。但是，瞬间产生的大电流和高电压是可以利用的，例如利用电感断电时产生的高电压击穿汽油发动机火花塞的空气隙产生火花和启动荧光灯，利用电容泄放的大电流点亮闪光灯等。

思考与练习

4.1　电路如图 4.36 所示，开关在 $t=0$ 时闭合，开关闭合前电路处于稳态。1）求 $i_C(0_+)$、$i_L(0_+)$、$u_C(0_+)$、$u_L(0_+)$；2）求 $i_C(\infty)$、$i_L(\infty)$、$u_C(\infty)$、$u_L(\infty)$。

4.2　如图 4.37 所示，开关 S 闭合前电容和电感的储能均为零。$t=0$ 时将开关 S 闭合。求换路后电路各部分电压、电流的初始值及稳态值。

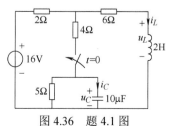

图 4.36　题 4.1 图

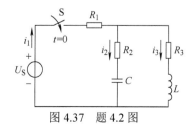

图 4.37　题 4.2 图

4.3 电路如图 4.38 所示，回答：

1）各电路中是否会出现过渡过程（暂态过程）？

2）总结电路中出现过渡过程（暂态过程）的原因是什么。

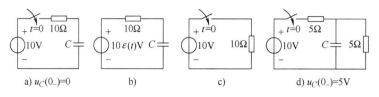

图 4.38 题 4.3 图

4.4 如图 4.39 所示电路中，$t=0$ 时开关 S 由 a 合向 b，已知换路前瞬间，电感电流为 1A，求换路后的 $i(t)$。

4.5 如图 4.40 所示，开关 S 闭合前电路已处于稳定状态。在 $t=0$ 时，将开关闭合，试求换路后的 $i_L(t)$ 和 $u_L(t)$。

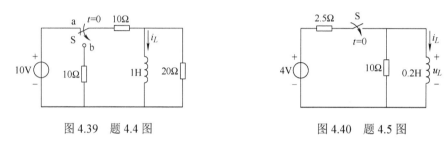

图 4.39 题 4.4 图   图 4.40 题 4.5 图

4.6 如图 4.41 所示电路中，已知 $U_S=90V$，$R=60\Omega$，$C=10\mu F$，$r=30\Omega$。1）电路稳定后，当 $t=0$ 时将开关 S 闭合，试求电容两端的电压；2）开关 S 闭合以后，经过 0.4ms 将它打开，再求电容两端的电压。

4.7 如图 4.42 所示电路，开关 S 闭合前电路已处于稳态，$t=0$ 时将开关 S 闭合。试求换路后的 $u_L(t)$。

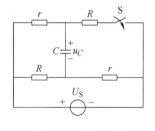
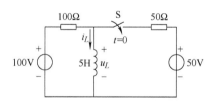

图 4.41 题 4.6 图   图 4.42 题 4.7 图

4.8 求图 4.43 所示电路的时间常数。

4.9 求图 4.44 所示电路的时间常数。

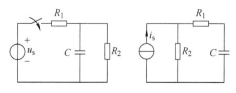
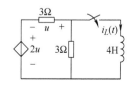

图 4.43 题 4.8 图   图 4.44 题 4.9 图

4.10 在图 4.45 所示电路中，$u_C(0_-)= 10V$。1）若 $t = 0.1s$，$u_C(0.1)= 10e^{-1}V$，求 C 的值；2）求 $u_C(t)$。

4.11 在图 4.46 所示电路中，$t = 0$ 时刻开关 S 闭合。1）求 $u_C(0_+)$，$u_C(\infty)$，τ；2）画出 $t = 0_+$ 时电路，求 $i_C(0_+)$；3）求 $t \geqslant 0$ 时 $u_C(t)$。

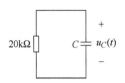

图 4.45 题 4.10 图

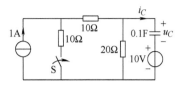

图 4.46 题 4.11 图

4.12 电路如图 4.47a 所示，已知 $R=50k\Omega$，$C=200pF$。输入信号电压为单个矩形波，幅度为 1V，其波形如图 4.47b 所示。试求矩形波脉冲宽度 $t_P = 20\mu s$ 和 $t_P = 200\mu s$ 时电容电压 u_C 的波形。

4.13 在图 4.48 所示电路中，已知 $U_S= 80V$，$R_1=R_2= 20\Omega$，$C = 10\mu F$，$u_C(0)= 0$。当 $t = 0$ 时将开关 S_1 闭合，经过 0.1ms 再将 S_2 断开。求 u_C 随时间的变化规律及 u_C 在 0.3ms 时的值，并画出 u_C 随时间变化的曲线。

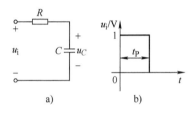

图 4.47 题 4.12 图

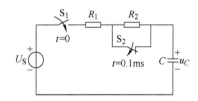

图 4.48 题 4.13 图

项目五　正弦交流电路的分析与测量

项目描述

　　正弦交流电是最方便的能源。工厂的电动机在交流电驱动下带动生产机械运转；日常生活中的照明灯通常由交流电点亮；收音机、电视机、计算机及各种办公设备也都广泛采用正弦交流电作为电源；即使是必须使用直流电的电解、电镀等电子设备等，也可通过整流装置将交流电转换为直流电供人们使用。此外，正弦函数是周期函数，其加、减、求导、积分运算后仍是同频率的正弦函数，便于运算并能解决非周期信号问题。因此交流输配电系统盛行不衰，学习交流电的一些基本知识格外重要。交流电的大小和方向不断随时间变化，从而给分析和计算正弦交流电路带来了一些新问题，也需要建立和掌握一些新概念和分析交流电路的新方法，从而解决上述新问题。本项目的任务是，识别正弦交流电，掌握分析、测量正弦交流电路的方法。

学习目标

- 知识目标

❖ 了解正弦交流电的产生，理解正弦量的三要素及表示方法。
❖ 掌握单一参数、多参数交流电路中电压和电流的关系。
❖ 掌握应用相量法（含相量图法）分析计算正弦交流电路。
❖ 了解功率因数及提高功率因数的实际意义。

- 能力目标

❖ 会使用双踪示波器来观测交流电波形。
❖ 能分析单一参数和多参数复合的交流电路。
❖ 能用实验法分析、测量正弦交流电路。

● 素质目标

❖ 培养学生逻辑思维能力和良好的职业素养。
❖ 培养学生具备从一定的感性认识上升到一定的综合概括分析的能力。

思政元素

　　在学习本项目前，建议查阅交直流之争话题的相关资料，从中领悟用发展和辩证的眼光看待人和事；在学习相量法时可以查阅相量法的提出、在我国的传播历程等相关资料，以及相量法在课程后续分析中的重要作用，从而来激励自己认真努力地学习，克服畏难情绪和提高自己的思辨能力。在学习功率因数提高内容时，建议可以把有功功率、无功功率与现实相关的一些事物做类比，看似是无用功实则蕴含深意，时刻提醒自己不要急功近利，要静得下心、努力学习、刻苦钻研，打好专业基础，从而养成节约用电、勤俭节约的生活习惯，牢固树立低碳环保的理念。

　　在学习方式、方法上通过规范严谨做图和规范表示等方式，体会无规矩不成方圆，从而养成良好的学习习惯和职业素养。

　　通过任务实施，正确认识个人利益和集体利益，养成认真细致、规范操作、不计较个人得失的良好职业素养。

思维导图

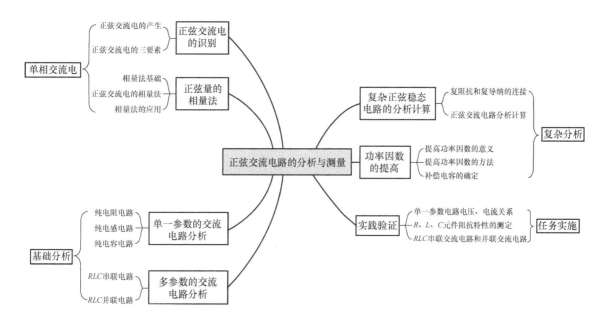

扫一扫看视频

任务 1　正弦交流电的识别

任务 1.1　正弦交流电的产生

◆ **任务导入**

在匀强磁场中放置一根直导线，使其垂直于磁场方向做匀速直线运动，便可得到一个大小和方向都不随时间改变的感应电动势。若将直导线两端连接一个线性电阻形成闭合回路，则会在回路中产生直流电流。若使直导线垂直于磁场方向做变速运动，则回路中的电流也会随直导线运动速度的变化而变化。试想一下，正弦交流电又是如何产生的呢？

◆ **任务要求**

1）理解直流电与交流电的区别。
2）了解研究正弦交流电的意义。
3）理解正弦交流电的产生原理。
重点：正弦交流电的产生。
难点：正弦交流电的表示方式。

◆ **知识链接**

1.1.1　直流电和交流电的区别

前面所接触到的电压和电流，其大小和方向均不随时间变化，称为稳恒直流电，简称直流电。电子通信技术中接触到电压和电流，通常其大小随时间变化，方向不随时间变化，称为脉动直流电，直流电和脉动直流电的波形图如图 5.1 所示。

图 5.2 所示是我们常见的电信号波形，很明显可以看出与图 5.2a 所示直流电不同，图 5.2b、c、d 的电信号都在随时间的变化而变化。电路中，大小和方向均随时间做周期性变化的电流和电压，分别称为交变电流和交变电压，统称为交流电。电流和电压的大小和方向随时间按正弦规律变化，称为正弦交流电。

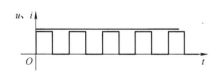

图 5.1　直流电和脉动直流电的波形

a) 直流电

b) 家庭使用的
正弦交流电

c) 电视机中的
锯齿波扫描电压

d) 计算机中的
矩形脉冲

图 5.2　常见的电信号波形图

1.1.2　研究正弦交流电的意义

正弦交流电可通过变压器任意变换电流、电压，方便输送、分配和使用，广泛应用于电力供电系统中；正弦函数是周期函数，其加、减、求导、积分运算后仍是同频率的正弦函数，便于运算并能解决非周期信号问题；在通信电路和自控系统中的信号，虽然不是按正弦方式变化，但可通过傅里叶变换展开成正弦量的叠加。此外，交流发电机和交流电动机都比直流的简单、经济和耐用。所以研究交流电不论在理论上还是实际应用上都有重要意义和价值。

1.1.3 正弦交流电的产生

如图 5.3 所示，当矩形线圈在匀强磁场中旋转时，会在线圈中产生感应电动势 e，当矩形线圈在匀强磁场中以固定的角速度 ω 旋转时，产生的感应电动势是按正弦规律变化的，即

$$e = E_m \sin(\omega t + \varphi) \tag{5-1}$$

式中，e 为正弦交流电动势在某时刻的瞬时值；E_m 为正弦交流电动势的振幅（最大值）；ω 为正弦交流电动势的角频率；φ 为正弦交流电的初相位。

当 $\varphi = 0$ 时，正弦交流电动势的波形如图 5.4 所示。

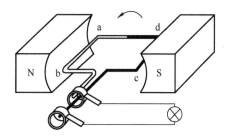

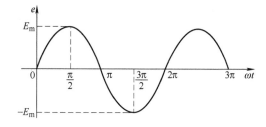

图 5.3 单相交流发电机的原理模型   图 5.4 正弦交流电动势的波形

任务 1.2 正弦交流电的三要素

◆ 任务导入

正弦交流电是最方便的能源，我们日常生活中抬头可见的电灯、家用电器设备以及墙壁上的电源插座都用到它。那么该如何表征它呢？它又有怎样的一些性能特点呢？

◆ 任务要求

1）熟悉三要素的内容。

2）理解正弦交流电的角频率（频率、周期）、振幅（瞬时值、有效值）、初相位（相位、相位差）。

3）了解正弦交流电表示方法。

重点：正弦交流电的三要素。

难点：有效值、相位差。

◆ 知识链接

当图 5.3 所示电路闭合时，会产生正弦交流电流 i，负载（灯泡）两端会出现正弦交流电压 u，灯泡将被点亮，此时流过负载的电流为

$$i = I_m \sin(\omega t + \varphi) \tag{5-2}$$

式中，i[⊖] 为正弦交流电流在某时刻的瞬时值；I_m 为正弦交流电流的振幅（最大值）；ω 为正弦交流电流的角频率；φ 为正弦交流电的初相位。

负载两端的电压为

$$u = U_m \sin(\omega t + \varphi) \tag{5-3}$$

式中，u 为正弦交流电压在某时刻的瞬时值；U_m 为正弦交流电压的振幅（最大值）。

⊖ 本项目中 $i(t)$、$u(t)$ 等简写成 i、u 等。

由式（5-2）、式（5-3）可知，当角频率、振幅、初相位确定以后，正弦交流电流（电压）就被唯一确定下来了。因此，**角频率、振幅、初相位称为正弦交流电的三要素。**

1.2.1　要素一：正弦交流电的周期、频率和角频率

反映交流电变化快慢的物理量有：周期、频率和角频率。

（1）周期 T

完成一次周期性变化所需用的时间叫作周期，用 T 表示，其单位是秒（s），如图5.5所示。

（2）频率

交流电在单位时间内（1s）完成周期性变化的次数叫作频率，用字母 f 表示，其单位是赫兹（Hz）。此外，频率的常用单位还有千赫（kHz）和兆赫(MHz)：$1kHz = 10^3 Hz$、$1MHz = 10^6 Hz$。

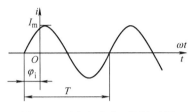

图 5.5　正弦交流电 i 的波形图

显然，周期和频率之间有倒数关系：

$$f = \frac{1}{T}$$

🔍 **生活小常识**

◆ 我国发电厂发出的交流电的频率都是 50Hz，习惯上称之为"工频"，美国、日本等国家的交流电频率为 60Hz。

◆ 有线通信频率：300～5000Hz。

◆ 无线通信频率：30kHz～300GHz。

（3）角频率

正弦量 1s 内经历的弧度数称为角频率，用 ω 表示。其单位是弧度每秒（rad/s）。显然，角频率和周期、频率有如下关系：

$$\omega = \frac{2\pi}{T} = 2\pi f \tag{5-4}$$

✋ **经验传承**：因为正弦量的周期与角频率之间有对应的关系，画正弦交流电的波形图时，横坐标除了可采用时间 t 外，也可用角度 ωt 表示。如图 5.5 所示，在以时间 t 作为横坐标轴时，每个刻度对应的是时间值，当信号的频率改变，所标的时间应做相应的变动。以角度 ωt 作横坐标轴时，由于变化一周总是 2π 弧度，所以尽管频率改变，所标的角度不需改变，而且初相位也可直接从波形中读数，显然要比时间 t 为横坐标轴方便，所以正弦交流电的波形图大多用角度 ωt 作横坐标轴。

1.2.2　要素二：正弦交流电的瞬时值、最大值和有效值

正弦交流电的大小用瞬时值、最大值和有效值这三个参数来表示。

（1）瞬时值

电流瞬时值的表达式为

$$i = I_m \sin(\omega t + \varphi_i) \tag{5-5}$$

式中，I_m 为幅值；ω 为角频率，φ_i 为初相位。**正弦量在任一瞬时的值称为瞬时值，用小写字母 i 和 u 分别表示电流和电压**，图5.5所示为一个正弦交流电流随时间 t 变化的曲线，这种曲线称为波形图。

（2）最大值

正弦量的最大瞬时值称为幅值，也称为最大值，表示交流电的强度，常用带下标 m 的大写

字母表示，如式（5-5）中 I_m 就是电流 i 的最大值，又称幅值，I_m 反映了正弦量振荡的幅度。对于一个确定的正弦量，其最大值是一个常数。

（3）有效值

交流电的瞬时值随时间变化，因此不便用来表征正弦量的大小，工程上常用有效值来衡量周期量的大小。

交流电和直流电具有不同的特点，但是从能量转换的角度来看，两者是可以等效的。为此，引入一个新的物理量——交流电的有效值。**有效值是指与正弦量热效应相同的直流电数值。**

如图 5.6 所示，一个直流电流与一个交流电流分别通过阻值相等的电阻，如果通电的时间相等，在电阻上产生的热量也相等，那么直流电的数值就叫作交流电的有效值，其用大写字母来表示。由此可以得到：

$$\int_0^t Ri^2 \mathrm{d}t = I^2 R$$

整理后可得

$$I = \sqrt{\frac{1}{T}\int_0^t i^2 \mathrm{d}t} \tag{5-6}$$

把 $i = I_m \sin \omega t$ 代入式（5-6）得

$$I = \frac{I_m}{\sqrt{2}} = 0.707 I_m \tag{5-7}$$

同理可得

$$U = \frac{U_m}{\sqrt{2}} = 0.707 U_m \tag{5-8}$$

$$E = \frac{E_m}{\sqrt{2}} = 0.707 E_m \tag{5-9}$$

a) 交流电 i 通过电阻 R 时，在　　　b) 直流电 I 通过相同电阻 R 时，在
时间 t 内产生的热量为 Q　　　　　时间 t 内产生的热量为 Q

图 5.6　电阻在交流电、直流电所产生的热量

由式（5-6）可知，有效值又叫方均根值，也称为有效值的定义式。此定义式可用于周期量，但不适用于非周期量。由于正弦交流电的有效值等于最大值的 $1/\sqrt{2}$ 倍，也就是说，**对于正弦交流电，其最大值和有效值是确定的值，所以可用来比较交流电的大小。**

> 🐾**经验传承**：有效值和最大值是从不同角度反映交流电强弱的物理量。工程上说的正弦电压、电流一般指有效值，如设备铭牌额定值、电网的电压等级等。但绝缘水平、耐压值指的是最大值。因此，在考虑电器设备的耐压水平时应按最大值考虑。

【例 5.1】若购得一台耐压为 300V 的电器，如图 5.7 所示，是否可用于 220V 的电路上？

解：220V 的电路指的是有效值，因此线路上的最大值为 311V，电器最高耐压低于电源电压的最大值，所以不能用。

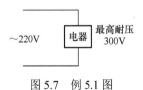

图 5.7　例 5.1 图

1.2.3　要素三：相位、初相、相位差

（1）相位

正弦量随时间变化的角度称为相位角，简称相位。例如，式（5-5）中的 $(\omega t + \varphi_1)$ 叫作交流电流 i 的相位。相位是表示正弦交流电在某一时刻所处状态的物理量，它不仅决定瞬时值的大小

和方向，还能反映正弦交流电的变化趋势，是时间 t 的函数。

（2）初相

对于相位$(\omega t + \varphi_1)$，当 $t = 0$ 时的相位，即 $\varphi = \varphi_1$ 叫作初相，它反映了正弦交流电起始时刻的状态，单位是弧度(rad)，也可用度(°)。一般初相位规定不超过$\pm 180°$，正弦量与纵轴相交处若在正半周，初相位为正，如图 5.8a 所示，正弦量与纵轴相交处若在负半周，初相位为负，如图 5.8b 所示。

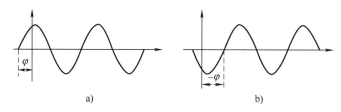

a)　　　　　　　　　　　　　　b)

图 5.8　某正弦交流电波形图

（3）相位差

设两个同频率正弦电流 i_1 和 i_2 分别为

$$i_1 = I_{m1} \sin(\omega t + \varphi_1)$$

$$i_2 = I_{m2} \sin(\omega t + \varphi_2)$$

两个同频率正弦量的相位之差，称为相位差，用 $\Delta\varphi$ 表示为

$$\Delta\varphi = (\omega t + \varphi_1) - (\omega t + \varphi_2) = \varphi_1 - \varphi_2$$

两个同频率正弦量的相位差等于它们的初相位之差，是一个与时间无关的常数。

相位差的作用是判断两个同频率正弦交流电之间的相位关系，具体判断方法见表 5.1。

表 5.1　两个同频率正弦交流电间相位关系判断方法

同相位		相位差为0 $\varphi_1 = \varphi_2$ i_1 与 i_2 同相位
相位超前		$\Delta\varphi = \varphi_1 - \varphi_2 > 0$ i_1 超前与 i_2
相位滞后		$\Delta\varphi = \varphi_1 - \varphi_2 < 0$ i_1 滞后与 i_2

注：两个特例，$\Delta\varphi = \varphi_1 - \varphi_2 = 180°$时，叫作反相；$\Delta\varphi = \varphi_1 - \varphi_2 = 90°$时，叫作正交。

点拨：前面所学的振幅、频率（或周期、角频率）和初相位统称为正弦交流电的三要素。对于已知的正弦交流电，这三者缺一不可。

【例 5.2】已知 $u(t) = U_m \sin(\omega t + 30°)$V，$U_m = 311$V，$f = 50$Hz，试求有效值 U、周期 T、角频率 ω 及 $t = 0.1$s 时的瞬时值 $u(0.1s)$。

解：
$$U = \frac{U_m}{\sqrt{2}} = \frac{1}{\sqrt{2}} \times 311 = 220\text{V}$$

$$\omega = 2\pi f = 2 \times 3.14 \times 50 = 100\pi = 314\,\text{rad/s}$$

$$T = \frac{1}{f} = \frac{1}{50} = 0.02\text{s}$$

$$u(t) = U_m \sin(\omega t + 30°) = 311\sin(314t + 30°)\text{V}$$

$$u(0.1\text{s}) = 311\sin\left(100\pi \times 0.1 + \frac{\pi}{6}\right) = 155.5\text{V}$$

【例5.3】如图5.9所示，某正弦电压的有效值 U=220V，初相 φ_u=30°；某正弦电流的有效值 I=10A，初相 φ_i 为-60°，频率均为 50Hz。试分别写出电压和电流的瞬时值表达式，并画出它们的波形，计算 u 和 i 的相位差。

电压的最大值为
$$U_m = \sqrt{2}U = \sqrt{2} \times 220 = 310\text{V}$$

电流的最大值为
$$I_m = \sqrt{2}I = \sqrt{2} \times 10 = 14.1\text{A}$$

图5.9　例5.3波形图

电压的瞬时值表达式为
$$u = U_m \sin(\omega t + \varphi_u) = 310\sin(314t + 30°)\,\text{V}$$

电流的瞬时值表达式为
$$i = I_m \sin(\omega t + \varphi_i) = 14.1\sin(314t - 60°)\,\text{A}$$

同频率两正弦量的相位差等于它们的初相位之差，因此 u 和 i 的相位差为
$$\Delta\varphi = \varphi_u - \varphi_i = 30° - (-60°) = 90°$$

说明电压超前电流 90°。

任务 2　正弦量的相量法

任务 2.1　相量法基础

◆ 任务导入

通过前面的学习我们知道分析电路的最基本的方法是 KCL、KVL 以及 VCR。对于 KCL、KVL，我们马上会想到正弦量的加减运算。对于 VCR，我们会想到电感或电容元件，并需要对正弦量进行微分、积分运算。若用正弦交流电的瞬时值表达式（三角函数）和波形图，显然这两种方法都不方便进行运算分析。那么有什么方法可以解决这个问题呢？它又需要什么样的基础知识呢？

◆ 任务要求

复数的 4 种表示形式及相互转化。
掌握复数形式的代数运算。
重点：复数形式的代数运算。
难点：4 种复数形式的相互转化。

◆ **知识链接**

如前面所述，一个正弦量具有幅值、频率及初相位三个特征，而这些特征可以用不同的方法表示出来。正弦量的各种表示方法是分析与计算正弦交流电路的工具。

正弦量的表示方法可用三角函数[如式（5-2）]或正弦曲线（见图 5.5）来表示。但是，由于正弦交流电路中往往还含有电容、电感等动态元件，需要用微积分方程来描述这类正弦电流电路，求解用三角函数来表示的电流电压的微积分方程是十分烦琐的。所以在正弦电流电路的求解中，通常使用相量法。相量法是用复数来表示正弦量的方法。因此把正弦函数的运算转换为复数运算。

2.1.1 复数及其表示形式

一个复数通常有四种表示形式：代数式、三角函数式、极坐标式和指数式。它们之间可以相互转换。

（1）代数形式

复数 A 在复平面上是一个点，如图 5.10 所示。

原点指向复数的箭头称为复数 A 的模值，用 a 表示；模 a 与正向实轴之间的夹角称为复数 A 的幅角，用 φ 表示；A 在实轴上的投影是它的实部数值 a_1，A 在虚轴上的投影是它的虚部数值 a_2；复数 A 用代数形式可表示为

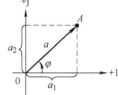

图 5.10　用复平面上的矢量表示复数

$$a = a_1 + ja_2 \tag{5-10}$$

j 为虚数单位（数学中虚数单位用 i 表示，在电路中为了与电流瞬时值的符号相区别，改用 j 来表示），即 $j = \sqrt{-1}$，并由此得 $j^2 = -1$，$1/j = -j$。

由图 5.10 可得出，复数 A 的模 a 和幅角 φ 与实部、虚部的关系为

$$a = \sqrt{a_1^2 + a_2^2} \tag{5-11}$$

$$\varphi = \arctan \frac{a_2}{a_1} \tag{5-12}$$

（2）三角函数式

由图 5.10 还可得出，复数 A 与模 a 及幅角 φ 的关系为

$$a_1 = a\cos\varphi \qquad a_2 = a\sin\varphi \tag{5-13}$$

由此可推得，A 的三角函数表达式为

$$A = a_1 + ja_2 = a\cos\varphi + a\sin\varphi \tag{5-14}$$

（3）指数形式

根据欧拉公式 $e^{j\varphi} = \cos\varphi + j\sin\varphi$ 得，复数的指数形式为

$$A = ae^{j\varphi} \tag{5-15}$$

（4）极坐标形式

复数在电学中还常用极坐标形式表示为

$$A = a\angle\varphi \tag{5-16}$$

【**例 5.4**】已知复数 A 的模 $a = 5$，幅角 $\varphi = 53.1°$，试写出复数 A 的极坐标形式和代数形式表达式。

解：根据模和幅角可直接写出极坐标形式：

$$A = 5\angle 53.1°$$

实部为

$$a_1 = 5\cos 53.1° = 3$$

虚部为

$$a_2 = 5\sin 53.1° = 4$$

由此可得，复数 A 的代数形式为

$$A = 3+4j$$

2.1.2　复数运算

设有两个复数

$$A_1 = a_1 + jb_1 = |A_1| \angle \varphi_1$$
$$A_2 = a_2 + jb_2 = |A_2| \angle \varphi_2$$

（1）复数的加减运算

复数的加、减运算一般用代数式进行，运算法则是实部与虚部分别相加减，即

$$A_1 \pm A_2 = (a_1 + jb_1) \pm (a_2 + jb_2) = (a_1 \pm a_2) + j(b_1 \pm b_2)$$

【例 5.5】 $5\angle 47° + 10\angle -25° = ?$

解：
$$原式=(3.41+j3.657)+(9.063-j4.226)$$
$$=12.47-j0.569$$
$$=12.48\angle -2.61°$$

（2）复数的乘除

复数的乘、除运算采用极坐标形式更方便，运算法则是模相乘、除，幅角相加、减。

乘法运算：

$$A_1 A_2 = |A_1||A_2| \angle (\varphi_1 + \varphi_2) \tag{5-17}$$

除法运算：

$$\frac{A_1}{A_2} = \frac{|A_1|}{|A_2|} \angle (\varphi_1 - \varphi_2) \tag{5-18}$$

【例 5.6】 $220\angle 35° + \dfrac{(17 + j9)(4 + j6)}{20 + j5} = ?$

解：原式 $= 180.2 + j126.2 + \dfrac{19.24\angle 27.9° \times 7.211\angle 56.3°}{20.62\angle 14.04°}$

$$= 180.2 + j126.2 + 6.728\angle 70.16°$$
$$= 180.2 + j126.2 + 2.238 + j6.329$$
$$= 182.5 + j132.5 = 225.5\angle 36°$$

（3）90°旋转因子 j

如果式（5-17）中 A_2 的模等于 1，幅角为 90°，即

$A_2 = e^{j90°} = \cos 90° + j\sin 90° = j = \angle 90°$，则由式（5-17）、式（5-18）可得

$$A_1 e^{j\varphi} = A_1 j = |A_1| \angle (\varphi_1 + 90°)$$

$$\frac{A_1}{j} = A_1(-j) = |A_1| \angle (\varphi_1 - 90°)$$

可见，复数 A_1 乘以 j 相当于在复平面上把复数矢量逆时针旋转 90°，复数 A_1 乘以-j 相当于在复平面上把复数矢量顺时针旋转 90°，我们把 j 称为 90°旋转因子。

任务 2.2　正弦交流电的相量法

◆ 任务导入

　　通过前面的分析，我们知道正弦量可以用相量法来进行分析计算，那么正弦交流电的相量具体又该如何表示呢？哪种形式可以更有效地进行不同类型的分析计算呢？

◆ 任务要求

　　能用相量及相量图表示正弦量。

　　重难点：相量法。

◆ 知识链接

　　用复数来表示正弦交流电的方法叫作相量法。表示正弦量的复数常量叫作相量。用相量表示正弦量之后，正弦量的运算可以用比较简便的复数来代替。

　　设有一正弦电压 $u = U_m \sin(\omega t + \varphi)$，其波形如图 5.11 右边所示，左边是一旋转有向线段 A，在直角坐标系中有向线段的长度代表正弦量的幅值 U_m，它的初始位置 $t = 0$ 时的位置与横轴正方向之间的夹角等于正弦量的初相位 φ，并以正弦量的角频率 ω 做逆时针方向旋转，即正弦量的初相位与复数 A 的幅角相对应；正弦量的角频率对应复数 A 绕轴旋转的角速度 ω；正弦量的最大值对应复数 A 的模值。可见，这一旋转有向线段具有正弦量的三个特征，故可用来表示正弦量。

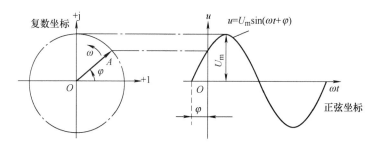

图 5.11　正弦量的相量及其对应的波形图

　　正弦量在某时刻的瞬时值就可以由这个旋转有向线段于该瞬时在纵轴上的投影表示，图 5.11 表示了正弦量与旋转矢量这种对应的关系。

　　由于一个电路中各正弦量都是同频率的，所以相量只需对应正弦量的两要素即可，即幅角对应正弦量的初相位，模值对应正弦量的幅值（最大值）或有效值，分别称为幅值（最大值）相量或有效值相量。用大写字母上方加点表示，即表示为 $\dot{U}_m$ 或 $\dot{U}$。

　　正弦量 $u = U_m \sin(\omega t + \varphi)$ 用相量法表示为

$$\dot{U}_m = U_m \angle \varphi$$

$$\dot{U} = U \angle \varphi$$

也可以用相量图表示，如图 5.12 所示。

画相量图的方法如下：

1）图中若线段长度表示正弦量幅值，用符号 $\dot{U}_m$。

图 5.12　相量图法

2）图中若线段长度表示正弦量有效值，用符号$\dot{U}$。

3）与水平轴的夹角等于正弦量的初相位 φ。

> **点拨：** 使用相量法要注意的问题如下：
>
> 1）相量是表示正弦量的复数，在正弦量的大写字母上用"·"表示。
>
> 2）正弦周期量才能用相量表示，非正弦周期量不能用相量表示，且只有同频率的正弦量才能画在一张相量图上。
>
> 3）表示正弦量的相量有两种形式：相量图和相量式（复数式）。例如，$i = I_m \sin(\omega t + \varphi)$ 的相量式为
>
> $$\dot{I}_m = I_m(\cos\varphi + j\sin\varphi) = I_m \angle \varphi = I_m e^{j\varphi}$$
> $$\dot{I} = I(\cos\varphi + j\sin\varphi) = I \angle \varphi = I e^{j\varphi}$$
>
> $\dot{I}_m$ 是电流的幅值相量，$\dot{I}$ 是电流的有效值相量。
>
> 4）相量与正弦量只存在对应关系，而不是相等关系。
>
> 5）相量的加减运算一般运用代数形式；相量的乘除运算一般运用复数的极坐标形式。

【例5.7】 已知两正弦量 $u_1 = \sqrt{2}U_{1m}\sin(\omega t + \varphi_1)$，$u_2 = \sqrt{2}U_{2m}\sin(\omega t + \varphi_2)$，写出它们的有效值相量并画出它们的相量图。

解：两电压的有效值相量为

$$\dot{U}_1 = U_1 \angle \varphi_1 \qquad \dot{U}_2 = U_2 \angle \varphi_2$$

相量图如图5.13所示。

由于同频率的正弦量的相位关系是相对固定的，所以图5.13a的相量图，又可以选其中的一个相量作为参考相量，假定它的初相位为零，其余各相量则按照它们对参考相量的相位差确定它们的初相位，这样可使相量图更加清晰，如图5.13b所示。参考相量的选取是任意的，但要根据具体问题适当的选择。如在串联电路中通常选电流相量作为参考相量，而在并联电路中选电压相量为参考相量比较合适。

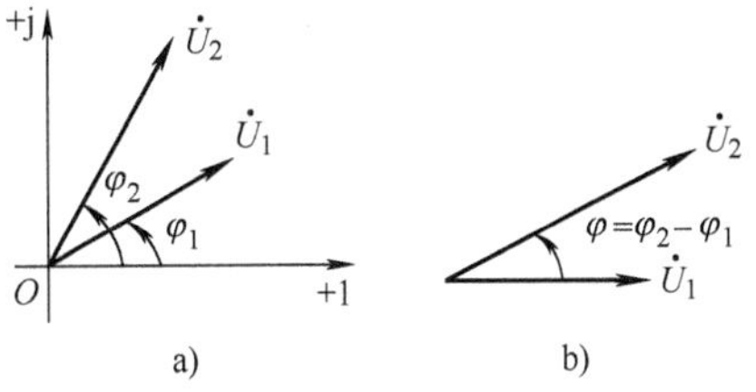

图5.13　例5.7图

【例5.8】 已知电压、电流、电动势分别为 $u = 220\sqrt{2}\sin\left(\omega t - \dfrac{\pi}{6}\right)\text{V}$，$i = 10\sqrt{2}\sin\left(\omega t + \dfrac{\pi}{6}\right)\text{A}$，

$e = 110\sqrt{2}\sin\left(\omega t + \dfrac{\pi}{3}\right)\text{V}$，试写出它们的相量，并做出有效值相量图。

解：已知 $U_m = 220\sqrt{2}\text{V}$，$I_m = 10\sqrt{2}\text{A}$，$E_m = 110\sqrt{2}\text{V}$，$\varphi_u = -\pi/6$，$\varphi_i = \pi/6$，$\varphi_e = \pi/3$。

（1）求出各自对应的有效值

$$U = \frac{U_m}{\sqrt{2}} = \frac{220\sqrt{2}}{\sqrt{2}} = 220\text{V}$$

$$I = \frac{I_m}{\sqrt{2}} = \frac{10\sqrt{2}}{\sqrt{2}} = 10\text{A}$$

$$E = \frac{E_m}{\sqrt{2}} = \frac{110\sqrt{2}}{\sqrt{2}} = 110\text{V}$$

（2）求出各自的有效值相量

用直角坐标式表示为

$$\dot{U} = 220\cos\left(-\frac{\pi}{6}\right) + \mathrm{j}220\sin\left(-\frac{\pi}{6}\right) = (110\sqrt{3} - \mathrm{j}110)\mathrm{V}$$

$$\dot{I} = 10\cos\left(\frac{\pi}{6}\right) + \mathrm{j}10\sin\left(\frac{\pi}{6}\right) = (5\sqrt{3} + \mathrm{j}5)\mathrm{A}$$

$$\dot{E} = 110\cos\frac{\pi}{3} + \mathrm{j}110\sin\frac{\pi}{3} = (55 + \mathrm{j}55\sqrt{3})\mathrm{V}$$

用极坐标式表示为

$$\dot{U} = 220\angle -\frac{\pi}{6}\mathrm{V} \qquad \dot{I} = 10\angle\frac{\pi}{6}\mathrm{A} \qquad \dot{E} = 100\angle\frac{\pi}{6}\mathrm{A}$$

用指数式表示为

$$\dot{U} = 220\mathrm{e}^{-\mathrm{j}\frac{\pi}{6}}\mathrm{V} \qquad \dot{I} = 10\mathrm{e}^{\mathrm{j}\frac{\pi}{6}}\mathrm{A} \qquad \dot{E} = 110\mathrm{e}^{\mathrm{j}\frac{\pi}{3}}\mathrm{V}$$

做出相量图如图 5.14 所示。

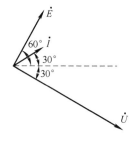

图 5.14　例 5.8 相量图

扫一扫看视频

任务 2.3　相量法的应用

◆　任务导入

前面我们已经学习了用复数形式来表示正弦量，不同的算术计算采用不同的复数形式，那么在正弦交流电路中，正弦量用相量表示之后，以往学过的电路分析方法在正弦交流电路中用相量形式又该如何分析呢？

◆　任务要求

用相量法分析交流电路。

重难点：相量解析法。

◆　知识链接

在线性正弦交流电路中，虽然电压、电流等电量都随时间做周期性的变化，但仍然服从电路的基本定律：伏安关系和基尔霍夫定律，即交流电路的分析和计算仍然以这两个定律为理论基础，但公式的形式要写成相应的电流的瞬时值形式或相量形式。以电阻电路为例来说明，见表 5.2。

表 5.2　电阻电路的基本定律

基本定律	直流形式	瞬时值形式	相量形式
欧姆定律	$U=RI$	$u=Ri$	$\dot{U} = R\dot{I}$
基尔霍夫电流定律	$\sum I = 0$	$\sum i = 0$	$\sum \dot{I} = 0$
基尔霍夫电压定律	$\sum U = 0$	$\sum u = 0$	$\sum \dot{U} = 0$

从表中得到一个结论，如果瞬时值成立，那么相量形式就成立。在后面分析和计算中就可以直接应用这些公式。

【**例 5.9**】已知两个频率都为 1000Hz 的正弦电流，其相量式为 $\dot{I}_1 = 100\angle -60°\text{A}$，$\dot{I}_2 = 10\text{e}^{\text{j}30°}\text{A}$，求 i_1，i_2。

解：
$$\omega = 2\pi f = 6280\text{rad/s}$$
$$i_1 = 100\sqrt{2}\sin(6280t - 60°)\text{A}$$
$$i_2 = 10\sqrt{2}\sin(6280t + 30°)\text{A}$$

对正弦量相加减可以转换为相量计算。相量法相应地分为相量解析法和相量图法两种。

1. **相量解析法**

用相量的四种复数表示式来进行相量的四则运算。其基本步骤为：把正弦量变换为相量，将电路方程变换为复数的代数方程，经过复数的四则运算，再把复数反过来变换成正弦量的瞬时值表达式。可见，复数的各种表达式的相互变换和四则运算是相量解析式的基本运算。

【**例 5.10**】已知 $u_1(t) = 6\sqrt{2}\sin(314t + 30°)\text{V}$，$u_2(t) = 4\sqrt{2}\sin(314t + 60°)\text{V}$，用相量解析法，求两电压之和。

解：先将已知的两个电压分别变换为相量的极坐标形式，再写成代数形式：
$$\dot{U}_1 = 6\angle 30°\text{V} \qquad \dot{U}_2 = 4\angle 60°\text{V}$$
$$\dot{U} = \dot{U}_1 + \dot{U}_2 = 6\angle 30° + 4\angle 60°$$
$$= 5.19 + \text{j}3 + 2 + \text{j}3.46$$
$$= 7.19 + \text{j}6.46$$
$$= 9.64\angle 42.9°\text{V}$$
$$\therefore u(t) = u_1(t) + u_2(t) = 9.64\sqrt{2}\sin(314t + 41.9°)\text{V}$$

2. **相量图法**

相量图法实质上就是复平面中的矢量图法，即应用矢量的平行四边形法则（或三角形法则）来求两个同频率正弦量的和或差。显然利用相量图来进行相量的加减非常简便，而且各量的大小和相位关系也非常直观形象。

【**例 5.11**】试用相量图法求解例 5.10。

解：
$$\dot{U}_1 = 6\angle 30°\text{V} \qquad \dot{U}_2 = 4\angle 60°\text{V}$$

先做出两电压有效值相量图，以 $\dot{U}_1$、$\dot{U}_2$ 为邻边作一平行四边形，所夹对角线即为所求的总电压有效值相量 $\dot{U}$，即 $\dot{U} = \dot{U}_1 + \dot{U}_2$，如图 5.15a 所示。

其瞬时值表达式为
$$u(t) = u_1(t) + u_2(t) = 9.64\sqrt{2}\sin(314t + 41.9°)\text{V}$$

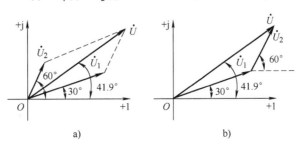

图 5.15 例 5.11 图

通过观察我们发现，相量的加减，在相量图中就是两个相量首尾相连，即画出电压 $\dot{U}_1$ 的相量图，$\dot{U}_2$ 的相量图以 $\dot{U}_1$ 为起点画出，之后首尾相连，如图 5.15b 所示。以后熟练了可以直接如图 5.15b 所示求得 $\dot{U}$ 的相量图。

从例 5.10 可以看到，相量解析法是把正弦量的加减运算变为复数的比较简便的代数运算，可不画相量图。但有时为了得到一个清晰的概念，借助相量图能得到更为简便的计算方法，仍然经常画出相量图作为辅助，将两者结合起来进行分析和计算。

扫一扫看视频

任务 3　单一参数正弦交流电路

任务 3.1　纯电阻电路

◆ **任务导入**

前面我们分析了电阻、电容、电感的伏安关系，任何电路的电路模型都是由单一参数的元件和电源组合而成，那么在纯电阻交流电路中，电压、电流关系以及功率等是如何分析计算的呢？它们是分析正弦交流电路的前提和基础。

◆ **任务要求**

理解纯电阻正弦交流电路的电压、电流的瞬时值、大小和相位关系。

能计算纯电阻正弦交流电路的瞬时功率、有功功率等。

重难点：纯电阻正弦交流电路中电压、电流的相位关系。

◆ **知识链接**

对于纯电阻电路，电路中只有电阻，电阻上的电流和电压关系由欧姆定律来决定。

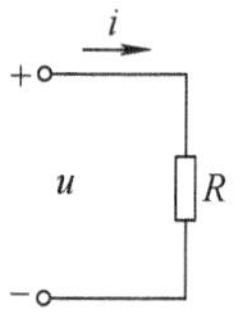

1. 电压和电流的关系

（1）瞬时值关系

如果在某一部分电路内，只考虑电阻的作用，则可用欧姆定律描述电路中电流和电压的关系。当电阻的电流和电压参考方向一致时如图 5.16 所示，i 和 u 的关系表示为

图 5.16　纯电阻电路

$$u=Ri \tag{5-19}$$

设流过电阻的电流的瞬时值表示为

$$i = I_{\mathrm{m}} \sin \omega t \tag{5-20}$$

代入式（5-19），则电阻上电压的瞬时值表示为

$$u = iR = I_{\mathrm{m}} R \sin \omega t = U_{\mathrm{m}} \sin \omega t \tag{5-21}$$

比较式（5-20）、式（5-21），可得电阻上的电压和电流是同频率的正弦交流电且相位相同（同相），它们的波形图如图 5.17a 所示。

（2）大小关系

由式（5-21）可得，它们的振幅关系为

$$U_{\mathrm{m}}=RI_{\mathrm{m}} \tag{5-22}$$

它们的有效值关系为

$$U = RI \tag{5-23}$$

（3）相量关系

最大值相量关系为

$$\dot{U}_{\mathrm{m}} = \dot{I}_{\mathrm{m}} R \tag{5-24}$$

有效值相量关系为

$$\dot{U} = \dot{I} R \tag{5-25}$$

相量图如图 5.17b 所示。

2. 纯电阻电路的功率

（1）瞬时功率

由式（5-20）、式（5-21）得

$$p = ui = U_{\mathrm{m}} \sin \omega t \cdot I_{\mathrm{m}} \sin \omega t = UI - UI \cos 2\omega t \tag{5-26}$$

由上式可以看出，电阻所吸收的功率在任一时刻总是大于零的，说明电阻是耗能元件，波形图如图 5.17c 所示。

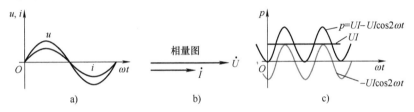

图 5.17　纯电阻电路电压、电流和功率的关系

（2）有功功率

平均功率是指瞬时功率在一个周期内的平均值。用电设备上标注的额定功率是指设备消耗的平均功率，也称有功功率，用大写字母 P 表示。

$$
\begin{aligned}
P &= \frac{1}{T} \int_0^T p\mathrm{d}t = \frac{1}{T} \int_0^T (UI - UI \cos 2\omega t)\mathrm{d}t \\
&= UI = RI^2 = \frac{U^2}{R}
\end{aligned} \tag{5-27}
$$

可知在交流电路中，电流和电压用有效值表示时，电阻消耗的平均功率表示式和直流电路中的功率表示式相同，单位也用瓦（W）和千瓦（kW）。

【例 5.12】求"220V、100W"和"220V、40W"两灯泡的电阻。

解：

$$R_{100} = U^2/P = 220^2/100 = 484\Omega$$
$$R_{40} = U^2/P = 220^2/40 = 1210\Omega$$

可见，额定电压相同时，功率越大的灯泡，其灯丝电阻越小。而电压一定时，功率越大向电源吸取的电流越大，视其为大负载。学习时一定要区别大电阻和大负载这两个概念。

【例 5.13】在纯电阻电路中，已知 $i = 22\sqrt{2}\sin(1000t + 30°)\mathrm{A}$，$R = 10\Omega$，求：1）电阻两端电压的瞬时值表达式；2）表示电流和电压的有效值相量，并做出相量图；3）求有功功率。

解：

1）由已知可得

$$I_{\mathrm{m}} = 22\sqrt{2}\mathrm{A}，R = 10\Omega$$

$$U_{\mathrm{m}} = RI_{\mathrm{m}} = 220\sqrt{2}\,\mathrm{V}$$

因为纯电阻电路电压与电流同相位，所以电压瞬时表达式为

$$u = 220\sqrt{2}\sin(1000t + 30°)\,\mathrm{V}$$

2）电流、电压的有效值相量分别是

$$\dot{I} = 22\angle 30°$$

$$\dot{U} = 220\angle 30°$$

相量图如图 5.18 所示。

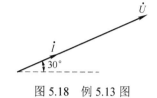

图 5.18　例 5.13 图

3）有功功率为

$$P=UI=220×22=4840\mathrm{W}$$

扫一扫看视频

任务 3.2　纯电感电路

◆ **任务导入**

前面我们分析了纯电阻正弦交流电路的电压、电流关系和多种功率计算，那么纯电感电路中这些关系又是如何呢？

◆ **任务要求**

理解纯电感正弦交流电路的电压、电流的瞬时值、大小和相位关系。

能计算纯电感正弦交流电路的瞬时功率、有功功率、无功功率、视在功率。

重难点：纯电感正弦交流电路中电压、电流的相位关系。

◆ **知识链接**

在仅有电感元件的电路中，当电感的电流和电压参考方向一致时如图 5.19 所示。当交流电通过线圈时，在线圈中产生感应电动势。根据电磁感应定律，感应电动势为 $e = -L\dfrac{\mathrm{d}i}{\mathrm{d}t}$（负号说明自感电动势的实际方向总是阻碍电流的变化）。当电感两端有自感电动势时，电感两端必有电压，且电压 u 与自感电动势 e 相平衡。在电动势、电压、电流三者参考方向一致的情况下，则

图 5.19　纯电感电路

$$u = -e = L\frac{\mathrm{d}i}{\mathrm{d}t}$$

1. 电压和电流的关系

（1）瞬时值关系

设流过电感的电流的瞬时值表示为

$$i = I_{\mathrm{m}}\sin\omega t$$

则电感上电压的瞬时值表示为

$$u = L\frac{\mathrm{d}i}{\mathrm{d}t} = L\frac{\mathrm{d}(I_{\mathrm{m}}\sin\omega t)}{\mathrm{d}t} = \omega L I_{\mathrm{m}}\cos\omega t = U_{\mathrm{m}}\sin(\omega t + 90°) \tag{5-28}$$

比较两式，可得电感上的电压和电流是同频率的正弦交流电，相位上电压超前电流 90°，它们的波形图如图 5.20a 所示。

（2）大小关系

由式（5-28）可得，电感上电压、电流振幅（最大值）关系为

$$U_m = \omega L I_m$$

电感上电压、电流有效值关系为

$$U = \omega L I$$

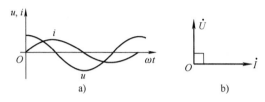

图 5.20 纯电感电路电压、电流关系

令

$$X_L = \omega L = 2\pi f L \tag{5-29}$$

式中，L 为电感量（H）；f 为流过电感的电流频率（Hz）；X_L 称为电感元件的电抗，简称感抗（Ω）。当电压一定时，电流与 ωL 成反比，可见 ωL 具有与电阻相似的对交流电流呈现阻碍作用的物理性质，则感抗 X_L 与电感 L、频率 f 成正比。

当 L 值一定时，f 越高，X_L 越大，即电感对高频率电流的阻碍作用越大，当 $f \to \infty$ 时，$X_L \to \infty$，电感相当于开路；而对直流 $f = 0$，$X_L = 0$，电感相当于短路。因此电感具有"通直阻交"的作用。

因此电感元件上的欧姆定律表达式可以写为

$$U_m = I_m \omega L = I_m X_L \tag{5-30}$$

$$U = I X_L = I \omega L = I 2\pi f L \tag{5-31}$$

感抗的倒数称为电感的电纳，简称为感纳，用符号 B_L 表示，即

$$B_L = \frac{1}{\omega L} = \frac{1}{2\pi f L} \tag{5-32}$$

其单位与电导的单位相同，也是西门子（S）。

需要注意的是，所谓感抗、感纳，只是对正弦电流才有其意义。

（3）相量关系

电感元件的电压与电流最大值相量关系为

$$\dot{U}_m = j X_L \dot{I}_m = j \omega L \dot{I}_m \tag{5-33}$$

有效值相量关系为

$$\dot{U} = j \dot{I} X_L = j \omega L \dot{I} \tag{5-34}$$

有效值相量图如图 5.20b 所示。

2. 纯电感电路功率

（1）瞬时功率

纯电感电路的瞬时功率等于电压 u 和电流 i 瞬时值的乘积。仍假设电流、电压如式（5-20）、式（5-28），可得

$$p = ui = U_m \sin(\omega t + 90°) I_m \sin \omega t = UI \sin 2\omega t \tag{5-35}$$

可知瞬时功率 p 是一个幅值为 UI，并以 2ω 的角频率随时间而变化的交变量，其波形图如图 5.21 所示。把瞬时功率波形在一个周期内分为四段，则每一段分别表示电感元件储能放能的重复过程。在第一、三段，u、i 同相，p 为正，表示电感元件从电源吸收电能并转换为

磁场能储存在线圈的磁场中；在第二、四段，u、i 反相，p 为负，表示电感元件把储存的能量还给电源，可见这是一种可逆的能量转换过程。瞬时功率绝对值的大小决定于该瞬时电压和电流的乘积大小。通过以上讨论，说明在正弦交流电路中电感元件可以将电能和磁能相互进行转换。

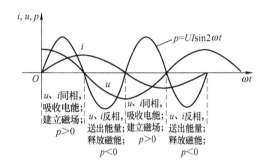

图 5.21 纯电感电路功率波形图

（2）有功功率（平均功率）

$$P = \frac{1}{T}\int_0^T p\mathrm{d}t = \frac{1}{T}\int_0^T UI\sin 2\omega t\mathrm{d}t = 0$$

上式说明纯电感不消耗能量，只与电源进行能量交换（能量的吞吐），所以电感元件是储能元件。

（3）无功功率

电感元件虽然不耗能，但它与电源之间的能量交换始终在进行，这种电能和磁场能之间交换的规模可用无功功率来衡量，即为了衡量电感与电源之间能量交换的规模大小，**把电感与电源之间能量交换的最大值，称为无功功率。感性设备如果没有无功功率，则无法工作！**

$$Q_L = IU = I^2X_L = U^2/X_L \tag{5-36}$$

式中，Q_L 为纯电感电路的无功功率（var）；U 为线圈两端电压的有效值（V）；I 为流过线圈电流的有效值（A）；X_L 为线圈的感抗（Ω）。

（4）能量

电流通过电感时没有发热现象，即电能没有转换为热能，在电感里进行的是电能与磁场能量的转换。设 $t=0$ 时，$i=0$，$t=0$ 时开始对电感加电流 i，到 t_1 时刻电感中的能量为

$$w_L(t_1) = \int_0^{t_1} ui\mathrm{d}t = \int_0^{t_1} L\frac{\mathrm{d}i}{\mathrm{d}t}i\mathrm{d}t = \int_0^{i(t_1)} Li\mathrm{d}i = \frac{1}{2}Li^2(t_1) \tag{5-37}$$

这就是线圈中电流 i 建立的磁场所具有的能量，即磁场能量。任一时刻电感中这一能量的大小与当时电流的二次方成正比，能量的单位为焦耳（J）。

【例 5.14】一线圈的电感量 $L=0.1\mathrm{H}$，将其分别接于 1）直流；2）交流 50Hz；3）交流 1000Hz 电路中，试分别求该电感线圈的感抗 X_L。

解：1）直流 $f=0$　　$X_L = 2\pi fL = 0$

2）$f=50\mathrm{Hz}$　　$X_L = 2\pi fL = 2\times3.14\times50\times0.1 = 31.4\Omega$

3）$f=1000\mathrm{Hz}$　　$X_L = 2\pi fL = 2\times3.14\times1000\times0.1 = 628\Omega$

由此例可见，当电感量一定时，频率越高，则电感对电流的阻碍作用越大，即感抗 X_L 越大。

【例 5.15】在纯电感电路中，已知 $i = 22\sqrt{2}\sin(1000t+30°)\mathrm{A}$，$L=0.01\mathrm{H}$，1）写出电压的瞬时值表达式；2）用相量表示电流和电压，并做出相量图；3）求有功功率、无功功率和最大储能。

解：1）
$$X_L = \omega L = 1000 \times 0.01 = 10\Omega$$
$$U_m = X_L I_m = 220\sqrt{2}\,\text{V}$$

因为纯电感电路电压超前电流 90°，故电压的瞬时值表达式为

$$u = 220\sqrt{2}\sin(1000t + 120°)\,\text{V}$$

2）电流的有效值为 $I = 22\text{A}$，初相位为 30°。因此电流有效值相量的极坐标形式为

$$\dot{I} = 22\angle 30°$$

电压的有效值为 $U = 220\text{V}$，电压超前电流 90°，即为 120°，因此电压有效值相量的极坐标形式为

$$\dot{U} = 220\angle 120°$$

做出的相量图如图 5.22 所示。

3）有功功率：$P = 0$。

由式（5-36）可得无功功率：$Q = UI = 220 \times 22 = 4840\text{var}$

由式（5-37）可得最大储能：$W_L = \dfrac{1}{2}LI_m^2 = \dfrac{1}{2} \times 0.01 \times (22\sqrt{2})^2 = 4.84\text{J}$

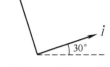

图 5.22 例 5.15 图

任务 3.3 纯电容电路

扫一扫看视频

◆ **任务导入**

前面我们分析了纯电阻、纯电感正弦交流电路的电压、电流关系和多种功率计算，那么纯电容电路中这些关系又是如何呢？

◆ **任务要求**

理解纯电容正弦交流电路的电压、电流的瞬时值、大小和相位关系。

能计算纯电容正弦交流电路的瞬时功率、有功功率、无功功率、视在功率。

重难点：纯电容正弦交流电路中电压、电流的相位关系。

◆ **知识链接**

1. 电压与电流的关系

对电容来说，其两端极板上电荷随时间的变化率，就是流过连接于电容导线中的电流，而极板上储存的电荷由公式 $q = Cu$ 决定，于是就有

$$i = \frac{dq}{dt} = C\frac{du}{dt}$$

（1）瞬时值关系

如图 5.23 所示电路，设电容两端电压为

$$u = U_m \sin \omega t \tag{5-38}$$

则电容上的电流为

$$i = C\frac{du}{dt} = C\frac{d(U_m \sin \omega t)}{dt} = \omega C U_m \cos \omega t = I_m \sin(\omega t + 90°) \tag{5-39}$$

比较两式，可得电容上的电压和电流是同频率的正弦交流电，相位上电流超前电压 90° 它们的波形图如图 5.24a 所示。

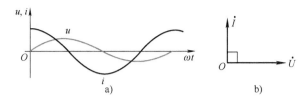

图 5.23 纯电容电路   图 5.24   纯电容电路电压、电流关系

（2）大小关系

由式（5-38）可得，电容上电压、电流振幅（最大值）关系为 $U_m=I_m/\omega C$。

电感上电压、电流有效值关系为 $U=I/\omega C$。令

$$X_C = \frac{1}{\omega C} = \frac{1}{2\pi f C} \tag{5-40}$$

$\frac{1}{\omega C}$ 的单位显然也是欧姆（Ω）。当 U 一定时，电流与 X_C 即 $\frac{1}{\omega C}$ 成反比。可见 $\frac{1}{\omega C}$ 也具有对电流的阻碍作用，故称之为电容电抗，简称容抗，用 X_C 表示，则容抗 X_C 与电容 C 和频率成 f 反比。

在电容上的电压一定时，电流 $I=U/X_C$，X_C 越大，I 越小，所以说容抗反映电容元件在正弦交流电路中对电流的阻碍作用，即电容元件在不同频率的交流电路中其容抗的大小不同，频率越高，其容抗越小。

当 $f\to\infty$ 时，$X_C\to 0$，$f\to 0$ 时，$X_C\to\infty$。因此**电容元件具有隔直流通交流的作用**。容抗的倒数称为容纳，用符号 B_C 表示，即 $B_C=\omega C=2\pi f C$。其单位与电导的单位相同，也是西门子（S）。

需要注意的是，所谓容抗、容纳，也只是对正弦电流才有意义。

（3）相量关系

电容元件的电压与电流最大值相量关系为

$$\dot{U}_m = -jX_C \dot{I}_m = \frac{\dot{I}_m}{j\omega C} \tag{5-41}$$

它们有效值相量关系为

$$\dot{U} = -j\dot{I}X_C = \frac{\dot{I}}{j\omega C} \tag{5-42}$$

有效值相量图如图 5.24b 所示。

2. 电容电路功率

（1）瞬时功率

纯电容电路的瞬时功率等于电压 u 和电流 i 瞬时值的乘积。仍假设电流、电压如式（5-38）、式（5-39），可得

$p = ui = U_m \sin\omega t \cdot I_m \sin(\omega t + 90°) = UI\sin 2\omega t$ （5-43）

可知瞬时功率 p 是一个幅值为 UI，并以 2ω 的角频率随时间而变化的交变量，其波形图如图 5.25 所示。把瞬时功率波形在一个周期内分四段，则每一段分别表示电容充、放电的重复过程。在第一、三段，u、i 同相，p 为正，表示电容充电，建立电场；在第二、四段，u、i 反相，p 为负，表示电容放电，释放能量。

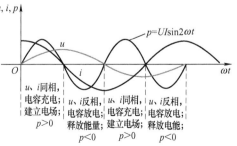

图 5.25 纯电容电路功率波形图

可见这是一种可逆的能量转换过程。瞬时功率绝对值的大小决定于该瞬时电压和电流的乘积大小。通过以上讨论，说明在正弦交流电路中电容可将电能和电场能相互进行转换。

（2）有功功率（平均功率）

$$P = \frac{1}{T}\int_0^T p\,\mathrm{d}t = \frac{1}{T}\int_0^T UI\sin 2\omega t\,\mathrm{d}t = 0$$

上式说明纯电容不消耗能量，只与电源进行能量交换（能量的吞吐），所以电容元件也是储能元件。

（3）无功功率

$$Q_C = IU = I^2 X_C = U^2/X_C \tag{5-44}$$

式中，Q_C 为纯电容电路的无功功率（var）；U 为电容两端电压的有效值（V）；I 为流过电容电流的有效值（A）；X_C 为电容的容抗（Ω）。

（4）能量

电流通过电容时没有发热现象，即电能没有转换为热能，在电容里进行的是电能与电场能的转换。设 $t=0$ 时，$u=0$，$t=0$ 时开始对电容加电压 u，到 t_1 时刻电容中的能量为

$$w_C(t_1) = \int_0^{t_1} ui\,\mathrm{d}t = \int_0^{t_1} C\frac{\mathrm{d}u}{\mathrm{d}t}u\,\mathrm{d}t = \int_0^{u(t_1)} Cu\,\mathrm{d}u = \frac{1}{2}Cu^2(t_1) \tag{5-45}$$

这就是电容 u 建立的电场所具有的能量，即电场能量。任一时刻电容中这一能量的大小与当时电压的二次方成正比，能量的单位为焦耳（J）。

【例5.16】 纯电容电路中，已知 $i = 22\sqrt{2}\sin(1000t + 30°)\mathrm{A}$，电容 $C = 100\mu\mathrm{F}$，1）写出电容两端电压的瞬时值表达式；2）用相量表示电压和电流，并画出它们的相量图；3）求有功功率和无功功率。

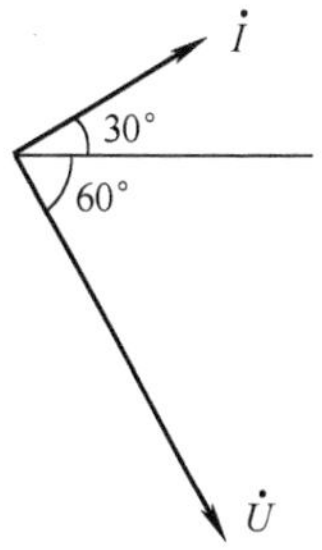

解：1）$X_C = \dfrac{1}{\omega C} = \dfrac{1}{1000 \times 100 \times 10^{-6}} = 10\Omega$，$I_m = 22\sqrt{2}\mathrm{A}$，$U_m = I_m X_C = 220\sqrt{2}\mathrm{V}$

因为纯电容电路中电压滞后电流 $90°$，所以 $u = 220\sqrt{2}\sin(1000t - 60°)\mathrm{V}$

2）$\dot{I} = 22\angle 30°\mathrm{A}$，$\dot{U} = 220\angle -60°\mathrm{V}$，画出的相量图如图 5.26 所示。

3）$P = 0$，$Q_C = UI = 220 \times 22 = 4840\,\mathrm{var}$

图 5.26 例 5.16 图

根据以上分析，可把纯电阻电路、纯电感电路、纯电容电路的基本性质列表比较，见表 5.3。

表 5.3 单一参数交流电路的基本性质

特性名称		纯电阻电路	纯电感电路	纯电容电路
阻抗特性	阻抗	电阻 R	感抗 $X_L = \omega L = 2\pi f L$	容抗 $X_C = \dfrac{1}{\omega L} = \dfrac{1}{2\pi f C}$
	直流特性	呈现一定的阻碍作用	通直流阻交流（直流相当于短路）	通交流隔直流（直流相当于开路）
	交流特性	呈现一定的阻碍作用	通低频阻高频	通高频阻低频
电流、电压关系	有效值大小关系	$U_R = RI_R$	$U_L = X_L I_L$	$U_C = X_C I_C$
	相位关系（电压与电流的相位差）	$\varphi = 0°$	$\varphi = 90°$	$\varphi = -90°$
	有效值相量关系	$\dot{U}_R = R\dot{I}_R$	$\dot{U}_L = \mathrm{j}X_L\dot{I}_L$	$\dot{U}_C = -\mathrm{j}X_C\dot{I}_C$
功率	有功功率	$P = UI = I^2 R$	$P = 0$	$P = 0$
	无功功率	$Q = 0$	$Q = UI = I^2 X_L$	$Q = UI = I^2 X_C$

扫一扫看视频

任务 4   *RLC*串联的正弦交流电路

任务 4.1   阻   抗

◆ 任务导入

前面我们学习了纯电阻的不含独立源的等效电阻的计算，那么在含有电阻、电感、电容的正弦交流电路中，我们用相量法来进行正弦稳态分析，在这样一个不含独立源的二端网络中，它的等效形式又该如何表达呢？

◆ 任务要求

理解阻抗的概念，熟悉 R、L、C 的阻抗形式。

重难点：阻抗的理解。

◆ 知识链接

图 5.27a 所示为一个不含独立源的线性二端网络 N_0，当它在角频率为 ω 的正弦电源激励下处于稳定状态时，端口的电流、电压都是同频率的正弦量，其端电压相量 $\dot{U}$ 与电流相量 $\dot{I}$ 的比值定义为二端网络 N_0 的阻抗 Z。

$$Z = \frac{\dot{U}}{\dot{I}} = \frac{U}{I} \angle (\varphi_u - \varphi_i) = |Z| \angle \varphi_Z$$

模 $|Z| = U/I$，称为阻抗模，幅角 $\angle \varphi_Z = \angle(\varphi_u - \varphi_i)$，称为阻抗角。$Z$ 的单位为 Ω，其电路符号与电阻相同，如图 5.27b 所示。Z 的代数形式为

$$Z = R + \mathrm{j}X$$

式中，R 为等效电阻分量；X 为等效电抗分量；阻抗 Z 为复数，故又称为复阻抗。

图 5.28a 所示纯电阻的阻抗为

$$Z = \frac{\dot{U}}{\dot{I}} = R$$

图 5.28b 所示纯电感的阻抗为

$$Z = \frac{\dot{U}}{\dot{I}} = \mathrm{j}X_L = \mathrm{j}\omega L$$

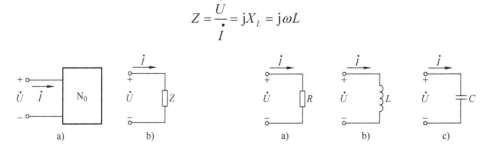

图 5.27   二端网络 N_0 的阻抗   图 5.28   单一参数的二端网络阻抗

图 5.28c 所示纯电容的阻抗为

$$Z = \frac{\dot{U}}{\dot{I}} = -\mathrm{j}X_C = -\mathrm{j}\frac{1}{\omega C}$$

任务 4.2　*RLC* 串联电路电压、电流关系

◆ **任务导入**

实际电路的电路模型一般都是由几种理想电路元件组成的。前面我们已经学习了单一参数纯电阻电路、纯电感电路、纯电容电路中电压、电流之间的关系，如果把三者连接成 *RLC* 串联电路，那么电路中的电压、电流之间有怎样的关系呢？

◆ **任务要求**

理解并掌握 *RLC* 串联正弦交流电路中电压、电流的关系。

熟悉 *RLC* 阻抗形式及阻抗三角形。

重点：*RLC* 串联电路电压、电流关系。

难点：*RLC* 串联电路的阻抗。

◆ **知识链接**

RLC 串联交流电路如图 5.29a 所示。当电路两端加上正弦交流电压 u 时，电路中各元件通过同一正弦交流电流 i，在各元件上分别产生正弦电压，它们的参考方向如图中所示。根据 KVL，有

$$u = u_R + u_L + u_C$$

图 5.29b 是 *RLC* 串联交流电路的相量模型，根据相量形式的 KVL，有

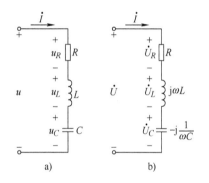

图 5.29　*RLC* 串联交流电路及其相量模型

$$\dot{U} = \dot{U}_R + \dot{U}_L + \dot{U}_C = \dot{I}R + \mathrm{j}\dot{I}X_L - \mathrm{j}\dot{I}X_C$$
$$= \dot{I}[R + \mathrm{j}(X_L - X_C)] = \dot{I}Z$$

即

$$\dot{U} = \dot{I}Z \qquad\qquad (5\text{-}46)$$

式（5-46）称为交流电路相量形式的欧姆定律。假设电流和电压的相量表达式分别如下：

$$\dot{I} = I\angle\varphi_i \qquad \dot{U} = U\angle\varphi_u$$

由式（5-46）可得

$$Z = \frac{\dot{U}}{\dot{I}} = \frac{U}{I}\angle(\varphi_u - \varphi_i)$$

式中，复阻抗的模为

$$|Z| = \frac{U}{I} \qquad\qquad (5\text{-}47)$$

式中，复阻抗的幅角为

$$\varphi = \varphi_u - \varphi_i \qquad (5\text{-}48)$$

由式（5-46）又可知复阻抗为

$$Z = R + \mathrm{j}(X_L - X_C) = R + \mathrm{j}X$$

因此

$$|Z| = \sqrt{R^2 + (X_L - X_C)^2} = \sqrt{R^2 + X^2} \qquad (5\text{-}49)$$

由上式可以看出，R、X 和 Z 三者之间符合图 5.30 所示直角三角形的关系，这个三角形称为阻抗三角形。其中 X 为电路中的电抗，表明感抗和容抗对电流的阻碍性质。阻抗角 φ 可以利用阻抗三角形得到，即

$$\varphi = \arctan\frac{X}{R} = \arccos\frac{R}{|Z|} = \arcsin\frac{X}{|Z|} \qquad (5\text{-}50)$$

由式（5-47）、式（5-48）可知，电压与电流的有效值之比等于阻抗模，电压与电流的相位差等于阻抗角。由式（5-49）、式（5-50）可知，阻抗模、阻抗角均是频率的函数，在频率一定时，仅与电路参数有关，与电路中的电压和电流无关。

在分析正弦交流电路时，为了直观地表示出电路中电压、电流之间的相位关系及大小关系，通常要做出电路的相量图。图 5.29a 所示 RLC 串联交流电路中，各元件中通过的是同一电流，做相量图时可以选电流作为参考相量，将它画在正实轴的位置。电阻电压 $\dot{U}_R$ 与电流 $\dot{I}$ 同相，电感电压 $\dot{U}_L$ 超前电流 $\dot{I}$ 90°，电容电压 $\dot{U}_C$ 滞后电流 $\dot{I}$ 90°，分别画出它们的相量图，$\dot{U}_R$、$\dot{U}_L$、$\dot{U}_C$ 相量相加就得到了总电压 $\dot{U}$，如图 5.31 所示。由电压相量 $\dot{U}_R$、$\dot{U}_L + \dot{U}_C$、$\dot{U}$ 所组成的直角三角形称为电压三角形。从图中容易看出，电压三角形与阻抗三角形非常相似。

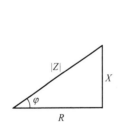

图 5.30　阻抗三角形

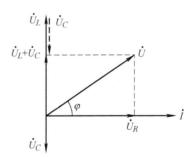

图 5.31　RLC 串联电路相量图

由电压三角形可以得到电路中各电压的有效值之间的关系为

$$U = \sqrt{U_R{}^2 + (U_L - U_C)^2} \qquad (5\text{-}51)$$

任务 4.3　RLC 串联电路的性质

◆ **任务导入**

前面我们已经学习了单一参数纯电阻电路、纯电感电路、纯电容电路的性质，那么在 R、L、C 三者相串联之后，电路的性质该怎么判断呢？

◆ **任务要求**

熟悉 RLC 串联电路性质及判断方法。

重点：RLC 串联电路性质。

难点：RLC 串联电路性质的判断方法。

◆ **知识链接**

由图 5.30、图 5.31 可看出，根据交流电路中各种参数的值和各量的关系的不同，电路性质可分为三种：电感性、电容性、电阻性，如图 5.32 所示（见图中的 $\dot{U}_X = \dot{U}_L + \dot{U}_C$）。

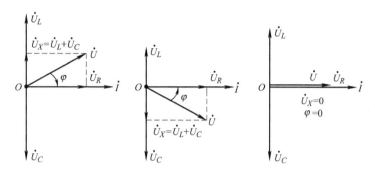

图 5.32　RLC 串联电路的性质

在串联交流电路中，当 $R \neq 0$ 时，若 $X_L > X_C$，则 $U_L > U_C$，$\varphi > 0$，电路的总电压超前电路中的总电流一个 φ 角。在这种电路中电感参数起主要作用，称为电感性电路。

若 $X_L < X_C$，则 $U_L < U_C$，$\varphi < 0$，电路的总电压滞后电路中的总电流一个 φ 角。在这种电路中电容参数起主要作用，称为电容性电路。

若 $X_L = X_C$，则 $U_L = U_C$，$\varphi = 0$，电路的总电压与电路中的总电流同相。这种电路中感抗与容抗的作用相平衡，整个电路呈现纯电阻性质，称为电阻性电路。电路中出现的这个现象称为串联谐振，后文再进行讨论。

任务 4.4　功　　率

◆ **任务导入**

前面我们已经学习了单一参数纯电阻电路、纯电感电路、纯电容电路中各种功率的情况，如果在 RLC 串联电路中各种功率又将如何计算呢？

◆ **任务要求**

理解并掌握正弦交流电路中各种功率的计算。

重难点：各种功率的计算。

◆ **知识链接**

1. 瞬时功率

在图 5.29 中以电流为参考相量，设

$$i = I_m \sin \omega t$$

$$p = ui = (u_R + u_L + u_C)i = p_R + p_L + p_C$$
$$= I_m \sin \omega t U_{Rm} \sin \omega t + I_m \sin \omega t U_{Lm} \cos \omega t - I_m \sin \omega t U_{Cm} \cos \omega t \qquad (5\text{-}52)$$
$$= U_R I(1 - \cos 2\omega t) + I_m \sin \omega t (U_{Lm} - U_{Cm}) \cos \omega t$$
$$= U_R I(1 - \cos 2\omega t) + I_m U_{Xm} \sin \omega t \cos \omega t$$
$$= U_R I(1 - \cos 2\omega t) + I U_X \sin 2\omega t$$

2. 平均功率（有功功率）

有功功率即平均功率。由于电感和电容不消耗能量，RLC 电路所消耗的功率即是电阻所消耗的功率。所以该电路在一周内消耗的平均功率为

$$P = \frac{1}{T} \int_0^T p \mathrm{d}t = \frac{1}{T} \int_0^T p \mathrm{d}t = U_R I = RI^2 = UI \cos \varphi \qquad (5\text{-}53)$$

式中，$\cos \varphi$ 称为功率因数；φ 称为功率因数角。一般地，限定$-90° \leqslant \varphi \leqslant 90°$，所以 $0 \leqslant \cos \varphi \leqslant 1$。式（5-53）说明，整个电路的有功功率等于总电流有效值 I 乘以总电压有效值与功率因数之积 $U\cos\varphi$，所以 $U\cos\varphi$ 叫作电压的有功分量。也可以认为有功功率等于总电压有效值 U 乘以总电流与功率因数之积 $I\cos\varphi$，所以 $I\cos\varphi$ 又叫电流的有功分量。

3. 无功功率

由于 RLC 串联电路中有储能元件电感和电容存在，它们虽然不消耗能量，但与电源之间是有能量交换的。电路的无功功率表示电源与储能元件之间交换能量的最大值。电感与电源进行能量交换的无功功率为 $Q_L = U_L I$，电容与电源进行能量交换的无功功率为 $Q_C = U_C I$，由电压三角形可知，电压 U_L 和 U_C 是反相的，所以**感性无功功率 Q_L 与容性无功功率 Q_C 的作用也是相反的**。当电感上的 p_L 为正值时，电容上的 p_C 恰为负值，即当电感吸取能量时，电容恰好放出能量，反之亦然。这样就减轻了电源的负担，使它与负载之间传输的无功功率等于 Q_L 与 Q_C 之差。因此，电路总的无功功率为

$$Q = Q_L - Q_C = U_L I - U_C I = (U_L - U_C)I = U_X I$$

由图 5.32 可知

$$U_X = U \sin \varphi$$

因此

$$Q = UI \sin \varphi \qquad (5\text{-}54)$$

对于电感性电路 $U_L > U_C$，则 $Q = Q_L - Q_C > 0$；对于电容性电路 $U_L > U_C$，则 $Q = Q_L - Q_C < 0$，即在电感性电路中无功功率为正值，而电容性电路中无功功率为负值。

4. 视在功率

把电压有效值和电流有效值的乘积，叫作视在功率，用大写字母 S 表示，单位为伏安（VA）。

$$S = UI \qquad (5\text{-}55)$$

工程上常用视在功率衡量电气设备在额定的电压、电流条件下最大的负荷能力或承载能力。

5. 功率三角形

由式（5-53）、式（5-54）、式（5-55）可知，有功功率 P、无功功率 Q、视在功率 S 三者可用一个直角三角形来表示，称它为功率三角形。它们三者数量关系上满足：

$$S = \sqrt{P^2 + Q^2} \qquad (5\text{-}56)$$

功率三角形和电压三角形可以通过阻抗三角形得到。阻抗三角形每边乘以电流 I 可得电压三角形，电压三角形每边

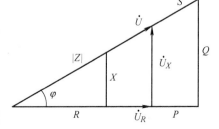

图 5.33　电压、阻抗、功率三角形

乘以电流 I 可得功率三角形，如图 5.33 所示（以电感性电路为例做图）。

需要注意的是，在图 5.33 中，电压三角形是一个相量图，电阻 R、电抗 X、阻抗模 $|Z|$、有功功率 P、无功功率 Q 和视在功率 S 都不是正弦量，所以不能用相量表示。将这 3 个直角三角形画在一张图中，主要是为了便于表明它们之间的关系。

在计算视在功率时要注意，电路的总视在功率一般不等于各支路或各元件视在功率之和，总视在功率通常用式（5-55）或式（5-56）进行计算。

【例 5.17】一个 RLC 串联电路如图 5.29a 所示，电阻 $R = 4\Omega$，电感 $L = 19.11\text{mH}$，电容 $C = 1062\mu\text{F}$，该电路中通过的电流为 $i = 10\sqrt{2}\sin 314t$。求：1）电路的总电压；2）各元件上的分电压；3）绘出电压和电流的相量图；4）有功功率、无功功率、视在功率。

解：1）以电流为参考相量，写出电流有效值相量式：$\dot{I} = 10\angle 0°$

2）计算感抗：$X_L = \omega L = 314 \times 19.11 \times 10^{-3} = 6\Omega$

3）计算容抗：$X_C = \dfrac{1}{\omega C} = \dfrac{1}{314 \times 1062 \times 10^{-6}} = 3\Omega$

4）计算复阻抗：$Z = R + \text{j}(X_L - X_C) = 4 + \text{j}(6-3) = 4 + \text{j}3 = 5\angle 36.9°\ \Omega$

5）相量法计算总电压：$\dot{U} = \dot{I}Z = 10\angle 0° \times 5\angle 36.9° = 50\angle 36.9°\text{V}$

　　写出总电压解析式：$u = 50\sqrt{2}\sin(314t + 36.9°)\text{V}$

6）计算各元件的分电压相量式为

$$\dot{U}_R = \dot{I}R = 10\angle 0° \times 4 = 40\angle 0°\text{V}$$

$$\dot{U}_L = \dot{I}\text{j}X_L = 10\angle 0° \times 6\angle 90° = 60\angle 90°\text{V}$$

$$\dot{U}_C = -\dot{I}\text{j}X_C = 10\angle 0° \times 3\angle -90° = 30\angle -90°\text{V}$$

写出各分电压瞬时值解析式，即

$$u_R = 40\sqrt{2}\sin 314t\text{V}$$

$$u_L = 60\sqrt{2}\sin(314t + 90°)\text{V}$$

$$u_C = 30\sqrt{2}\sin(314t - 90°)\text{V}$$

7）画出电压、电流相量图，如图 5.34 所示。

8）计算有功功率 $P = UI\cos\varphi = 50 \times 10\cos 36.9° = 400\text{W}$

　　无功功率 $Q = UI\sin\varphi = 50 \times 10\sin 36.9° = 300\text{var}$

　　视在功率 $S = UI = 50 \times 10 = 500\text{VA}$

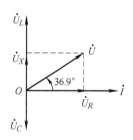

图 5.34　例 5.17 相量图

点拨：从上述电路的解题过程可以总结出 RLC 串联电路求解的一般步骤如下：

1）求出电路中的各个阻抗参数。

2）当电路中有多个电感和电容时，需对电感和电容分别进行等效计算。

3）复阻抗 Z 的实部 R 是串联电路中的等效电阻部分；虚部 X 是感抗和容抗的代数和，运算时感抗取正、容抗取负。

4）已知电路电流时，以电流为参考相量，求出各元件上的电压和总电压的相量式，再写出各电压的解析式。

5）已知电源电压，则以电压为参考相量，先求电路中的电流，再求各元件上的电压，最后根据解得的相量式，写出电流及各电压的解析式，并依次画出它们的相量图、并分别计算三种功率。

扫一扫看视频

任务 5   *RLC* 并联的正弦交流电路

任务 5.1   导   纳

◆ 任务导入

前面我们学习了不含独立源的二端网络和用相量形式表达的等效阻抗，那么在并联电路中，还可以用哪种等效形式来表达呢？

◆ 任务要求

理解导纳的概念，熟悉 *R*、*L*、*C* 的导纳形式。

重难点：导纳的理解。

◆ 知识链接

图 5.35a 所示为一个不含独立源的线性二端网络 N_0，当它在角频率为 ω 的正弦电源激励下处于稳定状态时，端口的电流、电压都是同频率的正弦量，其电流相量 $\dot{I}$ 与端电压相量 $\dot{U}$ 的比值定义为二端网络 N_0 的导纳 Y。

$$Y = \frac{\dot{I}}{\dot{U}} = \frac{I}{U} \angle (\varphi_i - \varphi_u) = |Y| \angle \varphi_Y$$

模 $|Y| = I/U$ 称为导纳模，幅角 $\angle \varphi_Y = \angle(\varphi_i - \varphi_u)$ 称为导纳角。Y 的单位为西门子（S），其电路符号与电导相同，如图 5.35b 所示。Y 的代数形式为

$$Y = G + jB$$

式中，G 为等效电导分量，B 为等效电纳分量。

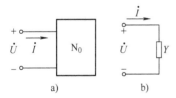

图 5.35   二端网络 N_0 的阻抗

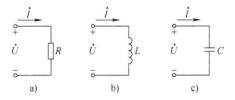

图 5.36   单一参数的二端网络导纳

图 5.36a 纯电阻的导纳为

$$Y = \frac{\dot{I}}{\dot{U}} = G$$

图 5.36b 纯电感的导纳为

$$Y = \frac{\dot{I}}{\dot{U}} = B_L = -j\frac{1}{\omega L}$$

图 5.36c 纯电容的导纳为

$$Y = \frac{\dot{I}}{\dot{U}} = \mathrm{j}B_C = \mathrm{j}\omega C$$

任务 5.2 *RLC* 并联电路电压、电流关系

◆ **任务导入**

在供电电路中，许多额定电压相同的负载都是并联使用的，那么 *RLC* 并联电路中的电压、电流之间有怎样的关系呢？

◆ **任务要求**

理解并掌握 *RLC* 并联正弦交流电路中电压、电流的关系。

熟悉 *RLC* 导纳形式。

重点：*RLC* 并联电路电压、电流关系。

难点：*RLC* 并联电路的导纳。

◆ **知识链接**

RLC 并联交流电路如图 5.37a 所示。当电路两端加上正弦交流电压 u 时，电路中各元件通过同一正弦交流电流 u，在各元件上分别产生正弦电流，它们的参考方向如图中所示。根据 KVL，有

$$i = i_R + i_L + i_C$$

图 5.37b 是 *RLC* 并联交流电路的相量模型，根据相量形式的 KCL，有

$$\dot{I} = \dot{I}_R + \dot{I}_L + \dot{I}_C = \dot{U}G - \mathrm{j}\dot{U}B_L + \mathrm{j}\dot{U}B_C$$
$$= \dot{U}[G + \mathrm{j}(B_C - B_L)] = \dot{I}Y$$

即

$$\dot{I} = \dot{U}Y \tag{5-57}$$

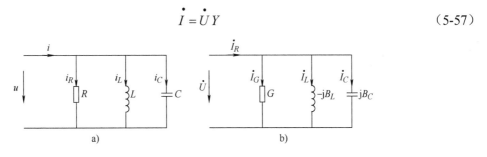

图 5.37 *RLC* 并联交流电路及其相量模型

式（5-57）称为交流电路导纳形式的欧姆定律。假设电流和电压的相量表达式分别如下：

$$\dot{I} = I\angle\varphi_i \qquad \dot{U} = U\angle\varphi_u$$

由式（5-57）可得

$$Y = \frac{\dot{I}}{\dot{U}} = \frac{I}{U}\angle(\varphi_i - \varphi_u)$$

其中导纳的模为

$$|Y| = \frac{I}{U} \tag{5-58}$$

其中导纳的幅角为

$$\varphi = \varphi_i - \varphi_u \tag{5-59}$$

由式（5-57）又可知导纳为

$$Y = G + \mathrm{j}(B_C - B_L) = G + \mathrm{j}B$$

因此

$$|Y| = \sqrt{G^2 + (B_C - B_L)^2} = \sqrt{G^2 + B^2} \tag{5-60}$$

$$\varphi = \arctan\frac{B}{G} = \arctan\frac{B_C - B_L}{G} = \arctan\frac{\omega C - \dfrac{1}{\omega L}}{G} \tag{5-61}$$

任务 5.3　*RLC* 并联电路的性质

◆ **任务导入**

前面我们已经学习 *R*、*L*、*C* 三者串联之后，电路性质的判断方法，那么如果三者并联之后，电路的性质又该如何判断呢？

◆ **任务要求**

熟悉 *RLC* 并联电路性质及判断方法。
重点：*RLC* 并联电路性质。
难点：*RLC* 并联电路性质的判断方法。

◆ **知识链接**

RLC 并联电路的性质，也可用相量图来表示。由于并联电路各支路电压相同，一般选电压相量为参考相量。并联电路的性质取决于容纳和感纳的大小，也有三种情况，如图 5.38 所示。

当 $B_L > B_C$ 时，$B = B_L - B_C > 0$，感纳的作用大于容纳的作用，电路呈感性，所以总电流滞后于电压($\varphi < 0$)，如图 5.38a 所示。

当 $B_L < B_C$ 时，$B = B_L - B_C < 0$，容纳的作用大于感纳的作用，电路呈容性，所以总电流超前于电压($\varphi > 0$)，如图 5.38b 所示。

当 $B_L = B_C$ 时，$B = B_L - B_C = 0$，总电流与电压同相($\varphi = 0$)，电路呈阻性，如图 5.38c 所示。这是 *RLC* 并联电路的一种特殊情况，称为并联谐振，后文再进行讨论。

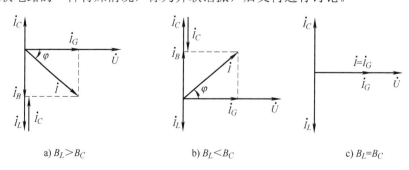

a) $B_L > B_C$　　　　　　　b) $B_L < B_C$　　　　　　　c) $B_L = B_C$

图 5.38　*RLC* 并联电路的性质

【**例 5.18**】一个 *RLC* 并联电路如图 5.37a 所示，电阻 $R = 20\Omega$，电感 $L = 50\text{mH}$，电容 $C = 80\mu\text{F}$，该电路中通过的电流为 $u = 110\sqrt{2}\sin 314t$。求：1）电路的总电流；2）各元件上的分电流；3）绘出电压和电流的相量图；4）有功功率、无功功率、视在功率。

解：

1）以电压为参考相量，写出电压有效值相量式：$\dot{U} = 110\angle 0°$

2）计算电导：$G = 1/R = 1/20 = 0.05\text{S}$

3）计算容纳：$B_C = \omega C = 314 \times 80 \times 10^{-6} = 0.0251\text{S}$

4）计算感纳：$B_L = \dfrac{1}{\omega L} = \dfrac{1}{314 \times 50 \times 10^{-3}} = 0.0637\text{S}$

5）计算导纳：$Y = G + \text{j}(B_C - B_L) = 0.05 + \text{j}(0.0251 - 0.0637) = 0.05 - \text{j}0.0386 = 0.0632\angle -37.7°\text{S}$

6）相量法计算总电流：

$$\dot{I} = \dot{U}Y = 110\angle 0° \times 0.0632\angle -37.7° = 6.952\angle -37.7°\text{A}$$

写出总电流解析式：$i = 6.952\sqrt{2}\sin(314t - 37.7°)\text{A}$

7）计算各元件的分电流相量式为

$$\dot{I}_R = \dot{U}G = 110\angle 0° \times 0.05 = 5.5\angle 0°\text{A}$$

$$\dot{I}_L = -\dot{U}\text{j}B_L = 110\angle 0° \times 0.0637\angle -90° = 7.007\angle -90°\text{A}$$

$$\dot{I}_C = \dot{U}\text{j}B_C = 110\angle 0° \times 0.0251\angle 90° = 2.761\angle 90°\text{A}$$

写出各分电流瞬时值解析式，即

$$i_R = 5.5\sqrt{2}\sin 314t\text{A}$$

$$i_L = 7.007\sqrt{2}\sin(314t - 90°)\text{A}$$

$$i_C = 2.761\sqrt{2}\sin(314t + 90°)\text{A}$$

8）画出电压、电流相量图，如图 5.39 所示。

9）计算有功功率 $P = UI\cos\varphi = 110 \times 6.952 \times \cos(-37.7°) \approx 604\text{W}$

无功功率 $Q = UI\sin\varphi = 110 \times 6.952 \times \sin(-37.7°) \approx 442\text{var}$

视在功率 $S = UI = 110 \times 6.952 \approx 765\text{VA}$

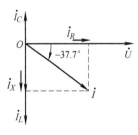

图 5.39 例 5.18 相量图

对于例 5.18，根据 $Z = \dfrac{\dot{U}}{\dot{I}}$ 可得 $Z = \dfrac{110\angle 0°}{6.952\angle -37.7°} = 15.83\angle 37.7°$，该结果与导纳法求得的复导纳 $Y = 0.0632\angle -37.7°\text{S}$ 相比较，可印证出**复导纳与复阻抗互为倒数**，即

1）复导纳模|*Y*|与复阻抗模|*Z*|的关系是互为倒数。

2）阻抗角 φ 与导纳角 φ_Y 的关系是 $\varphi = -\varphi_Y$。

比较导纳法和阻抗法，在只有单个电容、电感的情况下，两种方法看不出太大的区别，但当并联电路中有多个电容、电感及电阻时，导纳法就相对而言更为简便。

> **点拨**：从上述电路的解题过程可以总结出 *RLC* 并联电路求解的一般步骤如下：
>
> 1）求出电路中的各个导纳参数。
>
> 2）当电路中有多个电感和电容时，需对电感和电容分别进行等效计算。
>
> 3）复导纳 *Y* 的实部 *G* 是并联电路中的等效电导部分；虚部 *B* 是感纳和容纳的代数和，运算时容纳取正、感纳取负。

4）并联电路一般以总电压为参考相量，求出各元件上的电流和总电流的相量式，再写出各电流的解析式。

5）若已知总电流，则通过复导纳（或复阻抗）先求出电路中的总电压（即各元件并联端的电压）；再求流过各元件的电流；最后根据解得的相量式，写出电压及各电流的解析式。

6）三种功率的计算与 RLC 串联计算公式、方法一样。

RLC 串联、并联电路特性的比较见表 5.4。

表 5.4 RLC 串联、并联电路特性的比较

内 容		RLC 串联电路	RLC 并联电路
等效阻抗	阻抗大小	$\|Z\|=\sqrt{R^2+X^2}$ $=\sqrt{R^2+(X_L-X_C)^2}$	$\|Z\|=\dfrac{1}{\|Y\|}\dfrac{1}{\sqrt{G^2+B^2}}$ $=\dfrac{1}{\sqrt{\dfrac{1}{R^2}+\left(\dfrac{1}{X_C}-\dfrac{1}{X_L}\right)^2}}$
	阻抗角	$\varphi_Z=\arctan(X/R)$	$\varphi_Y=\arctan(B/G)$
电压或电流关系	大小关系	$U=\sqrt{U_R^2+(U_L-U_C)^2}$	$I=\sqrt{I_R^2+(I_L-I_C)^2}$
电路性质	电感性电路	$X_L>X_C$, $U_L>U_C$, $\varphi_Z>0$	$B_L>B_C$, $I_L>I_C$, $\varphi_Y<0$
	电容性电路	$X_L<X_C$, $U_L<U_C$, $\varphi_Z<0$	$B_L<B_C$, $I_L<I_C$, $\varphi_Y>0$
	电阻性电路	$X_L=X_C$, $U_L=U_C$, $\varphi_Z=0$	$B_L=B_C$, $I_L=I_C$, $\varphi_Y=0$

扫一扫看视频

任务 6 复杂正弦稳态电路的分析计算

任务 6.1 复阻抗和复导纳的串联和并联

◆ **任务导入**

前面我们学习阻抗和导纳的定义，也学习了电阻串、并联电路的性质及等效，那么如果是阻抗和导纳的串、并联又将如何呢？

◆ **任务要求**

理解复阻抗串联、复导纳并联电路性质及电路等效。

重点：复阻抗串联、复导纳并联电路性质。

难点：复阻抗、复导纳等效变换。

◆ **知识链接**

1. 复阻抗串联

图 5.40 所示为 n 个复阻抗串联的电路，根据 KVL 的相量形式有

$$\dot{U}=\dot{U}_1+\dot{U}_2+\cdots+\dot{U}_n=\dot{I}(Z_1+Z_2+\cdots+Z_n)=\dot{I}Z$$

因此 n 个复阻抗串联可以用一个等效复阻抗 Z 来代替，其等效电路图如图 5.41 所示。

多个复阻抗串联时，其总阻抗 Z 等于各串联复阻抗之和，即

$$Z = \sum_{k=1}^{n} Z_k = \sum_{k=1}^{n} (R_k + jK_k) \qquad (5\text{-}62)$$

可见，正弦交流电路中的复阻抗串联公式与直流电路中的电阻串联公式有相同的形式，推导的方法也是一样的。

图 5.40　n 个复阻抗串联　　　　　图 5.41　等效电路

同理，复阻抗串联的分压公式与直流电路中电阻串联的分压公式也有相同形式，只是在正弦交流激励下，计算都采用相量法。对图 5.40 所示电路有

$$\dot{U}_i = \frac{Z_i}{Z} \dot{U} \qquad (5\text{-}63)$$

2. 复导纳并联

图 5.42 所示为 n 个复阻抗串联的电路，根据 KCL 的相量形式有

$$\dot{I} = \dot{I}_1 + \dot{I}_2 + \cdots + \dot{I}_n = \dot{U}(Y_1 + Y_2 + \cdots + Y_n) = \dot{U} Y$$

因此 n 个复导纳并联可以用一个等效复导纳 Y 来代替，其等效电路图如图 5.43 所示。

n 个复导纳并联时，其总导纳 Y 等于各并联导纳之和，即

$$Y = \sum_{k=1}^{n} Y_k = \sum_{k=1}^{n} (G_k + jB_k) \qquad (5\text{-}64)$$

可见，正弦交流电路中的复导纳并联公式与直流电路中的电阻并联公式有相同的形式，推导的方法也是一样的。

同理，复导纳并联的分流公式与直流电路中的电阻并联的分流公式也有相同形式，只是在正弦交流激励下，计算都采用相量法。对电路图 5.42 所示电路有

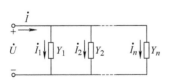

图 5.42　n 个复导纳并联　　　　　图 5.43　等效电路

$$\dot{I}_t = \frac{Y_i}{Y} \dot{I} \qquad (5\text{-}65)$$

3. 复阻抗和复导纳的等效变换

复导纳与复阻抗等效变换即利用两者互为倒数的关系。前面通过例 5.18 已验证并归纳了复阻抗模与复导纳模，以及阻抗角 φ 与导纳角 φ_Y 之间分别满足：

1）复导纳模 $|Y|$ 与复阻抗模 $|Z|$ 的关系是互为倒数。

2）阻抗角 φ 与导纳角 φ_Y 的关系是 $\varphi = -\varphi_Y$。

若设复阻抗 $Z = R + jX$ 与复导纳 $Y = G + jB$ 等效，则根据两者定义，就相当于一个电阻与一个电抗的串联电路等效成一个电导与一个电纳的并联，如图 5.44 所示。

在实际应用中，往往在得出等效复阻抗或复导纳后，再利用电导与电阻之间、感纳与感抗之间，以及容纳与容抗之间的倒数关系，获得等效的 R、L、C。

【**例 5.19**】一个无源二端网络由两个负载并联。一个负载是电阻为 3Ω、感抗 X_L 为 4Ω 的电感线圈，另一个负载由一个 8Ω 的电阻与容抗 X_C 为 6Ω 的电容串联构成。两负载并联后接外部正弦电压 $u = 220\sqrt{2}\sin(\omega t + 10°)$ V。求该二端网络对外的等效复导纳、电路端口上的总电流 $\dot{I}$。

解题思路如下：本例可以使用多种方法，只有两个负载并联，可以计算两个负载的复阻抗，再利用互为倒数的关系求出复导纳，再求出总电流。因为两个负载并联，下面我们直接应用复导纳的方法，分别求出两个负载的复导纳，之后求出等效导纳，再求出总电流，如图 5.45 所示。

图 5.44　复阻抗与复导纳的等效变换

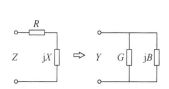

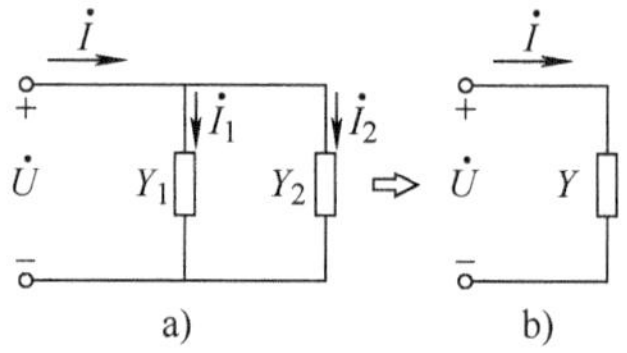

图 5.45　例 5.19 图

解：1）根据题意，并联的两个阻抗分别为 $Z_1 = R + jX_L = 3 + j4$，$Z_2 = R - jX_C = 8 - j6$

2）计算两导纳：$Y_1 = \dfrac{1}{Z_1} = \dfrac{1}{3+4j} = \dfrac{1}{5\angle 53.1°} = 0.2\angle -53.1°\text{S}$

$$Y_2 = \frac{1}{Z_2} = \frac{1}{8-6j} = \frac{1}{10\angle -36.9°} = 0.1\angle 36.9°\text{S}$$

3）计算等效复导纳：$Y_1 + Y_2 = 0.2\angle -53.1° + 0.1\angle 36.9°$

$$= 0.12 - j0.16 + 0.08 + j0.06$$

$$= 0.2 - 0.1j = 0.224\angle -26.6°\text{S}$$

4）计算总电流：$\dot{I} = Y\dot{U} = 0.224\angle -26.6° \times 220\angle 10° = 49.28\angle -16.6°\text{A}$

任务 6.2　正弦交流电路的分析计算

◆ **任务导入**

我们前面学习了电路的基本分析方法和基本定理，那么在正弦交流电路中，又该如何利用前面所学知识来分析计算电路呢？

◆ **任务要求**

理解正弦交流电路分析的解题步骤，能具体分析、计算正弦交流电路。

重点：正弦交流电路的分析计算。

难点：相量模型图的转变以及相量法的应用。

◆ **知识链接**

在正弦交流电路中，以相量形式表示的欧姆定律和基尔霍夫定律，与直流电路中的欧姆定律和基尔霍夫定律在形式上完全相同。因此，在直流电路中由欧姆定律和基尔霍夫定律推导出来的所有定理和分析方法都可以应用到正弦交流电中。所不同的只是将电路图转化为相应的相量模型，并将直流电路中的电压和电流分别用相量形式来代替。电阻 R 用复阻抗来替代，便可按照直流电路的分析方法来分析计算正弦交流电路，这正是采用相量分析的优点。

一般正弦交流电路的解题步骤如下：

1）根据原电路图画出相量模型图（电路结构不变），$R→R$、$L→jX_L=j\omega L$、$C→-jX_C=-j(1/\omega C)$、$u→\dot{U}$、$i→\dot{I}$、$e→\dot{E}$。

2）选参考相量：串联电路，选$\dot{I}=I\angle 0°$；并联电路，选$\dot{U}=U\angle 0°$；混联电路，选并联部分的电压$\dot{U}=U\angle 0°$。

3）根据电路定律、定理列相量电路方程或画相量图。

4）解相量电路方程，求得相应的相量。

5）将结果变换成要求的形式。

【例5.20】如图5.46a所示，$R_1=1000\Omega$，$R_2=10\Omega$，$L=500\text{mH}$，$C=10\mu\text{F}$，$u=100\sqrt{2}\sin 314t\text{ V}$，求各支路电流$i_1$、$i_2$、$i_3$。

解：1）画出电路的相量模型，如图5.46b所示。

2）
$$Z_1=\frac{R_1\left(-j\dfrac{1}{\omega C}\right)}{R_1-j\dfrac{1}{\omega C}}=\frac{1000\times(-j318.47)}{1000-j318.47}$$
$$=\frac{318.47\times10^3\angle-90°}{1049.5\angle-17.7°}=303.45\angle-72.3°$$
$$=92.11-j289.13\Omega$$

$$Z_2=R_2+j\omega L=10+j157\Omega$$

$$Z=Z_1+Z_2=92.11-j289.13+10+j157$$
$$=102.11-j132.13$$
$$=166.99\angle-52.3°\Omega$$

3）
$$\dot{I}_1=\frac{\dot{U}}{Z}=\frac{100\angle0°}{166.99\angle-52.3°}=0.6\angle52.3°\text{A}$$

$$\dot{I}_2=\frac{-j\dfrac{1}{\omega C}}{R_1-j\dfrac{1}{\omega C}}\dot{I}_1=\frac{-j318.47}{1049.5\angle-17.7°}=0.6\angle52.3°=0.181\angle-20°\text{A}$$

$$\dot{I}_3=\frac{R_1}{R_1-j\dfrac{1}{\omega C}}\dot{I}_1=\frac{1000}{1049.5\angle-17.7°}=0.6\angle52.3°=0.57\angle-70°\text{A}$$

4）因此，支路电流i_1、i_2、i_3为
$$i_1=0.6\sqrt{2}\sin(314t+52.3°)$$
$$i_2=0.181\sqrt{2}\sin(314t-20°)$$
$$i_3=0.57\sqrt{2}\sin(314t+70°)$$

【例5.21】两台交流发电机并联运行，供电给一负载$Z=(5+j5)\Omega$，两台发电机的理想电压源电压U_{S1}、U_{S2}均为110V，相位上U_{S2}比U_{S1}超前30°，内阻抗$Z_1=Z_2=(1+j1)\Omega$。用支路电流法、节点电压法、叠加定理、戴维南定理分别求负载电流I。

解：根据题意画出电路的相量模型，并标出电压和电流的参考方向，如图5.47所示。设以$\dot{U}_{S1}$

为参考相量，则

$$\dot{U}_{S1} = 110\angle 0°$$

$$\dot{U}_{S2} = 110\angle 30°$$

再根据已知的电路参数 $Z = (5+j5)\Omega$，$Z_1 = Z_2 = (1+j1)\Omega$，即可以用直流电路的分析方法对其进行分析。

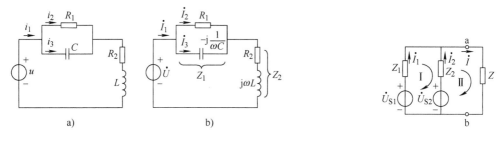

图 5.46　例 5.20 图　　　　　　　　　　图 5.47　例 5.21 图

（1）支路电流法求解

在图 5.47 中选取独立回路 Ⅰ、Ⅱ，并指定回路的绕行方向如图所示。

对节点 a 列写 KCL 方程：$\dot{I}_1 + \dot{I}_2 = \dot{I}$

对回路 Ⅰ 列写 KVL 方程：$\dot{I}_1 Z_1 - \dot{I}_2 Z_2 + \dot{U}_{S2} - \dot{U}_{S1} = 0$

对回路 Ⅱ 列写 KVL 方程：$\dot{I}_2 Z_2 + \dot{I} Z - \dot{U}_{S2} = 0$

解方程组，进行复数运算，可得负载电流相量为 $\dot{I} = 13.7\angle -30° A$

故负载电流 $I = 13.7A$。

（2）节点电压法求解

电路参数 $Z = (5+j5)\Omega$，$Z_1 = Z_2 = (1+j1)\Omega$，因此可求得对应的复导纳为 Y、Y_1、Y_2。

以节点 b 为参考节点，对节点 a 列节点电压方程：

$$(Y + Y_1 + Y_2)\dot{U}_{ab} = \dot{U}_{S1} Y_1 + \dot{U}_{S2} Y_2$$

已知 Y、Y_1、Y_2、$\dot{U}_{S1}$、$\dot{U}_{S2}$，可求得 $\dot{U}_{ab}$。

可得负载电流相量为 $\dot{I} = \dfrac{\dot{U}_{ab}}{Z}$，据此可求出负载电流的有效值。

（3）用叠加定理求解

图 5.47 所示电路图可视为图 5.48a、b 所示电路的叠加，故负载电流相量 $\dot{I} = \dot{I}' + \dot{I}''$，据此可求出负载电流的有效值。

（4）用戴维南定理求解

由图 5.47 中负载 Z 的电流，可以将其视作一个线性含源二端网络连接了负载 Z 的支路，将图 5.47 所示电路中的支路 Z 断开，可求得该线性含源二端网络的开路电压 $\dot{U}_{oc}$ 及等效复阻抗 Z_{eq}（将各个理想电压源 $\dot{U}_{S1}$、$\dot{U}_{S2}$ 置零，短路时的等效阻抗）。随后就可以将该二端网络等效成一个电压为 $\dot{U}_{oc}$ 的电源与复阻抗 Z_{eq} 串联之后再将这个等效二端电路连回支路 Z，如图 5.48c 所示，

就可求得支路 Z 上的电流为 $\dot{I}=\dfrac{\dot{U}_{oc}}{Z+Z_{eq}}$，据此可求出负载电流的有效值。

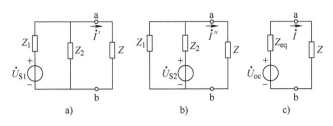

图 5.48　用叠加定理、戴维南定理求解例 5.21 图

用以上四种方法求解的结果完全相同。由于是复数运算，比直流电路中类似电路的计算过程复杂，这里只列出了分析方法，如读者有兴趣，可自行验算。

任务 7　功率因数的提高

任务 7.1　提高功率因数的意义

扫一扫看视频

◆ **任务导入**

在正弦交流电路中，只有纯电阻电路的有功功率 P 和视在功率 S 在数值上是相等的。只要电路中含有电感或电容，一般来说，有功功率总是小于视在功率。有功功率与视在功率的比值就是功率因数，即 $\cos\varphi=P/S$。功率因数就是电路阻抗角中的余弦值，电路中的阻抗角越大，功率因数就越低；反之，电路阻抗角越小，功率因数就越高。那么功率因数的高低在实际生产生活中具有怎样的意义呢？

◆ **任务要求**

熟悉常用的电气设备的功率因数。
理解提高功率因数的意义。
重难点：功率因数过低的危害。

◆ **知识链接**

实际用电器的功率因数都在 0～1 之间。例如，荧光灯（感性负载）的功率因数为 0.5～0.6；电动机满载时的功率因数可达 0.9，而空载时会降到 0.2 左右；交流电焊机只有 0.3～0.4；交流电磁铁甚至低到 0.1。由于电力系统中接有大量的感性负载，线路的功率因数一般较低。功率因数太低对供电系统会有不利的影响，为此需要提高线路的功率因数。

在正弦交流电路中，负载消耗的功率为 $P=UI\cos\varphi$，即负载消耗的功率不仅与电压、电流的大小有关，而且与功率因数 $\cos\varphi$ 的大小有关。功率因数不等于 1 时，电源与负载之间将有能量的交换。功率因数低时，会引起下面两方面的问题。

（1）功率因数低，电源设备的容量将不能充分利用

交流电源（发电机或变压器)的容量是根据设计的额定电压和额定电流来确定的，其额定视在功率 S_N 就是电源的额定容量，它代表电源所能输出的最大有功功率。但电源究竟向负载能提

供多大的有功功率，不仅决定于电源的容量，而且也决定于负载的大小和性质。

例如，额定容量 $S_N = 75\text{kVA}$ 的发电机，当负载的功率因数 $\cos\varphi = 1$ 时，能输出的最大有功功率为 $P = S_N\cos\varphi = 75\times1 = 75\text{kW}$；当负载的功率因数 $\cos\varphi = 0.7$ 时，发电机输出的最大有功功率为 $P = S_N\cos\varphi = 75\times0.7 = 52.5\text{kW}$。

由此可见，同样的电源设备，同样的输电线路，负载的功率因数越低，电源设备输出的最大有功功率就越小，无功功率就越大，电源设备的容量就越不能充分利用。

（2）功率因数低，将增加输电线路和电源设备的绕组功率损耗

负载取用的电一般都是以一定电压由电源设备通过输电线路供给的。当电源电压 U 和负载所需的有功功率 P 一定时，线路中的电流与功率因数成反比，即

$$I = \frac{P}{U\cos\varphi}$$

显然功率因数越低，I 越大，线路电阻 r 上的功率损失 $\Delta P = I^2 r$ 也越大。因此，提高功率因数可以减少线路上的能量损失。

由上述可知，提高供电系统的功率因数，对电力工业的建设和节约电能有着重要意义。我国电力部门对用户用电的功率因数都有明确的规定。按照供用电规则，高压供电的工业企业的平均功率因数不得低于 0.95，其他单位不低于 0.9。

任务 7.2 提高功率因数的方法

◆ 任务导入

前面分析了功率因数过低的危害，那么该如何提高功率因数呢？提高功率因数是否要满足一些原则性规定呢？

◆ 任务要求

理解提高功率因数的两个原则以及提高功率因数的方法。

重难点：提高功率因数的方法。

◆ 知识链接

提高功率因数需要满足两个原则：①必须保证负载的工作状态不变；②不增加电路的有功损耗。通常用与感性负载并联电容的方法来提高功率因数。电路图和相量图如图 5.49 所示。

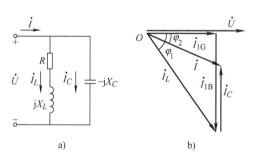

图 5.49 提高功率因数的电路图和相量图

> **点拨：** 感性负载串联电容后也可以改变功率因数，但是，在功率因数改变的同时，负载上的电压也发生了改变，会影响负载正常工作。因此，为了提高功率因数，应将适当容量的容性与感性负载并联而不是串联。
>
> 其原理是，在感性负载上并联电容后，感性负载所需的无功功率大部分或全部由电容供给，减少了电源与负载间的能量互换，使总无功功率减少，从而提高了供电线路上的功率因数。为了保持原负载的端电压、电流和功率不变，电容必须与原有感性负载并联。

从图 5.49b 的相量图中可见，未并联电容前线路上的电流 $\dot{I}$ 就是感性负载电流 $\dot{I}_L$，负载的功率因数即为 $\cos\varphi_1$，并联电容后电源供电电流为 $\dot{I} = \dot{I}_L + \dot{I}_C$，功率因数为 $\cos\varphi_2$，由相量图可以看出 $\varphi_1 > \varphi_2$，则功率因数 $\cos\varphi_2 > \cos\varphi_1$，提高了整个电路的功率因数。只要电容值取得恰当，即可达到补偿的作用。

并联电容后，感性负载的电流为

$$\dot{I}_L = \frac{\dot{U}}{R + jX_L}$$

因为所加电压和负载参数没有改变，因此感性负载的电流、电压、吸收的有功功率和无功功率都不变，即满足提高功率因数需要满足的原则：负载的工作状态不变。

在感性负载上并联电容以后，减少了电源与负载之间的能量互换。感性负载所需的无功功率大部分或全部都由电容就近供给（补偿）。

任务 7.3 并联电容 C 的确定

◆ 任务导入

我们知道在满足提高功率因数原则的前提下，并联电容是常用的方法，那么要提高到一定的功率因数，该并联多大的电容呢？

◆ 任务要求

能计算确定并联电容 C。

重难点：并联电容 C 的计算。

◆ 知识链接

将功率因数由 $\cos\varphi_1$ 提高到 $\cos\varphi_2$，试确定电容 C。

由图 5.49a 可知，并联电容后，电容 C 上的电流有效值为

$$I_C = UC\omega \tag{5-66}$$

由图 5.49b 的相量图的数值关系可知

$$I_C = I_L \sin\varphi_1 - I\sin\varphi_2 \tag{5-67}$$

式中，I 为并联电容补偿之后的总电流有效值；I_L 为补偿之前的总电流有效值。因此有

$$I = \frac{P}{U\cos\varphi_2} \qquad I_L = \frac{P}{U\cos\varphi_1}$$

把上两式和式（5-66）代入式（5-67）可得

$$I_C = \omega CU = \frac{P}{U}(\tan\varphi_1 - \tan\varphi_2)$$

因此可得

$$C = \frac{P}{\omega U^2}(\tan\varphi_1 - \tan\varphi_2) \tag{5-68}$$

【例 5.22】已知 $f = 50\text{Hz}$，$U = 220\text{V}$，$P = 10\text{kW}$，$\cos\varphi_1 = 0.6$，要使功率因数提高到 0.9，求并联电容 C，并联前后电路的总电流各为多大？

解：

$$\cos\varphi_1 = 0.6 \Rightarrow \varphi_1 = 53.13°$$
$$\cos\varphi_2 = 0.9 \Rightarrow \varphi_2 = 25.84°$$

$$C = \frac{P}{\omega U^2}(\tan\varphi_1 - \tan\varphi_2) = \frac{10\times10^3}{314\times220^2}(\tan53.13° - \tan25.84°) = 557\mu F$$

未并电容时：

$$I = I_L = \frac{P}{U\cos\varphi_1} = \frac{10\times10^3}{220\times0.6} = 75.8A$$

并联电容后：

$$I = \frac{P}{U\cos\varphi_2} = \frac{10\times10^3}{220\times0.9} = 50.5A$$

【例 5.23】例 5.22 中，若要使功率因数从 0.9 再提高到 0.95，试问还应增加多少并联电容，此时电路的总电流是多大？

解：

$$\cos\varphi_1 = 0.9 \Rightarrow \varphi_1 = 25.84°$$
$$\cos\varphi_2 = 0.95 \Rightarrow \varphi_2 = 18.19°$$

$$C = \frac{P}{\omega U^2}(\tan\varphi_1 - \tan\varphi_2) = \frac{10\times10^3}{314\times220^2}(\tan25.84° - \tan18.19°) = 103\mu F$$

$$I = \frac{10\times10^3}{220\times0.95} = 47.8A$$

显然功率因数提高后，线路上总电流减少，但继续提高功率因数所需电容很大，会增加成本，且总电流减小却不明显。因此一般将功率因数提高到 **0.9** 即可。

任务 8 实践验证

任务实施 8.1 R、L、C 元件阻抗特性的测定

1. 实施目标

1）验证电阻、感抗、容抗与频率的关系，测定 $R\sim f$、$X_L\sim f$ 及 $X_C\sim f$ 特性曲线。

2）加深理解 R、L、C 元件端电压与电流间的相位关系。

2. 原理说明

1）在正弦交变信号作用下，R、L、C 电路元件在电路中的抗流作用与信号的频率有关，它们的阻抗频率特性 $R\sim f$、$X_L\sim f$、$X_C\sim f$ 曲线如图 5.50 所示。

2）元件阻抗频率特性的测量电路如图 5.51 所示。图中的 r 是提供测量回路电流用的标准小电阻，由于 r 的阻值远小于被测元件的阻抗值，因此可以认为 AB 之间的电压就是被测元件 R、L 或 C 两端的电压，流过被测元件的电流则可由 r 两端的电压除以 r 所得。

若用双踪示波器同时观察 r 与被测元件两端的电压，也可展现出被测元件两端的电压和流过该元件电流的波形，从而可在荧光屏上测出电压与电流的幅值及它们之间的相位差。

3）将元件 R、L、C 串联或并联，也可用同样的方法测得 $Z_{串}$ 与 $Z_{并}$ 的阻抗频率特性 $Z\sim f$，根据电压、电流的相位差可判断 $Z_{串}$ 或 $Z_{并}$ 是感性还是容性负载。

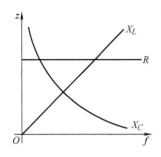

图 5.50 R、L、C 阻抗频率特性

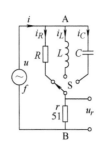

图 5.51 元件阻抗频率特性的测量电路

4）元件的阻抗角（即相位差 φ）随输入信号的频率变化而改变，将各个不同频率下的相位差画在以频率 f 为横坐标、阻抗角 φ 为纵坐标的坐标纸上，并用光滑的曲线连接这些点，即得到阻抗角的频率特性曲线。

用双踪示波器测量阻抗角的方法如图 5.52 所示。从荧光屏上数得一个周期占 n 格，相位差占 m 格，则实际的相位差 φ（阻抗角）为

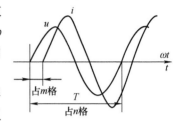

图 5.52 测量阻抗角

$$\varphi = 360° m / n$$

3. 实施设备及器材（见表 5.5）

表 5.5 实施设备及器材

序 号	名 称	型号与规格	数 量	备 注
1	信号发生器		1	自备
2	交流电压表		1	自备
3	双踪示波器		1	自备
4	频率计		1	自备
5	实验线路元件	$R=1\text{k}\Omega$，$r=51\Omega$，$C=1\mu\text{F}$，$L\approx10\text{mH}$	1	ZDD-11

4. 实施内容

1）测量 R、L、C 元件的阻抗频率特性。通过导线将信号发生器输出的正弦信号接至图 5.51 的电路作为激励源 u，之后用交流电压表测量使激励电压的有效值为 $U=3\text{V}$，并保持不变。

使信号源的输出频率从 200Hz 逐渐增至 5kHz（用频率计测量），分别接通 R、L、C 三个元件，用交流电压表测量 U_r，并计算各频率点的 I_R、I_L 和 I_C（即 U_r/r）以及 $R=U/I_R$、$X_L=U/I_L$ 及 $X_C=U/I_C$ 的值。

⚡注意：在接通 C 测试时，信号源的频率应控制在 200～2500Hz 之间。

2）用双踪示波器观察在不同频率下各元件阻抗角的变化情况，按图 5.52 记录 n 和 m，并计算出 φ。

3）测量 R、L、C 元件串联的阻抗角频率特性。

5. 实施注意事项

1）交流电压表属于高阻抗电表，测量前必须先调零。

2）测 φ 时，示波器的"V/div"和"t/div"的微调旋钮应旋至"校准位置"。

6. 思考题

测量 R、L、C 各个元件的阻抗角时，为什么要与它们串联一个小电阻？可否用一个小电感

或大电容代替？为什么？

7. 实施报告

1) 根据实验数据，在方格纸上绘制 R、L、C 三个元件的阻抗频率特性曲线，并总结、归纳出结论。

2) 根据实验数据，在方格纸上绘制 R、L、C 三个元件串联的阻抗角频率特性曲线，并总结、归纳出结论。

任务实施 8.2　单一参数电路电压、电流关系测定

1. 实施目标

1) 掌握纯电容电路电流与电压相位关系。

2) 学会用双踪示波器观察纯电容电路电流与电压波形。

2. 原理说明

电容电路实验电路图如图 5.53（加电阻是为了显示电流波形）所示。图中，$R = 30\text{k}\Omega$，$C = 1\mu\text{F}$。实验操作步骤如下：

1) 调节 YTZDD-2 型电工电子综合实验平台上的函数信号发生器，选择正弦波形，通过信号输出端输出正弦交流电压，为随机值，$f = 50\text{Hz}$。

2) 按图 5.53 电路图接线，检查路无误后通电。

3) 用示波器观察电容两端电压 u_C 波形和电阻两端电压 u_R 波形，仔细调节示波器，观察屏幕上显示的波形，并将结果记录在表 5.5 中。

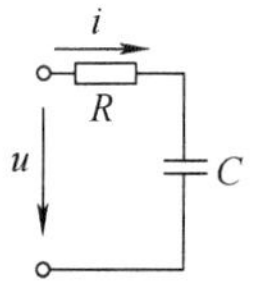

3. 实施设备及器材

YTZDD-2 型电工电子综合实验平台、EDS102E（V）型双踪电子示波器、电容、电阻、导线等。

图 5.53　电容电路实验电路图

4. 实施内容

1) 初始化：CH1（通道 1）菜单：交流耦合、关闭反相、探头衰减×1、全带宽；CH2（通道 2）菜单：交流耦合、开启反相、探头衰减×1、全带宽。

2) 自动设置：动态测试出的曲线，红色曲线为 CH1 波形，黄色曲线为 CH2 波形。

3) 波形垂直位置调整：红色波形横轴线（0 电平线）下移到显示屏中心水平线（旋转"垂直位置"旋钮）；黄色波形横轴线（0 电平线）上移到显示屏中心水平线（旋转"垂直位置"旋钮）。

4) 正弦波信号电压波形的调整：旋转垂直控制区"伏/格"旋钮可以手动调节 CH1 的电压档位（垂直方向每格代表的电压值），将正弦波信号电压的幅度调整到适当的高度。

5) 正弦波形周期时间的调整：调节水平控制区"秒/格"旋钮可以手动调节时基档位（水平方向每格代表的时间宽度），将正弦波信号电压周期调整到适当的宽度。

对比电容两端电压与电容电流（电阻两端电压）的波形，计算电容两端电压与电容电流的相位差，即过零点的相位差（弧度）。

6) 正弦波形的绘制：按动 Run/Stop 按键，稳定显示（Stop 状态）电容两端电压与电容电流（电阻两端电压）的波形，旋转"水平位置"旋钮使得扫描线水平左、右位移，将正弦波电流的正向过零点与显示器中心点（坐标原点）重叠。将电容两端电压与电容电流波形画在表 5.5 中。

7) "快照全部"数据显示清单：按动测量"Measure"按键，接着按动横排菜单选项设置区的 H1 按键添加测量，然后按动竖排菜单选项设置区的 F3 按键（快照全部），在屏幕上列表显示

全部数据，读取 u 的最大值、峰-峰值、有效值，填入表 5.6 中（分别测量 u_R、u_C）。

表 5.6 测量数据与波形

名 称	u_R、u_C 波形	示波器 U 数值/V
电容电路 u_R、u_C 的波形		u_C 最大值： 峰-峰值： 有效值： u_R 最大值： 峰-峰值： 有效值：

5. 实施注意事项

1）注意双踪示波器的正确使用。

2）接线后检查线路正确后才能通电测试。

3）注意用电安全。

6. 思考题

1）分析电路电容两端电压与电流（电阻两端电压）波形的相位关系。

2）分析电路电容两端电压与电阻两端电压的数值关系。

7. 实施报告

记录表 5.5 的实验数据，完成思考题。

任务实施 8.3 RLC 串联交流电路和并联交流电路

1. 实施目标

1）用实验的方法验证电阻、电感和电容元件在串联电路中总电压等于各元件上电压的相量和。

2）研究电阻、电感和电容串联电路中，总电压和总电流与分电压、分电流之间的关系。

2. 原理说明

正弦电流通过电阻、电感和电容串联的电路时，电路两端的总电压相量等于各元件电压相量之和。

$$\dot{U} = \dot{U}_R + \dot{U}_C + \dot{U}_L = \dot{I}(R + jX_L - jX_C) = \dot{I}Z$$

电路的总阻抗和阻抗角为

$$Z = R + j(X_L - X_C) = |Z| \angle \varphi$$
$$\tan\varphi = \frac{X}{R} = \frac{X_L - X_C}{R}$$

3. 实施设备及器材（见表 5.7）

表 5.7 实施设备及器材

序 号	名 称	型号与规格	数 量	备 注
1	可调交流电源	0～250V	1	
2	交流电压表	0～500V	1	
3	交流电流表	0～5A	1	
4	电阻器	200Ω/25W	1	ZDD-13A
5	电容器	1μF/500V、2.2μF/500V、4.7μF/500V	各 1	ZDD-13B
6	电感器	100mH	1	ZDD-13A

4. 实施内容

（1）电阻与电容串联电路

按图 5.54 所示接线。调节外加交流电压 U 为 50V 和 80V，测出电流及电阻、电容两端电压值，记录在表 5.8 中，其中，$R = 200\Omega/25\text{W}$，$C = 4.7\mu\text{F}/500\text{V}$。

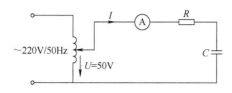

图 5.54　RC 串联电路

表 5.8　电阻与电容串联数据

U/V	U_R/V	U_C/V	I/mA
50			
80			

通过以上数据验证并说明 U、U_R、U_C 三者之间的关系。

（2）电阻、电感与电容串联电路

按图 5.55 接线。调节外加交流电压 U 为 50V 和 80V，测出电路中电流 I 及各元件上的电压值，记录在表 5.9 中，其中，$R = 200\Omega/25\text{W}$，$C = 1\sim4.7\mu\text{F}$（任选其一），$L = 100\text{mH}$。

验证总电压 $U \neq U_R + U_C + U_L$。

回答：U_L、U_R、U_C 和总电压 U 之间的关系。

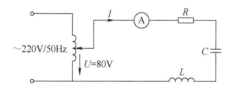

图 5.55　RLC 串联电路

表 5.9　电阻、电感与电容串联数据

U/V	U_R/V	U_C/V	U_L/V	I/mA
50				
80				

（3）电阻、电感与电容并联电路

根据实验元件，自己设计电路，验证电压与电流关系。

5. 实施注意事项

注意线路的连接及交流电压的调节。

6. 思考题

1）计算串联电路的总阻抗。

2）分别计算出 RC 串联、RLC 串联电路的电压和电流的有效值。

7. 实施报告

1）根据实验数据，画出相量图，并用相量图说明在正弦激励下，RLC 串联电路中各电压与电流之间的关系。

2）说明在直流电路中电容和电感的作用是什么？

3）计算各电压或电流并与实验数据相比较，分析误差产生的原因。

❉ 项 目 小 结 ❉

1）随时间按正弦规律周期性变化的电压和电流统称为正弦电量或正弦交流电。最大值（或有效值）、角频率（或频率、周期）和初相位是确定一个正弦量的三要素。它们分别反映正弦量的变化范围、变化快慢和计时起点的状态。

2）在学习电工技术时会遇到同一电量的不同符号，它们代表不同的意义。通常小写字母 i、u 代表瞬时值（时间的函数），大写字母 I、U 代表一定的大小（直流值、交流量的有效值），带下标的大写字母 I_m、U_m 代表最大值，I_N、U_N 代表额定值，头上带圆点的大写字母 $\dot{I}$、$\dot{U}$ 代表相量。

3）最大值与有效值之间的关系为 $I_m = \sqrt{2}I$，$U_m = \sqrt{2}U$。

角频率与频率、周期三者之间的关系为 $\omega = 2\pi f = 2\pi/T$。

相位差为两个同频率正弦量的初相位之差：$\varphi = \varphi_u - \varphi_i$。

4）正弦量可用解析式（三角函数式）、波形图和相量三种方法来表示。解析式和波形图是两种基本的表示方法，能将正弦量的三要素全面表示出来，但不便于计算；相量法是分析和计算交流电路的一种重要工具，它用相量图或复数式表示正弦量的量值和相位关系，通过简单的几何或代数方法对同频率的正弦交流电进行分析计算比较方便。正弦量的相量法一般可以写成极坐标形式 $\dot{I} = I\angle\varphi$。其中 I 为正弦量的有效值，φ 为正弦量的初相位。

正弦量的相量法也可以写成复数的代数形式 $\dot{I} = a + jb$。它与极坐标形式之间的转换关系是，$I = \sqrt{a^2 + b^2}$、$\varphi = \arctan\dfrac{b}{a}$、$a = I\cos\varphi$、$b = I\sin\varphi$。

正弦量在进行加、减运算时，宜采用复数的代数形式，将实部与实部相加减，虚部与虚部相加减；在进行乘除运算时，宜采用极坐标形式，将模与模相乘或相除，幅角与幅角相加或相减。

5）单一参数的交流电路是理想化（模型化）的电路。电阻是耗能元件，电流与电压同相；电感和电容是储能元件，电感电压超前电流 $90°$；电容电压滞后于电流 $90°$。其基本关系见表 5.10。

表 5.10　单一参数电路中的基本关系

参数	复阻抗	i、u 关系	相量式	相量图
R	R	$u = iR$	$\dot{U} = \dot{I}R$	
L	$jX_L = j\omega L$	$u = L\dfrac{di}{dt}$	$\dot{U} = jX_L\dot{I}$	
C	$-jX_C = -j\dfrac{1}{\omega C}$	$i = C\dfrac{du}{dt}$	$\dot{U} = -jX_C\dot{I}$	

6）一个线性无源二端网络的端口总电压与总电流的相量之比，被定义为复阻抗：

$Z = \dfrac{\dot{U}}{\dot{I}} = |Z| \angle \varphi$。端口电压与电流的关系 $\dot{U} = Z\dot{I}$，被称为相量形式的欧姆定律。

7）正弦交流电路中基尔霍夫定律的相量形式为 $\sum \dot{I} = 0$，$\sum \dot{U} = 0$。

将直流电路的规律扩展到正弦交流电路中进行分析计算的一般方法是，电路结构不变，电路参数用复阻抗 Z 表示，电流、电压分别用相量 $\dot{I}$、$\dot{U}$ 表示，将 Z 看作电阻，便可用直流电路的分析方法进行分析。

8）RLC 串联电路是具有代表性的多参数交流电路，其阻抗为

$$|Z| = \frac{U}{I} = \sqrt{R^2 + (X_L - X_C)^2}$$

式中，$X_L = \omega L = 2\pi f L$ 为感抗，频率越高，感抗越大，在直流电中感抗趋于零。$X_C = 1/\omega C = 1/2\pi f C$ 为容抗，频率越高，容抗越小，在直流电中容抗趋于无穷大。

电压有效值关系为

$$U = \sqrt{U_R{}^2 + (U_L - U_C)^2}$$

功率关系为

$$S = \sqrt{P^2 + (Q_L - Q_C)^2}$$

式中，有功功率为 $P = UI\cos\varphi$，无功功率为 $Q = Q_L - Q_C = UI\sin\varphi$，视在功率为 $S = UI$。

电压、电流相位差，即阻抗角或功率因数角为

$$\varphi = \arctan\frac{U_X}{U_R} = \arctan\frac{X}{R} = \arctan\frac{Q}{P}$$

若阻抗角 $\varphi > 0$，表明电路的总电压超前于总电流，电路呈感性；若阻抗角 $\varphi < 0$，表明电路的总电压滞后于总电流，电路呈容性。

有功功率 P 即平均功率，表示电路消耗的功率，单位是 W；无功功率 Q 表示电路中功率交换的最大值，单位是 var；视在功率 S 表示电压与电流的乘积，单位是 VA。

9）一个线性无源二端网络的端口总电流与总电压的相量之比，被定义为复导纳：

$Y = \dfrac{\dot{I}}{\dot{U}} = |Y| \angle \varphi_Y$。端口电流与电压的关系为 $\dot{I} = Y\dot{U}$，也称为相量形式的欧姆定律。

10）在 RLC 并联电路中，$\dot{I} = \dot{I}_R + \dot{I}_L + \dot{I}_C = \left(\dfrac{1}{R} + \dfrac{1}{jX_L} + \dfrac{1}{-jX_C}\right)\dot{U} = Y\dot{U}$

感抗的导数称为感纳：$B_L = 1/X_L = 1/\omega L$；容抗的导数称为容纳：$B_C = 1/X_C = \omega C$
复导纳 $Y = G + j(B_C - B_L) = G + jB$，$|Y| = \sqrt{G^2 + (B_C - B_L)^2}$
复阻抗的模 $|Z|$ 和复导纳的模 $|Y|$ 互为倒数；阻抗角 φ_Z 和复导纳角 φ_Y 互为相反数。

11）功率因数 $\cos\varphi = P/S = R/|Z|$，是供电系统的重要技术指标。对感性负载并联适当的电容可以提高电路的功率因数，其意义是使电源设备得到充分利用，并减少线路损耗和线路电压降。其基本原理是用电容的无功功率对电感的无功功率进行补偿。将功率因数 $\cos\varphi_1$ 提高到 $\cos\varphi_2$ 时，需要补偿电容的容量为

$$C = \frac{P}{\omega U^2}(\tan\varphi_1 - \tan\varphi_2)$$

思考与练习

5.1 已知一个正弦交流电流的有效值为 5A，周期为 1ms，初相位为 -30°，写出该正弦交流的电流瞬时表达式。

5.2 耐压为 220V 的电容，能否用在 180V 的正弦交流电源上？

5.3 已知两正弦交流电流 $i_1 = 10\sqrt{2}\sin(314t - 30°)\text{A}$，$i_2 = 30\sqrt{2}\sin(314t + 60°)\text{A}$，试求各电流的频率、最大值、有效值和初相位，画出电流的波形图，并比较它们的相位关系。

5.4 已知某负载的电压和电流的有效值和初相位分别是 220V、-45°，3A、30°，频率均为 50Hz。1）写出它们的瞬时值表达式；2）画出它们的波形图；3）计算它们的幅值、角频率和它们之间的相位差。

5.5 已知相量 $\dot{I}_1 = (3 - j4)\text{A}$，$\dot{I}_2 = (-3 - j4)\text{A}$，$\dot{I}_3 = (3 + j4)\text{A}$，$\dot{I}_4 = (-3 + j4)\text{A}$，试分别把它们改写成极坐标形式，并画出它们的相量图，已知频率均为 100Hz，写出对应的 i_1、i_2、i_3、i_4 的瞬时表达式。

5.6 图 5.56 所示是电压和电流的相量图，已知 $U = 220\text{V}$，$I_1 = 10\text{A}$，$I_2 = 7\text{A}$，频率为 50Hz，试分别用相量和瞬时值表达式表示各正弦量，并用相量法求 $\dot{I} = \dot{I}_1 + \dot{I}_2$。

5.7 写出下列正弦交流电压与电流的相位差。

1）$u = 110\sqrt{2}\sin(314t + 30°)\text{V}$，$i = 10\sqrt{2}\sin(314t - 60°)\text{V}$

2）$u = -220\sqrt{2}\sin(314t + 30°)\text{V}$，$i = 10\sqrt{2}\sin(314t - 120°)\text{V}$

3）$u = 380\sin(314t - 45°)\text{V}$，$i = -5\sqrt{2}\sin(314t + 30°)\text{V}$

5.8 已知通过一理想电感元件的正弦交流电流的有效值为 10A，频率为 50Hz，初相位为 30°，电感 $L = 10\text{mH}$。试求该电感两端电压 u 的瞬时值表达式，并画出 $\dot{U}$ 和 $\dot{I}$ 的相量图。

5.9 已知频率为 400Hz 的正弦电压 u 作用于 $C = 0.1\mu\text{F}$ 的电容上，电容电流 $I = 10\text{mA}$，初相位为 60°。试求该电容两端电压 u 的瞬时值表达式，并画出 $\dot{U}$ 和 $\dot{I}$ 的相量图。

5.10 在图 5.57 所示电路中，已知 $R = 100\Omega$，$L = 31.8\text{mH}$，$C = 318\mu\text{F}$。试求电源的频率和电压分别为 50Hz、100V 和 1000Hz、100V 两种情况下，开关 S 拨向 a、b、c 位置时电流表 A 的读数，并计算各元件中的有功功率和无功功率。

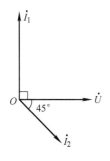

图 5.56 题 5.6 图

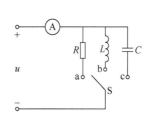

图 5.57 题 5.10 图

5.11 一个线圈接在 $U = 6\text{V}$ 的直流电源上，$I = 1\text{A}$；若接在 $U = 220\text{V}$、$f = 50\text{Hz}$ 的交流电源上，则 $I = 28.2\text{A}$。试求线圈的电阻 R 和电感 L。

5.12 在 RLC 串联交流电路中，若已知电源电压 $u = 380\sin(314t + 45°)\text{V}$，$R = 10\Omega$，

$L = 100\text{mH}$，$C = 0.05\mu\text{F}$。

1）求各元件的复数阻抗、电压和电流相量，并画出电路的相量模型。

2）写出 i、u_R、u_C、u_L 的瞬时表达式。

3）画出相量图说明 i 与 u 的相位关系，并分析电路呈何种性质。

5.13 荧光灯电源的电压为 220V，频率为 50Hz，灯管相当于 300Ω 的电阻，与灯管串联的镇流器在忽略电阻的情况下相当于 500Ω 感抗的电感。

1）求灯管两端的电压和工作电流，并画出相量图。

2）计算有功功率、无功功率、视在功率、功率因数。

5.14 如图 5.58 所示，已知电压 $u_S = 14.4\sin314t$ V，$R = 3\Omega$，$L = 1\text{H}$，$C = 0.3\text{F}$。

1）画出相量模型图。

2）求电流 i_1、i_2、i_3。

3）求电源的有功功率 P、无功功率 Q 和视在功率 S。

5.15 如图 5.59 所示，已知电源 $u(t) = 38\sin(314t+30°)\text{V}$，$R_1 = 6\Omega$，$L = 5\text{H}$，$R_2 = 4\Omega$，$C = 0.5\text{F}$。

1）画出相量模型图；2）求电流 $i_1(t)$、$i_2(t)$、$i_3(t)$；3）求电源的有功功率 P、无功功率 Q 和视在功率 S。

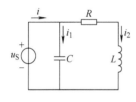
图 5.58 题 5.14 图

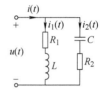
图 5.59 题 5.15 图

5.16 单相感性负载可等效为电阻和电感的串联电路，要提高单相感性负载电路的功率因数，可并联一个电容。电路如图 5.60 所示，在 $f = 50\text{Hz}$ 时，求：

1）并联多大的电容可使功率因数提高到 0.9。

2）并联电容前电源提供的电流 $\dot{I}$、感性负载 $\dot{I}_1$。

3）并联电容前、后电路的有功功率、无功功率、视在功率。

5.17 如图 5.61 所示，电源 $u_S(t) = 14.4\sin(100t+45°)\text{V}$，求 $i(t)$、$i_1(t)$、$i_2(t)$。

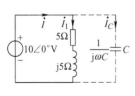
图 5.60 题 5.16 图

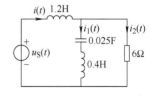
图 5.61 题 5.17 图

5.18 如图 5.62 所示，已知 $u_S(t) = 38\sin(1000t+45°)\text{V}$，$i_S(t) = 2\sin(1000t-60°)\text{A}$，试分别用叠加定理、戴维南定理求解 $i(t)$。

5.19 如图 5.63 所示，已知电源角频率 $\omega = 100\text{rad/s}$，电流有效值 $I_R = 3\text{A}$，$L = 100\text{mH}$，电阻 $R_1 = 10\Omega$，$R_2 = 20\Omega$，电路中的无功功率为-140var。试求：1）电流源电流有效值 I_S；2）电感 L 和电容 C；3）电压有效值 U_S。

5.20 如图 5.64 所示，已知 $u_S = 144\sin(100t-60°)\text{V}$，电流表 A_1、A_2 的指示均为有效值，电流表 A_2 读数为 0，u_S 与 i 同相。1）求 C_1 的值；2）求电流表 A_1 的读数。

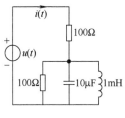

图 5.62　题 5.18 图

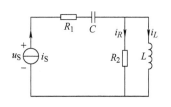

图 5.63　题 5.19 图

5.21　如图 5.65 所示的无源二端网络 N_0，已知 $u = 100\sin(314t+60°)$V，$i = 10\sin314t$A。试求此二端网络的等效电路和元件参数值，并求二端网络的功率因数及输入的有功功率和无功功率。

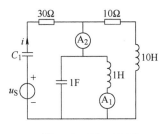

图 5.64　题 5.20 图

图 5.65　题 5.21 图

5.22　有一感性负载，额定功率 $P_N = 40$kW，额定电压 $U_N = 380$V，额定功率因数为 0.4，现将负载接在 380V、50Hz 的交流电源上工作。试求：1）负载的电流、视在功率和无功功率；2）若与负载并联一电容，使电路总电流降到 120A，此时电路的功率因数提高到多少？需并联多大的电容？

项目六　交流电路的频率特性

项目描述

在交流电路中，引入了感抗、容抗和阻抗的概念，并知道它们都与频率有关，因此如果电路中含有电容元件和电感元件，即使激励信号源的幅值不变，当频率发生变化时，电路各处的电压和电流也会发生变化。这种响应与频率的关系称为电路的频率特性。在电力系统中，频率一般是固定的，但在电子技术和控制系统中，经常要研究在不同频率下电路的工作情况。前文所讨论的电压和电流都是时间的函数，在时间领域内对电路进行分析，所以常称为时域分析。在频率领域内对电路进行分析，就称为频域分析。那么频域分析到底如何？它又有哪些特性呢？

学习目标

- 知识目标

❖ 了解交流电路频率特性的概念，了解分析电路频率特性的方法。
❖ 了解低通、高通和带通滤波电路的频率特性（幅频特性、相频特性）及应用。
❖ 理解电路谐振的条件和特征，了解谐振曲线及电路的品质因数。

- 能力目标

❖ 能进行交流电路的频率特性分析。
❖ 能掌握滤波电路、谐振电路的实际应用。

- 素质目标

❖ 培养学生学会学习、善于学习和积极乐观的人生态度。
❖ 培养学生团队协作精神、创新精神，并具备一定的职业素养。

思 政 元 素

　　在学习谐振电路时，体会在电力系统中为何要避免串联谐振，而在电子技术的诸多接收电路中又为何要应用串联谐振，学会辩证地看问题。对待不同的人生境遇，要学会缓解压力，保持积极乐观的人生态度。另外通过学习电感、电容随频率的变化，感悟同学间相互学习、互帮互助，营造良好的班风、学风的重要性。

　　学习方式、方法上建议查阅磁谐振无线供电系统或谐振的典型应用，通过具体实例，来深刻领悟学好理论知识用于解决实际问题的重要性，激励自己要学会学习、善于学习，并能通过学习实现科技强国的抱负。

　　在任务实施环节，强化自己实验探究和创新能力的培养。

思 维 导 图

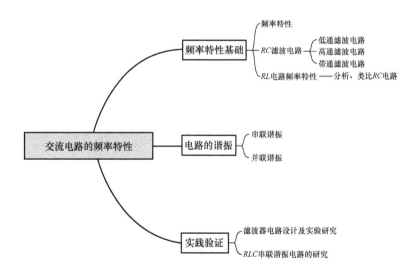

任务 1 频率特性基础

任务 1.1 频率特性

◆ **任务导入**

在各种电子设备中传输的代表语言、音乐、图像等的低频信号都是多频率的电压或电流。无线电通信、广播、电视等的实现都把这些代表语言、图像的低频信号调制到频率很高的高频信号上，利用天线辐射出无线电波；接收机收到从空间传来的无线电波后，从中取出（称为解调）低频信号，并恢复为声音和图像，这些应用都是利用了电路的频率特性。

◆ **任务要求**

理解频率特性的定义并能分析计算电路的传递函数。

重难点：电路的传递函数。

◆ **知识链接**

在正弦电路分析中，学习了如何在具有恒定频率源的电路中求解电压和电流的相量分析方法。如果让正弦信号的振幅保持不变，改变频率就得到了电路的频率响应。频率响应可以看作电路正弦稳态行为随频率变化的完整描述。电路的频率响应是其行为随信号频率变化而变化的规律。

电路本身的性能是由电路的结构和参数决定的。如图 6.1 所示的电路网络，在正弦稳态下，表征电路的重要性能之一就是传递函数，用 $H(j\omega)$ 表示，其定义为

$$H(j\omega) = 输出相量/输入相量 \tag{6-1}$$

图 6.1 所示电路网络的 $H(j\omega)$ 为

$$H(j\omega) = \frac{\dot{U}_o}{\dot{U}_i} = A(\omega)\angle\varphi(\omega) \tag{6-2}$$

式中，$A(\omega)$ 是传递函数 $H(j\omega)$ 的模。它就是输出相量与输入相量的幅值比，是角频率 ω 的函数。表示 $A(\omega)$ 随 ω 变化的特性称为幅频特性。$\varphi(\omega)$ 是传递函数 $H(j\omega)$ 的幅角。它是输出相量与输入相量的相位差，也是角频率 ω 的函数。$\varphi(\omega)$ 随 ω 变化的特性称为相频特性。两者统称为频率特性。

【例 6.1】求图 6.2 所示电路的传递函数 $H(j\omega)$。

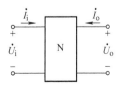

图 6.1 一般线性电路网络

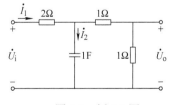

图 6.2 例 6.1 图

解题思路：只要求解出 $\dot{U}_i$ 和 $\dot{U}_o$ 相对于角频率 ω 的函数关系即可。

解：具体步骤如下：

1）用 $\dot{I}_1$ 和 $\dot{I}_2$ 分别表示出 $\dot{U}_i$ 和 $\dot{U}_o$：

$$\dot{U}_i = 2\dot{I}_1 + \frac{1}{j\omega}\dot{I}_2$$

$$\dot{U}_o = 1 \times (\dot{I}_1 - \dot{I}_2)$$

2）列写 $\dot{I}_1$ 和 $\dot{I}_2$ 之间的关系：

$$\frac{1}{j\omega}\dot{I}_2 = (1+1) \times (\dot{I}_1 - \dot{I}_2)$$

3）三式联立可解得：

$$H(j\omega) = \frac{\dot{U}_o}{\dot{U}_i} = \frac{1}{4(1+j\omega)}$$

任务 1.2　*RC* 滤波电路

◆ 任务导入

电感或电容元件对不同频率的信号具有不同的阻抗，利用感抗或容抗随频率而改变的特性构成四端网络，有选择地使某一段频率范围的信号顺利通过或者得到有效抑制，这种网络称为滤波电路。根据传输频带的不同，滤波电路通常可分为低通、高通和带通等多种。下面以 *RC* 电路组成的几种滤波电路为例介绍分析电路频率特性的方法。

◆ 任务要求

熟悉低通、高通和带通滤波电路的频率特性。
重难点：幅频、相频特性的分析。

◆ 知识链接

1.2.1　低通滤波电路

如图 6.3 所示，$\dot{U}_1$ 为输入电压，$\dot{U}_2$ 为输出电压，由分压公式可知：

$$\dot{U}_2 = \frac{\frac{1}{j\omega C}}{R + \frac{1}{j\omega C}}\dot{U}_1 = \frac{\dot{U}_1}{1+j\omega RC}$$

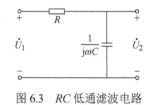

图 6.3　*RC* 低通滤波电路

电路的传递函数 $H(j\omega)$ 为

$$H(j\omega) = \frac{\dot{U}_2}{\dot{U}_1} = \frac{1}{1+j\omega RC} = \frac{1}{\sqrt{1+(\omega RC)^2}}\angle -\arctan(\omega RC)$$

由式（6-2）可知

$$A(\omega) = \frac{U_2}{U_1} = \frac{1}{\sqrt{1+(\omega RC)^2}} \tag{6-3}$$

$$\varphi(\omega) = -\arctan(\omega RC) \tag{6-4}$$

它们频率特性的曲线如图 6.4 所示。

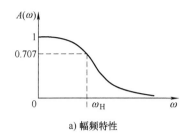
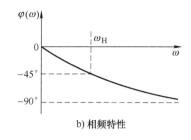

a) 幅频特性   b) 相频特性

图 6.4　低通滤波电路的频率特性曲线

由幅频特性可知，角频率越低，$A(\omega)$ 的值越大。当 $\omega = 0$ 时，$A(\omega) = 1$；而 ω 增加时，$A(\omega)$ 则减小，当 $\omega \to \infty$，$A(\omega) \to 0$，单调连续下降。将电路这种保留一部分频率分量、削弱另一部分频率分量的特性称为滤波特性，具有这种特性的电路称为滤波电路，图 6.1 的电路低频信号容易通过，高频信号将受到抑制，叫作低通滤波电路。当 $A(\omega)$ 下降到其最大值的 0.707 时，工程实际中通常将这一角频率定义为上限截止角频率，常用 ω_H 表示。频率范围 $0 < \omega \leqslant \omega_H$，则称为通频带。上限截止角频率 ω_H 由式（6-3）可得

$$A(\omega) = \frac{1}{\sqrt{1 + (\omega RC)^2}} = \frac{1}{\sqrt{2}}$$

因此有

$$\omega_H = \frac{1}{RC} \tag{6-5}$$

对应的上限截止频率为

$$f_H = \frac{1}{2\pi RC} \tag{6-6}$$

由相频特性曲线可知，随着 ω 由 $0 \to \infty$，$\varphi(\omega)$ 将由 $0 \to -90°$，当 $\omega = \omega_H$ 时，$\varphi(\omega_H) = -45°$。角总是负值，说明输出电压总是滞后于输入电压。因此，这种电路又称为相位滞后的 RC 电路。

RC 低通滤波电路广泛应用于电子设备的整流电路中，用于滤除整流后电源电压中的交流分量或用于检波电路中滤除检波后的高频分量。

1.2.2　高通滤波电路

将 RC 低通滤波的 R 和 C 交换位置，从 R 两端输出，就得到了高通滤波电路，如图 6.5 所示。

其传递函数 $H(j\omega)$ 为

$$H(j\omega) = \frac{\dot{U}_2}{\dot{U}_1} = \frac{R}{R + \dfrac{1}{j\omega C}} = \frac{1}{\sqrt{1 + \left(\dfrac{1}{\omega RC}\right)^2}} \angle \arctan\left(\frac{1}{\omega RC}\right)$$

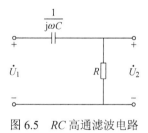

图 6.5　RC 高通滤波电路

电路的幅频特性为

$$A(\omega) = \frac{U_2}{U_1} = \frac{1}{\sqrt{1 + \left(\dfrac{1}{\omega RC}\right)^2}} \tag{6-7}$$

电路的相频特性为

$$\varphi(\omega) = \arctan\left(\frac{1}{\omega RC}\right) \tag{6-8}$$

它们的曲线如图 6.6 所示。

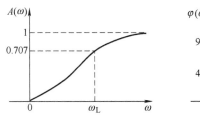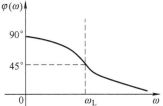

图 6.6 高通滤波电路的频率特性曲线

由幅频特性可知，角频率越高，$A(\omega)$ 的值越大。当 $\omega = 0$ 时，$A(\omega) = 0$；当 $\omega \to \infty$，$A(\omega) \to 1$，单调连续增长。高频信号容易通过，低频信号将受到抑制，这叫作高通滤波电路。当 $A(\omega)$ 上升到其最大值的 0.707 时，工程实际中通常将这一角频率定义为下限截止角频率，常用 ω_L 表示。

$$\omega_L = \frac{1}{RC} \qquad (6\text{-}9)$$

对应的下限截止频率 f_L 为

$$f_L = \frac{1}{2\pi RC} \qquad (6\text{-}10)$$

由相频特性曲线可知，输出电压总是超前于输入电压。因此，这种电路又称为超前网络。常用于电子电路放大器级间的耦合电路。

输出电压相对于输入电压有一定的相位移，低通滤波电路为滞后相移；高通滤波电路为超前相移。 在工程实际中，常用上述两电路达到移相的目的（如电子电路中正、负反馈）。

> **点拨：** 对于一个确定频率的输入信号，改变元件参数，可以得到希望的相移；对于一个确定的相移电路，在输入信号的各频率分量中，只有某个频率分量可以通过电路输出。但相移量较大时，电路的输出会很低，如要移相 90°，上述电路的输出电压为零，这就需要两个相同结构的移相电路连接起来使用。在电子技术中，把一个电阻与一个电容组成的移相电路，称为一节。要移相 180°，即输出与输入反相，则至少需要三节电路才能实现。

1.2.3 带通滤波电路

图 6.7 是由 RC 电路构成的带通滤波电路。电路的传递函数为

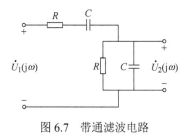

图 6.7 带通滤波电路

$$H(j\omega) = \frac{\dot{U}_2}{\dot{U}_1} = \frac{\dfrac{\dfrac{R}{j\omega C}}{R + \dfrac{1}{j\omega C}}}{R + \dfrac{1}{j\omega C} + \dfrac{\dfrac{R}{j\omega C}}{R + \dfrac{1}{j\omega C}}} = \frac{\dfrac{R}{1 + j\omega RC}}{\dfrac{1 + j\omega RC}{j\omega C} + \dfrac{R}{1 + j\omega RC}}$$

$$= \frac{j\omega RC}{(1 + j\omega RC)^2 + j\omega RC} = \frac{1}{3 + j\left(\omega RC - \dfrac{1}{\omega RC}\right)} = \frac{1}{\sqrt{3^2 + \left(\omega RC - \dfrac{1}{\omega RC}\right)^2}} \angle -\arctan\frac{\omega RC - \dfrac{1}{\omega RC}}{3}$$

电路的幅频特性为

$$A(\omega) = \frac{U_2}{U_1} = \frac{1}{\sqrt{3^2 + \left(\omega RC - \dfrac{1}{\omega RC}\right)^2}} \qquad (6\text{-}11)$$

电路的相频特性为

$$\varphi(\omega) = -\arctan \frac{\omega RC - \dfrac{1}{\omega RC}}{3} \qquad (6\text{-}12)$$

假设：

$$\omega_0 = 1/RC$$

则

$$H(j\omega) = \frac{1}{3 + j\left(\dfrac{\omega}{\omega_0} - \dfrac{\omega_0}{\omega}\right)} = \frac{1}{\sqrt{3^2 + \left(\dfrac{\omega}{\omega_0} - \dfrac{\omega_0}{\omega}\right)^2}} \angle -\arctan \frac{\dfrac{\omega}{\omega_0} - \dfrac{\omega_0}{\omega}}{3}$$

$$(6\text{-}13)$$

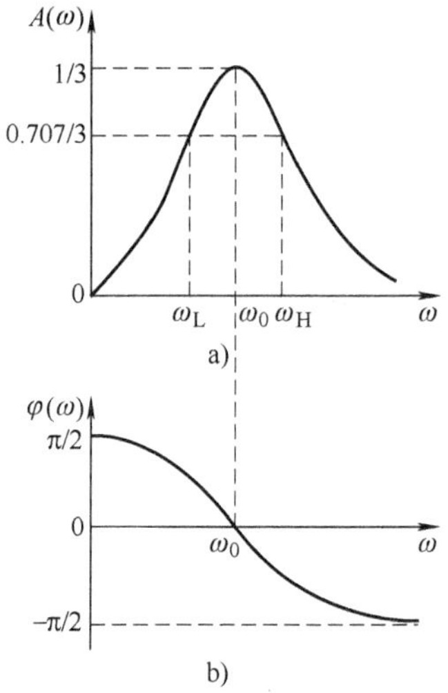

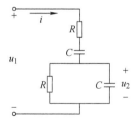

图 6.8 带通滤波电路的频率特性

由式（6-13）可得

当 $\omega = 0$ 时，$A(\omega) = 0$，$\varphi(\omega) = \pi/2$；

当 $\omega = \omega_0$ 时，$A(\omega) = 1/3$，$\varphi(\omega) = 0$；

当 $\omega \to \infty$ 时，$A(\omega) = 0$，$\varphi(\omega) = -\pi/2$。

带通滤波电路的幅频特性曲线、相频特性曲线分别如图 6.8a 和 b 所示。由图中可见，$\omega = \omega_0 = 1/RC$ 时，输出 RC 电压 $U_2(j\omega)$ 与输入电压 $U_1(j\omega)$ 的相位相同，$\varphi(\omega) = 0$，并且 $U_2/U_1 = 1/3$。通常规定：当 $A(\omega)$ 等于其最大值的 0.707 处频率的上下限之间的宽度称为通频带宽度(ω_{BW})，简称通频带，即

$$\omega_{BW} = \omega_H - \omega_L \qquad (6\text{-}14)$$

带通滤波电路的 ω_L 称为下限截止频率，ω_H 称为上限截止频率，它能够顺利传输 $\omega_L - \omega_H$ 频带中的电压信号，阻止频率低于 ω_L 或高于 ω_H 的信号通过。

【**例 6.2**】图 6.9 所示电路是音频信号发生器中常用的选频电路。选频是指当这个二端网络的输入电源 u 为某一频率时，u_2 电压能达到最大值，且 $\dot{U}_1$ 与 $\dot{U}_2$ 同相。试问当频率 ω 与电路参数之间满足什么关系时，$\dot{U}_1$ 与 $\dot{U}_2$ 同相？这时它们的有效值之比是多少？

图 6.9 例 6.2 图

解：由式（6-13）可得：$\omega = \omega_0 = 1/RC$ 时，$\dot{U}_1$ 与 $\dot{U}_2$ 同相，即相位角应等于零。此时输出电压与输入电压的有效值之比为 $U_2 : U_1 = 1 : 3$。

任务 1.3 *RL* 电路频率特性

◆ 任务导入

前面分析了用 RC 实现的滤波电路，根据感抗是频率的函数，那么 RL 电路是否具有相应的频率特性？

◆ **任务要求**

熟悉 RL 低通、高通滤波电路的频率特性。

重难点：频率特性的分析。

◆ **知识链接**

图 6.10 所示为电阻元件与电感元件串联构成的 RL 电路，经过分析可得到其频率特性表达式。

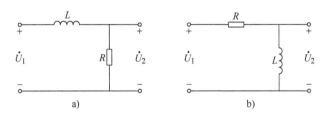

图 6.10　RL 滤波电路

由图 6.10a 可得电路的传递函数为

$$H(\mathrm{j}\omega) = \frac{\dot{U}_2}{\dot{U}_1} = \frac{R}{R + \mathrm{j}\omega L} = \frac{1}{1 + \mathrm{j}\omega\dfrac{L}{R}} = \frac{1}{\sqrt{1 + \left(\omega\dfrac{L}{R}\right)^2}} \angle -\arctan\left(\omega\dfrac{L}{R}\right) = A(\omega)\angle\varphi(\omega)$$

电路的幅频特性为

$$A(\omega) = \frac{U_2}{U_1} = \frac{1}{\sqrt{1 + \left(\omega\dfrac{L}{R}\right)^2}} \tag{6-15}$$

电路的相频特性为

$$\varphi(\omega) = -\arctan\left(\omega\dfrac{L}{R}\right) \tag{6-16}$$

式（6-15）对比式（6-3）、式（6-16）对比式（6-4）可知，图 6.10a 电路的频率特性与图 6.3 电路的频率特性相同，都表示低通滤波电路，滞后移相电路。

由图 6.10b 可得电路的传递函数为

$$H(\mathrm{j}\omega) = \frac{\dot{U}_2}{\dot{U}_1} = \frac{\mathrm{j}\omega L}{R + \mathrm{j}\omega L} = \frac{1}{1 - \mathrm{j}\dfrac{R}{\omega L}} = \frac{1}{\sqrt{1 + \left(\dfrac{R}{\omega L}\right)^2}} \angle \arctan\left(\dfrac{R}{\omega L}\right) = A(\omega)\angle\varphi(\omega)$$

电路的幅频特性为

$$A(\omega) = \frac{U_2}{U_1} = \frac{1}{\sqrt{1 + \left(\dfrac{R}{\omega L}\right)^2}} \tag{6-17}$$

电路的相频特性为

$$\varphi(\omega) = \arctan\left(\dfrac{R}{\omega L}\right) \tag{6-18}$$

式（6-17）对比式（6-7）、式（6-18）对比式（6-8）可知，图 6.10b 电路的频率特性与图 6.3 电路的频率特性相同，都表示高通滤波电路，超前移相电路。

同理，根据定义容易得到，RL 电路的截止频率为 $\omega_H = \omega_L = R/L$。

任务 2　电路的谐振

任务 2.1　串联谐振

扫一扫看视频

◆ 任务导入

在由电阻、电感、电容组成的电路中，总电压和总电流的相位一般是不同的。但如果电源的频率和电路的参数满足一定的条件，则可使电路中的总电压和总电流同相位，整个电路呈电阻性，这种现象称为电路的谐振。处于谐振状态的电路称为谐振电路。谐振在工业生产中有广泛应用，如用于高频淬火、高频加热、收音机、电视机。然而谐振时也会在电路的某些元件中产生过大的电压或电流，从而致使元件受损，这又是应该避免的。因此谐振的分析就显得尤为重要，谐振电路按照连接方式的不同分为串联谐振和并联谐振。下面先来讨论串联谐振，以及其产生的条件和电路特征。

◆ 任务要求

熟悉 RLC 串联电路谐振的条件、实现方法、特征以及谐振曲线。

重难点：RLC 串联谐振发生的条件和电路特征。

◆ 知识链接

2.1.1　RLC 串联电路谐振的条件

当电感线圈和电容器串联时，可以将其视为由电阻、电感和电容组成的串联电路，其电路图和相量模型如图 5.29 所示。电路在角频率为 ω 的正弦电压作用下，其复数阻抗为

$$Z = R + j(X_L - X_C) = R + j(\omega L - 1/\omega C)$$

当 $X_L = X_C$ 或者 $\omega L = \omega C$，电路发生谐振。发生谐振时的角频率称为谐振角频率，用 ω_0 表示，即

$$\omega_0 = \sqrt{LC} \qquad (6\text{-}19)$$

由 $\omega_0 = 2\pi f$，发生谐振时的频率用 f_0 表示，可得：

$$f_0 = \frac{1}{2\pi\sqrt{LC}} \qquad (6\text{-}20)$$

可见，一个电路的谐振频率，仅由电路元件的参数 L 和 C 决定，而与激励无关，但仅当激励源的频率等于电路的谐振频率时，电路才会发生谐振现象，谐振是电路固有性质的反映。

2.1.2　实现谐振的方法

经上述讨论可知，若满足式 $\omega L = \omega C$，RLC 电路就会发生谐振。因此实现电路的谐振有两种方法：

1）调节电源频率。在电路参数与结构已确定的情况下，改变电源频率，使频率满足式（6-20），

电路即可发生谐振。

2）调节电路参数。在电源频率一定的情况下，可调节电感 L、电容 C 达到电路谐振的目的。由于电感 L 不易调节，常采用改变电容 C 的方法使电路谐振，通常用改变电容器相对面积的方法来改变电容值，达到谐振的目的。

2.1.3　串联谐振的特征

RLC 串联电路发生谐振时，电路具有以下特征：

1）电流与电压同相位，阻抗角 $\varphi = 0$，电路呈阻性。阻抗角 $\varphi = 0$，电路的功率因数 $\cos\varphi = 1$。电源供给电路的能量全部被电阻所消耗，电源与电路之间不发生能量的互换，无功功率 $Q = 0$。Q_L 与 Q_C 相互补偿，能量的互换只发生在电感与电容之间。

2）阻抗最小，电流最大。串联谐振时，由于 $X = X_L - X_C = 0$，但感抗和容抗都不为零，它们数值相等，称为特性阻抗。感抗、容抗等于电路的特性阻抗。

$$\rho = \omega_0 L = \frac{1}{\omega_0 C} = \sqrt{\frac{L}{C}} \qquad (6\text{-}21)$$

ρ 的单位为 Ω。特性阻抗是由电路参数 L 或 C 所决定的，与谐振频率无关。

整个电路的阻抗等于电阻 R，而电感 L 与电容 C 串联部分相当于短路。谐振时电路的电流称为谐振电流，其有效值用 I_0 表示，在电源电压 U 一定的情况下，电路中的电流将在谐振时达到最大值，即 $I_0 = U/R$。

3）电感端电压与电容端电压大小相等，相位相反。电阻端电压等于外加电压。串联谐振时，电路中电感电压相量为 $\dot{U}_L = jX_L \dot{I}_0$；电容电压相量为 $\dot{U}_C = -jX_C \dot{I}_0$。电感电压与电容电压有效值相等，相位相反，$\dot{U}_L$ 和 $\dot{U}_C$ 互相抵消，电阻电压等于电源电压，即 $\dot{U}_R = \dot{U}$。

4）电感和电容的端电压有可能大大超过外加电压。

串联谐振时，$\dot{U}_L = -\dot{U}_C$，虽然 U_L 和 U_C 互相抵消，两者之和对整个电路不起作用，但是 $\dot{U}_L$ 或 $\dot{U}_C$ 的单独作用却不容小视。当 $X_L = X_C \geqslant R$ 时，U_L 和 U_C 可高于电源电压 U 很多倍，因此，串联谐振又称为电压谐振。在电力工程中，如果 U_L 和 U_C 过高，可能会击穿电感器或电容器的绝缘层，导致电感器或电容器的损坏。因此，要避免串联谐振的发生。但在无线电工程中，在工作信号比较微弱时，可以利用电压谐振来获得较高的信号电压，将微弱信号进行放大，使电感或电容元件上的电压高于电源电压几十倍或几百倍。

谐振的实质就是电感中的磁场能与电容中的电场能互相转换，相互完全补偿，磁场能和电场能的总和始终保持不变，电源不必与电路往返交换能量，只需供给电路中电阻所消耗的能量。如果电路中 $Q_L = |Q_C|$，且数值较大，有功功率 P 数值较小，即电路中消耗的能量不多，却有较多的能量在电感和电容之间相互转换，这说明电路谐振的程度比较强；反之则说明电路谐振的程度比较弱。因此，通常用电路中电感或电容的无功功率的绝对值与电路中有功功率的比值来表示电路谐振的程度，称为电路的品质因数，并用 Q 表示，即

$$Q = \frac{Q_L}{P} = \frac{|Q_C|}{P} \qquad (6\text{-}22)$$

在串联谐振电路中，$Q_L = U_L I_0 = X_L I_0^2$，$|Q_C| = U_C I_0 = X_C I_0^2$，$P = U_R I_0 = R I_0^2$，故 RLC 串联谐振电路的品质因数为

$$Q = \frac{Q_L}{P} = \frac{U_L I_0}{U I_0} = \frac{U_L}{U} = \frac{X_L I_0^2}{R I_0^2} = \frac{\omega_0 L}{R} = \frac{1}{R}\sqrt{\frac{L}{C}} = \frac{\rho}{R}$$

或

$$Q = \frac{|Q_C|}{P} = \frac{U_C I_0}{U I_0} = \frac{U_C}{U} = \frac{X_C I_0^2}{R I_0^2} = \frac{1}{R \omega_0 C} = \frac{1}{R}\sqrt{\frac{L}{C}} = \frac{\rho}{R} \tag{6-23}$$

由上式可见，串联谐振电路的品质因数 Q 也表示在谐振时电感（或电容）元件上的电压 U_L（或 U_C）与电源电压 U 之比。而且，**品质因数 Q 仅由电路元件参数 R、L 和 C 决定，Q 是一个无量纲的物理量。**

【例 6.3】在 RLC 串联电路中，已知 $R = 10\Omega$，$L = 0.14\text{mH}$，$C = 558\text{pF}$，电源电压 $U = 2\text{mV}$。试求：1）该电路的谐振频率；2）电路的特性阻抗和品质因数；3）电路在谐振时的电流有效值、电感和电容上的电压有效值；4）当频率增加 10% 时，电路的电流和电容上的电压的有效值。

1）电路的谐振频率

$$f_0 = \frac{1}{2\pi\sqrt{LC}} = \frac{1}{2\pi\sqrt{0.14\times10^{-3}\times558\times10^{-12}}} \approx 570\times10^3\,\text{Hz} = 570\text{kHz}$$

2）电路的特性阻抗

$$\rho = \sqrt{\frac{L}{C}} = \sqrt{\frac{0.14\times10^{-3}}{558\times10^{-6}}} \approx 500\Omega$$

品质因数为

$$Q = \frac{\rho}{R} = \frac{500}{10} = 50$$

3）电路在谐振时的电流有效值：$I_0 = U/R = 0.2\text{mA}$

电感和电容上的电压有效值：$U_{L0} = U_{C0} = QU = 50\times2\times10^{-3} = 0.1\text{V}$

4）当频率增加 10% 时，电路的电流和电容上的电压的有效值：

$$f = (1+10\%)f_0 = 1.1\times570 = 627\text{kHz}$$

$$X_L = 2\pi f L = 2\times\pi\times627\times10^3\times0.14\times10^{-3} = 551.5\Omega$$

$$X_C = \frac{1}{2\pi f C} = \frac{1}{2\times\pi\times627\times10^3\times558\times10^{-12}} = 454.9\Omega$$

$$|Z| = \sqrt{R^2 + (X_L - X_C)^2} = \sqrt{10^2 + (551.5 - 454.9)^2} = 97.1\Omega$$

$$I = \frac{U}{|Z|} = \frac{2\times10^{-3}}{97.1} = 0.021\text{mA}$$

$$U_C = X_C I = 454.9\times0.021\times10^{-3} = 9.55\text{mV}$$

2.1.4 谐振曲线

在 RLC 串联电路中，当电源电压的有效值和元件的参数不变，而只改变电源电压的频率时，电路中的阻抗、电流和各元件上的电压都将随频率发生变化。谐振电路中电压、电流与频率的关系曲线称为谐振曲线。

对于 RLC 串联电路，当改变电源电压的频率时，电路中电流与频率的关系为

$$I(f) = \frac{U}{\sqrt{R^2 + \left(2\pi f L - \dfrac{1}{2\pi f C}\right)^2}} \tag{6-24}$$

电流随频率变化的曲线如图 6.11 所示。由图中可以看出，当 $f = 0$ 时电容容抗为无穷大，电容相当于开路，电路中电流等于零；当 f 从零增加到 f_0 的过程中，电路为电容性电路，电流由零

逐渐增加到最大值 I_0；当 $f = f_0$ 时，电路处于谐振状态，电流达到最大值 I_0；电路属于电阻性电路；当 f 从 f_0 逐渐增大时，电路为电感性电路，电路中的电流将由最大值 I_0 逐渐下降。图 6.11 所示电流与频率的关系曲线称为电流谐振曲线。

1. 谐振电路的选频特性

由图 6.11 可见，当 f 偏离谐振频率 f_0 时，电流 I 随频率由谐振时的最大值迅速减小，这表明电路具有选择谐振频率的能力。在谐振频率时，电路中的电流达到最大值，电路的这种特性称为选择性。电路选择性的好坏与谐振曲线的形状有关，而谐振曲线的形状又决定于电路的品质因数。

为了说明这一点，可以将式（6-24）改写为

$$I(\omega) = \frac{U}{\sqrt{R^2 + \left(\omega L - \dfrac{1}{\omega C}\right)^2}} = \frac{U}{\sqrt{R^2 + \left(\dfrac{\omega L \omega_0}{\omega_0} - \dfrac{\omega_0}{\omega C \omega_0}\right)^2}} = \frac{U}{\sqrt{R^2 + {\omega_0}^2 L^2 \left(\dfrac{\omega}{\omega_0} - \dfrac{\omega_0}{\omega}\right)^2}}$$

$$= \frac{U}{R\sqrt{1 + Q^2 \left(\dfrac{\omega}{\omega_0} - \dfrac{\omega_0}{\omega}\right)^2}} = \frac{I_0}{\sqrt{1 + Q^2 \left(\dfrac{\omega}{\omega_0} - \dfrac{\omega_0}{\omega}\right)^2}} \tag{6-25}$$

由上式可知，当串联谐振电路的品质因数 Q 值不同时，画出的电流谐振曲线的形状将不同，对应不同 Q 值的归一化电流谐振曲线如图 6.12 所示。

由图 6.12 可以看出，除 $\omega = \omega_0$ 时，电流 $I = I_0$ 与电路的品质因数 Q 无关外，对其他任何角频率，电流 I 都是随 Q 值的增大而减小。说明 Q 值越大，电流谐振曲线越尖锐，电路的选择性就越好。因此，在电子技术中，为了获得较好的选择性，总是设法提高电路的品质因数。

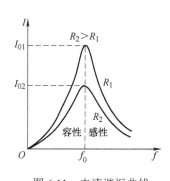

图 6.11　电流谐振曲线

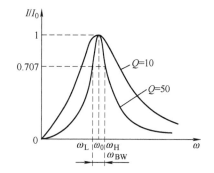

图 6.12　归一化电流谐振曲线与 Q 的关系

2. 通频带

在广播和通信电路中，被传输的信号往往不是一个频率，而是具有一定的频率范围。例如，广播电台为保证传输信号不失真，就要具有一定的频带宽度，在这种情况下，不希望电路的谐振曲线过于尖锐，否则会把一部分需要传输的信号抑制掉而产生失真现象。对于谐振角频率 ω_0（或谐振频率 f_0）相同的谐振曲线可以用通频带宽度表明谐振曲线的尖锐程度。如图 6.12 通频带宽度 ω_{BW}（或 f_{BW}）越小，谐振曲线越尖锐，电路的频率选择性就越强。电路的通频带宽度与电路的品质因数 Q 有关，关系式如下：

$$\omega_{BW} = \frac{\omega_0}{Q} \tag{6-26}$$

$$f_{BW} = \frac{f_0}{Q} \tag{6-27}$$

Q 值越大，则通频带宽度越小，电路的选择性越好。

> 💡 **经验传承**：Q 值越大，电流谐振曲线越尖锐，电路对偏离谐振频率的信号抑制能力越强，电路的选择性越好。所以在电子电路中常用谐振电路从许多不同频率的各种信号中选择所需要的信号。可是，实际信号都占有一定的频率宽度，由于通频带宽度与 Q 值成反比，所以 Q 值越大，电路的通频带宽越窄，这样将会过多地削弱所需信号的主要频率分量，从而引起严重失真，故在实际设计中，必须根据需要来选择适当的 Q 值，以兼顾两方面的要求。

【例 6.4】 一信号源与 RLC 电路串联，要求谐振频率 $f_0 = 10^4$ Hz，频带宽 $f_{BW} = 100$ Hz，$R = 15\Omega$。求出这个串联电路的各个元器件参数值。

解：

1）首先求解电路的品质因数，由式（6-27）可得：$Q = f_0/f_{BW} = 100$

2）根据式（6-23）分别求解出电容、电感的值。

$$L = RQ / \omega_0 = 15 \times 100 / 2\pi f_0 = 39.8\text{mH}$$

$$C = \frac{1}{(2\pi f_0)^2 L} = \frac{1}{\omega_0{}^2 L} = 6360\text{pF}$$

任务 2.2　并联谐振

扫一扫看视频

◆ **任务导入**

前面讨论的串联谐振电路适用于信号源内阻较小的情况，如果信号源内阻较大，将使 Q 值过小，以至电路的选择性变差。此时，为了获得较好的选频特性，常采用并联谐振电路。

◆ **任务要求**

熟悉 RLC 并联电路谐振的条件、特征。

重难点：RLC 并联谐振电路特征。

◆ **知识链接**

由于电感线圈总是存在电阻，故图 6.13a 所示的 RLC 并联电路在实际工程中并不存在，实际工程中广泛应用的是实际电感线圈与实际电容器并联的谐振电路，在忽略实际电容器介质损耗时，其电路模型如图 6.13a 所示。

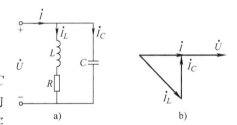

图 6.13　实际线圈的谐振

2.2.1　谐振的条件

图 6.13a 电路端口总导纳为

$$Y = j\omega C + \frac{1}{R + j\omega L} = \frac{R}{R^2 + (\omega L)^2} + j\left[\omega C - \frac{\omega L}{R^2 + (\omega L)^2} \right] \tag{6-28}$$

根据谐振的定义，可得

$$\omega C = \frac{\omega L}{R^2 + (\omega L)^2}$$

通常实际电感线圈中的线圈电阻 R 很小，线圈的感抗 $\omega L \gg R$，故：

$$\omega C \approx \frac{1}{\omega L}$$

可得发生谐振时的角频率为

$$\omega_0 \approx \frac{1}{\sqrt{LC}} \tag{6-29}$$

谐振频率为

$$f_0 \approx \frac{1}{2\pi\sqrt{LC}} \tag{6-30}$$

这与串联谐振条件式（6-19）、式（6-20）基本相同。这就是说，当电阻很小时，并联谐振的条件与串联谐振的条件基本相同，即**同样的电感线圈和电容器接成并联或串联时，谐振频率几乎相等。**

2.2.2 并联谐振的特征

RLC 并联电路发生谐振时，电路具有以下特征：

1）电流与电压同相位，阻抗角 $\varphi = 0$，电路呈阻性。

2）阻抗最大，当电源电压一定时，电路的总电流最小。并联谐振时，电流与电压同相，此时电流为

$$\dot{I}_0 = \dot{U} Y_0 = \dot{U}\frac{R}{R^2 + (\omega L)^2} = \frac{\dot{U}}{Z_0}$$

其中

$$Z_0 = \frac{R^2 + (\omega_0 L)^2}{R} \approx \frac{(\omega_0 L)^2}{R} \tag{6-31}$$

因电阻 R 很小，故并联谐振呈现高阻抗特性，若 $R \to 0$，则 $Z_0 \to \infty$，即电路不允许频率为 f_0 的电流通过。

3）电感电流与电容电流大小几乎相等，相位相反。由图 6.13b 所示相量图可见，电路中电容支路的电流与电感支路的电流的垂直分量相等。$\dot{I}$ 的数值越小，则 $\dot{I}_L$ 与 $\dot{I}_C$ 越接近大小相等，相位相反。

4）电感或电容支路的电流有可能大大超过总电流。电感支路（或电容支路）的电流与总电流之比为电路的品质因数，其值为

$$Q = \frac{I_1}{I_0} \approx \frac{\dfrac{U}{\omega_0 L}}{\dfrac{U}{|Z_0|}} = \frac{|Z_0|}{\omega_0 L} \approx \frac{\dfrac{(\omega_0 L)^2}{R}}{\omega_0 L} = \frac{\omega_0 L}{R} \tag{6-32}$$

并联谐振时通过电感或电容支路的电流是总电流的 Q 倍。也就是说，**并联电路的阻抗为支路阻抗的 Q 倍，Q 值一般可达几十或者几百，故并联谐振又称电流谐振。**

并联谐振同样可以进行选频，选频特性的好坏也由 Q 值决定。

【例 6.5】 将一个 $R = 15\Omega$，$L = 0.23\text{mH}$ 的电感线圈与 100pF 的电容器并联，求该并联电路的谐振频率和谐振时的等效阻抗。

解：由

$$\omega_0 C = \frac{\omega_0 L}{R^2 + (\omega_0 L)^2}$$

可得

$$\omega_0 = \sqrt{\frac{1}{LC} - \left(\frac{R}{L}\right)^2} = \sqrt{\frac{1}{0.23 \times 10^{-3} \times 100 \times 10^{-12}} - \left(\frac{15}{0.23 \times 10^{-3}}\right)^2} = 6557 \times 10^3 \text{ rad/s}$$

即

$$f_0 = \frac{\omega_0}{2\pi} = \frac{6557 \times 10^3}{2 \times 3.14} = 1044\text{kHz}$$

谐振时的等效阻抗为

$$Z_0 = R_0 = \frac{L}{RC} = \frac{0.23 \times 10^{-3}}{15 \times 100 \times 10^{-12}} = 153\text{k}\Omega$$

而用式（6-29）计算，谐振频率为

$$\omega_0 \approx \frac{1}{\sqrt{LC}} = \frac{1}{\sqrt{0.23 \times 10^{-3} \times 100 \times 10^{-12}}} = 6593 \times 10^3 \text{rad/s}$$

$$f_0 = 1049.9\text{kHz}$$

由计算结果可知：此值与精确表达式的计算结果相差不大，谐振时，电路的等效阻抗 Z 很大，比线圈电阻 R 大很多，R_0 是 R 的 10200 倍。

扫一扫看视频

任务 3　实践验证

任务实施 3.1　滤波器电路设计及实验研究

1. 实施目标

1）了解 RC 无源滤波器的种类、基本结构。

2）分析无源滤波器的滤波特性。

2. 原理说明

1）滤波器是对输入信号的频率具有选择性的一个二端口网络，它允许某些频率（通常是某个频率范围）的信号通过，而其他频率的信号幅值要受到衰减或抑制。这些网络可以是由 RLC 元件或 RC 元件构成的无源滤波器，也可以是由 RC 元件和有源器件构成的有源滤波器。我们这里研究由 RC 元件构成的无源滤波器。

根据幅频特性所表示的通过或阻止信号频率范围的不同，滤波器可分为低通滤波器（LPF）、高通滤波器（HPF）、带通滤波器（BPF）和带阻滤波器（BEF）四种。图 6.14 所示为四种滤波器的实际幅频特性。

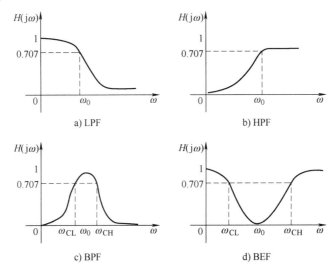

图 6.14　四种滤波器的实际幅频特性

2）四种滤波器的实验模拟电路如图 6.15 所示。

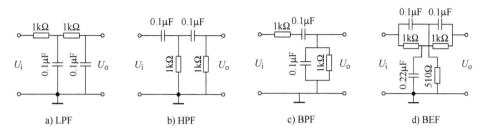

      a) LPF   b) HPF   c) BPF   d) BEF

图 6.15 四种滤波器的实验模拟电路

3. 实施设备及器材（见表 6.1）

表 6.1 实施设备及器材

序号	名 称	型号与规格	数 量	备 注
1	信号发生器		1	自备
2	双踪慢扫描示波器		1	自备
3	电阻器	510Ω	1	ZDD-11
4	电阻器	1kΩ	2	ZDD-12B
5	电容器	0.1μF/63V	2	ZDD-12B
6	电容器	0.22μF/63V	1	ZDD-12B

4. 实施内容

1）接线时滤波器的输入端 U_i 接信号发生器的输出，滤波器的输出端 U_o 接示波器。

2）按照图 6.15a 接线，观察无源低通滤波器的幅频特性；实验时，在保持正弦波信号输出电压幅值（U_i）不变的情况下，逐渐改变其输出频率，用示波器测量 RC 滤波器输出端的电压 U_o。当每次改变信号源频率时，都应观测一下 U_i 是否保持稳定，数据如有改变应及时调整。

3）参照 2）分别测试 HPF、BPF、BEF 的幅频特性。

5. 实施注意事项

因截止频率受元器件精度及仪表误差的影响，测量值在理论值的 20% 范围内均视为正常。

6. 思考题

示波器所测滤波器的实际幅频特性与理想幅频特性有何区别？

7. 实施报告

1）根据实验测量所得数据，绘制各类滤波器的幅频特性曲线。

2）比较分析无源滤波器的滤波特性。

任务实施 3.2 *RLC* 串联谐振电路的研究

1. 实施目标

1）学习用实验方法绘制 RLC 串联电路的幅频特性曲线。

2）加深理解电路发生谐振的条件、特点，掌握电路品质因数（电路 Q 值）的物理意义及其测定方法。

2. 原理说明

1）在图 6.16 所示的 RLC 串联电路中，当正弦交流信号源 U_i 的频率 f 改变时，电路中的感抗、容抗随之而变，电路中的电流也随 f 而改变。取电阻 R 上的电压 U_o 作为响应，当输入电压

U_i 的幅值维持不变时，在不同频率的信号激励下，测出 U_o 的值，然后以 f 为横坐标，以 U_o/U_i 为纵坐标（因 U_i 不变，故也可直接以 U_o 为纵坐标），绘出光滑的曲线，此即为幅频特性曲线，亦称谐振曲线，如图 6.17 所示。

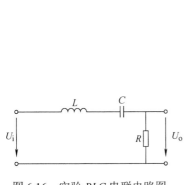

图 6.16　实验 RLC 串联电路图

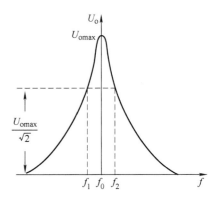

图 6.17　谐振曲线

2）在 $f = f_0 = \dfrac{1}{2\pi\sqrt{LC}}$ 处，即幅频特性曲线尖峰所在的频率点称为谐振频率。此时 $X_L = X_C$，电路呈纯阻性，电路阻抗的模为最小。在输入电压 U_i 为定值时，电路中的电流达到最大值，且与输入电压 U_i 同相位。从理论上讲，此时 $U_i = U_R = U_o$，$U_L = U_C = QU_i$，式中的 Q 为电路的品质因数。

3）电路品质因数 Q 值的两种测量方法。

一种方法是根据公式 $Q = \dfrac{U_L}{U_i} = \dfrac{U_C}{U_i}$ 测定，U_C 与 U_L 分别为谐振时电容器 C 和电感线圈 L 上的电压有效值；另一种方法是通过测量谐振曲线的通频带宽度 $\Delta f = f_2 - f_1$，再根据 $Q = \dfrac{f_0}{f_2 - f_1}$ 求出 Q 值。式中 f_0 为谐振频率，f_2 和 f_1 是失谐时，亦即输出电压的幅度下降到最大值的 $1/\sqrt{2}(0.707)$ 倍时的上、下频率点。Q 值越大，曲线越尖锐，通频带越窄，电路的选择性越好。在恒压源供电时，电路的品质因数、选择性与通频带只决定于电路本身的参数，而与信号源无关。

3. 实施设备及器材（见表 6.2）

表 6.2　实施设备及器材

序　号	名　称	型号与规格	数　量	备　注
1	函数信号发生器		1	自备
2	频率计		1	自备
3	交流毫伏表		1	自备
4	双踪示波器		1	自备
5	实验元件	$R = 510\Omega$、$1k\Omega$，$C = 0.01\mu F$、$0.1\mu F$、$L \approx 30mH$	1	ZDD-11

4. 实施内容

1）按图 6.18 组成监视、测量电路。选 $C = 0.01\mu F$。用交流毫伏表（或示波器）测电压，用示波器监视信号源输出。令信号源输入电压 $U_i = 3V$，并保持不变。

2）找出电路的谐振频率 f_0，其方法是，将交流毫伏表（或示波器）接在 $R(510\Omega)$ 两端，令信号源的频率由小逐渐变大（注意要维持信号源的输出幅度不变），当 U_o 为最大时，读得频率计上的频率值即为电路的谐振频率 f_0，并测量 U_C 与 U_L 的值（注意及时更换毫伏表的量限）。

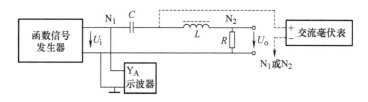

图 6.18 监视、测量电路

3）在谐振点两侧，按频率递增或递减 500Hz 或 1kHz，依次各取 8 个测量点，逐点测出 U_o，U_L，U_C 的值，记入数据表格（见表 6.3）。

表 6.3 实验数据（1）

f/kHz																
U_o/V																
U_L/V																
U_C/V																

4）选 $C = 0.01\mu F$，$R = 1k\Omega$，重复 2）和 3）的测量过程，记入数据表格（见表 6.4）。

表 6.4 实验数据（2）

f/kHz																
U_o/V																
U_L/V																
U_C/V																

$U_i = 3V$, $C = 0.01\mu F$, $R = 1k\Omega$, $f_0 =$, $f_2 - f_1 =$, $Q =$

5）选 $C = 0.1\mu F$，$R = 510\Omega$ 及 $C = 0.1\mu F$，$R = 1k\Omega$，重复 2）和 3）两步（自制表格）。

5. 实施注意事项

1）测试频率点的选择应在靠近谐振频率附近多取几点。在变换频率测试前，应调整信号输出幅度（用示波器监视输出幅度），使其维持在 3V。

2）在测量 U_C 和 U_L 数值前，应将毫伏表的量限改大，而且在测量 U_L 与 U_C 时电压表的"+"端接 C 与 L 的公共点，其接地端分别触及 L 和 C 的近地端 N_2 和 N_1。

3）实验中，信号源的外壳应与毫伏表的外壳绝缘（不共地）。如能用浮地式交流毫伏表测量，则效果更佳。

6. 思考题

1）根据实验电路板给出的元件参数值，估算电路的谐振频率。

2）改变电路的哪些参数可以使电路发生谐振，电路中 R 的数值是否影响谐振频率值？

3）如何判别电路是否发生谐振？测试谐振点的方案有哪些？

4）电路发生串联谐振时，为什么输入电压不能太大，如果信号源给出 3V 的电压，电路谐振时，用交流电压表测 U_L 和 U_C，应该选择用多大的量限？

5）要提高 RLC 串联电路的品质因数，电路参数应如何改变？

6）本实验在谐振时，对应的 U_L 与 U_C 是否相等？如有差异，原因何在？

7. 实施报告

1）根据测量数据，绘制不同 Q 值时三条幅频特性曲线，即 $U_o = f(f)$，$U_L = f(f)$，$U_C = f(f)$。

2）计算出通频带与 Q 值，说明不同 R 值时对电路通频带与品质因数的影响。

3）对两种不同的测 Q 值的方法进行比较，分析误差原因。

4）谐振时，比较输出电压 U_0 与输入电压 U_i 是否相等？试分析原因。

5）通过本次实验，总结、归纳串联谐振电路的特性。

项 目 小 结

1）在正弦交流电路中，由于电感的感抗和电容的容抗都与频率有关，当激励的频率改变时，即使激励的大小不变，在电路中各部分所产生的响应（电压和电流）的大小和相位也将发生变化。电路响应随激励频率而变的特性称为电路的频率特性或频率响应。频率响应分为幅频响应和相频响应。

2）滤波电路：电路保留一部分频率分量、削弱另一部分频率分量的特性称为滤波特性，具有这一特性的电路称为滤波电路。滤波电路分为高通滤波电路、低通滤波电路、带通滤波电路和带阻滤波电路四种。在工程实际中，常用高通滤波电路和低通滤波电路实现移相（如电子电路中的正、负反馈）。

3）低通滤波器是指激励的频率越高，响应的衰减就越大。电阻具有阻止高频激励通过和保证低频畅通的性能；高通滤波器则相反。

4）在含有动态储能元件（L 和 C）的无源一端口网络中，在某些特定的电源频率下，感抗和容抗的作用互相抵消，使其电路输入端的阻抗或导纳呈纯电阻特性，功率因数 $\cos\varphi = 1$，电路的端口电压与电流同相，这种现象称为谐振。

5）谐振电路基本模型有串联谐振电路模型和并联谐振电路模型两种。串联谐振条件是 $X_L = X_C$，而并联谐振条件是 $B_L = B_C$。发生谐振现象的物理实质是电路中电感和电容的无功能量相互补偿，整个电路的无功功率 $Q = 0$。谐振的共同特征是电路输入端的电压和电流同相位。

6）串联谐振中由于阻抗值最小，可能产生过电压，故称为电压谐振。

7）并联谐振中由于阻抗值最大，可能产生过电流，故称为电流谐振。

8）谐振时电路的品质因数 Q 值是一个十分重要的参数：串联谐振时为电感和电容两端的分电压有效值与外加总电压有效值的比；并联谐振时为电感和电容上的分电流有效值与外加总电流有效值的比。此外，谐振电路中 Q 值越大，电路的选频性能越好。

思考与练习

6.1 什么是频率特性？它包括哪两个部分？

6.2 什么是低通、高通、带通滤波电路，它们各自的特点是什么？

6.3 为什么把串联谐振电路称为电压谐振，而把并联谐振电路称为电流谐振？

6.4 谐振电路的通频带是如何定义的？它与哪些量有关？

6.5 求图 6.19 的传递函数 $H(j\omega)$。

6.6 求图 6.20 的传递函数 $H(j\omega)$。

6.7 试证明图 6.21a 是一低通滤波电路，图 6.21b 是一高通滤波电路，其中 $\omega_0 = R/L$。

6.8 已知电感线圈与电容并联电路如图 6.22 所示，$R = 16.5\Omega$，$L = 540\mu H$，$C = 200pF$，谐振时电流源电流 $I_S = 0.1mA$。试求谐振频率 f、品质因数 Q、谐振阻抗 Z_0、通频带 ω_{BW}、电容支路电流 I_{C0}、电感支路电流 I_{RL0}、谐振回路端电压 U_0 和谐振时电路的有功功率 P。

6.9 某收音机接收电路如图 6.23 所示，输入电路的电感约为 0.3mH，可变电容器的调节范围为 25～360pF。试问能否满足收听中波段 535~1605kHz 的要求。

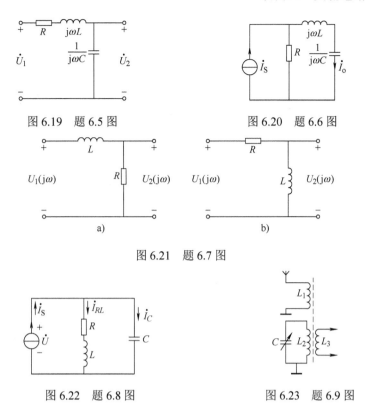

图 6.19 题 6.5 图   图 6.20 题 6.6 图

图 6.21 题 6.7 图

图 6.22 题 6.8 图   图 6.23 题 6.9 图

6.10 正弦交流电路如图 6.24 所示，已知 $u(t)$ 的有效值为 36V。试求：1）电路谐振角频率；2）该谐振电路的品质因数 Q；3）谐振时的电流 $i(t)$ 的有效值；4）谐振时的有功功率。

6.11 有一 RLC 串联电路，$R = 500\Omega$，$L = 600\text{mH}$，$C = 0.053\text{pF}$。试计算电路的谐振频率，通频带宽度 $\Delta f = f_2 - f_1$ 及谐振时的阻抗。

6.12 有一 RLC 串联电路，它在电源频率 $f = 500\text{Hz}$ 时发生谐振。谐振时电路的电流 $I_0 = 0.2\text{A}$，容抗 $X_C = 314\Omega$，并测得电容两端电压 U_C 为电源电压 U 的 20 倍。试求该电路的电阻 R 和电感 L。

6.13 有一 RLC 串联电路，$R = 10\Omega$，$L = 0.13\text{mH}$，$C = 558\text{pF}$，外加交流电压 $U = 5\text{mV}$。试求：1）电路的谐振角频率和谐振频率；2）谐振时电路的电流、电路的品质因数和电容两端的电压。

6.14 已知一电感线圈与电容器并联，谐振角频率 $\omega = 5\times10^6\text{rad/s}$，电路的品质因数 $Q = 100$，谐振时电路的阻抗 $Z_0 = 2\text{k}\Omega$。试求电感线圈的电阻 R、电感 L 和电容器的电容 C。

6.15 电路如图 6.24 所示，已知 $i_S = 14.4\sin10^4 t\ \text{A}$，$R = 200\Omega$，$L = 1\text{mH}$，若使电路发生谐振。1）求电容 C 和电容电压 $u_C(t)$；2）求电路的品质因数 Q；3）求通频带 ω_{BW} 和 f_{BW}。

6.16 如图 6.25 所示电路，电源角频率为 ω，问在什么条件下输出电压 u_{ab} 不受 R 和 C 变化的影响？

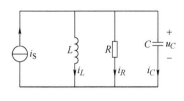

图 6.24 题 6.15 图

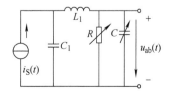

图 6.25 题 6.16 图

项目七 三相交流电路的分析与测量

项目描述

由于三相交流电机比单相交流电机的性能更好，三相输电比单相输电更经济，因此，从 19 世纪末三相电路出现以来，一直被世界各国的电力供电系统广泛采用。目前，世界上的工业、农业和民用电力系统的电能几乎都是由三相电源提供的，日常生活中的单相交流电也是三相电中的一相，那么什么是三相交流电路？它有怎样的性能特点？本项目的任务是：认识三相交流电路的基本特征和分析方法，主要涉及三相交流电路中负载的连接方式以及电压、电流的相值与线值之间的关系和三相功率，最后介绍安全用电事项和三相交流供配电系统。

学习目标

- 知识目标

❖ 熟悉三相交流电路中的基本概念。

❖ 理解相电压、相电流、线电压、线电流的概念，能区分各物理量在不同连接方式下之间的关系。

❖ 理解并掌握安全用电常识和注意事项。

❖ 掌握三相交流供配电系统的基本知识。

- 能力目标

❖ 能对各三相交流电路进行分析和计算。

❖ 会根据不同的故障现象分析出三相交流电路中的故障点。

- 素质目标

❖ 培养学生具有良好的规范意识和责任意识。

❖ 培养学生团队协作精神、创新精神，以及具备一定的职业素养。

思 政 元 素

在学习本项目前建议查阅百年来各国发电量变化的相关数据和我国高压输电技术以及电网规模稳居世界前列等资料，进一步增强"四个自信"，深植自己的爱国主义情怀。在学习安全用电及触电急救知识时，建议查阅一些具体实际案例，强化学好电工技术及用好电的责任意识和规范意识。

在学习三相电源、三相负载星形联结和三角形联结、相电压、线电压和相电流、线电流的关系时，通过类比法，如"小我"和"大我"，"自由"和"约束"等，清晰地明确任何事物之间都存在着约束关系，从而养成电工人的规范意识和职业素养。

在任务实施环节，重点强化实验和生产中的安全意识，牢记安全规范，树立规矩意识和大局意识，多了解国家各类标准规范，重视生命和财产安全。

思 维 导 图

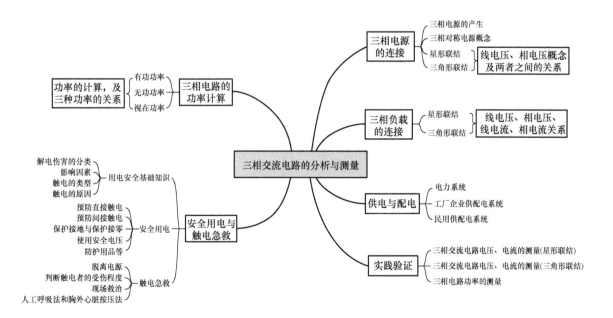

任务 1　三相电源的连接

任务 1.1　三相对称电源

◆ **任务导入**

目前，全球各国都通过三相制系统实现对电能的产生、输送、分配和应用等。那么何谓三相制呢？三相电源是如何产生的？它有什么特点呢？

◆ **任务要求**

了解三相电源的产生。

熟悉三相对称电源的概念和不同的连接方式。

重难点：三相对称电源的特点。

◆ **知识链接**

三相交流电动势的产生主要依靠三相交流发电机的运行。三相交流发电机的结构示意图如图 7.1 所示，其主要由定子和转子两大部件组成。

定子：三相交流发电机固定不动的部分被称为定子。其内部铁心槽中嵌有对称的且在空间上彼此间隔 120° 的三组完全对称的绕组，分别用 U_1—U_2，V_1—V_2，W_1—W_2 表示。其中，绕组的首端分别用 U_1、V_1、W_1 表示，绕组的尾端分别用 U_2、V_2、W_2 表示。三相绕组的电动势参考方向规定为：线圈的尾端（U_2、V_2、W_2）分别指向各自的首端（U_1、V_1、W_1）。

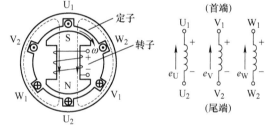

图 7.1　三相交流发电机的结构示意图

转子：三相交流发电机转动的部分被称为转子。转子上绕有励磁线圈，通过直流电流励磁，形成固定的磁极。当转子被原动机拖动并以角速度 ω 顺时针匀速转动时，每相绕组依次切割磁力线，从而产生频率相同、幅值相等的正弦电动势 e_U、e_V、e_W。电动势的参考方向定义为自绕组的尾端（U_2、V_2、W_2）指向首端（U_1、V_1、W_1）。

如图 7.1 所示，转子沿顺时针方向以角速度 ω 转动，作切割磁力线运动，而感应产生三个频率相同、幅值相等、相位互差 120° 的三相交流电动势 e_U、e_V、e_W，从而使得各相绕组首尾两端具有电压。电压同样是三个频率相同、幅值相等、相位互差 120° 的对称三相正弦电压。

三个定子绕组中产生感生电动势。以 e_U 为参考正弦量，则三相电动势的瞬时表达式为

$$
\begin{cases}
e_U = E_m \sin \omega t \\
e_V = E_m \sin\left(\omega t - \dfrac{2\pi}{3}\right) \\
e_W = E_m \sin\left(\omega t + \dfrac{2\pi}{3}\right)
\end{cases}
\tag{7-1}
$$

如果以相量形式来表示，则有

$$\begin{cases} \dot{E}_{\mathrm{U}} = \dot{E} \angle 0^{\circ} \\ \dot{E}_{\mathrm{V}} = \dot{E} \angle -120^{\circ} \\ \dot{E}_{\mathrm{W}} = \dot{E} \angle 120^{\circ} \end{cases} \tag{7-2}$$

因此，三相交流电源是三个频率相同、幅值相等、相位彼此相差 120°的单相交流电源按一定方式的组合。

由图 7.2a 可知，在任一时刻，三相交流电动势的代数和为零，即

$$e_{\mathrm{U}} + e_{\mathrm{V}} + e_{\mathrm{W}} = 0 \tag{7-3}$$

由图 7.2b 可知，三相正弦交流电动势的相量和也为零，即

$$\dot{E}_{\mathrm{U}} + \dot{E}_{\mathrm{V}} + \dot{E}_{\mathrm{W}} = 0 \tag{7-4}$$

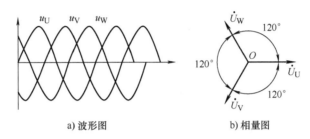

a) 波形图　　　　　　b) 相量图

图 7.2　三相交流电源的波形图和相量图

三相交流电动势达到最大值的先后顺序被称为相序。如按照 U—V—W—U 的顺序依次连接，则被称为正序（或顺序）；若按照 U—W—V—U 的顺序依次连接则被称为负序（或逆序）。在电气线路和设备上，常用黄色电源线来表示 U 相，绿色电源线来表示 V 相，红色电源线来表示 W 相。

三相交流发电机共有三个绕组，六个接线端，目前一般采用将三相交流电源按照一定的连接方式连接成一个整体向外供电。根据连接方式的不同，可分为三相交流电源的星形（Y）联结和三相交流电源的三角形（△）联结两种。

任务 1.2　三相交流电源的星形联结

◆ **任务导入**

我们知道不同的用电负载所需要的电压不同，如家用电器设备一般是 220V，一些电动机设备需要 380V 电压，那么不同电压的获取该采用什么办法呢？我们前面已经学习了三相电源有两种联结方式，那么本任务先学习星形联结时的电路特点。

◆ **任务要求**

理解三相电源星形联结，及相电压、线电压的概念和相互关系。

熟悉三相三线制、三相四线制供电方式。

重难点：星形联结时相电压、线电压的相互关系。

◆ **知识链接**

将三相交流发电机的三相绕组的尾端 U_2、V_2、W_2 接于一点（该点被称为中性点），三相绕

组的首端和中性点向用电设备进行供电，如图 7.3 所示。该接法被称为三相交流电源的星形联结或丫联结。

三相交流电源星形联结情况下有以下几个概念和基础特性：

1）中性点（零点）：三相绕组尾端相联结处，用字母"N"表示。从中性点处引出的一根线称为中性线或零线。

2）端线（相线）：三相绕组首端引出的三根线，又称火线。

3）相电压：相线与中性线间的电压，用 $\dot{U}_{U}$、$\dot{U}_{V}$、$\dot{U}_{W}$ 表示，工程上用 $\dot{U}_{P}$ 表示，各相电压之间频率相同，幅值相等，相位相差 120°。

4）线电压：相线与相线间的电压，用 $\dot{U}_{UV}$、$\dot{U}_{VW}$、$\dot{U}_{WU}$ 表示，工程上用 $\dot{U}_{L}$ 表示。

5）对称三相电源线电压的有效值相等，即 $U_{UV} = U_{VW} = U_{WU} = U_{L}$。

6）相电压与线电压的相量关系为

$$\begin{cases} \dot{U}_{UV} = \dot{U}_{U} - \dot{U}_{V} \\ \dot{U}_{VW} = \dot{U}_{V} - \dot{U}_{W} \\ \dot{U}_{WU} = \dot{U}_{W} - \dot{U}_{U} \end{cases} \tag{7-5}$$

假如 $\dot{U}_{U} = \dot{U}_{P} \angle 0°$，则 $\dot{U}_{V} = \dot{U}_{P} \angle -120°$，$\dot{U}_{W} = \dot{U}_{P} \angle 120°$，相电压与线电压的相量图如图 7.4 所示。

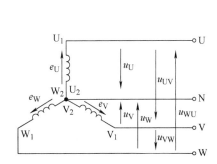

图 7.3　三相交流电源星形联结电路图

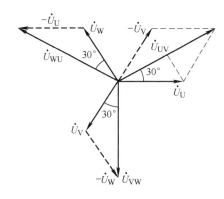

图 7.4　三相交流电源星形联结电压相量图

由电压相量图可得：

$$\begin{cases} \dot{U}_{UV} = \sqrt{3} \dot{U}_{U} \angle 30° \\ \dot{U}_{VW} = \sqrt{3} \dot{U}_{V} \angle 30° \\ \dot{U}_{WU} = \sqrt{3} \dot{U}_{W} \angle 30° \end{cases} \tag{7-6}$$

即

1）线电压有效值是相电压有效值的 $\sqrt{3}$ 倍，即 $U_{L} = \sqrt{3} U_{P}$。

2）相位上，各线电压比其相对应的相电压超前 30°。

由三根端线（相线）、一根中性线（零线）组成的供电系统称为三相四线制；无中性线（零线）组成的系统称为三相三线制。**在我国的低压供电系统中，大多采用三相四线制的星形联结方式进行供电**；在日常生活和办公过程中所涉及的用电设备通常采用单相电源，即一根相线（火

扫一扫看视频

线）和一根中性线（零线）的供电方式。

任务 1.3　三相交流电源的三角形联结

◆ **任务导入**

上一任务中，我们学习了三相对称电源的星形联结和它的相电压和线电压的关系。那么如果电源为三角形联结又是怎样的，它的电路特点又将如何？

◆ **任务要求**

理解三相电源三角形联结，及相电压、线电压的概念和相互关系。

重难点：三角形联结相电压、线电压的相互关系。

◆ **知识链接**

将三相交流发电机的三相绕组的首端 U_1、V_1、W_1 和尾端 U_2、V_2、W_2 依次相连，即 U_2 和 V_1、V_2 和 W_1、W_2 和 U_1 连接成一个三角形的回路，再从三个联结点 U_1、V_1、W_1 引出三根端线 U、V、W 向用电设备进行供电，如图 7.5 所示。该接法被称为三相交流电源的三角形联结或△联结。

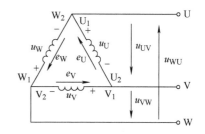

图 7.5　三相交流电源三角形联结电路图

根据三相交流电源星形联结时所提及的相关物理量，再结合三相交流电源三角形联结电路图，我们可以发现：当三相交流电源做三角形联结时，其线电压就是相对应的相电压。其线电压瞬时值与相电压瞬时值之间的关系有

$$\begin{cases} u_{UV} = u_U \\ u_{VW} = u_V \\ u_{WU} = u_W \end{cases} \quad (7\text{-}7)$$

如果三相交流电源是对称的，各相相位互差 120°，则有 $\dot{U}_U + \dot{U}_V + \dot{U}_W = 0$，即三相交流对称电源三角形联结时，三角形闭合回路内部无环路电流，三相交流电压的瞬时值和相量的代数和均为零。

但如果三相交流电源不对称，或三相交流电源绕组的首尾端顺序接错，则会在三相交流电源绕组的闭合回路内产生很大的电流，从而损坏三相交流电源的绕组。因此，一般较大容量的交流发电机中不采用三角形联结。

任务 2　三相负载的连接

任务 2.1　三相负载的星形联结

扫一扫看视频

◆ **任务导入**

通过任务 1，我们掌握了三相制电源不同连接方式的特点，那么作为三相制系统中另一个重要组成部分：负载星形联结时，电路中有什么特点呢？

◆ **任务要求**

理解三相负载星形联结方式，及其相电压、线电压、相电流、线电流概念和相互关系。

重难点：负载星形联结时，相电压、线电压和相电流、线电流相互关系。

◆ **知识链接**

单相负载：只需要相电源供电的设备。

三相负载：同时需要三相电源供电的负载，且根据负载的连接方式，分为三相负载星形（丫）联结和三相负载三角形（△）联结。

三相对称负载：在三相负载中，如果每相负载的电阻、电抗都相等，则可称为三相对称负载，否则称为不对称负载。

三相四线制供电系统中的负载连接，一般根据负载的额定电压而定。以常见的照明电路和动力电路为例，如图7.6所示。

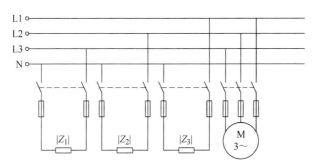

图 7.6　三相负载星形联结接线图

通常电灯作为一个单相负载，其额定电压为 220V，因此应该将其接到相线和零线之间。为了使得三相电源的负载整体比较均衡，各类的单相负载一般分为三组，分别接到电源的 L1—N（被称为 U 相负载）、L2—N（被称为 V 相负载）和 L3—N（被称为 W 相负载）之间。这种连接方式称为星形联结。

三相电动机是三相对称负载，各相负载的阻抗和阻抗角相等，阻抗的性质一致，其三个接线端总是和三相电源的三根相线并联。但电动机本身的三相绕组可以星形联结，也可以三角形联结。其具体的连接方式一般在发动机铭牌上标出，例如 380V、丫联结或 380V、△ 联结。

将三相负载的一端连接起来并且与三相交流电源的中性线 N 连接，将三相负载的另一端与三相交流电源的 U、V、W 端连接，该连接方式称为三相负载有中性线的星形（丫）联结，如图 7.7 所示。图中 Z_U、Z_V、Z_W 分别为 U 相、V 相、W 相的负载，N′ 为负载的中性点。

三相负载星形联结情况下有以下几个概念：

1）相电压：每相负载两端的电压称为负载的相电压，即 $\dot{U}_U$、$\dot{U}_V$、$\dot{U}_W$。

2）相电流：流过每相负载的电流称为负载的相电流，即 $\dot{I}_{UN}$、$\dot{I}_{VN}$、$\dot{I}_{WN}$。

3）线电压：流过端线（相线）的电流称为线电流，即 $\dot{I}_U$、$\dot{I}_V$、$\dot{I}_W$。

4）中性线电流：流过中性线的电流称为中性线电流，即 $\dot{I}_N$。

图 7.7 所示的电路连接中，若不计中性线阻抗，则电源中性点 N 与负载中性点 N′ 等电位；如果相线阻抗也可忽略，则每相负载的电压等于电源相电压，三相负载的相电压也是对称关系，即

$$\dot{U}_Y = \dot{U}_P = \frac{\dot{U}_L}{\sqrt{3}} \tag{7-8}$$

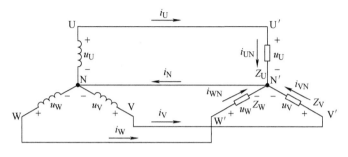

图 7.7　三相负载有中性线的星形（Y）联结

负载星形联结时，其三相电源的每根端线（火线）仅仅与三相负载中的一相连接，所以流过端线（火线）的线电流就是流过各相负载的电流，即线电流等于对应的相电流，

$$\begin{cases} i_U = i_{UN} \\ i_V = i_{VN} \\ i_W = i_{WN} \end{cases} \tag{7-9}$$

如果三相交流电源是对称的，则可直接表述为 $i_L = i_P$。

用相量的形式可表示为

$$\begin{cases} \dot{I}_U = \dot{I}_{UN} \\ \dot{I}_V = \dot{I}_{VN} \\ \dot{I}_W = \dot{I}_{WN} \end{cases} \tag{7-10}$$

根据基尔霍夫电流定律（KCL）可得中性线电流为

$$\dot{I}_N = \dot{I}_U + \dot{I}_V + \dot{I}_W \tag{7-11}$$

若三相负载完全对称，即 $Z_U = Z_V = Z_W = Z = |Z|\angle\varphi$，则各相电流为

$$\begin{cases} \dot{I}_{UN} = \dfrac{\dot{U}_U}{Z} = \dfrac{U_P\angle 0°}{|Z|\angle\varphi} = I_P\angle(-\varphi) \\[2mm] \dot{I}_{VN} = \dfrac{\dot{U}_V}{Z} = \dfrac{U_P\angle -120°}{|Z|\angle\varphi} = I_P\angle(-120°-\varphi) \\[2mm] \dot{I}_{WN} = \dfrac{\dot{U}_W}{Z} = \dfrac{U_P\angle 120°}{|Z|\angle\varphi} = I_P\angle(120°-\varphi) \end{cases} \tag{7-12}$$

因此，当采用星形联结的三相负载完全对称时，其相电流也同样对称。相电压和相电流的相量图如图 7.8 所示，且存在 $\dot{I}_N = \dot{I}_U + \dot{I}_V + \dot{I}_W = 0$。

因此，在对称三相负载电路中，中线上的电流等于零，中性线断开，对原电路也不会产生任何影响。所以可将中性线略去，由星形联结的三相四线制系统变为三相三线制系统，其各相负载所承受的电压、电流与三相四线制完全一致。

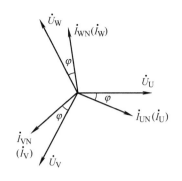

如图 7.7 所示的三相四线制电路[负载有中性线的星形(丫)联结]中，若中性线阻抗远小于各相负载阻抗，且可以忽略不计，则电源中点 N 与负载的中点 N′ 之间为等电位，即两中点的电位差 $\dot{U}_{NN'} = 0$。所以说，在该电路连接情况下，不计线路阻抗时，各相之间相互独立，可分别计算各相电压和电流；各相的负载电压就是该相的电源电压，与三相负载是否对称无关。

图 7.8 三相负载星形联结且对称时的相电压与相电流相量图

【例 7.1】在图 7.7 所示的三相四线制电路中，已知三相负载的阻抗 $Z_U = (8-j6)\Omega$，$Z_V = (3+j4)\Omega$，$Z_W = 10\Omega$，三相电源的相电压为 220V，求各相电流和中性线电流的大小。

解：假设电源的 U 相电压为 $\dot{U}_U = 220\angle 0°\text{V}$，则 U 相、V 相、W 相负载上的电压分别为

$$\dot{U}_U = 220\angle 0°\text{V}，\quad \dot{U}_V = 220\angle -120°\text{V}，\quad \dot{U}_W = 220\angle 120°\text{V}$$

U 相的相电流为

$$\dot{I}_{UN} = \frac{\dot{U}_U}{Z_U} = \frac{220\angle 0°}{8-j6} = \frac{220\angle 0°}{10\angle(-36.9°)} = 22\angle 36.9°\text{A}$$

V 相的相电流为

$$\dot{I}_{VN} = \frac{\dot{U}_V}{Z_V} = \frac{220\angle -120°}{3+j4} = \frac{220\angle -120°}{5\angle 53.1°} = 44\angle -173.1°\text{A}$$

W 相的相电流为

$$\dot{I}_{WN} = \frac{\dot{U}_W}{Z_W} = \frac{220\angle 120°}{10} = 22\angle 120°\text{A}$$

根据 KCL 定律，中性线电流为

$$\dot{I}_N = \dot{I}_{UN} + \dot{I}_{VN} + \dot{I}_{WN} = 22\angle 36.9° + 44\angle -173.1° + 22\angle 120°$$
$$= 17.6 + j13.2 - 43.7 - j5.3 - 11 + j19.1$$
$$= -37.1 + j27 = 45.9\angle 144°\text{A}$$

扫一扫看视频

任务 2.2　三相负载的三角形联结

◆ 任务导入

通过任务 2.1，我们掌握了三相负载星形联结状态下的特点，那么当三相负载作三角形联结时，相电压、线电压等物理量又有什么特点呢？

◆ 任务要求

理解三相负载三角形联结方式，及其相电压、线电压、相电流、线电流的概念和相互关系。
重难点：负载三角形联结时，相电压、线电压和相电流、线电流的相互关系。

◆ 知识链接

将三相负载顺序按三角形联结方式，则称为负载的三角形（△）联结。将连接点引出与电源侧相连，则构成三相电路，如图7.9所示。不计线路阻抗，负载的相电压等于电源的线电压。由于线电压总是对称的，所以，无论三相负载是否对称，负载的相电压总是对称的。各相负载电流为

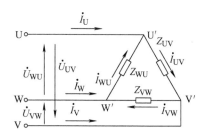

图7.9　三相负载三角形联结时的三相电路

$$\dot{I}_{UV} = \frac{\dot{U}_{UV}}{Z_{UV}}, \ \dot{I}_{VW} = \frac{\dot{U}_{VW}}{Z_{VW}}, \ \dot{I}_{WU} = \frac{\dot{U}_{WU}}{Z_{WU}} \qquad (7\text{-}13)$$

根据基尔霍夫电流定律可知，各线电流分别为

$$\begin{cases} \dot{I}_{U} = \dot{I}_{UV} - \dot{I}_{WU} \\ \dot{I}_{V} = \dot{I}_{VW} - \dot{I}_{UV} \\ \dot{I}_{W} = \dot{I}_{WU} - \dot{I}_{VW} \end{cases} \qquad (7\text{-}14)$$

如果三相负载完全对称，即 $Z_U = Z_V = Z_W = Z = |Z| \angle \varphi$，则各相负载电流为

$$\begin{cases} \dot{I}_{UV} = \dfrac{\dot{U}_{UV}}{Z_{UV}} = \dfrac{\dot{U}_{UV}}{|Z| \angle \varphi} = I_P \angle (-\varphi) \\[2mm] \dot{I}_{VW} = \dfrac{\dot{U}_{VW}}{Z_{VW}} = \dfrac{\dot{U}_{UV} \angle -120°}{|Z| \angle \varphi} = I_P \angle (-120° - \varphi) \\[2mm] \dot{I}_{WU} = \dfrac{\dot{U}_{WU}}{Z_{WU}} = \dfrac{\dot{U}_{UV} \angle 120°}{|Z| \angle \varphi} = I_P \angle (120° - \varphi) \end{cases} \qquad (7\text{-}15)$$

因此，各线电流分别为

$$\begin{cases} \dot{I}_{U} = I_P \angle (-\varphi) - I_P \angle (120° - \varphi) = \sqrt{3} I_P \angle (-30° - \varphi) \\ \dot{I}_{V} = I_P \angle (-120° - \varphi) - I_P \angle (-\varphi) = \sqrt{3} I_P \angle (-150° - \varphi) \\ \dot{I}_{W} = I_P \angle (120° - \varphi) - I_P \angle (-120° - \varphi) = \sqrt{3} I_P \angle (90° - \varphi) \end{cases} \qquad (7\text{-}16)$$

即

$$\begin{cases} \dot{I}_{U} = \sqrt{3} \dot{I}_{UV} \angle -30° \\ \dot{I}_{V} = \sqrt{3} \dot{I}_{VW} \angle -30° \\ \dot{I}_{W} = \sqrt{3} \dot{I}_{WU} \angle -30° \end{cases} \qquad (7\text{-}17)$$

由式（7-15）和式（7-17）可得，对称三相负载在三角形联结时，如果负载上的相电流对称，则线电流也是对称的，且线电流的有效值等于相电流有效值的 $\sqrt{3}$ 倍，各线电流的相位相较于其对应的相电流滞后30°，其负载的电流相量图如图7.10所示。

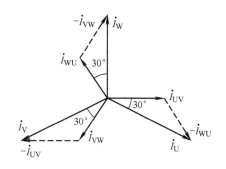

图7.10　三相负载三角形联结时负载的电流相量图

根据基尔霍夫电流定律可知，三相负载采用三角形联结时，无论三相负载是否对称，总存在线电流 $\dot{I}_U + \dot{I}_V + \dot{I}_W = 0$。

> **点拨**：三相负载应该采用星形联结还是三角形联结，主要根据每相负载的额定电压与电源的线电压大小决定，与电源本身连接方式无关。当各相负载的额定电压等于电源线电压的 $1/\sqrt{3}$ 倍时，负载应采用星形联结；当各项负载的额定电压等于电源线电压时，负载应采用三角形联结。例如三相异步电动机的铭牌上标明连接方式为 220V /380V、$\triangle$/丫，则当电源的线电压为 380V 时，电动机的三相绕组应当接成星形联结的方式；当电源的线电压为 220V 时，电动机的三相绕组应当接成三角形联结的方式。

【**例 7.2**】三相对称负载每相的阻抗 $Z = (8+j6)\Omega$，将其分别以星形和三角形的形式接到线电压为 380V 的三相对称电源上，分别计算出两种不同连接方式下负载端的相电压、相电流和线电流。

解：负载每相的阻抗为

$$Z = (8+j6)\Omega = 10\angle 36.9°\,\Omega$$

1）三相负载为星形联结时，假设线电压为

$$\dot{U}_{UV} = U_L\angle 0° = 380\angle 0°\,V$$

则 U 相的相电压为

$$\dot{U}_U = \frac{\dot{U}_{UV}}{\sqrt{3}}\angle -30° = \frac{380}{\sqrt{3}}\angle -30° = 220\angle -30°\,V$$

依据三相对称关系，可直接写出 V 相的相电压为

$$\dot{U}_V = 220\angle -30° -120° = 220\angle -150°\,V$$

W 相的相电压为

$$\dot{U}_W = 220\angle -30° +120° = 220\angle 90°\,V$$

三相负载为星形联结时，其线电流与相电流是相等的，因此 U 相的相电流和线电流为

$$\dot{I}_U = \dot{I}_{UN} = \frac{\dot{U}_U}{Z} = \frac{220\angle -30°}{10\angle 36.9°} = 22\angle -66.9°\,A$$

依据三相对称关系，可直接写出 V 相的相电流和线电流为

$$\dot{I}_V = \dot{I}_{VN} = 22\angle -66.9° -120° = 22\angle -186.9°\,A = 22\angle -173.1°\,A$$

W 相的相电流和线电流为

$$\dot{I}_W = \dot{I}_{WN} = 22\angle -66.9° +120° = 22\angle 53.1°\,A$$

2）三相负载以三角形方式连接时，其相电压与线电压相等，假设线电压为 $380\angle 0°\,V$，则相应的负载相电压为 $\dot{U}_{UV} = 380\angle 0°\,V$，$\dot{U}_{VW} = 380\angle -120°\,V$，$\dot{U}_{WU} = 380\angle 120°\,V$。

负载 U、V 相的相电流为

$$\dot{I}_{UV} = \frac{\dot{U}_{UV}}{Z_{UV}} = \frac{380\angle0°}{10\angle36.9°} = 38\angle-36.9°A$$

依据三相对称关系，可直接写出 V、W 相的相电流为

$$\dot{I}_{VW} = 38\angle-36.9°-120° = 38\angle-156.9°A$$

W、U 相的相电流为

$$\dot{I}_{WU} = 38\angle-36.9°+120° = 38\angle83.1°A$$

根据线电流和相电流的关系，可得各线电流为

$$\begin{cases} \dot{I}_U = \sqrt{3}\dot{I}_{UV}\angle-30° = \sqrt{3}\times38\angle-36.9°-30° = 65.8\angle-66.9°A \\ \dot{I}_V = \sqrt{3}\dot{I}_{VW}\angle-30° = \sqrt{3}\times38\angle-156.9°-30° = 65.8\angle-186.9°A = 65.8\angle-173.1°A \\ \dot{I}_W = \sqrt{3}\dot{I}_{WU}\angle-30° = \sqrt{3}\times38\angle83.1°-30° = 65.8\angle53.1°A \end{cases}$$

点拨：对比上述两种不同连接方式的计算结果可得：三相电源电压不变时，三相对称负载由星形联结改为三角形联结后，三角形联结时的相电压为星形联结时的 $\sqrt{3}$ 倍，相电流也为星形联结时的 $\sqrt{3}$ 倍，而线电流为星形联结时的 3 倍。

任务 3　三相电路的功率计算

扫一扫看视频

◆ 任务导入

通过任务 1 和任务 2，我们掌握了三相电源和三相负载不同连接方式的特点。功率是衡量一个电路系统的重要物理量，那么功率在三相系统中又该如何表述和求解呢？

◆ 任务要求

熟悉三相电路有功功率、无功功率、视在功率及三者之间的关系。

掌握三种功率的计算。

重难点：掌握三相功率的求解方法。

◆ 知识链接

在三相交流电路中有个很重要的参数 φ，其既可以表示为电压与电流的相位差，也可以表示阻抗 Z 的辐角，$\cos\varphi$ 又称为功率因数。无论三相负载是否对称，也无论负载是星形联结还是三角形联结，三相交流电路的总功率都等于各相功率之和。三相交流电路的功率包括有功功率、无功功率和视在功率。

（1）有功功率

三相交流电路的有功功率等于各相有功功率之和，即

$$P = P_U + P_V + P_W = U_U I_U \cos\varphi_U + U_V I_V \cos\varphi_V + U_W I_W \cos\varphi_W \qquad (7-18)$$

式中，各电压、电流分别是各相的相电压和相电流的有效值；φ 是各相相电压与相电流的相位差。

对称三相电路各相相电压与相电流的有效值相等、相位差一致，因此各相有功功率也相等，三相有功功率可表示为

$$P = 3P_\mathrm{P} = 3U_\mathrm{P}I_\mathrm{P}\cos\varphi_\mathrm{P} = \sqrt{3}U_\mathrm{L}I_\mathrm{L}\cos\varphi_\mathrm{P} \tag{7-19}$$

（2）无功功率

三相交流电路的无功功率等于各相无功功率之和，即

$$Q = Q_\mathrm{U} + Q_\mathrm{V} + Q_\mathrm{W} = U_\mathrm{U}I_\mathrm{U}\sin\varphi_\mathrm{U} + U_\mathrm{V}I_\mathrm{V}\sin\varphi_\mathrm{V} + U_\mathrm{W}I_\mathrm{W}\sin\varphi_\mathrm{W} \tag{7-20}$$

对称三相电路各相相电压与相电流的有效值相等、相位差一致，因此各相无功功率也相等，三相无功功率可表示为

$$Q = 3Q_\mathrm{P} = 3U_\mathrm{P}I_\mathrm{P}\sin\varphi_\mathrm{P} = \sqrt{3}U_\mathrm{L}I_\mathrm{L}\sin\varphi_\mathrm{P} \tag{7-21}$$

（3）视在功率

三相交流电路的视在功率等于各相电压有效值和电流有效值的乘积，即

$$S = S_\mathrm{U} + S_\mathrm{V} + S_\mathrm{W} = U_\mathrm{U}I_\mathrm{U} + U_\mathrm{V}I_\mathrm{V} + U_\mathrm{W}I_\mathrm{W} \tag{7-22}$$

对称三相电路各相相电压与相电流的有效值相等、相位差一致，因此各相视在功率也相等，三相视在功率可表示为

$$S = 3U_\mathrm{P}I_\mathrm{P} = \sqrt{3}U_\mathrm{L}I_\mathrm{L} \tag{7-23}$$

视在功率 S、有功功率 P、无功功率 Q 三者之间的关系，可以用功率三角形来表示，如图 7.11 所示。其为一个直角三角形，两直角边分别为有功功率 P 和无功功率 Q，斜边为视在功率 S，夹角 φ 为功率因数角。

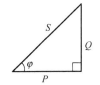

图 7.11　功率三角形

【例 7.3】有一台三相电动机，每相的等效电阻 $R = 32\Omega$，等效感抗 $X_\mathrm{L} = 24\Omega$，求下列两种情况下电动机的相电流、线电流以及从电源处输入的功率。

1）绕组为星形联结，并接到线电压为 380V 的三相对称电源上。

2）绕组为三角形联结，并接到线电压为 220V 的三相对称电源上。

解：1）绕组为星形联结并接到线电压为 380V 的三相对称电源时，相电压为 220V，相电流有效值大小为

$$I_\mathrm{P} = \frac{U_\mathrm{P}}{|Z|} = \frac{220}{\sqrt{32^2 + 24^2}} = 5.5\mathrm{A}$$

对称负载星形联结时，其线电流等于相电流，即 $I_\mathrm{L} = I_\mathrm{P} = 5.5\mathrm{A}$。由阻抗三角形可知，功率因数角 $\cos\varphi$ 为

$$\cos\varphi = \frac{R}{\sqrt{R^2 + X_\mathrm{L}{}^2}} = \frac{32}{\sqrt{32^2 + 24^2}} = 0.8$$

有功功率 P 为

$$P = \sqrt{3}U_\mathrm{L}I_\mathrm{L}\cos\varphi = \sqrt{3} \times 380 \times 5.5 \times 0.8 = 2896\mathrm{W}$$

2）绕组为三角形联结并接到线电压为 220V 的三相电源时，相电压为 220V，相电流有效值大小为

$$I_\mathrm{P} = \frac{U_\mathrm{P}}{|Z|} = \frac{220}{\sqrt{32^2 + 24^2}} = 5.5\mathrm{A}$$

对称负载三角形联结时，其线电流为相电流的 $\sqrt{3}$ 倍，即 $I_\mathrm{L} = \sqrt{3}\,I_\mathrm{P} = 9.5\mathrm{A}$。有功功率 P 为

$$P = \sqrt{3}U_\mathrm{L}I_\mathrm{L}\cos\varphi = \sqrt{3} \times 220 \times 9.5 \times 0.8 = 2896\mathrm{W}$$

任务4　安全用电与触电急救

任务 4.1　用电安全基础知识

◆ **任务导入**

随着社会经济的不断发展，以电能为驱动的各种电气设备广泛进入社会、企业和家庭生活中。在带给人们生活更多便利的同时，电气设备安全事故也仍在不断地发生。在使用用电设备时，必须重视安全用电问题。那么用电安全的一些基础知识你是否了解呢？

◆ **任务要求**

熟悉触电伤害的分类、影响因素、触电的类型及触电的原因。
重难点：触电的影响因素及类型。

扫一扫看视频

◆ **知识链接**

4.1.1　触电伤害的分类

人体会因为触及高电压的带电体而承受极大的电流，从而引起死亡或局部受伤的现象称为触电。触电对人体的伤害，主要有电击和电伤两种。

电击：表示电流流过人体内部，直接造成对内部组织器官的损伤。人体在遭遇电击后，引起的主要病理变化有心室纤维性颤动、呼吸麻痹及呼吸中枢衰竭等。仅 50mA 的工频电流即可使得人体遭受致命的电击。

电伤：表示电流直接或间接对人体表面的局部损伤，包括灼伤、电烙印、皮肤金属化等。

4.1.2　触电对人体的伤害程度

触电具体对人体的损害程度，与电流大小、电流持续时间、电流流通途径、电流频率、人体电阻和人体本身状况六大因素有关。根据不同的危险性，将作用于人体的电流分为三个等级：

1）感知电流：在一定概率下，电流通过人体时可引起感觉的最小电流。
2）摆脱电流：在一定概率下，人体触电后可自行摆脱带电体的最大电流。
3）致命电流：通过人体引起心室发生纤维性颤动的最小电流。

一般环境条件下的电流大小和电流持续时间对人体造成的影响见表 7.1。

表 7.1　电流大小和电流持续时间对人体造成的影响

电流/mA	电流持续时间（50Hz 交流）	生理效应
0～0.5	连续通电	没有感觉
0.5～5	连续通电	开始有感觉，手指手腕等处有麻感，可以摆脱带电体
5～30	数分钟以内	痉挛，不能摆脱带电体，呼吸困难，血压升高
30～50	数秒至数分钟	心脏跳动不规律，昏迷，强烈痉挛，长时间引起心室颤动
50 至数百	低于心脏搏动周期	受强烈刺激，但未发生心室颤动
	超过心脏搏动周期	昏迷、心室颤动，接触部位有电流流过的痕迹
超过数百	低于心脏搏动周期	心脏易损期触电时，发生心室颤动，昏迷
	超过心脏搏动周期	心脏停止跳动，昏迷，可能致命的电灼伤

电流流过途径：电流通过头部可使人昏迷，电流通过脊髓可使人瘫痪，电流通过中枢神经可引起神经系统严重失调而导致死亡。在电流通过人体的途径中，以从左手至前胸最危险，因为心脏、呼吸系统、中枢神经都处于这条途径中，极易引起心室颤动和中枢神经失调而导致人体死亡。

电流频率：交流电比直流电更危险，但频率很低或者很高的交流电触电危险性相对比较小些。对人体而言，最危险的电流频率范围是 20～300Hz；超过 100kHz 的电流对人体不会造成大的伤害，故在医学上可以利用高频电流做理疗。

触电者的身体状况：在触电时，患有心脏病或呼吸系统、神经系统等疾病的人，受到的伤害会比健康的人严重；妇女、小孩比成年男性更严重。人体的电阻不是固定值，它会随着皮肤的干燥程度等因素变化通常，在工频电压下，人体的电阻会随接触面积的增大、电压的增高而减小。

4.1.3 触电的类型

常见的几种触电类型包括图 7.12a 中的单相触电、图 7.12b 中的两相触电、图 7.12c 中的跨步电压触电和图 7.12d 中的悬浮电路触电。

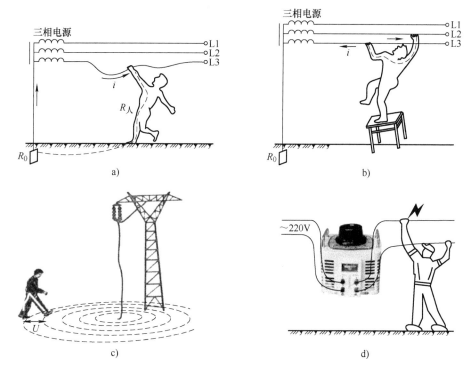

图 7.12 常见的触电类型

人体的一部分接触带电体，另一部分与大地或中性线（零线）接触形成回路，使电流从带电体经人体流入大地或中性线，这种触电方式称为单相触电，如图 7.12a 所示。在我国的低压三相四线制供电系统中，单相电压为 220V。若将该电压直接加在人体上，将会产生 110mA 以上的电流，这远大于人体的安全电流（10mA），所以单相触电是很危险的。

人体的不同部位同时接触两相电源带电体的触电方式称为两相触电，如图 7.12b 所示。当发生两相触电时，无论电网中性点是否接地，人体所承受的电压都为 380V，比单相触电时的 220V 电压更高，危险性更大。

当有雷电流入大地时，或载流电力线（特别是高压线）断落接地时，会在接地点周围形成强电场，其电位分布以接地点为圆心向周围扩散，其中以接地点的电位最高，距离越远电位越低，人体一旦跨入该区域，两脚之间将存在电压，该电压称为跨步电压。在跨步电压的作用下，电流从接触高电位的脚流入人体，并从接触低电位的脚流入大地，这种触电方式称为跨步电压触电，如图 7.12c 所示。

在跨步电压的大小取决于距离高压接地点的远近以及两脚相对接地点的跨步间距。在距离高压线落地点 20m 以外的区域，跨步电压很小，可视为安全区域。一旦误入高压线落地点 20m 以内的区域，应采用单脚跳或双脚并拢跳离，切勿摔倒。

220V 交流电流通过变压器的一次绕组时，与一次绕组相互隔离的二次绕组将会产生感应电动势，且相对于大地处于悬浮状态。若此时人站在地上接触其中一根带电导线，不会构成电流回路，即不会触电。但如果人体一部分接触二次绕组的一根导线，另一部分接触该绕组的另一根导线，则会造成触电，这种触电方式称为悬浮电路触电，如图 7.12d 所示。

一些电子产品，如音响设备中的电子管功率放大器、电视机等，它们的金属底板是悬浮电路的公共接地点。维修时若一手接触高电位，另一手接触低电位或公共接地点，就容易造成悬浮电路触电，所以在维修时应尽量单手操作。

4.1.4 触电的原因

（1）线路架设不合格

线路架设时，若擅自采用一线一地制（即用一根导线送电，并以大地作为回路的交流供电方式）的违规线路架设方法，当接地零线被拔出、线路发生短路或接地不良时，均会导致触电或区域电压不稳。

室内导线破旧、绝缘损坏或敷设电路不合格时，容易造成触电事故或因短路引起火灾。

无线电设备的天线、广播线或通信线与电力线距离过近或同杆架设时，若发生断线或碰线，电力线的电压就会传到无线电设备上，人体接触设备就会引起触电。

电器修理工作台布线不合理，容易导致绝缘层被磨坏或被烙铁烫坏而引起触电。

（2）用电设备不合格

用电设备因绝缘老化或损坏而造成的漏电，以及设备外壳无保护接地线或保护接地线接触不良等，均会引起触电。

开关和插座的外壳破损或导线绝缘层老化，失去保护作用，一旦人体触及就会引起触电导线或用电设备连接错误，会导致外壳带电而引起触电。

（3）电工操作不合要求

电工操作时未采取切实的安全措施，带电操作、冒险修理或盲目修理等，均可能引起触电。使用不合格的安全工具进行操作，如使用绝缘层损坏的工具，用竹竿代替高压绝缘棒，用普通胶鞋代替绝缘靴等，均会引起触电。停电检修线路时，闸刀开关上未挂警告牌，若其他人员误合开关则会引起触电。

（4）使用电器不谨慎

在室内违规乱拉电线，乱接用电设备，若使用不慎则会引起触电。移动灯具或电器时未切断电源，若电器漏电就会造成触电。更换熔丝时，随意加大规格或用其他金属丝代替熔丝，会使之失去保险作用而造成触电或引起火灾。用湿布擦拭或用水冲刷电线和用电设备，导致其绝缘性能降低也会造成触电。

任务 4.2　安全用电

◆　任务导入

电气事故包括人身事故和设备事故，当发生人身事故时，轻者烧伤，重者死亡；当发生设备事故时，轻则损坏电气设备，重则引起火灾或爆炸。因此必须要了解安全用电的相关措施。

◆　任务要求

熟悉预防直接触电、间接触电的措施，会使用安全电压和个人防护用具。

理解保护接地和保护接零的原理。

重点：预防触电的措施和保护接地、保护接零原理。

难点：保护接地、保护接零原理。

◆　知识链接

4.2.1　预防直接触电的措施

（1）绝缘措施

根据绝缘材料的不同，绝缘措施可分为气体绝缘、液体绝缘和固体绝缘。高压线在空气中是裸线架设，其绝缘材料为气体；油浸式变压器中注满了变压器油，其绝缘材料为液体；日常生活中常用的电工工具手柄一般用橡胶或木头制成，其绝缘材料为固体。

（2）屏护措施

采用屏护装置将带电体与外界隔绝开来，以杜绝不安全因素的措施称为屏护措施。用电器的绝缘外壳、金属网罩、金属外壳，变压器的遮栏、栅栏等都属于屏护装置。凡是金属材料制作的屏护装置，均应妥善接地或接零；栅栏等屏护装置上应有如"止步""高压危险"等明显标志，必要时可上锁或装配监控设备。

（3）间距措施

为防止人体触及或过分接近带电体而引发触电事故，在带电体与人体之间、带电体与地面之间、带电体与带电体之间、带电体与其他设备之间采取保持一定安全间距的措施，称为间距措施。安全间距的大小取决于电压高低、设备类型和安装方式等因素。

（4）安全标志

在有触电危险的区域，应设置明显的安全标志，以警示人们，防止触电事故的发生。

4.2.2　预防间接触电的措施

（1）加强绝缘措施

对电气线路或设备采取双重绝缘或加强绝缘，以及对组合电气设备采用共同绝缘的预防触电措施称为加强绝缘措施。这样，即使工作绝缘损坏后，还有一层加强绝缘保护，不易发生触电事故。

（2）电气隔离措施

采用隔离变压器或具有同等隔离作用的发电机，使电气线路和设备的带电部分处于悬浮状态的预防触电措施称为电气隔离措施。这样，即使该线路或设备的工作绝缘损坏，人站在地面上与之接触也不易触电。应注意的是，变压器的二次电压不得超过 500V，且其带电部分不得与其他电气回路或大地相连，以此才能保证其隔离要求。

（3）自动断电保护措施

当电路或设备上发生触电事故或其他事故（短路、过载等）时，在规定时间内能自动切断电源，从而起到保护作用的措施称为自动断电保护措施。漏电保护、过电流保护、过电压或欠电压保护、短路保护、接零保护等均属于自动断电保护措施。漏电保护器俗称漏电开关，是最常用的自动保护装置，当电路或设备因漏电而出现对地电压或产生漏电电流时，它能够在规定时间内，迅速切断电源，以保证人身安全。

额定漏电动作电流是漏电保护器的主要技术参数，是指保证漏电保护器必须动作的漏电电流值。根据动作灵敏度的不同，常用的漏电保护器可分为高灵敏度（漏电动作电流≤30mA）、中灵敏度（30mA＜漏电动作电流≤1000mA）、低灵敏度（漏电动作电流＞1000mA）三种。日常生活用电，最主要的目的是防止人身触电，故应该选择小于或者等于30mA的高灵敏度动作产品。

4.2.3　保护接地与保护接零

（1）保护接地

保护接地是指在电源中性点不接地的供电系统中，将电气设备的金属外壳与埋入地下且与大地接触良好的接地装置（接地体）进行可靠连接，如图7.13所示。

若设备漏电，外壳和大地之间的电压将通过接地装置将电流导入大地。此时如果有人接触漏电设备的外壳，由于人体与漏电设备并联，且人体电阻 R_b 远大于接地装置的对地电阻 R_e，通过人体的电流非常微弱，从而消除了触电危害。

电压在100V以下的任何形式的电网，均需采用保护接地作为安保技术措施。接地装置通常采用厚壁钢管或角钢，接地电阻以小于4Ω为宜。

（2）保护接零

保护接零简称接零，是指在电源中性点接地的供电系统中，将电气设备的金属外壳与电源零线（中性线）可靠连接，如图7.14所示。

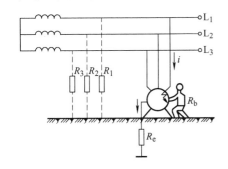

图7.13　保护接地原理

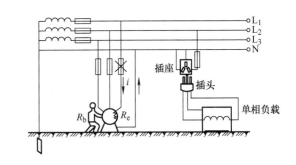

图7.14　保护接零原理

当电气设备漏电致使其金属外壳带电时，设备外壳将与零线之间形成良好的电流通路。此时如果有人接触金属外壳，由于人体电阻 R_b 远大于设备外壳与零线之间的接触电阻 R_e，因此通过人体的电流很小，从而消除了触电危害。

采用保护接零措施后，零线绝对不允许断开，所以零线上不能安装熔断器或开关。为确保安全，还应将零线与接地装置进行可靠连接，即重复接地，此时即使零线断开，接地装置也能将漏电电流导入大地。

4.2.4　使用安全电压

在没有任何防护措施的情况下，当人体接触带电体时，在一定时间内对人体各个部分均不造成伤害的电压值称为安全电压。**我国规定的系列安全电压有 36V、24V 和 12V。**

当使用大于 24V 的安全电压时，必须有防止人身直接触及带电体的保护措施。在高温、潮湿且周围有大面积接地体的场所，如矿井、隧道内等，需使用 12V 的安全电压。

凡手持照明器具，在危险环境或特别危险环境中使用的局部照明灯，高度不足 2.5m 的一般照明灯，携带式电动工具等，若无特殊的安全防护装置或安全措施，必须采用 24V 或 36V 的安全电压。

4.2.5　其他防护措施

（1）使用个人防护用品

初学者在使用电气设备或在带电线路上工作时，需由经验丰富的电工监护，同时应穿戴相关的个人防护用品。在实际操作时，操作者应使用绝缘用具，如绝缘杆、绝缘夹钳、安全带、脚踏板等。

（2）采用三相五线制

我国低压电网通常使用的是中性点接地的三相四线制（即三火一零），提供 380V/220V 的电压。在一般家庭中常采用单相两线制（即一火一零），因其不易实现保护接零，容易造成触电事故。

为确保工厂、企业和居民区的用电安全，国际电工委员会推荐采用三相五线制供电方式，如图 7.15 所示，包括三根相线（L）、一根工作零线（N）和一根保护零线（PE）。用电设备所连接的工作零线（N）和保护零线（PE）是分别敷设的，工作零线（N）上的电位不能传递到用电设备的外壳上，这样就能有效隔离三相四线制供电方式所产生的危险电压，使用电设备外壳上的电位始终处在"地"电位，从而消除了设备产生危险电压的隐患。

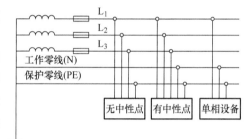

图 7.15　三相五线制供电方式

任务 4.3　触电急救

◆ **任务导入**

实验研究和统计表明，如果从触电后 1min 开始救治，则 90% 可以得到治愈；如果从触电后 6min 开始抢救，仅有 10% 的人有救活的机会；若从触电后 12min 开始抢救，则救活的可能性极小。因此，当发现有人触电时，应争分夺秒地救治！

◆ **任务要求**

熟悉触电急救的步骤及相应的急救措施。

掌握不同情况下的急救措施。

重难点：不同情况下的急救措施。

◆ **知识链接**

无论是触电、电气火灾还是其他电气事故，应首先切断电源和拨打 120 急救电话。拉闸时应使用绝缘工具，若需要切断电线，则需要用带绝缘套的钳子从电源相线、零线的不同位置剪开，避免剪开后的电源线短路。

对于已经脱离电源的触电者，根据其具体表现情况，使用人工呼吸或胸外心脏按压法进行现场急救。

若火灾现场不能及时切断电源，应采用不导电的灭火剂带电灭火（如二氧化碳干粉灭火剂、四氯化碳灭火剂等）；若用水灭火，则必须穿上绝缘鞋。

电气事故防大于治，在日常的用电过程中一定要牢记用电规范，按操作规程执行，这样才能更为彻底地杜绝电气事故的发生。

4.3.1　脱离电源

（1）低压触电事故脱离电源的方法

拉：如果发现电源开关（或电闸、插座）等就在触电现场附近，可立即拉下开关或电闸，拔下插座等。

切：如果一时找不到电源开关（或电闸、插座）或距离太远，可用带有绝缘手柄的斧头或钳子切断电源线。

挑：如果手边找不到工具或是带电线路搭落在触电者身上，可用干燥的木棒或竹竿挑开电线，使带电线路与触电者的身体脱离。

拽：如果周围没有工具，救护人可戴手套或用干燥的衣服将手完全地包裹起来，站在干燥的木板上，然后拖拽触电者的衣服，切记千万不可直接触碰触电者的皮肤。

垫：如果电线缠绕在触电者身上，可将干燥木板等绝缘物插入触电者身下，使其与地面隔离，以隔断电流；然后再采取其他办法切断电源，使触电者脱离带电体。

（2）高压触电事故脱离电源的方法

发现有人在高压设备上触电时，救护者应戴上绝缘手套、绝缘鞋等个人防护用具，使用相应的绝缘工具关闭高压设备的电源开关，或者拨打国家电网 24 小时客户服务热线"95598"，第一时间通知供电部门停电。

4.3.2　判断触电者的受伤程度

（1）判断呼吸是否停止

将触电者移至干燥、通风的地方，松开领口和腰带，使其仰卧，观察触电者胸腔有无起伏。若胸腔无明显起伏现象，可用手轻触触电者鼻孔，感觉有无气流流动。

（2）判断脉搏是否跳动

用手检查触电者颈部的颈动脉，或手腕处的脉搏，确认有无跳动，或是将耳朵贴近触电者心脏处，判断有无心脏跳动的声音。

（3）判断瞳孔是否放大

处于死亡边缘或已经死亡的人，大脑细胞严重缺氧，大脑中枢失去对瞳孔的调节作用，瞳孔会自行放大，且对外界的光线没有反应。

4.3.3　现场救治

（1）触电者未失去知觉

如果触电者只是头昏、心悸、出冷汗、恶心、呕吐，但并未失去知觉，可将其放在空气流通、温度适宜的地方安静平躺，松开身上的紧身衣服，摩擦全身，使之发热，促进血液循环。

（2）触电者失去知觉

如果触电者已经昏迷，但呼吸心跳尚存，应立即通知医生，同时将其平放在通风、凉爽的地方，松开身上的紧身衣服，摩擦全身，使之发热。如果发现其呼吸逐渐衰弱，应立即施以人工呼吸；若发现心跳逐渐停止，则应立即施以胸外心脏按压。

（3）触电者心跳、呼吸均停止

如果出现假死现象，应该根据触电者的不同情况对症处理：如果呼吸停止，可施以人工呼吸；对于心脏停止跳动者，可施以胸外心脏按压；若呼吸、心跳均停止，上述两种方法应同时使用，采取急救措施的同时应尽快通知医生。

4.3.4 人工呼吸法和胸外心脏按压法

（1）人工呼吸法

首先把触电者移到空气流通的地方，最好放在平直的木板上，使其仰卧，头部尽量后仰。先把头侧向一边，掰开嘴，清除口腔中的杂物、假牙等。如果舌根下陷应将其拉出，使呼吸道畅通。同时解开触电者的衣领，松开上身的紧身衣服及腰带，使其胸部可以自由扩张。

抢救者位于触电者的一侧，一手按在触电者的前额，并用拇指与食指捏紧触电者的鼻孔，另一只手掰开触电者的口腔，深吸一口气后，以口对口紧贴触电者的嘴唇吹气，同时观察触电者的胸部是否鼓起，如图 7.16a 所示。

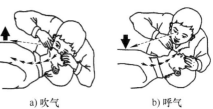

a) 吹气　　　　b) 呼气

图 7.16　人工呼吸法

松开触电者的口鼻，使其胸部自然恢复，让其自动呼气，时间约 3s，如图 7.16b 所示。

按照上述步骤反复进行，4～5s 一个循环，每分钟约 12 次。如果触电者牙关紧闭，不能张口或口腔有严重损伤时可采用口对鼻人工呼吸，其效果与口对口呼吸法相近。

（2）胸外心脏按压法

使触电者仰卧于地面或木板上，解开其衣领和腰带，头部后仰，使其气道开放。

抢救者跪于触电者一侧或跨跪在其腰部两侧，用左手掌根置于触电者胸骨下端部位，即中指尖部置于其颈部凹陷的边缘，掌根所在的位置即为正确按压区。

将右手掌根重叠放置在左手手背上，使双手手指完全脱离胸壁，双臂伸直，如图 7.17a 所示。

a) 抢救者跨跪位置　　b) 向下按压　　c) 迅速放松

图 7.17　胸外心脏按压法

垂直向下均匀用力按压，使其胸部下陷 3～4cm，心脏受压排血，如图 7.17b 所示；然后迅速放松，使血液流回心脏，如图 7.17c 所示。重复以上步骤，不可中断，对于成人应保持每分钟 60～80 次的按压频率。按压时定位要准确，压力要适中，不要用力过猛，以免造成肋骨骨折、气胸、血胸等危险；但也不能用力过小，否则达不到按压的目的。

> 💧 经验传承：人工呼吸和胸外心脏按压两种方法应对症使用，若触电者心跳和呼吸均已停止，则两种方法可同时使用。如果现场抢救者只有一人时，应先行吹气两次，然后立即进行胸外心脏按压 30 次，如此反复进行。若抢救者有两人，可先一人吹气一次，另一人按压心脏 5 次，反复循环即可。

经过一段时间的抢救后，若触电者面色好转，口唇潮红，瞳孔缩小，心跳和呼吸恢复正常，四肢可以活动，此时可暂停数秒进行观察，有时触电者至此就可恢复。如果触电者仍不能维持正常的心跳和呼吸，必须在现场继续抢救，尽量不要搬动，最大限度地争取抢救时间。

任务 5　供电与配电

任务 5.1　电力系统

◆ **任务导入**

现代社会所用的能源主要是电能，电能是二次能源，那么它是如何产生、传输和分配的呢？这就是本任务要解决的问题。

◆ **任务要求**

熟悉电能的产生、传输和分配。

重难点：电力系统的组成。

◆ **知识链接**

电力系统由电能的产生、传输、分配和消耗四个部分组成，即通常所说的发电、输电、变电和配电。首先发电机将一次能源转化为电能，电能经过变压器和电力线路输送、分配给用户，最终通过用电设备转化为用户所需的其他形式的能量。

5.1.1　发电厂

电能的产生即发电，主要是由各种类型的发电厂实现。根据发电厂所利用能源类型的不同，可分为火力发电厂、水力发电厂、风力发电厂、原子能发电厂、潮汐发电厂、太阳能发电厂等。

1）火力发电厂通常是用煤或油作为燃料，锅炉产生蒸汽，利用高压高温蒸汽驱动汽轮机带动发电机进行发电。其发电过程主要是：锅炉将燃料的能量高效地转化为热能，汽轮机将蒸汽具有的热能转化为机械能，随后推动发电机发电。冷凝、给水设备将汽轮机排出的蒸汽冷凝为冷凝水，而后经过水泵将冷凝水送回到锅炉。这一类火力发电厂称为凝汽式火电厂。

除了凝汽式火电厂，还有一种供热式火电厂。供热式火电厂将部分做了功的蒸汽从汽轮机中抽出，供给电厂附近的居民，这样可有效减少凝汽器中的热量损失，进而提高火电厂的效率。供热式火电厂也称为热电厂。

2）水力发电厂是利用自然水力资源作为源动力，通过水岸或堤坝截流的方式提高水位，再利用高低水位之间高度落差产生的势能，驱动水轮机进而转换成机械能，又由水轮机带动发电机发电，从而实现发电的目的。

3）风力发电厂是利用风力带动风车叶片旋转，来促使发电机发电。风力发电系统一般由风力机、发电机、电力电子模块等组成，其电容量一般较小，风力机通过齿轮箱驱动发电机发电，发电机发出的电能经过电力电子模块转换后供到负载变压器，再并入电网。

4）原子能发电厂是由核燃料在反应堆中的裂变反应所产生的热能，进而产生高压高温蒸汽，驱动汽轮机，从而带动发电机进行发电。原子能发电又称为核能发电。核能发电过程中的铀燃料的原子核受到外部热中子撞击后，会产生原子核裂变，分裂成为两个原子核，并释放出大量的热能，该热能将水变为水蒸气，然后通过装置将其送到汽轮发电机，其发电的主要原理与火力发电厂相同。

原子能发电厂的汽、水循环是两个各自独立的回路。第一回路包括核反应堆、蒸汽发生器、主循环泵等。高压水在反应堆中吸收热能，经蒸汽发生器再注入反应堆。第二回路由蒸汽发生器、汽轮机、给水泵等组成。水在蒸汽发生器内吸热变成蒸汽，经汽轮机做功，被凝结成水之后，再由给水泵注入蒸汽发生器。

世界上由发电机提供的电能，大多数是交流电。我国的交流电频率为50Hz，又可称为工频交流电。

5.1.2 传输

电能的传输又称输电。输电网是由若干输电线路组成的，并将许多电源点与供电点连接起来形成一个电能网络系统。在输电过程中，先将发电机组发出的6～10kV电压经过升压变压器升压至35～500kV高压，通过输电线将电能传送到用户端，再利用降压变压器将35～500kV的高压降压至6～10kV，最后通过配电变压器转为用户电。电能的传输过程如图7.18所示。

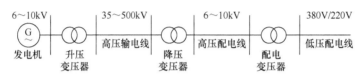

图7.18 电能的传输过程

我国标准输电电压等级有35kV、110kV、220kV、330kV和500kV等。一般情况下，输送距离在50km以下，采用35kV电压；输电距离在100km左右，采用110kV电压；输电距离在2000km以上，采用220kV或更高等级的电压。

上述所提及的输电都是交流输电，此外还有直流输电。直流输电是指将发电厂发出的交流电经过整流器转换成直流电再输送至受电侧，再用逆变器将直流电转换成交流电送到交流电网的一种输电方式，主要应用于远距离大功率输电。直流输电相较于交流输电，其结构更为简单、投资少、对环境影响小、电压分布平稳、无需无功功率补偿等优点，但输电过程中的整流和逆变部分较为复杂。

5.1.3 分配

高压输电到用电侧后（如工厂、住宅等），必须先经过变电所将交流电的高压降为低压，再供给到各用电设备。民用住宅的照明用电一般为交流220V，工厂车间等的用电一般为交流380V/220V。

在工厂内部配电中，对车间动力用电和照片用电均独立分开控制，即动力配电线路与照明配电线路分开，避免因局部故障而影响整个车间的生产。

任务5.2 工厂企业供配电系统

◆ 任务导入

电能的分配和使用中很重要的部分是供工厂、企业所使用的，那么工厂企业供配电系统是如何的呢？

◆ **任务要求**

熟悉工厂企业供配电系统的基础知识。

◆ **知识链接**

一般中型工厂企业的电源进线电压多为 6～10kV，经过高压配电所由高压配电网络将电能输送至各车间变电所或直接给高压用电设备提供能源。变电所的主要设备是降压变压器和配电装置。配电装置包括开关、母线、保护电器、测量仪器等设备，常将其做成一个成套的开关柜，方便操作和管理。降压变压器的主要功能是变换电能，配电装置的主要功能是接受和分配电能。配电所不变电，只接受和分配电能，因此配电所只有配电装置，并没有变压器。

车间变电所常设置一两台变压器，其单台容量一般为 1000kVA，也有相邻的用电量不大的车间共用一个变电所的情况。6～10kV 的高压电经过车间变电所降至 380V/220V，再经低压配电网络将电能输送给各低压用电设备。

大型工厂企业的电源进线电压一般在 35～110kV，进线处不是高压配电所而是总降压变电所，内设大容量的降压变压器。先经过总降压变电所将 35～110kV 的电源电压降至 6～10kV 的配电电压，再经过高压配电网将电能输送到各车间变电所。再经过两次降压后，才提供电能给各低压用电设备使用。

小型工厂企业的所需容量一般为 1000kVA，仅需设置一个降压变电所，由电力网以 6～10kV 的电压进行供能。对于用电设备容量在 250kVA 及以下的小规模企业，通常采用电力部门的380V/220V 低压配电网络进行供电，不需要变电，仅需设置一个低压配电室即可。

低压供电主要有三种方式：

1）三相四线制供电方式：一般工厂企业采用 380V/220V 中性点接地的三相电源供电。

2）三相三线制供电方式：在采煤矿井等易爆场所，常采用中性点不接地的低压供电系统，主要是为了避免一相故障时短路点发生火花进而引起爆炸等情况。该接线方式必须辅助以绝缘监视和自动报警装置。

3）三相五线制供电方式：三相四线制供电的中性线上常有不平衡电流流过，使得中性线对地电压不为零。为提高供电系统的安全性，将中性线分为两根，一根为工作中性线，另一根为保护中性线，从而形成三相五线制供电系统。

任务 5.3　民用供配电系统

◆ **任务导入**

任务 5.2 中介绍了工厂企业的供配电系统基本情况，那么作为民用供配电系统，又有什么特点？相较于工厂企业的供配电系统又有什么区别呢？

◆ **任务要求**

熟悉民用供配电系统的基础知识。

◆ **知识链接**

民用电包括城乡居民用电和各级各类学校等用电。图 7.19 所示为某校宿舍楼供配电系统示意图。为了简单方便，三相交流供配电系统图常用一条线表示三相线路，并在单条线路上画斜线表示此线路的实际路数。图中电源进线电压为 10kV，三相三线制供电经负荷开关 QS、熔断器 FU 到降压变压器，经变压器降压后变为 380V/220V 三相四线制，再经低压总配电柜变为三相五线制供电系统。

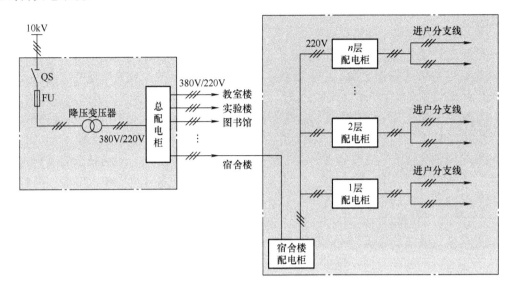

图 7.19　某校宿舍楼供配电系统示意图

总配电柜以三相五线制供电方式将三相交流电分别送至校内各大楼，其中一路进入宿舍楼。由于生活用电都是单相负荷，因此进入楼层后，每层的进线采用单相三线，即相线、工作零线和保护零线各一根。单相电经各层配电箱进入各用户。在最终的用户电能分配上，应尽量使三相平衡。

任务 6　实践验证

任务实施 6.1　三相交流电路电压、电流的测量（星形联结）

1. 实施目标

1）熟悉三相负载作星形联结的方法。

2）学习和验证三相负载对称与不对称电路中，相电压、线电压之间的关系。

3）了解三相四线制中中性线的作用。

2. 原理说明

三相负载作星形联结时，电路如图 7.20 所示。

1）当三相对称负载作星形联结时，线电压 U_L 是相电压 U_P 的 $\sqrt{3}$ 倍。线电流 I_L 等于相电流 I_P。在这种情况下，流过中性线的电流 $I_O = 0$，所以可以省去中性线。由三相三线制电源供电，无中性线的星形联结称为 Y 联结。

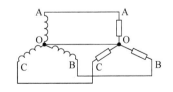

图 7.20　三相负载作星形联结电路图

2）当不对称三相负载作星形联结时，必须采用三相四线制接法，即 Y0 联结。而且中性线必须牢固连接，以保证三相不对称负载的每相电压维持对称不变。

倘若中性线断开，会导致三相负载电压的不对称，致使负载轻的那一相的相电压过高，使负载遭受损坏；负载重的一相相电压又过低，使负载不能正常工作。尤其是对于三相照明负载，无条件地一律采用 Y0 联结。

3）从上述理论中，考虑到三相负载不对称联结又无中性线时某相电压升高，以及考虑到安全，故将两个负载串联起来做实验，如图 7.20 所示。

3. 实施设备及器材（见表 7.2）

表 7.2　实施设备及器材

序　号	名　称	型号与规格	数　量	备　注
1	交流电压表	0～500V	1	
2	交流电流表	0～5A	1	
3	万用表		1	自备
4	三相交流电源		1	
5	三相灯组负载	220V/25W 白炽灯	8	ZDD-14D
6	电流插座		2	

4. 实施内容

按照图 7.21 连接好实验电路，再将实验台的三相电源 A、B、C、N 对应接到三相负载上。用交流电压表和电流表进行下列情况的测量，将数据记入表内，并观察各相灯组亮暗的变化程度，特别要注意观察中性线的作用。

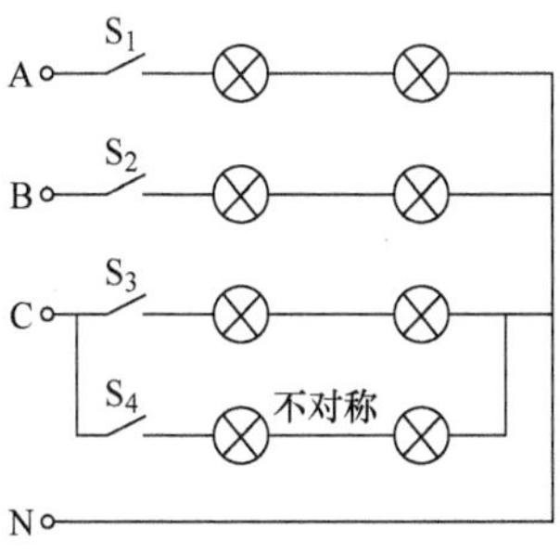

1）负载对称有中性线，将三相灯组负载的开关 S_1、S_2、S_3 打到接通位置。

2）负载对称无中性线，将三相灯组负载的开关 S_1、S_2、S_3 打到接通位置，断开中性线。

3）负载不对称有中性线，将三相灯组负载的开关 S_1、S_2、S_3、S_4 打到接通位置。

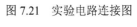

图 7.21　实验电路连接图

4）负载不对称无中性线，将三相灯组负载的开关 S_1、S_2、S_3、S_4 打到接通位置，断开中性线。

上述数据作完，请老师检查数据后，方可整理好实验台。实验数据记录在表 7.3 中。

表 7.3　实验数据

测量数据		对称负载		不对称负载	
		有中性线	无中性线	有中性线	无中性线
相电压	U_A				
	U_B				
	U_C				
线电压	U_{AB}				
	U_{BC}				
	U_{CA}				
相电流	I_A				
	I_B				
	I_C				
中性线电流	I_O				

5. 实施注意事项

每次改接电路都必须先断开电源。

6. 思考题

1）分析负载不对称又无中性线连接时的数据。

2）中性线有何作用？

7. 实施报告

1）绘制实验电路的连接图。

2）根据测量数据，分析三相负载对称与不对称电路中，相电压、线电压之间的关系。

任务实施 6.2　三相交流电路电压、电流的测量（三角形联结）

1. 实施目标

1）熟悉三相负载作三角形联结的方法。

2）验证负载作三角形联结时，对称与不对称的线电流与相电流之间的关系。

2. 原理说明

三相负载的三角形联结实验电路如图 7.22 所示。

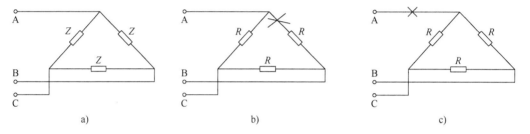

图 7.22　三相负载的三角形联结实验电路图

1）当三相负载对称连接时，其线电流、相电流之间的关系为 $I_L = \sqrt{3}I_P$，且相电流超前线电流 $30°$。

2）当三相负载不对称作三角形联结时，将导致两相的线电流、一相的相电流发生变化。此时，I_L 与 I_P 无 $\sqrt{3}$ 倍的关系。但只要电源的线电压对称，加在三相负载上的电压仍是对称的，对各相负载工作没有影响。

3）当三角形联结时，一相负载断路时，如图 7.22b 所示。此时只影响故障相不能正常工作，其余两相仍能正常工作。

4）当三角形联结时，一条相线断线时，如图 7.22c 所示。此时故障两相负载电压小于正常电压，而 BC 相仍能够正常工作。

5）从上述理论中，考虑到三相负载做三角形联结时，是线电压 380V 加载负载两端，考虑到负载的额定工作电压是 AC220V，故将两个负载串联起来做实验，如图 7.23 所示。

3. 实施设备及器材（见表 7.4）

表 7.4　实施设备及器材

序　号	名　称	型号与规格	数　量	备　注
1	交流电压表	0～500V	1	
2	交流电流表	0～5A	1	
3	万用表		1	自备
4	三相交流电源		1	
5	三相灯组负载	220V/25W 白炽灯	8	ZDD-14D
6	电流插座		2	

4. 实施内容

按图 7.23 连接好实验电路，再将三相电源 A、B、C、N 对应接到负载箱上。用交流电压表和电流表进行下列情况的测量，并将数据记入表内。

1）对称负载的测量：将开关 S_1、S_2、S_3 打到接通位置。

2）不对称负载的测量：将开关 S_1、S_2、S_3、S_4 打到接通位置。

3）一相负载断路：将开关 S_2、S_3 打到接通位置。

4）一相相线断线：将开关 S_1、S_2、S_3 全部接通，去掉 A 相相线。

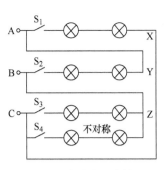

图 7.23 实验电路连接图

上述内容作完后，数据经老师检查后方可整理实验台，离开实验室。实验数据记录在表 7.5 中。

表 7.5 实验数据

负载接法	线电流			相电流			线电压		
	I_A	I_B	I_C	I_{AB}	I_{BC}	I_{CA}	U_{AB}	U_{BC}	U_{CA}
负载对称									
负载不对称									
一相负载断路									
一相相线断路									

5. 实施注意事项

每次改接电路都必须先断开电源。

6. 思考题

1）分析负载不对称又无中性线连接时的数据。

2）中性线有何作用？

7. 实施报告

1）绘制实验电路的连接图。

2）根据测量数据，分析负载作三角形联结时，对称与不对称的线电流与相电流之间的关系。

任务实施 6.3 三相电路功率的测量

1. 实施目标

1）掌握用一瓦特表法测量三相电路功率的方法。

2）进一步熟练掌握功率表的接线和使用方法。

2. 原理说明

对于三相四线制供电的三相星形联结的负载（即 Y0 联结），可用一只功率表测量各相的有功功率 P_A、P_B、P_C，则三相功率之和（$\Sigma P = P_A + P_B + P_C$）即为三相负载的总有功功率值。这就是一瓦特表法，如图 7.24 所示。若三相负载是对称的，则只需测量一相的功率，再乘以 3 即得三相总的有功功率。

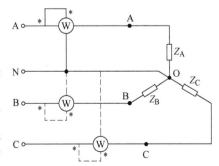

图 7.24 一瓦特表法测功率连接图

3. 实施设备及器材（见表 7.6）

表 7.6 实施设备及器材

序 号	名 称	型号与规格	数 量	备 注
1	交流电压表	0～500V	1	
2	交流电流表	0～5A	1	
3	单相功率表		1	
4	万用表		1	自备
5	三相交流电源	AC380V	1	
6	三相灯组负载	220V/25W 白炽灯	8	ZDD-14D
7	电容器	1μF/500V、2.2μF/500V、4.7μF/500V	若干	ZDD-13B

4. 实施内容

用一瓦特表法测定三相对称 Y0 接负载以及不对称 Y0 接负载的总功率 ΣP。实验按图 7.25 线路接线。线路中的电流表和电压表用以监视该相的电流和电压，不要超过功率表电压和电流的量程。

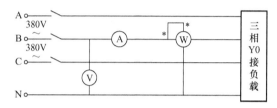

图 7.25 一瓦特表法测定功率连接图

经指导教师检查后，接通三相电源，按表 7.7 的要求进行测量及计算。

表 7.7 实验数据

负载情况	开灯盏数			测量数据			计算值
	A 相	B 相	C 相	P_A/W	P_B/W	P_C/W	ΣP/W
Y0 接对称负载	2	2	2				
Y0 接不对称负载	2	2	4				

将三只表按图 7.25 接入 B 相进行测量，然后分别将三只表换接到 A 相和 C 相，再进行测量。

5. 实施注意事项

每次改变接线，均需断开三相电源，以确保人身安全。

6. 思考题

1）复习一瓦特表法测量三相对称负载功率的原理。
2）测量功率时为什么在线路中通常都接有电流表和电压表？

7. 实施报告

总结、分析三相电路功率测量的方法与结果。

✦✦✦ 项 目 小 结 ✦✦✦

1）三相交流电源的电动势是三相对称的电动势，即三个幅值相等、频率相同、相位互差120° 的正弦电动势。三相交流电源常采用星形联结，并以三相四线制方式给用户供电，共有三根相线和一根中性线，提供两种电压。相线与中性线之间的电压称为相电压，相线与相线之间的电压称为线电压。线电压在数值上是相电压的 $\sqrt{3}$ 倍，在相位上超前于相应的相电压 $30°$。在我国低压供电系统中，通常相电压为 220V，线电压为 380V。三相负载有星形联结和三角形联结两种接法，采用哪种接法要视负载的额定电压与电源电压来决定。

2）在三相四线制供电系统中，三相负载采用星形联结时，每相负载电压等于电源相电压，即等于 $1/\sqrt{3}$ 的电源线电压；每相负载电流就是相线上的电流，故相电流等于相应的线电流，即 $I_P = I_L$，中性线电流为三相电流之和。当三相负载对称时，中性线电流为零，中性线可免去。但如果三相负载不对称，则必须接中性线，且中性线上不允许装开关和熔断器，以保证每相负载电压等于电源相电压。三相负载对称是指三相负载的复阻抗相等。当三相负载对称时，分析一相就可以得知三相的全貌；如果三相负载不对称，则各相需分别进行分析。

3）三相负载采用三角形联结时，只需三相三线制供电，各相负载承受线电压，故 $U_P = U_L$。如果三相负载对称，则线电流等于各相负载电流的 $\sqrt{3}$ 倍，且滞后于相应相电流 $30°$；如果三相负载不对称，则线电流与各相负载电流不存在这样的关系，需根据基尔霍夫电流定律分别进行计算。

4）电力系统由发电厂、电力网和电能用户三大部分组成，是一个特大规模的电路，发电厂是电源，电能用户是负载，电力网是中间环节。中型工厂企业的电源进线电压多为 6～10kV，经高压配电所分配到各车间变电所降至 380V/220V，再将电能分送给各低压用电设备。大型厂进线电压一般在 35kV 以上，经高压总变电所降到 6～10kV 后再分配到各车间变电所。小型厂只设一个低压降压变电所由电力网以 6～10kV 电压供电，或直接进 380V/220V 的低压电线，由低压配电所分配给各用电设备。一般低压变压器的低压侧都成星形联结，有三相四线制、三相三线制和三相五线制三种供电方式，除三相三线制供电方式外，变压器中性点都接地，称为工作接地。三相交流供配电系统图常用一条线代表三相线路，并在单条线路上画斜线表示此线路的实际路数。

◆ 思考与练习 ◆

扫一扫看视频

1. 填空题

1）我国三相四线制低压供配电系统的线电压大小为_____。

2）额定电压为 220V 的灯泡接在 110V 电源上，灯泡的功率变为原来的_____。

3）星形联结时三相电源的公共点称为三相电压的_____。

4）三相电动势的相序为 U—V—W，可称为_____。

5）两个同频率正弦交流电的相位差等于 $180°$ 时，则它们的相位关系是_____。

2. 简答题

1）若 $i_1 = 10\sin(314t + 90°)\text{A}$，$i_2 = 20\sin(628t + 30°)\text{A}$，则 i_1 的相位与 i_2 的相位有什么关系？

2）三相负载作三角形联结时，线电压与相电压有什么关系？

3）什么是三相负载、单相负载和单相负载的三相连接？三相交流电动机有三根电源线接到电源的 A、B、C 三端，称为三相负载，电灯有两根电源线，为什么不称为两相负载，而称单相负载？

4）为什么电灯开关一定要接在相线（火线）上？

5）在三相四线制系统中，当三相负载不平衡时，三相电压相等，中性线电流大小有何变化？

3．判断题

1）用电压表测量电源路端电压为零，这说明外电路处于短路状态。

2）三相负载采用三角形联结时，线电压等于相电压。

3）从中性点引出的导线叫中性线，当中性线直接接地时称为零线，又叫地线。

4）三相电源无论对称与否，三个线电压的相量和恒为零。

5）对称三相负载作三角形联结时，当负载上相电流对称时，其线电流也是对称的，且线电流的有效值等于相电流有效值的 $\sqrt{3}$ 倍。

6）三相交流发电机的定子内圆周放置三个结构相同、彼此独立、在空间位置上各相差 120° 的三相绕组。

7）交流电路的功率因数等于有功功率与视在功率之比。

8）同一台发电机采用星形联结时的线电压等于采用三角形联结时的线电压。

4．计算题

1）三相电路如图 7.26 所示，设电源电压对称，且相电压 U_p =220V，负载为电灯组，电灯额定电压为 220V，各相电阻为 R_A =5Ω，R_B =22Ω，R_C =10Ω。试求负载的相电压、相电流和中性线电流。

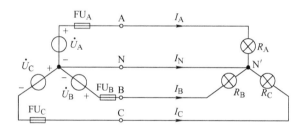

图 7.26　计算题 1 图

2）有一三相异步电动机，其绕组接成三角形，接在线电压为 380V 的电源上，从电源所取用的功率 P = 11.43kW，功率因数 $\cos\varphi$ = 0.87，求电动机的相电流和线电流。

项目八 含有耦合电感的电路

项目描述

本项目将介绍一种新的电路元件，即耦合电感。一对相耦合的电感，若流过其中一个电感的电流随时间变化，则在另一电感两端将出现感应电压，而这两个电感间可能并无导线相连，这便是电磁学中的互感现象。交流电路中一般都存在互感现象，互感现象实际上是感性设备工作的基础。耦合电感属于多端元件。它在工程中有着广泛的应用，熟悉这类多端元件的特性以及掌握包含这类多端元件的电路分析方法是很有必要的。

学习目标

● 知识目标

❖ 理解互感、互感系数、耦合系数、同名端等基本名词。
❖ 掌握同名端的判断、耦合电感电压和电流关系以及去耦等效的方法。
❖ 掌握含有耦合电路的分析、计算方法以及变压器的工作原理。
❖ 了解理想变压器的条件、变压器的用途、种类、结构。
❖ 熟悉变压器的使用及几种常用的变压器。

● 能力目标

❖ 能分析、计算含耦合电感的电路。
❖ 能结合实际需要选用合适的变压器。

● 素质目标

❖ 培养学生善于发现问题、多角度思考问题的思辨能力。
❖ 培养学生具备一定的团队协作、综合应用和创新能力，具备一定的职业素养。
❖ 培养学生的爱国情操和民族自信。

思 政 元 素

在学习本项目知识点时，建议融入科学精神元素，如可以查阅法拉第、王硕威等人的科研经历和电磁感应现象从定性描述到定量表达的探究过程等资料，了解科研是一个漫长的过程，需要一代又一代人的努力和传承。养成坚持不懈、求真务实、勇于创新的科学精神，并树立正确的人生观、价值观。在学习耦合电感、变压器等内容时，建议融入我国的一系列国家重大工程作为科学力量元素，如白鹤滩水电站，不仅标志着我国在长江之上全面建成世界最大清洁能源走廊，而且六项技术指标创世界第一，激发爱国热情以及参与国家重大工程的担当意识。

在学习方法和自我评价上，建议可以多元化、综合化、挑战化，强化自己多学科知识的综合应用，多角度地思考、探究问题，培养知识的综合应用能力和创新能力。

在任务实施环节，养成善于发现问题、思考问题、解决问题的能力，养成电工人细致、专注的职业素养和工匠精神。

思 维 导 图

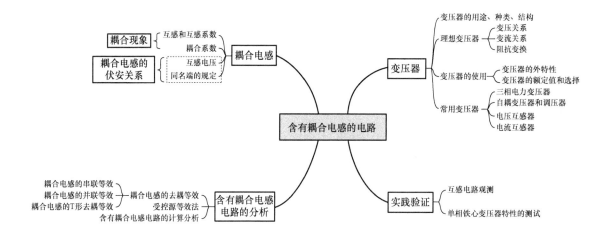

任务 1　耦合电感

任务 1.1　耦合现象

◆ **任务导入**

根据法拉第电磁感应定律可知，两个线圈相互靠近时，其中一个线圈中电流产生的磁通将有一部分与另一个线圈交链，虽然没有直接接触，但通过两个线圈间形成了磁耦合，可实现非接触式能量或信号的传递与转换。那么什么是磁耦合呢？它有着怎样的特点呢？

◆ **任务要求**

理解互感、互感系数、耦合系数等基本名词。

重难点：互感、耦合系数。

◆ **知识链接**

1.1.1　互感和互感系数

当线圈两端通以变化的电流时，在其两端便会产生一个阻碍电流变化的电动势，这种现象称为自感。如果一个线圈附近还有另一个线圈，当其中一个线圈中的电流变化时，不仅在本线圈中产生感应电动势，而且在另一个线圈中也会产生感应电动势，这种现象称为互感现象或耦合。

在图 8.1 所示的耦合线圈中，当线圈 1 中通电流 i_1（施感电流）时，不仅在线圈 1 中产生磁通 Φ_{11}，同时，有部分磁通 Φ_{21} 穿过邻近线圈 2。同理，若在线圈 2 中通电流 i_2（施感电流）时，不仅在线圈 2 中产生磁通 Φ_{22}，同时，有部分磁通中 Φ_{12} 穿过线圈 1。Φ_{12} 和 Φ_{21} 称为互感磁通。假设线圈 1 为 N_1 匝，线圈 2 为 N_2 匝，若穿过线圈每一匝的磁通都相等，则自感磁链 Ψ_{11}、Ψ_{22} 与自感磁通 Φ_{11}、Φ_{22}，以及互感磁链 Ψ_{21}、Ψ_{12} 与互感磁通 Φ_{12}、Φ_{21} 之间有以下关系：

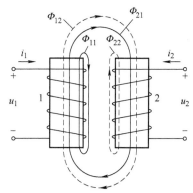

图 8.1　耦合线圈示意图

$$\Psi_{11} = N_1\Phi_{11} \qquad \Psi_{22} = N_2\Phi_{22}$$

$$\Psi_{12} = N_1\Phi_{12} \qquad \Psi_{21} = N_2\Phi_{21}$$

在这里，互感磁通下标表示含义如下：第一个下标编号代表该量所在线圈的编号，第二个下标编号代表产生该量的施感电流所在线圈的编号，如 Φ_{12} 表示由线圈 2 产生的穿过线圈 1 的磁通。

互感现象在实际中的应用非常广泛，如电力变压器、电流互感器、电压互感器等都是根据互感原理制成的。图 8.1 所示线圈中电流产生的磁通与电流成正比，当匝数一定时，磁链也与电流大小成正比，电流的参考方向和磁通的参考方向满足右手螺旋定则，可以得到自感磁通链：

$$\Psi_{11} = L_1 i_1 \qquad \Psi_{22} = L_2 i_2$$

互感磁通链：

$$\Psi_{12} = M_{12} i_2 \qquad \Psi_{21} = M_{21} i_1$$

式中，M_{12}、M_{21} 称为互感系数，简称互感。在国际单位制中，互感 M 同自感 L 的单位相同，为 H，常用的单位还有 mH 和 μH。

理论和实验可以证明，$M = M_{21} = M_{12}$。

> 🖱点拨：需要指出以下几点：
> 　1）互感的大小反映了一个线圈在另一个线圈中产生磁链的能力。
> 　2）M 值与线圈的形状、几何位置、空间介质有关，与线圈中的电流无关。
> 　3）自感系数 L 总为正值，互感系数 M 的值有正有负。M 为正值表示自感磁链与互感磁链方向一致，互感起增助作用，M 为负值表示自感磁链与互感磁链方向相反，互感起削弱作用。

1.1.2　耦合系数

两耦合线圈相互交链的磁通越多，说明两线圈的耦合越紧密。常用耦合系数来表示两个线圈的磁耦合程度，定义为

$$k = \frac{M}{\sqrt{L_1 L_2}}$$

(8-1)

耦合系数 k 的大小与线圈的结构、相互位置以及周围磁介质有关。k 的范围是 $0 \leqslant k \leqslant 1$。$k = 0$ 表示两个线圈无耦合关系；当 $k < 0.5$ 时，称为松耦合；当 $0.5 \leqslant k < 1$ 时，称为紧耦合；$k = 1$ 表示两个线圈完全耦合。两个线圈密绕在一起，k 值就接近于 1；反之，如果它们相隔很远，或者两轴线互相垂直，则 k 值就很小，甚至可能接近于零。

任务 1.2　耦合电感的伏安关系

◆　任务导入

耦合电感元件属于多端元件，在实际电路中，如收音机、电视机的中周线圈、振荡线圈，整流电源里使用的变压器、电动机等都是耦合电感元件。前面我们分析了电阻、电感、电容等元件的伏安关系，那么耦合电感的伏安关系是怎样的呢？

◆　任务要求

理解互感电压、同名端的规定。

掌握同名端的判断和耦合电感的伏安关系。

了解实验法测定同名端的方法。

重难点：同名端的判定、耦合电感的伏安关系。

◆　知识链接

1.2.1　互感电压

各线圈中的总磁链包含自感磁链和互感磁链两部分的代数和，如线圈 1 和 2 中的磁通链分别为 Ψ_1（与 Ψ_{11} 同向）和 Ψ_2（与 Ψ_{22} 同向），则有

$$\left.\begin{array}{l} \Psi_1 = \Psi_{11} \pm \Psi_{12} = L_1 i_1 \pm M i_2 \\ \Psi_2 = \Psi_{22} \pm \Psi_{21} = L_2 i_2 \pm M i_1 \end{array}\right\}$$

(8-2)

如果耦合电感 L_1 和 L_2 中有变动的电流，耦合电感中的磁通链将跟随电流波动，根据法拉第电磁感应定律，耦合电感的两个端口将产生感应电压。设 L_1 和 L_2 端口的电压和电流分别为 u_1、

i_1 和 u_2、i_2，且都取关联参考方向，互感为 M，则式（8-2）微分后有

$$
\left.
\begin{aligned}
u_1 &= \frac{\mathrm{d}\varPsi_1}{\mathrm{d}t} = L_1 \frac{\mathrm{d}i_1}{\mathrm{d}t} \pm M \frac{\mathrm{d}i_2}{\mathrm{d}t} \\
u_2 &= \frac{\mathrm{d}\varPsi_2}{\mathrm{d}t} = L_2 \frac{\mathrm{d}i_2}{\mathrm{d}t} \pm M \frac{\mathrm{d}i_1}{\mathrm{d}t}
\end{aligned}
\right\}
\tag{8-3}
$$

上式表示耦合电感的电压电流关系，将 $u_{11} = L_1 \mathrm{d}i_1/\mathrm{d}t$，$u_{22} = L_2 \mathrm{d}i_2/\mathrm{d}t$ 称为自感电压，将 $u_{12} = M\mathrm{d}i_2/\mathrm{d}t$，$u_{21} = M\mathrm{d}i_1/\mathrm{d}t$ 称为互感电压，u_{12} 是变动电流 i_2 在 L_1 中产生的互感电压，u_{21} 是变动电流 i_1 在 L_2 中产生的互感电压。所以耦合电感上的电压等于自感电压与互感电压的代数和。在线圈电压、电流参考方向关联的条件下，自感电压前取"+"；否则自感电压前取"－"。当磁通相助时，互感电压前取"+"，为加强型耦合；当磁通相消时，互感电压前取"－"，为削弱型耦合。耦合的类型取决于电流的参考方向、线圈的相对绕向。

当电流 i_1、i_2 为同频正弦量时，在正弦稳态情况下，电压、电流方程可以用相量形式来表示，由于在线圈中电压始终超前于电流 $90°$，式（8-2）其相量形式的方程为

$$
\left.
\begin{aligned}
\dot{U}_1 &= \mathrm{j}\omega L_1 \dot{I}_1 \pm \mathrm{j}\omega M \dot{I}_2 \\
\dot{U}_2 &= \mathrm{j}\omega L_2 \dot{I}_2 \pm \mathrm{j}\omega M \dot{I}_1
\end{aligned}
\right\}
\tag{8-4}
$$

1.2.2 同名端的规定

对互感电压，因产生该电压的电流在另一线圈上，必须知道两个线圈的绕向，才能确定其符号。为了便于反映"加强"或"削弱"作用，引入同名端的概念。

同名端：当两个电流分别从两个线圈的对应端子同时流入或流出时，若产生的磁通相互增强，则这两个对应端子称为两互感线圈的同名端；反之，称为异名端。同名端总是成对出现的，同一组同名端通常用"·""△"或"*"表示。

在图 8.2a 中，电流 i_1 与 i_2 同时流入左端线圈的 1 端钮与右边线圈的 3 端钮，根据右手螺旋定则，它们产生的磁通如图中所示，可以看出，$\varPhi_1$、$\varPhi_2$ 是相互增强的，则 1 与 3 为同名端，2 和 4 为同名端。同一组同名端用"·"标注，另一组一般不标注。

在图 8.2b 中，设电流分别从端钮 1 和端钮 3 流入，根据右手螺旋定则，它们产生的磁通是相互增强的，所以端钮 1 和端钮 3 是同名端，端钮 2 和端钮 4 也是同名端。

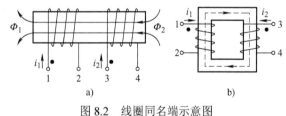

图 8.2　线圈同名端示意图

💡**经验传承**：对已知绕向的两线圈进行同名端判定的方法为

1）先假设电流流向，然后在此基础上利用右手螺旋定则判断磁场方向。

2）当互为同名端的两个端子所产生的磁通总是相互加强（即方向相同）的，则可以判断另一侧线圈的电流流向。

3）电流流向相同的为同名端。

4）如有多个线圈之间存在互感作用时，需要两两分别进行判定，并用不同的符号进行同名端标定。

【**例 8.1**】判断图 8.3 所示互感线圈的同名端。

1）如图 8.3a 所示，假定左侧线圈 2 端为电流流进方向，因此通过右手螺旋定则可以判断左侧线圈产生的磁场方向朝左，通过同名端判断方法，右侧也要产生朝左的磁场，因此右侧线圈需要 3 为电流流进方向，因此 2、3 为同名端。

2）同样的方法可以判断如图 8.3b 中端钮 1、3 为同名端，1、6 为同名端，3、6 为同名端，2、4 为同名端，2、5 为同名端，4、5 为同名端。3 个线圈要两两进行判别，在标注同名端时用不同的符号。

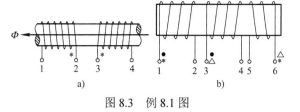

图 8.3 例 8.1 图

1.2.3 耦合电感的伏安关系

有了同名端的概念，根据各线圈电压和电流的参考方向，就能很方便地从耦合电感直接写出其伏安关系式。具体规则是：若耦合电感的线圈电压与电流的参考方向为关联参考方向时，该线圈的自感电压前取"+"，否则取"-"；若耦合电感线圈的电压的正极性端与在该线圈中产生互感电压的另一线圈的电流的流入端为同名端时，该线圈的互感电压前取"+"，否则取"-"。

【例 8.2】写出图 8.4 中的电压—电流关系。

解：1）图 8.4a 中的耦合电路，线圈 L_1 中的电压、电流参考方向关联，因此它的自感电压取正，线圈 L_1 电压的正极性端和线圈 L_2 电流的流入端为非同名端，故互感电压取负。因此由式（8-4）可得：

$$\dot{U}_1 = j\omega L_1 \dot{I}_1 - j\omega M \dot{I}_2$$

2）图 8.4a 中的耦合电路，线圈 L_2 中的电压、电流参考方向关联，因此它的自感电压取正，线圈 L_2 电压的正极性端和线圈 L_1 电流的流入端为非同名端，故互感电压取负。因此由式（8-4）可得：

$$\dot{U}_2 = j\omega L_2 \dot{I}_2 - j\omega M \dot{I}_1$$

3）图 8.4b 中的耦合电路，线圈 L_1 中的电压、电流参考方向关联，因此它的自感电压取正，线圈 L_1 电压的正极性端和线圈 L_2 电流的流入端为非同名端，故互感电压取负。因此由式（8-3）可得：

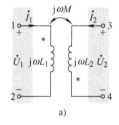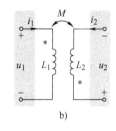

图 8.4 例 8.2 图

$$u_1 = L_1 \frac{di_1}{dt} - M \frac{di_2}{dt}$$

4）图 8.4b 中的耦合电路，线圈 L_2 中的电压、电流参考方向非关联，因此它的自感电压取负，线圈 L_2 电压的正极性端和线圈 L_1 电流的流入端为同名端，故互感电压取正。因此由式（8-3）可得：

$$u_2 = -L_2 \frac{di_2}{dt} + M \frac{di_1}{dt}$$

1.2.4 同名端的实验测定方法

实际耦合线圈的绕向一般是看不到的，但在很多情况下如变压器使用，必须要知道正确的同名端，这时可通过实验方法来判定。常用的方法有直流法和交流法。

（1）直流法

把一个线圈接到直流电源 U_S（如 1.5V 干电池）上，用开关 S 控制电路的状态，另一线圈接检流计（也可用直流电压表、直流电流表）的"+""-"端钮，如图 8.5 所示。当开关闭合瞬间，若检流计的指针正偏，则可断定 a、c 是同名端；指针负偏，则 a、d 是同名端。开关断开瞬间，指针偏转情况与开关闭合瞬间刚好相反。开关闭合瞬间，电流由端钮 a 流入线圈，且电流值由零增大，线圈 ab 中产生的自感电压的极性必定是 a 正 b 负。此时在线圈 cd 中会产生互感电压，使检流计指针发生偏转。若检流计指针正偏，则检流计正极性相连接的 c 端为正，所以 a 与 c 是同名端；若检流计指针反偏，则检流计负极性相连接的 d 端为正，所以 a 与 d 是同名端。

（2）交流法

将两个线圈 ab 和 cd 的任意两端（如 b、d 端）连在一起，在其中的一个线圈（如 ab）两端加一个较低的交流电压 u_{ab}，另一个线圈（如 cd）开路，用交流电压表分别测出端电压 U_{ac}、U_{cd} 和 U_{ab}。若 U_{ac} 是两个线圈端电压之差，则 a、c 是同名端；若 U_{ac} 是两线圈端电压之和，则 a、d 是同名端，如图 8.6 所示。

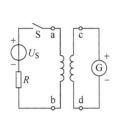

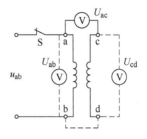

图 8.5　同名端的直流法测定　　　　图 8.6　同名端的交流法测定

【例 8.3】在图 8.7 所示的电路中，将交流电压 $u = \sqrt{2}\sin 314t$ 加在线圈 ab 侧，用万用表交流档分别测量得：流过线圈 ab 的电流 $I_1 = 8\text{mA}$，线圈 cd 两端的电压 $U_2 = 0.25\text{V}$，将交流电压 $u = \sqrt{2}\sin 314t$ 加在线圈 cd 侧，用万用表交流档分别测量得：流过线圈 cd 的电流 $I_2 = 45.5\text{mA}$，线圈 ab 两端的电压 $U_1 = 1.43\text{V}$；求：1）线圈 ab、线圈 cd 的自感系数 L_1、L_2，互感系数 M，耦合系数 k；2）当两个线圈为全耦合时，求互感系数 M。

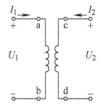

图 8.7　例 8.3 图

解：1）交流电压 u 加在线圈 ab 侧，此时由 $U_1 = 1\text{V}$，$I_1 = 8\text{mA}$，$U_2 = 0.25\text{V}$，$I_2 = 0$，可得：

$$L_1 = \frac{U_1}{\omega I_1} = \frac{1}{314 \times 8 \times 10^{-3}} = 0.4\text{H}$$

$$M = \frac{U_2}{\omega I_1} = \frac{0.25}{314 \times 8 \times 10^{-3}} = 0.1\text{H}$$

2）交流电压 u 加在线圈 cd 侧，有 $U_2 = 1\text{V}$，$I_2 = 45.5\text{mA}$，$U_1 = 1.43\text{V}$，$I_1 = 0$ 可得：

$$L_2 = \frac{U_2}{\omega I_2} = \frac{1}{314 \times 45.5 \times 10^{-3}} = 0.07\text{H}$$

耦合系数为

$$k = \frac{M}{\sqrt{L_1 L_2}} = \frac{0.1}{\sqrt{0.4 \times 0.07}} = 0.6$$

3）当两个线圈为全耦合时，耦合系数 $k = 1$，可得互感系数：

$$M = \sqrt{L_1 L_2} = \sqrt{0.4 \times 0.07} = 0.167\text{H}$$

任务 2　含有耦合电感电路的分析

扫一扫看视频

含有耦合电感电路的分析计算有三种方法：一是直接法；二是去耦等效电路法；三是受控源等效法。对于含有耦合电感的正弦电路，仍可采用相量法进行分析。只是应该注意耦合互感元件的特殊点，那就是在考虑其电压时，不仅要计及自感电压，还要计及互感电压；而互感电压的确定又要顺及同名端的位置及电压、电流参考方向的选取。相量法已在前面学习，因此我们的任务是先学习去耦等效电路法。

任务 2.1　耦合电感的去耦等效

◆ 任务导入

耦合电感的连接方式如电感一样可以串联、并联或者其他形式，由于存在着互感耦合，因此不能单纯地按前面所学的电感串联、并联来处理，那么我们是否可以把耦合电感电路等效变换为熟悉的无耦合的电路来进行分析呢？

◆ 任务要求

掌握耦合电感的串联、并联、T 形去耦等效。

重难点：耦合电感的串联、并联、T 形去耦等效电感。

◆ 知识链接

把互感耦合电路等效变换成无耦合的电路，称为去耦。

2.1.1　耦合电感的串联等效

两个互感耦合线圈串联在一起时，根据同名端连接方式可分为顺向串联和反向串联。

（1）耦合电感顺向串联等效

若两个互感耦合线圈流过同一电流，且电流都是由线圈的同名端流入或流出，即异名端相接，互感起加强作用，这种连接方式称为顺向串联，简称顺串，如图 8.8a 所示。

根据基尔霍夫电压定律，选定电流与电压的参考方向，在正弦交流电路中，有

$$u = u_1 + u_2 = L_1 di/dt + Mdi/dt + L_2 di/dt + Mdi/dt = (L_1 + L_2 + 2M)di/dt = L_{eq}di/dt$$

式中，L_{eq} 为线圈顺向串联时的等效电感。等效电路如图 8.8b 所示。

相量形式为

$$\dot{U} = \dot{U}_1 + \dot{U}_2 = (j\omega L_1 + j\omega L_2 + 2j\omega M)\dot{I} = L_{eq}\dot{I}$$

顺向串联的等效电感为

$$L_{eq} = L_1 + L_2 + 2M \tag{8-5}$$

由于电流都是从两个互感耦合线圈的同名端流入（或流出）的，磁通链是相互增强的，因此得到的等效电感大于两个线圈的自感之和，这说明顺接时互感有增强电感的作用。

（2）耦合电感反向串联等效

若两个互感耦合线圈流过同一电流，且电流都是由线圈的异名端流入或流出，即同名端相接，互感起削弱作用，这种连接方式称为反向串联，简称反串，如图 8.9a 所示。

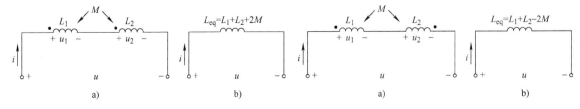

图 8.8　耦合电感顺向串联电路和等效　　　　图 8.9　耦合电感反向串联

根据基尔霍夫电压定律，选定电流与电压的参考方向，在正弦交流电路中，有

$$u = u_1+u_2 = L_1\mathrm{d}i/\mathrm{d}t - M\mathrm{d}i/\mathrm{d}t + L_2\mathrm{d}i/\mathrm{d}t - M\mathrm{d}i/\mathrm{d}t = (L_1+L_2-2M)\mathrm{d}i/\mathrm{d}t = L_{eq}\mathrm{d}i/\mathrm{d}t$$

式中，L_{eq} 为线圈顺向串联时的等效电感。等效电路如图 8.9b 所示。

相量形式为

$$\dot{U} = \dot{U}_1 + \dot{U}_2 = (\mathrm{j}\omega L_1 + \mathrm{j}\omega L_2 - 2\mathrm{j}\omega M)\dot{I} = L_{eq}\dot{I}$$

反向串联的等效电感为

$$L_{eq} = L_1+L_2-2M \tag{8-6}$$

等效电感小于两线圈的自感之和，这说明反接时互感有削弱电感的作用，把互感的这种作用称为"容性"效应。

（3）用互感线圈串联的方法测定互感线圈的同名端和互感系数

由于互感线圈顺向和反向串联时的等效电感不同，在同样的电压下电路中的电流也不相等，顺向串联时等效电感大而电流小，反向串联时电感小而电流大。通过测量串联电感的电流就可以测定互感线圈的同名端，并且根据测出的顺向和反向串联的等效电感可计算出互感系数 M，即

$$M = 1/4(L_{顺}-L_{反}) \tag{8-7}$$

2.1.2　耦合电感的并联等效

两个互感耦合线圈并联在一起时，根据同名端连接方式可分为同侧并联和异侧并联。

（1）耦合电感同侧并联等效

耦合电感两线圈的同名端相接，称为同侧并联，又叫顺向并联，电压电流取关联参考方向，如图 8.10a 所示，可得：

$$u = L_1\,\mathrm{d}i_1/\mathrm{d}t + M\,\mathrm{d}i_2/\mathrm{d}t$$
$$u = L_2\,\mathrm{d}i_2/\mathrm{d}t + M\,\mathrm{d}i_1/\mathrm{d}t$$

将以上两式进行数学变换可得：

$$u = L_1\,\mathrm{d}i_1/\mathrm{d}t + M\,\mathrm{d}i_1/\mathrm{d}t - M\,\mathrm{d}i_1/\mathrm{d}t + M\,\mathrm{d}i_2/\mathrm{d}t = (L_1-M)\mathrm{d}i_1/\mathrm{d}t + M\,\mathrm{d}(i_1+i_2)/\mathrm{d}t$$
$$u = L_2\,\mathrm{d}i_2/\mathrm{d}t + M\,\mathrm{d}i_2/\mathrm{d}t - M\,\mathrm{d}i_2/\mathrm{d}t + M\,\mathrm{d}i_1/\mathrm{d}t = (L_2-M)\mathrm{d}i_2/\mathrm{d}t + M\,\mathrm{d}(i_1+i_2)/\mathrm{d}t$$

由上式可画出耦合电感线圈同侧并联时的等效电路，如图 8.10b 所示。图中 3 个线圈的自感系数分别为 L_1-M、L_2-M、M，图 8.10b 所示称为同侧并联耦合线圈的去耦等效电路。

由图 8.10b 中电感线圈的串联、并联关系可以得出同侧并联的等效电感为

$$L_{eq} = \frac{L_1 L_2 - M^2}{L_1 + L_2 - 2M} \tag{8-8}$$

L_{eq} 表示耦合电感同侧并联时从端口看入的等效电感，这表明耦合电感同侧并联时的等效电路可用一自感系数为 L_{eq} 的独立电感元件替代。

相量形式为

$$\dot{I} = \dot{I}_1 + \dot{I}_2 = \frac{L_1 + L_2 - 2M}{\mathrm{j}\omega(L_1 L_2 - M^2)}\dot{U} = \frac{\dot{U}}{\mathrm{j}\omega L_{eq}}$$

（2）耦合电感异侧并联等效

耦合电感两线圈的异名端相接，称为异侧并联，又叫反向并联，电压电流取关联参考方向，如图 8.11a 所示，与同侧并联一样可得如下关系：

$$u = L_1\,\mathrm{d}i_1/\mathrm{d}t + M\,\mathrm{d}i_1/\mathrm{d}t - M\,\mathrm{d}i_1/\mathrm{d}t - M\,\mathrm{d}i_2/\mathrm{d}t = (L_1+M)\mathrm{d}i_1/\mathrm{d}t - M\,\mathrm{d}(i_1+i_2)/\mathrm{d}t$$
$$u = L_2\,\mathrm{d}i_2/\mathrm{d}t + M\,\mathrm{d}i_2/\mathrm{d}t - M\,\mathrm{d}i_2/\mathrm{d}t - M\,\mathrm{d}i_1/\mathrm{d}t = (L_2+M)\mathrm{d}i_2/\mathrm{d}t - M\,\mathrm{d}(i_1+i_2)/\mathrm{d}t$$

由上式可画出耦合电感线圈异侧并联时的等效电路，如图 8.11b 所示。图中 3 个线圈的自感系数分别为 L_1+M、L_2+M、$-M$，图 8.11b 所示称为异侧并联耦合线圈的去耦等效电路。

图 8.10　耦合电感的同侧并联电路及等效　　　　　图 8.11　耦合电感的异侧并联电路及等效

由图 8.11b 中电感线圈的串联、并联关系可以得出异侧并联的等效电感为

$$L_{eq} = \frac{L_1 L_2 - M^2}{L_1 + L_2 + 2M} \tag{8-9}$$

L_{eq} 表示耦合电感异侧并联时从端口看入的等效电感，这表明耦合电感异侧并联时的等效电路可用一自感系数为 L_{eq} 的独立电感元件替代。显然，异侧并联的等效电感小于同侧并联的等效电感。

相量形式为

$$\dot{I} = \dot{I}_1 + \dot{I}_2 = \frac{L_1 + L_2 + 2M}{j\omega(L_1 L_2 - M^2)}\dot{U} = \frac{\dot{U}}{j\omega L_{eq}}$$

2.1.3　耦合电感的 T 形去耦等效

如果耦合电感的两个支路各有一端与第三条支路形成一个仅含 3 条支路的共同节点，称为耦合电感的 T 形连接。T 形连接可分为同名端为共端的 T 形连接和异名端为共端的 T 形连接。

（1）同名端为共端的 T 形去耦等效

如图 8.12a 所示为同名端为共端的 T 形连接，由图可知：

$$\dot{U}_{13} = j\omega L_1 \dot{I}_1 + j\omega M \dot{I}_2 = j\omega L_1 \dot{I}_1 + j\omega M(\dot{I} - \dot{I}_1)$$

$$= j\omega(L_1 - M)\dot{I}_1 + j\omega M \dot{I}$$

$$\dot{U}_{13} = j\omega L_2 \dot{I}_2 + j\omega M \dot{I}_1 = j\omega L_2 \dot{I}_2 + j\omega M(\dot{I} - \dot{I}_2)$$

$$= j\omega(L_2 - M)\dot{I}_2 + j\omega M \dot{I}$$

由上述方程可得 8.12b 所示的无互感去耦等效电路。

（2）异名端为共端的 T 形去耦等效

如图 8.13a 所示为异名端为共端的 T 形连接，由图中可知：

$$\dot{U}_{13} = j\omega L_1 \dot{I}_1 - j\omega M \dot{I}_2 = j\omega L_1 \dot{I}_1 - j\omega M(\dot{I} - \dot{I}_1)$$

$$= j\omega(L_1 + M)\dot{I}_1 - j\omega M \dot{I}$$

$$\dot{U}_{13} = j\omega L_2 \dot{I}_2 - j\omega M \dot{I}_1 = j\omega L_2 \dot{I}_2 - j\omega M(\dot{I} - \dot{I}_2)$$

$$= j\omega(L_2 + M)\dot{I}_2 - j\omega M \dot{I}$$

由上述方程可得 8.13b 所示的无互感去耦等效电路。

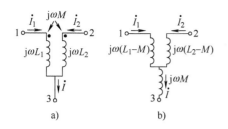

图8.12　同名端为共端的T形连接及去耦等效电路

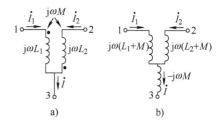

图8.13　异名端为共端的T形连接及去耦等效电路

任务 2.2　受控源等效法

◆ **任务导入**

耦合电感中的互感电压让我们联想到了前面所学的受控源，那么能否用受控源来对耦合电感进行等效分析呢？

◆ **任务要求**

掌握用受控源等效法分析耦合电感电路。

重难点：耦合电感的受控源等效模型。

◆ **知识链接**

由于耦合电感中的互感电压反映了耦合电感线圈间的耦合关系，为了在电路模型中以较明显的方式将这种耦合关系表示出来，各线圈中的互感电压可用受控源表示。

图8.14a 所示的耦合电路可得：

$$u_1 = L_1 \mathrm{d}i_1/\mathrm{d}t + M\,\mathrm{d}i_2/\mathrm{d}t$$

$$u_2 = L_2 \mathrm{d}i_2/\mathrm{d}t + M\,\mathrm{d}i_1/\mathrm{d}t$$

因此，可以得到受控源表示互感电压时耦合电感的电路模型，如图8.14b 所示。又由图8.14a 所示的耦合电路可得其相量形式为

$$\dot{U}_1 = \mathrm{j}\omega L_1\,\dot{I}_1 + \mathrm{j}\omega M\,\dot{I}_2$$

$$\dot{U}_2 = \mathrm{j}\omega L_2\,\dot{I}_2 + \mathrm{j}\omega M\,\dot{I}_1$$

因此，还可以得到用受控源表示互感电压时耦合电感的相量模型，如图8.14c 所示。

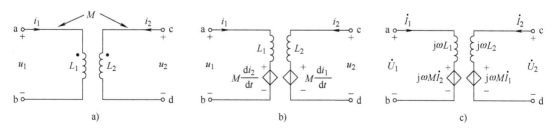

图8.14　用同名端表示的耦合线圈的电路模型

同理可得，图8.15a 用受控源表示互感电压时耦合电感的电路模型如图8.15b 所示，用受控源表示互感电压时耦合电感的相量模型如图8.15c 所示。

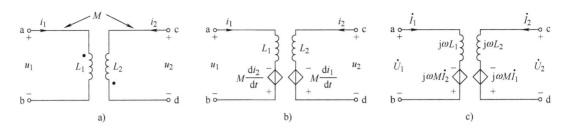

图 8.15　用异名端表示的耦合线圈的电路模型

任务 2.3　含有耦合电感电路的计算分析

◆ 任务导入

耦合电感元件属于多端元件，在实际电路中，如收音机、电视机的中周线圈、振荡线圈、整流电源里使用的变压器等都是耦合电感元件，熟悉这类多端元件的特性，掌握包含这类多端元件的电路问题分析方法是非常必要的。

◆ 任务要求

掌握用直接法、去耦等效法、受控源等效法求解耦合电感电路。

重难点：耦合电感电路的分析方法应用。

◆ 知识链接

【例 8.4】用直接法计算图 8.16a 中的正弦稳态电流 i_1、i_2。

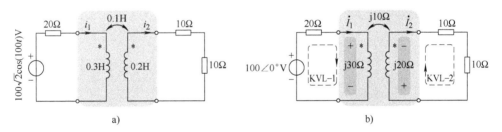

图 8.16　例 8.4 图

解：1）由前面学习正弦稳态电路分析方法可知，根据原电路图 8.16a 画出相量模型图（电路结构不变），并把相应的电路参数转换为相量形式。$R \rightarrow R$、$L \rightarrow jX_L = j\omega L$、$u \rightarrow \dot{U}$、$i \rightarrow \dot{I}$，由此可得到图 8.16b。

2）选参考相量：选 $\dot{U} = 100\angle 0° \text{ V}$。

3）对图 8.16b 列写 KVL 方程，通过同名端可以判断该耦合为削弱型。

第一个 KVL 方程：
$$20\dot{I}_1 + (j30\dot{I}_1 - j10\dot{I}_2) = 100\angle 0°$$

第二个 KVL 方程：
$$10\dot{I}_2 + 10\dot{I}_2 + (j20\dot{I}_2 - j10\dot{I}_1) = 0$$

4）解相量电路方程，求得相应的相量。

5）将结果变换成要求的形式。

【例 8.5】用去耦等效法计算例 8.4 中图 8.16a 中的正弦稳态电流 i_1、i_2。

解：1）由例 8.4 可知，图 8.16a 的相量图为图 8.16b，我们在此基础上添加连线，形成公共端，如图 8.17a 所示。由 KCL 可知，连线的电流等于零，因此电路工作状态不变。

2）同名端为公端的 T 形去耦等效电路图如图 8.17b 所示。

3）以节点 a 为参考点，对节点 b 列写节点电压方程：

$$\left(\frac{1}{20+\text{j}20}+\frac{1}{20+\text{j}10}+\frac{1}{\text{j}10}\right)\dot{U}=\frac{100\angle0^\circ}{20+\text{j}20}$$

4）因此可得：

$$\dot{I}_1=\frac{100\angle0^\circ-\dot{U}}{20+\text{j}20}$$

$$\dot{I}_2=\frac{\dot{U}}{20+\text{j}10}$$

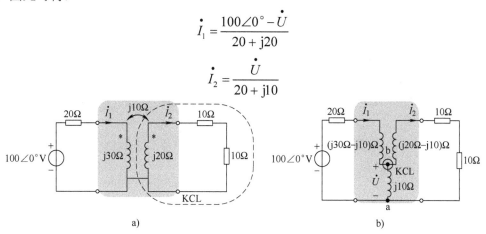

图 8.17　例 8.5 图

5）将结果变换成所需的形式。

【例 8.6】按图 8.18a 所示电路中的网孔，列写网孔电流方程。

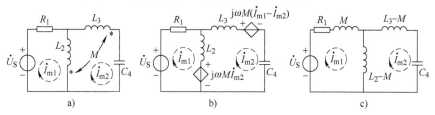

图 8.18　例 8.6 图

解：方法一：互感电压用受控源等效。

如图 8.18a 所示，电感 L_2 上的互感电压是由流过电感 L_3 的电流 $\dot{I}_{m2}$ 产生的，电感 L_2 电压规定上"+"下"–"，因此电感 L_2 电压的正极性端和电感 L_3 电流的流入端为同名端，因此互感电压为正。同理，电感 L_3 上的互感电压是由流过电感 L_2 的电流 $\dot{I}_{m1}-\dot{I}_{m2}$ 产生的，电感 L_3 电压规定左"+"右"–"，因此电感 L_3 电压的正极性端和电感 L_2 电流的流入端为同名端，因此互感电压为正。可以得到用受控源表示互感电压时耦合电感的相量模型，如图 8.18b 所示。

列写网孔 1 的电流方程为

$$(R_1+\text{j}\omega L_2)\dot{I}_{m1}-\text{j}\omega L_2\dot{I}_{m2}+\text{j}\omega M\dot{I}_{m2}=\dot{U}_S$$

列写网孔 2 的电流方程为

$$-\text{j}\omega L_2\dot{I}_{m1}+\text{j}\left(\omega L_2+\omega L_3-\frac{1}{\omega C_4}\right)\dot{I}_{m2}+\text{j}\omega M\dot{I}_{m1}-2\text{j}\omega M\dot{I}_{m2}=0$$

方法二：用 T 形去耦等效法。对 8.18a 电路已知为同名端为共端的 T 形去耦等效，如图 8.18c 所示。

列写网孔 1 的电流方程为

$$\left[R_1 + j\omega M + j\omega(L_2 - M)\right]\dot{I}_{m1} - j\omega(L_2 - M)\dot{I}_{m2} = \dot{U}_S$$

$$-j\omega(L_2 - M)\dot{I}_{m1} + \left[j\omega(L_2 - M) + j\omega(L_3 - M) - j\frac{1}{\omega C_4}\right]\dot{I}_{m2} = 0$$

将以上两个方程进行整理可得：

$$(R_1 + j\omega L_2)\dot{I}_{m1} - j\omega L_2\dot{I}_{m2} + j\omega M\dot{I}_{m2} = \dot{U}_S$$

$$-j\omega L_2\dot{I}_{m1} + j\left(\omega L_2 + \omega L_3 - \frac{1}{\omega C_4}\right)\dot{I}_{m2} + j\omega M\dot{I}_{m1} - 2j\omega M\dot{I}_{m2} = 0$$

结果与上面列写的方程完全一样。

扫一扫看视频

任务 3　变　压　器

任务 3.1　变压器的用途、种类、结构

◆ 任务导入

变压器是典型的耦合电感电路，它是通过互感来实现从一个电路向另一个电路传输能量或信号的器件，那么它具体具有怎样的结构？有哪些种类和用途呢？

◆ 任务要求

了解变压器的用途、种类，熟悉变压器的结构。

重难点：变压器结构。

◆ 知识链接

3.1.1　变压器的用途

从发电厂发出来的交流电，需经过电力系统传输，才能分配到用户（负载）。为了减少输电时线路上的电能和电压损失，一般采用高压输电，比如 110kV、220kV、330kV、500kV 等。发电机发出的电压（如 10kV），首先经过变压器升高电压后再经输电系统送到用户地区；到了用户地区后，还需要先把高电压降到 35kV 以下，再按用户的具体需要进行配电。用户需要的电压等级一般为 6kV、3kV、380V/220V 等。在输配电中会升压和降压多次，因此变压器的安装容量是发电机容量的 5~8 倍。这种用于电力系统中的变压器称为电力变压器，它是电力系统中的重要设备。在一般的工业和民用产品中，借助变压器可以实现电路隔离、电源与负载的阻抗匹配、高电压或大电流的测量等功能。为了保证工作人员的安全，一般照明灯采用的电压为 24V、36V 等。因此，需要用降压变压器将高电压变换成适合各种用电设备的安全电压。

3.1.2　变压器的种类

实际的变压器种类较多，变压器按照铁心与绕组的相互配置形式，可分为心式变压器和壳式变压器；按照相数可分为单相变压器和多相变压器；按照绕组数可分为单相绕组变压器（自耦变压器）、双绕组变压器和多绕组变压器；按照绝缘散热方式可分为油浸式变压器、气体绝缘式变压器和干式变压器等；按照用途可分为输配电系统用的电力变压器，电子电路用的级间耦合变压器、脉冲变压器，测量仪表中用的仪用互感器，实验室用的自耦变压器，焊接用的电焊变压器等。虽然变压器的种类很多，但其基本结构和工作原理是相同的。

3.1.3　变压器的结构

不管是何种类型的变压器，其主体结构是相似的，主要由构成磁路的铁心和绕在铁心上构成电路的一次绕组和二次绕组组成（不包括空心变压器）。铁心是变压器磁路的主体部分，担负着变压器一次侧、二次侧的电磁耦合任务。绕组是变压器电路的主体部分，与电源相连的绕组称为一次绕组，与负载相连的绕组称为二次绕组。通常，一次、二次绕组匝数不同，匝数多的绕组电压较高，因此也称为高压绕组；匝数少的绕组电压较低，因此也称为低压绕组。另外，变压器运行时绕组和铁心中会分别产生铜损和铁损，使它们发热。为防止变压器因过热而损坏，变压器必须采用一定的冷却方式和散热装置。

任务 3.2　理想变压器

◆ 任务导入

在研究分析变压器时，为了使问题的分析研究简单化和理想化，经常根据实际情况加以修改或补充。理想变压器是实际变压器的元件模型，是实际变压器的理想化模型，是对互感元件的理想科学抽象，是极限情况下的耦合电感。那么它具有怎样的性能和特点呢？

◆ 任务要求

了解理想变压器的条件。

掌握理想变压器的变压、变流、变阻抗关系。

重难点：理想变压器的变压、变流、变阻抗关系。

◆ 知识链接

3.2.1　理想变压器的条件

理想变压器的 3 个理想化条件如下：

1）耦合电感无损耗，即线圈是理想的。

2）理想变压器无漏磁通，即耦合系数 $k = \dfrac{M}{\sqrt{L_1 L_2}} = 1$，为全耦合。

3）L_1，L_2，$M \Rightarrow \infty$，且

$$\sqrt{L_1 / L_2} = N_1 / N_2 = n$$

式中，n 称为匝数比，亦称为理想变压器的电压比。

针对线性变压器而言，磁通与电流是线性关系，理想变压器是一种线性非时变元件。

以上 3 个条件在工程实际中不可能满足，但在一些实际工程概算中，在误差允许的范围内，把实际变压器当理想变压器对待，可使计算过程简化。

3.2.2　变压关系

图 8.19a 中 e_1、e_2 为磁通 Φ 在一次绕组和二次绕组上产生的感应电动势，电流、电压、电动势参考方向如图所示。N_1、N_2 为一次绕组和二次绕组的匝数。

设主磁通 $\Phi = \Phi_m \sin \omega t$，根据电磁感应定律有

$$-u_1 = e_1 = -N_1 \frac{\mathrm{d}\Phi}{\mathrm{d}t} = -\omega N_1 \Phi_m \cos \omega t = 2\pi f N_1 \Phi_m \sin(\omega t - 90°) = E_{1m} \sin(\omega t - 90°)$$

$$u_2 = e_2 = -N_2 \frac{\mathrm{d}\Phi}{\mathrm{d}t} = -\omega N_2 \Phi_m \cos \omega t = 2\pi f N_2 \Phi_m \sin(\omega t - 90°) = E_{2m} \sin(\omega t - 90°)$$

在数值上，它们的有效值为

$$U_1 = E_1 = \frac{E_{1m}}{\sqrt{2}} = \frac{2\pi f N_1 \Phi_m}{\sqrt{2}} = 4.44 f N_1 \Phi_m \tag{8-10}$$

$$U_2 = E_2 = \frac{E_{2m}}{\sqrt{2}} = \frac{2\pi f N_2 \Phi_m}{\sqrt{2}} = 4.44 f N_2 \Phi_m \tag{8-11}$$

变压器的电压比 n 为

$$\frac{E_1}{E_2} = \frac{U_1}{U_2} = \frac{N_1}{N_2} = n \tag{8-12}$$

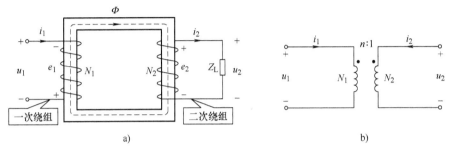

图 8.19　单相双绕组理想变压器

该式表明变压器一次、二次绕组的电压与一次、二次绕组的匝数成正比。**当 $n>1$ 时，为降压变压器；当 $n<1$ 时，为升压变压器。对于已经制成的变压器而言，n 值一定，故二次绕组电压随一次绕组电压的变化而变化。**

由式（8-10）可知

$$U_1 = 4.44 f N_1 \Phi_m = 4.44 f N_1 B_m S$$

$$N_1 = \frac{U_1}{4.44 f B_m S} \tag{8-13}$$

式中，U_1 为 u_1 的有效值；Φ_m 为磁通 Φ 的最大值；S 为铁心的截面积；f 为电源频率；B_m 为磁通密度的最大值。

> 💡 **经验传承**：通常在设计、制作变压器时，电源电压 U_1、电源频率 f 已知，根据铁心材料可决定 B_m，再选取一定的铁心截面积 S，可根据式（8-13）计算出一次绕组的匝数；再根据变压器的应用要求，确定二次绕组的匝数，最终设计出变压器。

3.2.3　变流关系

理想变压器的电路图如图 8.19b 所示，根据互感线圈的电压、电流关系（电流参考方向设为从同名端同时流入或同时流出），有

$$u_1 = L_1 \frac{di_1}{dt} + M \frac{di_2}{dt}$$

其相量形式为

$$\dot{U}_1 = j\omega L_1 \dot{I}_1 + j\omega M \dot{I}_2$$

可得

$$\dot{I}_1 = \frac{\dot{U}_1}{j\omega L_1} - \frac{M}{L_1}\dot{I}_2$$

$$= \frac{\dot{U}_1}{j\omega L_1} - \sqrt{\frac{L_2}{L_1}}I_2$$

根据理想化条件 3）可知 $L_1 \to \infty$，但 $\sqrt{L_1/L_2} = n$，因此上式可整理得到：

$$\frac{\dot{I}_1}{\dot{I}_2} = -\frac{1}{n}$$

即

$$i_1 = -\frac{1}{n}i_2$$

理想变压器电路符号如图 8.19b 所示。在图示同名端和电流、电压参考方向下，理想变压器 VCR 的一次、二次电流分别满足以下关系：

$$u_1 = nu_2 \tag{8-14a}$$

$$i_1 = -\frac{1}{n}i_2 \tag{8-14b}$$

在正弦电流电路下，式（8-14）对应的相量形式为

$$\dot{U}_1 = n\dot{U}_2 \tag{8-15a}$$

$$\dot{I}_1 = -\frac{1}{n}\dot{I}_2 \tag{8-15b}$$

> **点拨：** 当改变了同名端的位置或电压、电流的参考方向时，理想变压器的 VCR 表达式中的符号也应做相应的改变。具体是：1）不论端口电流参考方向，当两个端口电压参考方向正极性位于同名端时，两个电压的方程中的电压比前取正号，否则取负号；2）不论端口电压参考方向，当两个端口电流参考方向都是从同名端流入时，两个电流的方程中电比前取负号，否则取正号。式（8-14）是纯代数关系式，反映的是电流、电压的即时关系，与以前的电流、电压无关，因此理想变压器是无记忆元件。

3.2.4 传输能量

根据理想变压器的 VCR，任一瞬时，理想变压器吸收的功率为

$$p = u_1i_1 + u_2i_2 = nu_2(-1/n)i_2 + u_2i_2 = 0$$

这表明，理想变压器既不耗能也不储能，它只是即时地将一次侧输入的能量通过磁耦合传递到了二次侧。在此传递过程中，电压和电流按电压比和电流比作了数值上的变换。因此，理想变压器不能视作动态元件。

3.2.5 阻抗变换

当理想变压器的二次侧接阻抗为 Z_L 的负载时（见图 8.20），由理想变压器的变压、变流关系可得一次侧的输入阻抗为

$$Z_1 = \frac{\dot{U}_1}{\dot{I}_1} = \frac{nU_2}{-\frac{1}{n}I_2} = n^2 Z_L \tag{8-16}$$

即一次侧端口的输入阻抗是负载阻抗的 n^2 倍，阻抗的性质不变。由此可知，如果在二次侧分别接入 R、L、C，则在一次侧分别等效为 n^2R、n^2L、C/n^2。同理，若将理想变压器一次侧阻抗 Z_1 折算到二次侧，其量值变化为 Z_1/n^2，这一特性在电子电路设计中常用来实现阻抗匹配，以达到最大功率传输的目的。

【例 8.7】在图 8.21 所示的收音机电路中，输出变压器的作用是让扬声器阻抗和晶体管的输出阻抗匹配，从而驱动扬声器振动发出声音。已知信号源电动势 $E = 6V$，内阻 $r = 100\Omega$，扬声器的电阻 $R = 8\Omega$。1）计算直接将扬声器接到信号源上时的输出功率；2）若用 $N_1 = 300$ 匝，$N_2 = 100$ 匝的变压

器耦合,输出功率是多少? 3)若使输出功率达到最大,问匝数比为多少?此时输出功率等于多少?

解:1)当直接将扬声器接到信号源上,如图 8.21a 所示,此时的输出功率为

$$P = I^2R = [E/(R+r)]^2R = (6/108)^2 \times 8 = 25\text{mW}$$

2)如图 8.21b 所示,当通过变压器耦合时,输出功率可利用变压器的输入等效电路来计算。从一次侧(输入等效电路)看,扬声器的一次侧输入阻抗为

$$R' = (N_1/N_2)^2R = (300/100)^2 \times 8 = 72\Omega$$

输出功率为

$$P = I^2R = [E/(R'+r)]^2R' = (6/172)^2 \times 72 = 88\text{mW}$$

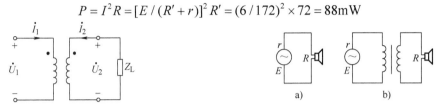

图 8.20 理想变压器阻抗变换　　　　　　　　　图 8.21 例 8.7 图

3)若使输出功率达到最大,要求扬声器的一次侧输入阻抗匹配。

由:　　　　　　　$$R'' = (N_1/N_2)^2R = (N_1/N_2)^2 \times 8 = 100\Omega$$

可得:　　　　　　　$$N_1/N_2 \approx 4$$

此时输出功率为

$$P = I^2R = [E/(R''+r)]^2R'' = (6/200)^2 \times 100 = 90\text{mW}$$

综上所述,理想变压器是一种线性无损耗元件。它的唯一作用是按匝数比 n 变换电压、电流和阻抗,也就是说,表征理想变压器的参数仅仅是匝数比 n。在实际应用中,用高磁导率的铁磁材料作铁心的实际变压器,在绕制线圈时,如果能使两个绕组的耦合系数 k 接近于 1,则实际变压器的性能将接近于理想变压器,可近似地当作理想变压器来分析和计算。

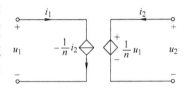

图 8.22 理想变压器受控源模型

根据理想变压器的 VCR,可以将理想变压器用含受控源的电路模型来等效,如图 8.22 所示。

> 📖 **经验传承**:含理想变压器电路的分析计算,最宜使用网孔电流法。一般做法是在列写方程时,先把理想变压器的一次、二次绕组的电压看成未知电压变量,再把理想变压器的伏安关系的方程结合进去,以消除这些未知量。在一次侧与二次侧之间无支路联系时(即无电气上的直接联系),也可采用阻抗变换性质,将理想变压器化为不含理想变压器的一次等效电路或二次等效电路求解。

任务 3.3　变压器的使用

◆ **任务导入**

　　前面分析了理想变压器的性能特点,那么在实际使用中它有怎样的特性呢?又该如何选用它?选用时需要考虑哪些具体参数呢?

◆ **任务要求**

　　了解变压器的外特性。

　　熟悉变压器的额定参数以及理解变压器的选用规则。

　　重点:变压器的额定值和选用。

　　难点:变压器外特性应用。

◆　**知识链接**

3.3.1　变压器的外特性

　　由于实际变压器的绕组电阻不为零，在电源电压 U 及负载功率因数 $\cos\varphi$ 不变的条件下，二次绕组的端电压 U_2 随二次绕组输出电流 I_2 变化的曲线 $U_2=f(I_2)$ 称为变压器的外特性。对于电阻性或电感性负载，变压器的外特性是一条稍稍向下倾斜的曲线，如图 8.23 所示。负载功率因数越低，U_2 下降越大。

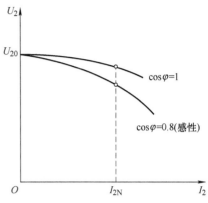

图 8.23　变压器的外特性

　　一般情况下，当负载波动时，变压器的输出电压 U_2 也是波动的。从负载用电的角度来看，总希望电源电压尽量稳定。当负载波动时，二次绕组输出电压的稳定程度可以用电压调整率来衡量。

　　变压器从空载到额定负载（$I_2=I_{2N}$）运行时，二次绕组输出电压的变化量 ΔU 与空载时额定电压 U_{20} 的百分比，称为变压器的电压调整率，即

$$\Delta U\% = (U_{20}-U_{2N})/U_{20}\times100\% \tag{8-17}$$

式中，U_{2N} 是指额定负载下的输出电压。

　　电压调整率是变压器的主要性能指标之一，$\Delta U\%$ 越小，说明变压器输出电压越稳定，变压器带负载能力越强。电力变压器在额定负载时的电压调整率为 4%～6%。当然变压器电压调整率与负载功率因数有关，功率因数越高，电压调整率也越小，因此，提高供电的功率因数，也有减小电压波动的作用。

　　变压器的效率 η 等于变压器的输出功率 P_2 和输入功率 P_1 之比，可用下式确定：

$$\eta = P_2/P_1 = P_2/(P_2+\Delta P_{\text{铁}}+\Delta P_{\text{铜}}) \tag{8-18}$$

式中，$\Delta P_{\text{铁}}$ 为变压器的铁损；$\Delta P_{\text{铜}}$ 为变压器的铜损。

　　变压器的铁损近似与铁心中磁感应强度最大值的二次方成正比。设计变压器时，其额定最大磁感应强度 B_{mN} 的值不宜选得过大，否则变压器在运行时将因铁损过多而过热，从而损伤甚至损坏线圈，以致损坏变压器。对运行中的变压器而言，它具有恒磁性，因此铁损基本保持不变，称为变压器的不变损耗。

　　变压器的铜损主要是由电流 I_1、I_2 分别在一次、二次绕组电阻上产生的损耗，它要随负载电流的变化而变化，称为变压器的可变损耗。变压器的损耗一般比较小，电力变压器的效率一般都在 95% 以上，甚至达到 99%。如果忽略变压器的损耗，将其视为理想变压器，就有 $P_1\approx P_2$。

　　变压器是输配电系统中必不可少的重要设备之一。从发电厂把交流电功率输送到用电的地方，在输送功率和负载的功率因数 $\cos\varphi$ 为定值的情况下，一方面，如果电压 U 越高，则线路电流 I 越小，一则可以减少输电线上的能量损耗；二则可以减小输电线的截面积，节约导线材料的用量。另一方面，发电机的额定输出电压远低于输电电压，因此，在将电能进行远距离输送之前，必须利用变压器把发电机输出的电压升高到所需的数值。把高电压输送到用电的地方后，由于各类电器所需的电压不同，如有 36V、110V、220V、380V 等，所以需要用变压器将高电压变换成负载所需的低电压。

3.3.2　变压器的额定值

　　使用任何电气设备或元器件时，其工作电压、电流、功率等都是有一定限度的。为了确保电器产品安全、可靠、经济、合理运行，生产厂商为用户提供的在给定的工作条件下能正常运行而规定的允许工作数据，称为额定值。它们通常标注在电器的铭牌和使用说明书上，并用下

标"N"表示,如额定电压 U_N、额定电流 I_N、额定容量 S_N 等。变压器的额定值主要有以下几项。

(1)额定电压

变压器的额定电压是根据变压器的绝缘强度和允许温升而规定的电压值。变压器的额定电压有一次额定电压 U_{1N} 和二次额定电压 U_{2N}。U_{2N} 是指在一次绕组上加额定电压,二次绕组不带负载时的开路电压。

变压器的额定电压用分数形式标在铭牌上,分子为高压的额定值,分母为低压的额定值。在三相变压器中,额定电压指的是相应连接法的线电压,因此连接法与额定电压一并给出。例如 10000 V/400 V、Y/yn0。

超过额定电压使用时,将因磁路过饱和、励磁电流增高、铁损增大等引起变压器温升增高;严重超过额定电压时可能造成绝缘击穿和烧毁。

(2)额定电流

变压器的额定电流是一次侧接额定电压时一、二次侧允许温度条件下长期通过的最大电流,分别用字母 I_{1N}、I_{2N} 表示,三相变压器的额定电流是相应连接法的线电流。

(3)额定容量

S_N 是指变压器在额定工况下连续运行时二次侧输出的视在功率。由于变压器效率很高,通常将一、二次侧的额定容量视为相等。单相变压器额定容量:$S_N = U_{2N} I_{2N} = U_{1N} I_{1N}$,三相变压器额定容量:$S_N = \sqrt{3} U_{2N} I_{2N} = \sqrt{3} U_{1N} I_{1N}$。

(4)额定频率(f_N)

额定运行时变压器一次侧外加交流电压的频率,以 f_N 表示。我们国家标准频率为 50Hz。

(5)绝缘电阻

绝缘电阻是表征变压器绝缘性能的参数,它指施加在绝缘层上的电压与漏电流的比值,包括绕组之间、绕组与铁心及外壳之间的绝缘阻值。

(6)阻抗电压

把变压器的二次绕组短路,在一次绕组慢慢升高电压,当二次绕组的短路电流等于额定值时,此时一次侧所施加的电压称为阻抗电压。阻抗电压一般以额定电压的百分数表示,符号为 $U_d\%$。电力变压器一般为 5%左右。**$U_d\%$越小,变压器输出电压 U_2 随负载变化的波动也越小。**

(7)额定温升

变压器的额定温升是指在额定运行状态下指定部位允许超出标准环境温度的值。我国以 40℃作为标准环境温度。大容量变压器油箱顶部的额定温升用水银温度计测量,定为 55℃。

3.3.3 变压器的选择

(1)额定电压的选择

变压器额定电压选择的主要依据是输电线路电压等级和用电设备的额定电压。在一般情况下,变压器一次侧的额定电压应与线路的额定电压相等。由于变压器至用电设备往往需要经过一段低压配电线路,为计其电压损失,变压器二次侧的额定电压通常应超过用电设备额定电压的5%。

(2)额定容量的选择

变压器容量选择是一个非常重要的问题。容量选小了,会造成变压器经常过载运行,缩短变压器的使用寿命,甚至影响工厂的正常供电。如果选得过大,变压器得不到充分利用,效率因数也很低,不但增加了初投资,而且根据我国电业部门的收费制度,变压器容量越大,基本电费收得越高。

变压器容量能否正确选择,关键在工厂总电力负荷即用电量能否正确统计计算。工厂总电力负荷的统计计算是一件十分复杂和细致的工作。因为工厂各设备不是同时工作,即使同时工作也不是同时满负荷工作,所以工厂总负荷不是各用电设备容量的总和,而是要乘以一个系数,该系数可在有关设计手册中查到，一般为 0.2～0.7。工厂的有功负荷和无功负荷计算出来以后，即可计算出视在功率，再根据它选定变压器的额定容量。

（3）台数的选择

台数的选择主要由容量和负荷的性质而定。当总负荷小于 1000kVA 时，一般选用一台变压器运行。当负荷大于 1000kVA 时，可选用两台技术指标相同的变压器并联运行。对于特别重要的负荷，一般也应选用两台变压器，当一台出现故障或检修时，另一台能保证重要负荷的正常供电。

任务 3.4　常用变压器

◆ **任务导入**

我们前面学习了变压器的原理、功能以及选用，那么在实际日常生活、实践中有哪些常用的变压器呢？

◆ **任务要求**

熟悉常用变压器的种类以及各自的性能特点。

重点：常用变压器的性能。

难点：常用变压器的具体应用。

◆ **知识链接**

3.4.1　三相电力变压器

一次绕组首端用 U_1，V_1，W_1 标明，末端用 U_2，V_2，W_2 标明；二次绕组的首端用 u_1，v_1，w_1 标明，末端用 u_2，v_2，w_2 标明，如图 8.24a 所示。由于三相一次绕组所加电压对称，故磁通对称，二次电压也对称。为了利于变压器运行时的散热，铁心和绕组通常浸在盛有变压器油的油箱中，通过油管的上下对流将热量散发出来，外形图如图 8.24b 所示。

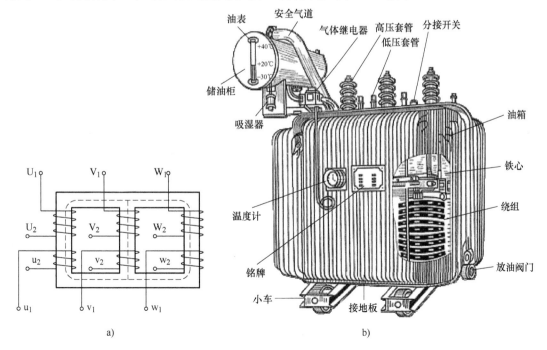

图 8.24　三相电力变压器

三相变压器的一次、二次绕组可以分别接成星形（Y）或三角形（D）。大写一般表示的是高压绕组的连接方式，小写表示的是低压绕组的连接方式。工厂供电用电力变压器三相绕组常用的连接方式有 Yyn 和 Yd 两种。Yyn 表示一次侧（高压绕组）为星形、二次侧（低压绕组）为有中性线引出的星形联结方法，这种接法常用于车间配电变压器，其优点在于不仅给用户提供三相电源，同时还提供单相电源，通常使用的动力与照明混合供电的三相四线制系统就是用 Yyn 联结方式的变压器供电的。

三相变压器的一次、二次绕组相电压之比与单相变压器一样，等于一次、二次绕组每相的匝数比，即

$$U_{P1}:U_{P2} = N_1:N_2 = n$$

但一次、二次绕组线电压的比值，不仅与变压器的电压比有关，而且还与变压器绕组的连接方式有关。作 Yyn 联结时，有

$$U_{L1}:U_{L2} = \sqrt{3}U_{P1}:\sqrt{3}U_{P2} = n \tag{8-19}$$

作 Yd 联结时，有：

$$U_{L1}:U_{L2} = \sqrt{3}U_{P1}:U_{P2} = \sqrt{3}n \tag{8-20}$$

3.4.2 自耦变压器和调压器

有些变压器产品把两个绕组合二为一，使低压绕组成为高压绕组的一部分，如图 8.25a 所示。高压绕组的总匝数为 N_1，该一次绕组接电源，取一次绕组的一部分匝数 N_2 作为二次绕组接负载，这样一次、二次绕组不仅有磁的耦合，还有电的直接联系。

自耦变压器的工作原理与普通双绕组变压器基本相同。由于同一主磁通穿过一次、二次绕组，所以一次、二次电压仍与它们的匝数成正比；有载时一次、二次电流仍与它们的匝数成反比，

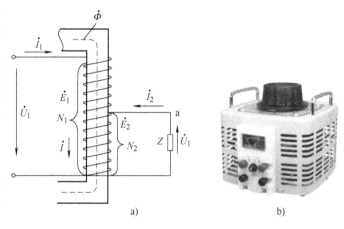

图 8.25 自耦变压器

即如果自耦变压器的二次绕组的分接头 a 是固定的，则被称为不可调式。为了得到连续可调的交流电压，常将自耦变压器的铁心做成圆形，二次侧抽头做成滑动触点，可以自由滑动，当用手柄移动触点位置时，就改变了二次绕组的匝数，调节了输出电压。这种自耦变压器称为自耦调压器，实物如图 8.25b 所示。

3.4.3 电压互感器

电压互感器是一种小容量的降压变压器，其外形及结构原理如图 8.26 所示。它的一次绕组匝数较多，与被测的高压电网并联；二次绕组匝数较少，与电压表或功率表的电压线圈或其他测量电路连接。

因为仪表的电压线圈内阻很大，所以电压互感器二次电流很小，近似于变压器的空载运行。

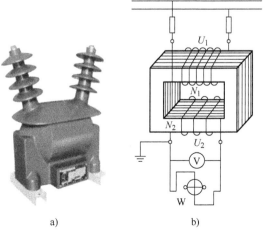

图 8.26 电压互感器

通常电压互感器低压侧的额定值均设计为 100V。例如，电压互感器的额定电压等级有 6000V/100V，10000V/100V 等。

使用电压互感器的注意事项如下：

1）电压互感器的低压侧（二次侧）不允许短路，否则会造成一次、二次侧出现大电流，烧坏互感器，故在高压侧应接入熔断器进行保护。

2）为防止电压互感器高压绕组绝缘损坏所造成的低压侧高电压，电压互感器的铁心、金属外壳和二次绕组的一端必须可靠接地。

3.4.4 电流互感器

电流互感器是将大电流变换成小电流的升压变压器，其外形及结构原理如图 8.27 所示。它的一次绕组用粗线绕成，通常只有一匝或几匝，与被测电路的负载相串联，经过一次绕组的电流与负载电流相等。二次绕组匝数较多，导线较细，与电流表或功率表的电流线圈连接。

因为电流表和功率表的电流线圈内阻很小，所以电流互感器二次侧相当于短路。电流互感器二次侧额定电流一般被设计成标准值 5A 或 1A，如电流互感器额定电流等级有 30A/5A，75A/5A，100A/5A 等。

使用电流互感器的注意事项如下：

1）电流互感器在运行中不允许二次侧开路，因为它的一次绕组是与负载串联的，其电流 I_1 的大小取决于负载的大小而与二次电流 I_2 无关。所以当二次侧开路时，铁心中由于没有 I_2 的去磁作用，主磁通将急剧增加，不仅会使铁损急剧增加，铁心发热，而且将在二次绕组感应出数百甚至上千伏的电压，造成绕组的绝缘击穿，并危及工作人员的安全。

2）为了安全，电流互感器的铁心和二次绕组的一端也必须接地。在工程中常用的钳形电流表是一种特殊的配有电流互感器的电流表，其外形、结构如图 8.28 所示。电流互感器的钳形铁心可以开、合，测量时按下压块，使可动铁心张开，将被测电流的导线套进钳形铁心口内，再松开压块，让弹簧压紧铁心，使其闭合，这根导线就是电流互感器的一次绕组。

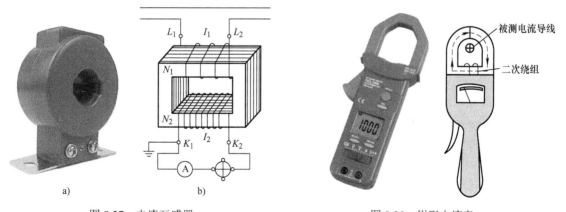

图 8.27 电流互感器   图 8.28 钳形电流表

任务 4   实践验证

任务实施 4.1   互感电路观测

1．实施目标

1）观察两个线圈互感耦合受哪些因素的影响。

2）判别两个线圈的同名端。

3）学会互感系数以及耦合系数的测定方法。

2．原理说明

（1）判断互感线圈同名端的方法

1）直流法：略。

2）交流法。

如图 8.29 所示，将两个绕组 N_1 和 N_2 的任意两端（如 2、4 端）联在一起，在其中的一个绕组（如 N_1）两端加一个低电压，另一绕组（如 N_2）开路，用交流电压表分别测出端电压 U_{13}、U_{12} 和 U_{34}。若 U_{13} 是两个绕组端电压之差，则 1、3 是同名端；若 U_{13} 是两个绕组端电压之和，则 1、4 是同名端。

（2）两线圈互感系数 M 的测定

在图 8.29 的 N_1 侧施加低压交流电压 U_1，测出 I_1 及 U_2。根据互感电势 $E_{2M} \approx U_{20} = \omega M I_1$，可算得互感系数 $M = U_2 / \omega I_1$

（3）耦合系数 K 的测定

两个互感线圈耦合松紧的程度可用耦合系数 K 来表示

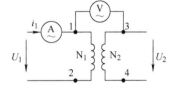

图 8.29 交流法测同名端

$$K = M / \sqrt{L_1 L_2}$$

如图 8.29 所示，先在 N_1 侧加低压交流电压 U_1，测出 N_2 侧开路时的电流 I_1；然后再在 N_2 侧加电压 U_2，测出 N_1 侧开路时的电流 I_2，求出各自的自感 L_1 和 L_2，即可算得 K 值。

3．实施设备及器材（见表 8.1）

表 8.1 实施设备及器材

序　号	名　称	型号与规格	数　量	备　注
1	直流电压表	0～200V	1	
2	直流电流表	0～2A	1	
3	交流电压表	0～500V	1	
4	交流电流表	0～5A	1	
5	空心互感线圈	N_1 为大线圈、N_2 为小线圈	1 对	
6	单相交流电源	0～250V	1	
7	可调直流稳压电源	0～30V	1	
8	粗、细铁棒、铝棒		各 1	
9	变压器	36V/220V	1	ZDD-20

4．实施内容

本实验需利用 ZDD-20 实验箱上的部件，按照图 8.30 连接实验电路。

1）用交流法测定互感线圈的同名端。

本方法中，由于加在 N_1 上的电压较低，直接用调压器很难调节，因此采用图 8.30 的线路来扩展调压器的调节范围。将 N_2 放入 N_1 中，并插入铁棒。A 为 2.5A 以上量程的电流表，N_2 侧开路。

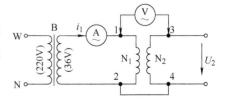

图 8.30 实验电路

接通电源前，应首先检查调压器是否调至零位，确认后方可接通交流电源，令调压器输出一个很低的电压（约 12V），使流过电流表的电流小于 1.4A，然后用交流电压表测量 U_{13}、U_{12}、U_{34}，判定同名端。

拆去 2、4 连线，并将 2、3 相接，重复上述步骤，判定同名端。

2）拆除 2、3 连线，测 U_1、I_1、U_2，计算出 M。

3）将低压交流加在 N_2 侧，使流过 N_2 侧的电流小于 1A，N_1 侧开路，按 2）测出 U_2、I_2、U_1。

4）用万用表的 $R\times1$ 档分别测出 N_1 和 N_2 线圈的电阻值 R_1 和 R_2，计算 K 值。

5）观察互感现象。

在图 8.30 的 N_2 侧接入交流电压表。

① 将铁棒慢慢地从两线圈中抽出和插入，观察交流电压表的变化，记录现象。

② 将两线圈改为并排放置，并改变其间距，以及分别或同时插入铁棒，观察交流电压表的变化及仪表读数。

③ 改用铝棒替代铁棒，重复①、②，观察交流电压表的变化，记录现象。

5. 实施注意事项

1）测定同名端及其他测量数据的实验中，都应将小线圈 N_2 套在大线圈 N_1 中，并插入铁心。

2）作交流试验前，首先要检查自耦调压器，要保证手柄置在零位。因实验时加在 N_1 上的电压只有 2～3V，因此调节时要特别仔细、小心，要随时观察电流表的读数，不得超过规定值。调压时边观察电表边调压，不得超过电表规定的数值。

6. 思考题

1）如何用直流法判断两线圈的同名端。简单设计出实验原理图。

2）判断同名端有何作用？

7. 实施报告

1）从实验观察所知，两线圈间的互感大小与哪些因素有关，为什么？

2）自拟测试数据表格，完成计算任务。

3）解释实验中观察到的互感现象。

任务实施 4.2 单相铁心变压器特性的测试

1. 实施目标

1）通过测量，计算变压器的各项参数。

2）学会测绘变压器的空载特性与外特性曲线。

2. 原理说明

1）图 8.31 所示为测试变压器参数的电路。由各仪表读得变压器一次侧（AX，低压侧）的 U_1、I_1、P_1 及二次侧（ax，高压侧）的 U_2、I_2，并用万用表 $R\times1$ 档测出一次、二次绕组的电阻 R_1 和 R_2，即可算得变压器的以下各项参数值：

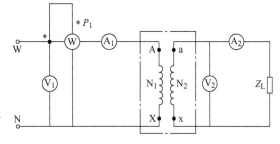

图 8.31 测试变压器参数电路

电压比 $n_u = U_1/U_2$，电流比 $n_i = I_2/I_1$，一次阻抗 $Z_1 = U_1/I_1$，二次阻抗 $Z_2 = U_2/I_2$，阻抗比 $= Z_1/Z_2$，负载功率 $P_2 = U_2I_2\cos\varphi_2$，损耗功率 $P_0 = P_1-P_2$，功率因数 $= P_1/(U_1I_1)$，一次线圈铜耗 $P_{cu1} = I_1^2R_1$，二次线圈铜耗 $P_{cu2} = I_2^2R_2$，铁耗 $P_{Fe} = P_0-(P_{cu1}+P_{cu2})$。

2）铁心变压器是一个非线性元件，铁心中的磁感应强度 B 取决于外加电压的有效值 U。当二次侧开路（即空载）时，一次侧的励磁电流 I_{10} 与磁场强度 H 成正比。在变压器中，二次侧空载时，一次电压与电流的关系称为变压器的空载特性，这与铁心的磁化曲线（B-H 曲线）是一致的。

空载实验通常是将高压侧开路，由低压侧通电进行测量，又因空载时功率因数很低，故测量功率时应采用低功率因数功率表。此外因变压器空载时阻抗很大，故电压表应接在电流表外侧。

3）变压器外特性测试。为了满足灯泡负载额定电压为 220V 的要求，故以变压器的低压（36V）绕组作为一次绕组，220V 的高压绕组作为二次绕组，即当作一台升压变压器使用。

在保持一次电压 $U_1(=36V)$ 不变时，逐渐增加灯泡负载（每只灯为 25W），测定 U_1、U_2、I_1 和 I_2，即可绘出变压器的外特性曲线，即负载特性曲线 $U_2 = f(I_2)$。

3. 实施设备及器材（见表 8.2）

表 8.2　实施设备及器材

序　号	名　称	型号与规格	数　量	备　注
1	单相交流电源	0～250V	1	
2	交流电压表	0～500V	1	
3	交流电流表	0～5A	1	
4	低功率因数功率表		1	自备
5	试验变压器	220V/36V　50VA	1	ZDD-20
6	白炽灯	220V/25W	若干	ZDD-14D

4. 实施内容

1）用交流法判别变压器绕组的同名端（参照互感电路观测）。

2）利用"铁心变压器"及灯组负载，按图 8.31 线路接线。A、X 为变压器的低压绕组，a、x 为变压器的高压绕组。即电源经调压器接至低压绕组，高压绕组 220V 接 Z_L 即 25W 的灯组负载（灯泡并联），经检查无误后方可进行实验。

3）将调压器手柄置于输出电压为零的位置（逆时针旋到底），合上电源开关，并调节调压器，使其输出电压为 36V。当负载开路及逐次增加（最多亮 4 只白炽灯）时，记下 5 个仪表的读数（自拟数据表格），绘制变压器外特性曲线。实验完毕将调压器调回零位，断开电源。

当负载为 3 只及 4 只白炽灯时，变压器已处于超载运行状态，很容易烧坏。因此，测试和记录应尽量快，总共不应超过 2min。实验时，可先将 3 只白炽灯并联安装好，断开控制每个灯泡的相应开关，通电且电压调至规定值后，再逐一打开各个灯的开关，并记录仪表读数。待开 4 个灯泡的数据记录完毕后，立即用相应的开关断开各灯。

4）将高压侧（二次侧）开路，确认调压器处在零位后，合上电源，调节调压器输出电压，使 U_1 从零逐次上升到 1.2 倍的额定电压（1.2×36V），分别记下各次测得的 U_1、U_{20} 和 I_{10} 数据，记入自拟的数据表格，用 U_1 和 I_{10} 绘制变压器的空载特性曲线。

5. 实施注意事项

1）本实验是将变压器作为升压变压器使用，并用调节调压器提供一次电压 U_1，故使用调压器时应首先调至零位，然后才可合上电源。此外，必须用电压表监视调压器的输出电压，防止被测变压器输出过高电压而损坏实验设备，且要注意安全，以防止高压触电。

2）由负载实验转到空载实验时，要注意及时变更仪表量程。

3）遇异常情况，应立即断开电源，待处理好故障后，再继续实验。

6. 思考题

1）为什么本实验将低压绕组作为一次绕组进行通电实验？在实验过程中应注意什么问题？

2）为什么变压器的励磁参数一定是在空载实验加额定电压的情况下求出？

7. 实施报告

1）根据实验内容，自拟数据表格，绘出变压器的外特性和空载特性曲线。

2）根据额定负载时测得的数据，计算变压器的各项参数。

3）计算变压器的电压调整率。

$$\Delta U\% = \frac{U_{20} - U_{2N}}{U_{20}} \times 100\%$$

项目小结

1）两个互感线圈的互感系数为 $M = \Psi_{12}/i_2 = \Psi_{21}/i_1$。

2）互感电压与产生它的电流之间的关系为 $u_{12} = M\mathrm{d}i_2/\mathrm{d}t$，$u_{21} = M\mathrm{d}i_1/\mathrm{d}t$，或相量表示为 $\dot{U}_{12} = \mathrm{j}\omega M \dot{I}_2$，$\dot{U}_{21} = \mathrm{j}\omega M \dot{I}_1$。

3）耦合系数 $k = \dfrac{M}{\sqrt{L_1 L_2}}$，$k$ 的范围是 $0 \leqslant k \leqslant 1$。$k = 0$ 表示两个线圈无耦合关系；当 $k < 0.5$ 时，称为松耦合；当 $0.5 \leqslant k < 1$ 时，称为紧耦合；$k = 1$ 表示两个线圈完全耦合。

4）同名端是一个重要概念，利用它可以不必知晓互感线圈的绕向即可确定互感电压的极性；当电流从一个线圈的同名端流入，在另一个线圈中产生的互感电压的正极性端必定在同名端上。当两个电流分别从两个线圈的对应端子同时流入或流出时，若产生的磁通相互增强，则这两个对应端子称为两互感线圈的同名端；反之，称为异名端。

5）分析含有耦合电感电路的关键是处理互感电压。常用的处理方法是去耦等效法和受控电压源等效法。去耦等效电路中的元件参数，只与耦合电感器是同名端相接还是异名端相接有关，与电流、电压参考方向是无关的。电路去耦后，以前介绍的各种分析方法均可使用。

6）两个互感耦合线圈流过同一电流，且电流都是由线圈的同名端流入或流出，即异名端相接，互感起"增强"作用，这种连接方式称为顺向串联。顺向串联等效电感：$L_{eq} = L_1 + L_2 + 2M$。

7）两个互感耦合线圈流过同一电流，电流都是由线圈的异名端流入或流出，即同名端相连接，互感起"削弱"作用，这种连接方式称为反向串联。反向串联等效电感：$L_{eq} = L_1 + L_2 - 2M$。

8）耦合电感两线圈的同名端相接，称为同侧并联，又叫顺向并联。顺向并联等效电感：

$$L_{eq} = \frac{L_1 L_2 - M^2}{L_1 + L_2 - 2M}$$

9）耦合电感两线圈的异名端相接，称为异侧并联，又叫反向并联。反向并联等效电感：

$$L_{eq} = \frac{L_1 L_2 - M^2}{L_1 + L_2 + 2M}$$

10）当耦合电感的两个线圈各取一端连接起来与第三条支路形成一个仅含 3 条支路的共同节点，称为耦合电感的 T 形连接。若两个线圈同名端相连，则 T 形去耦等效出 3 个电感分别为 $L_1 - M$、$L_2 - M$ 和 M；若两个线圈异名端相连，则 T 形去耦等效出的 3 个电感分别为 $L_1 + M$、$L_2 + M$ 和 $-M$。

11）理想变压器是从实际铁心变压器中抽象出的一种理想模型，它有三种变换关系，即电压变换、电流变换和阻抗变换。它的参数只有一个，那就是电压比 n。理想变压器既不耗能也不储能，它只传输电能和变换信号。

12）变压器的额定值包括：额定电压、额定电流、额定容量、额定频率、绝缘电阻、阻抗电压、额定温升等。

思考与练习

8.1 互感线圈电路如图 8.32 所示，判断互感线圈的同名端。

8.2 绕在同一铁心上的一对互感线圈，不知其同名端，现按图 8.33 连接电路并测试，当开关突然接通时，发现电压表正向偏转，试说明两线圈的同名端，并在图中标记。

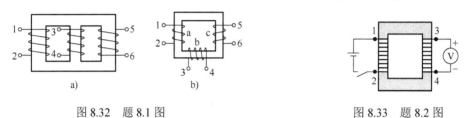

图 8.32 题 8.1 图　　　　　　　　图 8.33 题 8.2 图

8.3 判断图 8.34 中三个线圈的同名端，并判断开关 S 闭合瞬间三个线圈中产生的感应电动势的方向。

8.4 如图 8.35 所示，已知 $L_1 = 1H$，$L_2 = 2H$，$M = 0.5H$，$R_1 = R_2 = 1k\Omega$，$u_S = 141\sin 628t\text{V}$。试求电流 i。

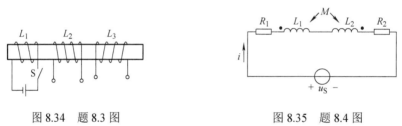

图 8.34 题 8.3 图　　　　　　　　图 8.35 题 8.4 图

8.5 如图 8.36 所示，已知 $R = 2\Omega$，$L_1 = 0.4H$，$L_2 = 0.8H$，$M = 0.2H$，$C = 0.47\mu F$。求 L_1、L_2 的等效电感。

8.6 求出图 8.37 所示电路的等效电感 L_{ab}。

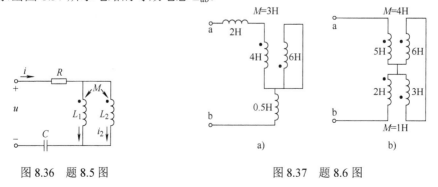

图 8.36 题 8.5 图　　　　　　　　图 8.37 题 8.6 图

8.7 求如图 8.38 所示电路的复阻抗 Z_{ab}。

8.8 如图 8.39 所示两种不同理想变压器，分别求出它们的伏安关系。

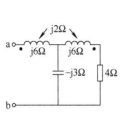

图 8.38　题 8.7 图

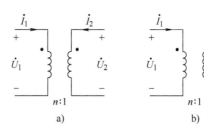

图 8.39　题 8.8 图

8.9　如图 8.40 所示的耦合电感电路，已知 $\omega = 1\mathrm{rad/s}$，$R = 1\Omega$，$M = 1\mathrm{H}$，$L_1 = 2\mathrm{H}$，$L_2 = 3\mathrm{H}$，$C = 1\mathrm{F}$，$\dot{I}_\mathrm{S} = 1\angle0°\mathrm{A}$ $\dot{U}_\mathrm{S} = 1\angle90°\mathrm{V}$，求 $\dot{I}_1$ 和 $\dot{I}_2$。

8.10　如图 8.41 所示电路，已知 $\dot{U}_\mathrm{S} = 120\angle0°\mathrm{V}$，$\omega = 2\mathrm{rad/s}$，$L_1 = 8\mathrm{H}$，$L_2 = 6\mathrm{H}$，$L_3 = 10\mathrm{H}$，$M_{12} = 4\mathrm{H}$，$M_{23} = 5\mathrm{H}$，求端口 ab 的等效戴维南电路。

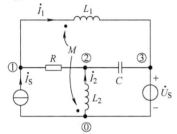

图 8.40　题 8.9 图

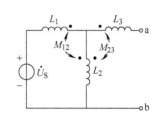

图 8.41　题 8.10 图

8.11　如图 8.42 所示，某变压器有两个额定电压各为 110V 的相同一次绕组，两绕组的匝数 N_1 各为 800 匝，变压器的二次绕组 N_2 为 400 匝，试问：

1）若将 2、3 端相连，1、4 端接电源，则一次、二次额定电压是多少？

2）若将 1、3 端相连，2、4 端相连，且 1、2 端接电压，则一次、二次额定电压是多少？

3）若将 2、4 端相连，1、3 端接 110V 电源，可能会出现什么情况？

8.12　如图 8.43 所示是一电源变压器，一次绕组 N_1=600 匝，接 220V 电压。二次侧有两个带纯电阻负载的绕组：一个电压为 22V，负载为 22W；另一个电压为 11V，负载为 22W。试求两个二次绕组的匝数 N_2 和 N_3 和一次电流 i_1。

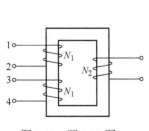

图 8.42　题 8.11 图

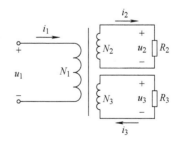

图 8.43　题 8.12 图

8.13　如图 8.44 所示的单相变压器，一次绕组 U_{1N}=220V，两个二次绕组 U_{2N}=110V，U_{3N}=110V，试问：

1）若一次绕组匝数 $N_1 = 100$ 匝，则二次绕组 N_2 和 N_3 各为多少？

2）若在 110V 二次绕组上接额定电压为 110V、功率为 100W 的 11 只白炽灯，求一次电流。

8.14　一台单相变压器额定容量为 1000VA，额定电压为 200V/100V。

1）如果二次侧接入电阻 $R = 100\Omega$ 时，一次、二次电流各是多少？

2）变压器带额定负载时，负载电阻应为多大？

8.15 如图 8.45 所示为一交流电源，其电动势 $E = 8V$，内阻 $r = 36\Omega$，现有一阻值为 $R = 4\Omega$ 的扬声器。

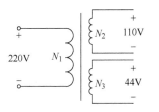

图 8.44 题 8.13 图

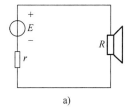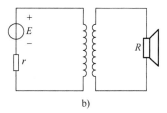

a)   b)

图 8.45 题 8.15 图

1）如果将扬声器直接接在电源上（见图 8.45a），求扬声器获得的功率。

2）如果扬声器经变压器接在电源上（见图 8.45b），欲使输出功率最大，求变压器的电压比和扬声器获得的功率。

8.16 如图 8.46 所示，变压器的 1—2 绕组接在 5V 直流电源上，3—4 绕组接一电流表，当开关闭合瞬间，试问：

1）如果电流表的指针顺时针偏转，则 1、3 端是同名端还是异名端？

2）如果电流表的指针逆时针偏转，则 1、3 端是同名端还是异名端？

8.17 一台三相变压器，铭牌数据为 1000kVA，6kV/3.15kV，丫/△联结。试求，1）变压器的电压比；2）高压侧和低压侧相电压、相电流的额定值。

8.18 如图 8.47 所示，1—2 绕组接交流电源，电压表 V_1 和 V_2 的读数分别为 24V 和 12V，试问：

1）如果电压表 V 的读数为 36V，1、3 端是否为同名端？

2）如果电压表 V 的读数为 12V，1、3 端是否为同名端？

8.19 有一台单相变压器，额定容量为 10kVA，额定电压为 3300V/220V，若想在二次侧接上 40W/220V 的白炽灯，且需要变压器在额定情况下运行，则这种白炽灯可接多少只？求一次、二次绕组的额定电流。

8.20 电路如图 8.48 所示，$R_L = 8\Omega$ 为一扬声器，接在输出变压器 T_r 的二次侧。已知 $N_1 = 300$ 匝，$N_2 = 100$ 匝，信号源电压有效值 $U_S = 6V$，内阻 $R_S = 100\Omega$，求出信号源输出功率。

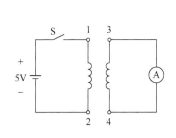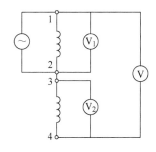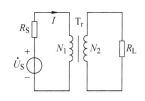

图 8.46 题 8.16 图   图 8.47 题 8.18 图   图 8.48 题 8.20 图

项目九 三相异步电动机

项目描述

电动机是机械能与电能相互转换的机械。电动机的作用是将电能转换为机械能。现代生产机械都广泛采用电动机来驱动。电动机可分为交流电动机与直流电动机两大类，其中交流电动机又分为同步电动机和异步电动机。由于异步电动机具有结构简单、坚固耐用、运行可靠、维护方便、价格便宜等优点，在工农业生产中获得了广泛的应用。本项目的内容主要是了解三相异步电动机的基本构造，工作原理，机械特性，起动、反转、调速和制动的原理与方法。

学习目标

● 知识目标

❖ 了解三相异步电动机的结构，理解其工作原理。
❖ 理解三相异步电动机的机械特性。
❖ 掌握三相异步电动机的起动方法。
❖ 了解三相异步电动机的调速与制动方法。
❖ 理解三相异步电动机铭牌数据的意义。

● 能力目标

❖ 能结合实际选用合适的三相异步电动机。
❖ 能对三相异步电动机运行特性进行分析并选用合适的运行方法。

● 素质目标

❖ 培养学生节能环保意识和创新意识。
❖ 培养学生综合实践能力和电工职业素养。

思政元素

　　学习本项目时，可以查阅国内在电动机行业的最新技术成果和国家重点项目以及绿色能源项目，不断激发自己学好本课程的责任意识和培养节能环保意识。

　　在学习方式、方法上，以问题导向来激发自己的探究欲，学会思考、查阅资料，培养解决问题的能力。

　　在任务实施环节，加强职业素养的训练，如电工常用工具的正确熟练使用，用电规范和安全意识，养成细致严谨的工作作风。

思维导图

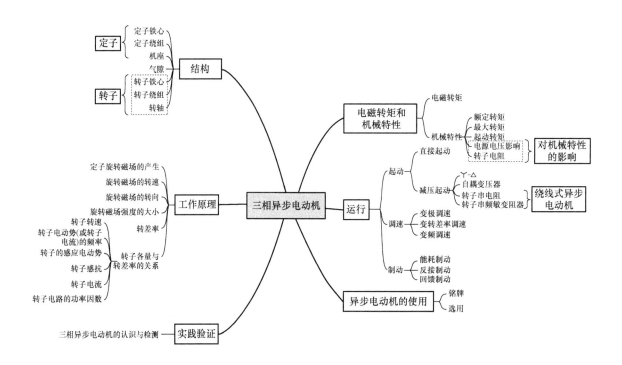

任务 1　三相异步电动机的结构、工作原理

任务 1.1　三相异步电动机的结构

扫一扫看视频

◆ 任务导入

三相异步电动机具有结构简单、使用和维护方便、运行可靠、成本低廉、效率高的特点，广泛应用于工农业生产及日常生活中，用于驱动各种机床、水泵、锻压和铸造机械、鼓风机及起重机等。它们的应用不同，各自的内部结构是否也不相同呢？具体包括什么以及各自扮演什么角色呢？

◆ 任务要求

熟悉三相异步电动机的结构及各部件的功能、特点。

重难点：三相异步电动机各部件功能、特点。

◆ 知识链接

三相交流异步电动机由两个基本部分组成：固定不动的部分称为定子，转动的部分称为转子。为了保证转子能在定子腔内自由地转动，定子与转子之间需要留有 0.2～2mm 的空隙。其内部结构示意图如图 9.1 所示。

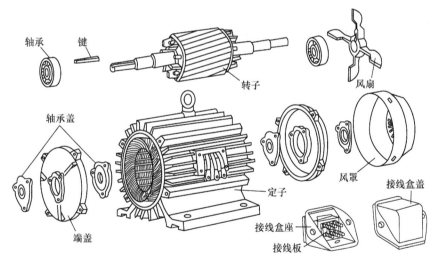

图 9.1　笼型三相异步电动机的内部结构示意图

1.1.1　定子

定子由机座、定子铁心和定子绕组三部分组成。

（1）机座

机座主要用来固定定子铁心和定子绕组，并以前后两个端盖支承转子的转动，其外表还有散热作用。中、小型机一般用铸铁制造，大型机多采用钢板焊接而成。为了搬运方便，机座上常装有吊环。

（2）定子铁心

定子铁心是电动机磁路的一部分。为了减少磁滞和涡流损耗，它常用 0.5mm 厚的硅钢片叠装而成。铁心内圆上冲有均匀分布的槽，以便嵌放定子绕组。

（3）定子绕组

定子绕组是电动机的电路部分。一般采用高强度聚酯漆包铜线或铝线绕制而成。三相定子绕组圆周空间彼此相隔 120°（电角度）对称分布在定子铁心槽中，每一相绕组的两端分别用 U_1—U_2、V_1—V_2、W_1—W_2 表示，共有 6 个出线端，分别引至电动机接线盒的接线柱上，三相定子绕组可根据需要接成星形（Y）[见图 9.2a 或三角形（△）见图 9.2b]。其接法根据电动机的额定电压和三相电源电压而定。每相绕组的额定电压等于电源的相电压时，绕组应作星形联结；每相绕组的额定电压等于电源的线电压时，绕组应作三角形联结。

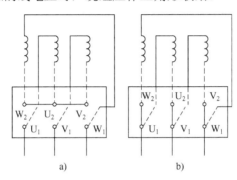

图 9.2　三相定子绕组的接法

1.1.2　转子

转子由转子铁心、转子绕组和转轴三部分组成。

（1）转子铁心

转子铁心是电动机磁路的一部分，常用 0.5mm 厚的硅钢片叠装成圆柱体，并紧装在转轴上。铁心外圆上冲有均匀分布的槽，以便嵌放转子绕组，如图 9.3a 所示。

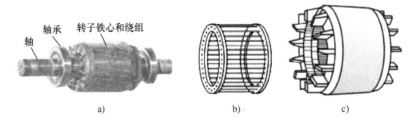

图 9.3　笼型转子

（2）转子绕组

转子绕组分为笼型和绕线式两种。

1）笼型绕组是在转子铁心槽中嵌放裸铜条或铝条，其两端用端环连接。由于形状与鼠笼相似，故称为笼型转子，图 9.3b 所示为铜条笼型转子绕组。中、小型电动机一般都将熔化的铝浇铸在转子铁心槽中，连同短路端环以及风扇叶片一次浇铸成形，如图 9.3c 所示。

2）绕线转子异步电动机的转子如图 9.4a 所示。转子绕组与定子绕组相似，也是由绝缘的导线绕制而成的三相对称绕组，其极数与定子绕组相同。转子绕组一般接成星形，三个首端分别接到固定在转轴上的三个集电环上，由集电环上的电刷引出与外加变阻器连接，构成转子的闭合回路,如图 9.4b 所示。正常运行时,绕线式绕组的三个出线端短路,起动或调速时,绕线式绕组可在接线盒处外接三相电阻,以改善起动或调速性能。

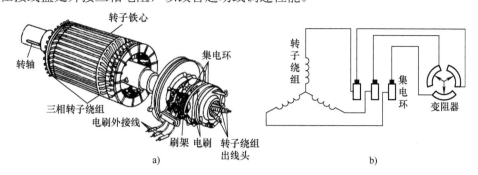

图 9.4 绕线转子异步电动机转子及外接变阻器电路图

1.1.3 气隙

异步电动机定子和转子之间的空气间隙称为气隙。

由于气隙是异步电动机能量转换的主要场所,所以气隙的大小对异步电动机的运行性能和参数具有较大的影响。一般情况下,气隙越大,磁阻越大,定子绕组励磁电流越大,电动机功率因数越低。因此,为了提高功率因数,应尽量减小气隙。

任务 1.2　三相异步电动机的工作原理

◆ **任务导入**

前面我们分析了电动机的结构及各部件的特点,那么电动机是如何把电能转换为机械能,从而带动负载进行工作的呢?

◆ **任务要求**

理解三相异步电动机的工作原理。

重难点:三相异步电动机各部件功能、特点。

◆ **知识链接**

三相交流异步电动机通电后会在铁心中产生旋转磁场,通过电磁感应在转子绕组中产生感应电流,转子电流受到磁场的电磁力作用产生电磁转矩并使转子旋转。

1.2.1 定子旋转磁场的产生

三相异步电动机定子绕组是空间对称的三相绕组,即 U_1—U_2、V_1—V_2、W_1—W_2 空间位置相隔 120°电角度,若将它们作星形联结,如图 9.5 所示。

将 U_2、V_2、W_2 连在一起,U_1、V_1、W_1 分别接三相对称电源的 U、V、W 三个端子,就有三相对称电流流入对应的定子绕组,即

$$i_U = I_m\sin\omega t$$

$$i_V = I_m\sin(\omega t - 120°)$$

$$i_W = I_m\sin(\omega t + 120°)$$

其电流波形图如图 9.6 所示。由波形图可以看出,在 $\omega t = 0°$ 时,$i_U = 0$,i_V 为负值,说明 i_V

的实际电流方向与参考方向相反，即从 V_2 流入，用⊗表示，V_1 流出，用⊙表示；i_W 为正值，说明实际电流方向与 i_W 的参考方向相同，即从 W_1 流入，用⊗表示，W_2 流出，用⊙表示。根据右手螺旋定则，可判断出转子铁心中的磁力线的方向是自上而下，相当于定子内部是 S 极在上、N 极在下的一对磁极在工作，如图 9.7a 所示。

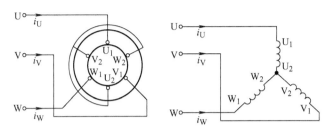

图 9.5　三相定子绕组的布置

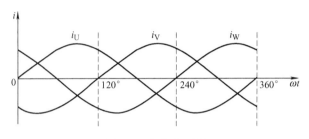

图 9.6　电流波形图

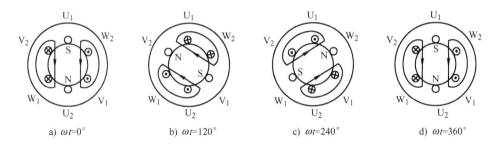

a) $\omega t=0°$　　b) $\omega t=120°$　　c) $\omega t=240°$　　d) $\omega t=360°$

图 9.7　一对磁极的旋转磁场

由图 9.6 所示波形图可以看出，在 $\omega t = 120°$ 时，i_U 为正值，说明 i_U 的实际电流方向与参考方向相同，即从 U_1 流入，用⊗表示，U_2 流出，用表示⊙；$i_V=0$，i_W 为负值，说明实际电流方向与 i_W 的参考方向相反，即从 W_1 流出，用⊙表示，W_2 流入，用⊗表示。则合成磁场如图 9.7b 所示。从图中可以看出，合成磁场在空间上沿顺时针方向转过了 120°。

当 $\omega t = 240°$ 时，同理，合成磁场如图 9.7c 所示，从图中可以看出，它又沿顺时针方向转过了 120°。

当 $\omega t = 360°$ 时，与 $\omega t = 0°$ 时相同，合成磁场沿顺时针又转过了 120°，N—S 磁极回到 $\omega t = 0°$ 时的初始位置，如图 9.7d 所示。

在定子电流频率 f_1 一定时，旋转磁场的转速取决于旋转磁场的极数，即三相异步电动机的极数。而旋转磁场的极数和三相定子绕组在铁心中的排列方式有关。

在定子铁心内相当于一对 N—S 磁极在旋转。若把定子铁心的槽数增加为 12 个，即每相绕组由两个串联的线圈构成，相当于把图 9.5 中 360° 的空间分布 6 个槽的三相绕组，压缩在 180° 的空间，显然每个线圈的空间相隔不再是 120°，而是 60°，如图 9.8 所示。若在 U、V、W 三端通三相交流电，同理，在定子铁心内可形成两对磁极的旋转磁场，如图9.9所示。

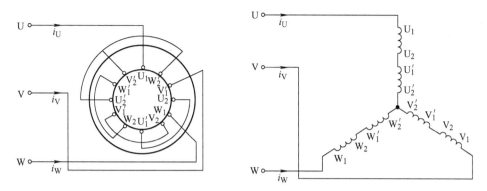

图 9.8　四极电动机定子绕组的结构布置接线图

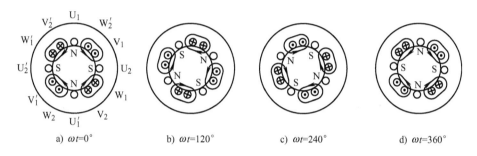

a) $\omega t=0°$　　　b) $\omega t=120°$　　　c) $\omega t=240°$　　　d) $\omega t=360°$

图 9.9　四极电动机的旋转磁场

1.2.2　旋转磁场的转速

一对磁极的旋转磁场电流每交变一次，磁场就旋转一周。设电源的频率为 f_1，即电流每秒钟变化 f_1 次，磁场每秒钟转 f_1 圈，则旋转磁场的转速 $n_0=f_1(r/s)$，习惯上用每分钟的转数（r/min）来表达转速：

$$n_0 = 60f_1$$

两对磁极的旋转磁场，电流每变化 f_1 次，旋转磁场转 $f_1/2$ 圈，即旋转磁场的转速为

$$n_0 = 60f_1/2$$

依此类推，p 对磁极的旋转磁场，电流每交变一次，磁场就在空间转过 $1/p$ 周，因此，转速应为

$$n_0 = 60f_1/p \qquad\qquad\qquad (9\text{-}1)$$

旋转磁场的转速 n_0 也称为同步转速，由式（9-1）可知，它取决于电源频率和旋转磁场的磁极对数。我国的工频为 50Hz，因此，同步转速与磁极对数的关系见表 9.1。

表 9.1　同步转速与磁极对数的关系

磁极对数	1	2	3	4	5
同步转速 $n_0/$（r/min）	3000	1500	1000	750	600

1.2.3　旋转磁场的转向

通过对旋转磁场形成过程分析还可知，旋转磁场转向与通入电动机定子绕组的电流相序有关。若要使旋转磁场反转，只需把三根电源线中的任意两根对调，旋转磁场与原来旋转方向相反。

1.2.4 旋转磁场强度的大小

当定子绕组接上相电压为 U 的三相交流电源时，旋转磁场在转子和定子绕组中都将感应出电动势。由于旋转磁场的磁感应强度沿气隙是接近正弦规律分布的，故穿过定子每相绕组的磁通也是随时间按正弦规律变化的，即 $\Phi = \Phi_m \sin\omega t$。因此，定子每相绕组中产生的感应电动势为

$$e_1 = -N_1 \frac{d\Phi}{dt}$$

$$E_1 = 4.44 K_1 f_1 N_1 \Phi \qquad (9\text{-}2)$$

式中，K_1 为考虑每相绕组分布关系的绕组系数，其值小于 1；f_1 为 e_1 的频率；N_1 为定子每相绕组的匝数；Φ 为旋转磁场的每极磁通，在数值上与定子每相绕组的磁通最大值 Φ_m 相等。

由于定子每相绕组的电阻 R_1 和漏磁感抗 X_1 均较小，在它们上的电压降与电动势 E 比一般可以忽略，于是有

$$U \approx E_1 = 4.44 K_1 f_1 N_1 \Phi$$

则

$$\Phi = \frac{E_1}{4.44 K_1 f_1 N_1} \approx \frac{U}{4.44 K_1 f_1 N_1} \qquad (9\text{-}3)$$

式中，K_1 和 N_1 对固定电动机是定值，只要 U 和 f_1 一定，旋转磁场的每极磁通 Φ 几乎不变。因此，在三相交流电源的频率 f_1 和每相电压 U 恒定不变的条件下，异步电动机的旋转磁场是个稳定的磁场，应注意这是异步电动机的一个特点。

1.2.5 转差率

转差率是分析异步电动机运转特性的一个主要数据。从工作原理分析可知，电动机转子的转向与旋转磁场的旋转方向相同，但转子的转速 n 不能达到旋转磁场的转速 n_0。因为电动机旋转的基础是转子导线切割旋转磁场的磁力线产生感应电动势和感应电流。如果转子的转速 n 等于旋转磁场的转速 n_0，转子与旋转磁场之间就没有相对运动，转子中不产生电磁转矩，这样转子将不可能继续以 n_0 的转速转动。所以，转子的转速与旋转磁场转速之间必须要有差值，即不同步，只有 $n < n_0$ 才能保证转子旋转。异步电动机由此得名。

通常称旋转磁场的转速 n_0 为同步转速，转子的转速用 n 表示。同步转速与转子转速之差叫相对转速。相对转速与同步转速的比值叫转差率，用 s 表示。转差率 s 表示转速与同步转速相差的程度。其表达式为

$$s = \frac{n_0 - n}{n_0} \times 100\% \qquad (9\text{-}4)$$

若旋转磁场旋转，而转子尚未转动（合闸瞬间），则 $n = 0$、$s = 1$；若转子的转速趋于同步转速，则 $n \approx n_0$、$s \approx 0$；由此可知转差率 s 在 $0 \sim 1$ 之间变化，转子转速越高，转差率越小。三相异步电动机在额定负载时，其转差率为 $1\% \sim 6\%$。

【例 9.1】一台两极异步电动机，其额定转速为 2850r/min，试求当电源频率 f 为 50Hz 时的额定转差率为多少？

解：已知 $p = 1$，同步转速 $n_0 = 60 f_1 / p = 3000$r/min

额定转差率：$s = \dfrac{n_0 - n}{n_0} \times 100\% = \dfrac{3000 - 2850}{3000} \times 100\% = 5\%$

1.2.6　转子各量与转差率的关系

异步电动机之所以能转动，是因为转子绕组的导体切割旋转磁场而产生感应电动势和感应电流，载流的转子导体与旋转磁场互相作用，产生电场力和电磁转矩。因此转子感应电动势和电流等物理量一定是与转差率有关的。

（1）转子转速

由式（9-4）和式（9-1）可得：

$$n = n_0(1-s) = \frac{60f_1}{p}(1-s) \tag{9-5}$$

（2）转子电动势（或转子电流）的频率

因为旋转磁场和转子之间的相对转速为（n_0-n），所以有

$$f_2 = \frac{p(n_0 - n)}{60}$$

上式可改写为

$$f_2 = \frac{n_0 - n}{n_0} \frac{pn_0}{60} = sf_1 \tag{9-6}$$

可见，f_2 与 s 成正比。在 $n = 0$、$s = 1$ 时，转子与旋转磁场间的相对转速最大。这时 f_2 最大，$f_2 = f_1$。在额定负载时，$s = 1\% \sim 6\%$，则 $f_2 = 0.5 \sim 3\text{Hz}(f_1 = 50\text{Hz})$。

（3）转子的感应电动势

当转子导体切割旋转磁场的磁力线时，产生感应电动势 e_2：

$$e_2 = -N_2 \frac{\mathrm{d}\Phi}{\mathrm{d}t}$$

其有效值为

$$E_2 = 4.44K_2 f_2 N_2 \Phi \tag{9-7}$$

将式（9-6）代入式（9-7）可得

$$E_2 = 4.44K_2 s f_1 N_2 \Phi \tag{9-8}$$

在 $n = 0$，$s = 1$ 时，转子电动势为

$$E_{20} = 4.44K_2 f_1 N_2 \Phi \tag{9-9}$$

由式（9-8）、式（9-9）可得

$$E_2 = sE_{20} \tag{9-10}$$

可见**转子电动势与转差率 s 有关。转子旋转越快，则 s 越小，E_2 也越小。**

（4）转子感抗 X_2

由转子电流产生的磁通中的一小部分不穿过定子铁心，不与定子绕组相交链，而沿转子铁心经空气隙自行闭合，这部分磁通称为转子漏磁通，这部分漏磁通引起漏电感 L，因此，转子绕组不仅有电阻而且有漏感抗 X_2，转子绕组的电阻可以认为是不变的，但漏感抗随转子电流频率 f_2 而变，即随 s 而变。当转子不动时，f_2 最高，此时漏感抗最大，用 X_{20} 表示，即

$$X_2 = \omega_2 L = 2\pi f_2 L = 2\pi s f_1 L = sX_{20} \tag{9-11}$$

转子绕组既有电阻 R_2 又有漏感抗 X_2，故其阻抗为 $Z_2 = R_2 + \mathrm{j}X_2$，则转子阻抗的模为

$$|Z_2| = \sqrt{{R_2}^2 + {X_2}^2}$$

（5）转子电流 I_2

转子导线中的电流 I_2 的有效值为

$$I_2 = \frac{E_2}{|Z_2|} = \frac{E_2}{\sqrt{{R_2}^2 + {X_2}^2}} = \frac{sE_{20}}{\sqrt{{R_2}^2 + (sX_{20})^2}} \tag{9-12}$$

定子电流和转子电流之间的关系与变压器相似，即

$$\frac{I_1}{I_2} = \frac{1}{k}$$

则

$$I_1 = \frac{1}{k} I_2 \tag{9-13}$$

式中，k 为异步电动机的电流变换系数，与定子绕组和转子绕组的结构有关。

（6）转子电路的功率因数

由于转子有漏磁通，相应的感抗为 X_2，如 $\dot{I}_2$ 滞后 $\dot{E}_2$ 为 φ_2 角，转子的功率因数为

$$\cos\varphi_2 = \frac{R_2}{\sqrt{{R_2}^2 + {X_2}^2}} = \frac{R_2}{\sqrt{{R_2}^2 + (sX_{20})^2}} \tag{9-14}$$

任务 2　三相异步电动机的电磁转矩和机械特性

任务 2.1　异步电动机的电磁转矩

◆ 任务导入

三相异步电动机广泛用于驱动各种机床、水泵、锻压和铸造机械、鼓风机及起重机等，驱动负载类型不同，需要的机械能大小不一，那么衡量电动机做功能力的物理量是什么呢？

◆ 任务要求

熟悉异步电动机电磁转矩及计算公式，熟悉转矩特性。

重难点：三相异步电动机转矩特性。

◆ 知识链接

异步电动机的电磁转矩是由旋转磁场的每极磁通 Φ 与转子电流相互作用而产生的。由于异步电动机的转子电路中有电感存在，所以转子电流在相位上滞后于转子电动势一个 φ_2 角。电磁转矩是反映电动机做功能力的一个物理量，只有转子电流的有功分量与旋转磁场的每极磁通相互作用才能产生电磁转矩，因此电磁转矩应表示为

$$T = C_T \Phi I_2 \cos\varphi_2 \tag{9-15}$$

式中，C_T 为异步电动机的转矩系数，与电动机的结构有关；Φ 为旋转磁场的每极磁通（Wb）；电流 I_2 的单位为 A；电磁转矩 T 的单位为 N·m。

旋转磁场的磁通 Φ 可通过式（9-2）求得，即

$$\Phi = \frac{E_1}{4.44K_1f_1N_1} \approx \frac{U}{4.44K_1f_1N_1}$$

转子电流 I_2 可由式（9-12）和式（9-9）求得，即

$$I_2 = \frac{sE_{20}}{\sqrt{R_2^2 + (sX_{20})^2}} = \frac{4.44sk_2N_2f_1\Phi}{\sqrt{R^2 + (sX_{20})^2}}$$

将以上两式及式（9-14）代入式（9-15），可得

$$T = CU^2 \frac{sR_2}{R_2^2 + (sX_{20})^2} \qquad (9\text{-}16)$$

式中，C 是与电动机结构和电源频率有关的常数：

$$C = C_T \frac{sK_2N_2}{f_1K_1^2N_1^2}$$

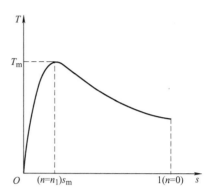

转子每相的电阻和静止时的感抗通常也是常数。因此，当电源电压 U 一定时，电磁转矩为转差率的函数，即 $T=f(s)$，其曲线称为异步电动机的转矩特性曲线，如图9.10所示。

图9.10中，s_m 称为临界转差率，是异步电动机出现最大转矩 T_m 时对应的转差率。在 $0<s<s_m$ 时，T 随 s 的增大而增加，在 $s_m<s<1$ 时，T 随 s 的增大而减小。

图9.10　异步电动机的转矩特性曲线

任务2.2　异步电动机的机械特性

◆ **任务导入**

前面我们分析了异步电动机的结构、原理、电磁转矩等内容，那么异步电动机的运行性能又该如何分析呢？它又有哪些具体衡量参数呢？

◆ **任务要求**

了解三相异步电动机的机械特性概念。
熟悉额定转矩、最大转矩、起动转矩。
理解异步电动机机械特性的影响因素。
重点：异步电动机的三种转矩及影响机械特性的因素。
难点：异步电动机机械特性分析。

◆ **知识链接**

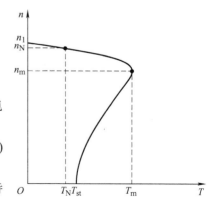

在电源电压 U、频率 f_1 和转子电阻 R_2 不变的条件下，电动机的转速 n 与电磁转矩 T 之间的函数关系称为机械特性，即 $n=f(T)$。根据 $n=n_0(1-s)$，可以把 $T=f(s)$ 曲线转换成 $n=f(T)$ 曲线，如图9.11所示。

研究机械特性的目的是为了分析异步电动机的外部特性，尤其特性曲线上三个特殊工作点所对应的转矩。

图9.11　三相异步电动机的机械特性

（1）额定转矩 T_N

额定转矩是指电动机在额定负载的情况下输出的转矩。由于电动机稳定运行时，其电磁转

矩等于负载转矩，所以可以用额定电磁转矩来表示额定输出转矩。电动机的额定转矩可以通过电动机铭牌上的额定功率和额定转速来求得，由物理学可知：

$$P_2 = T\omega$$

$$T_N = \frac{P_2 \times 10^3}{\frac{2\pi n_N}{60}} = 9550\frac{P_2}{n_N} \tag{9-17}$$

式中，ω 为电动机的角速度（rad/s）；P_2 为额定输出功率（kW）；n_N 的单位为 r/min；T 的单位为 N·m。

（2）最大转矩 T_m

最大转矩是指电动机所能提供的极限转矩，它是对应于临界转差率 s_m 的转矩，s_m 可通过式（9-16）对 s 求导，并令 $dT/ds = 0$，求得

$$s_m = \frac{R_2}{X_{20}} \tag{9-18}$$

将 s_m 代入式（9-16），可求得最大转矩为

$$T_m = \frac{CU^2}{2X_{20}} \tag{9-19}$$

最大转矩反映了异步电动机短时的过载能力，它与额定转矩的比值 λ 称为过载系数或过载能力。

$$\lambda = \frac{T_m}{T_N} \tag{9-20}$$

一般用途电动机的过载系数为 1.8 ~2.5。特殊用途电动机的值可到 3 或更大。

异步电动机不允许长期过载运行，否则将过热而烧毁。但只要负载转矩不大于最大转矩 T_m，并且电动机的发热不超过允许温升，短时间内过载运行是允许的。在电动机的选择计算中，如果是根据生产机械的转矩负荷曲线确定电动机容量时，则必须验算其转矩过载能力。

（3）起动转矩 T_{st}

起动转矩是指电动机刚接通电源以后，电动机尚未转动起来，即转速为 0 时的电磁转矩 T_{st}。电动机的起动转矩对应图 9.11 中的 $n = 0$、$s = 1$ 所在的点，即

$$T_{st} = CU^2\frac{R_2}{R_2{}^2 + X_{20}{}^2}$$

起动转矩的大小反映了电动机的起动性能。T_{st} 越大，则电动机起动能力越强；T_{st} 越小，则电动机起动能力越差。通常用起动转矩与额定转矩的比值 K 表示异步电动机的起动能力，即

$$K = \frac{T_{st}}{T_N} \tag{9-21}$$

一般笼型异步电动机的起动能力较差，K 为 0.8~2.2，所以有时采用轻载起动；绕线转子异步电动机的转子可以通过集电环外接的电阻器来调节起动能力。

由前面的分析可得出以下两点结论：

1）电源电压对机械特性的影响。最大转矩和起动转矩与电源电压的二次方成正比，表明电源电压的变化对异步电动机电磁转矩数值有很明显的影响。电源电压降低为原电压的 80%时，转矩则减小为原转矩的（80%）^{2}，即 64%。而临界转差率却与电源电压无关，即临界转速与电

源电压也无关。因此，当电源电压升高时，T_{st}、T_m 增大，n_m 不变，机械特性曲线右移，如图 9.12 所示。由图中可见，电源电压增大时，机械特性曲线变硬。当电动机运行时，如果电压偏低太多，以至负载转矩超过最大转矩时，电动机则无法拖动负载，即出现所谓的堵转现象。一旦堵转，电动机的电流随即升高 4～7 倍，导致电动机严重过热，甚至烧坏。

2）转子电阻对机械特性的影响。转子电阻的改变会影响电动机的临界转差率和起动转矩，而最大转矩与转子电阻无关。在同一负载下，R_2 越大，对应的转差率 s 也越大，因此转速越低；同时对应 $s=1$ 的起动转矩 T_{st} 也随 R_2 的增加而增大，此时 T_m 保持不变，机械特性曲线下移，如图 9.13 所示。上述情况表明，适当调节异步电动机转子电阻 R_2，可以实现小范围内调速和达到改善起动性能的目的，但只有绕线转子电动机才有这种特性。

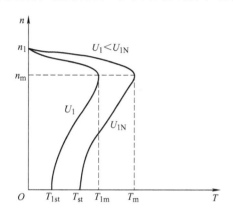

图 9.12 电源电压对机械特性的影响

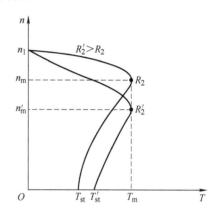

图 9.13 转子电阻对机械特性的影响

任务 3　三相异步电动机的运行

任务 3.1　异步电动机的起动

扫一扫看视频

◆ **任务导入**

在日常生活中，打开某一大功率电器，电路出现跳闸现象。这是因为大功率电器的起动电流超过了线路保护电器的最大电流，保护电器起动了自动保护功能，对电路进行了保护。大功率的三相异步电动机在起动过程中是否也会出现此现象呢？可以采取什么措施呢？

◆ **任务要求**

掌握三相异步电动机的直接起动控制方法。
掌握三相异步电动机的减压起动原理及方法。
重难点：三相笼型异步电动机的减压起动。

◆ **知识链接**

电动机接通电源后，转速由零上升到额定转速（进入稳定运行）的过程称为起动。起动所用的时间很短，为 1～3s。起动时电动机转子与旋转磁场的相对转速很大，转子绕组中的感应电动势和感应电流很大，则定子绕组中的电流也必然很大，即起动电流很大。一般中小型笼型异步电动机的起动电流为额定电流的 4～7 倍。

如果电动机频繁起动，从发热的角度考虑，由于热量的积累，会使电动机过热。另外，过大的起动电流在短时间内会造成电路电压降增大，使负载电压降低，影响临近负载的正常工作。为此，在保证电动机有足够大的起动转矩的条件下，应采取适当的起动方法，减小起动电流。

对异步电动机起动性能的要求，主要有以下两点：

1）起动电流要小，以减小对电网的冲击。

2）起动转矩要大，以加速起动过程，缩短起动时间。

三相异步电动机的起动方法主要有直接起动和减压起动两种。

3.1.1　直接起动

直接起动也称为全压起动。起动时，电动机定子绕组直接接入额定电压的电网上。这是一种最简单的起动方法，不需要复杂的起动设备，但是它的起动性能恰好与所要求的相反。但是由于其起动比较方便，因此在电网容量允许、电动机容量较小时一般可采用直接起动。

允许直接起动的电动机容量规定如下：

1）电动机由专用变压器供电，且电动机频繁起动时电动机容量不应超过变压器容量的20%；电动机不经常起动时，其容量不超过30%。

2）若无专用变压器，则允许直接起动的电动机的最大容量以起动时造成的电压下降不超过额定电压的10%~15%的原则来确定。

3）容量在7.5kW以下的三相电动机一般均可采用直接起动。

3.1.2　减压起动

减压起动的目的是限制起动电流。起动时，通过起动设备使加到电动机上的电压低于额定电压，待电动机转速上升到一定数值时，再使电动机承受额定电压，保证电动机在额定电压下稳定工作。

（1）丫-△减压起动

丫-△减压起动，即星形-三角形减压起动，只适用于正常运行时定子绕组为三角形联结的电动机。起动接线原理图如图9.14所示。

闭合开关Q_1，将开关Q_2投向"丫"侧，将定子绕组接成星形联结，电动机起动。此时，定子每相绕组电压为额定电压的$1/\sqrt{3}$，从而实现了减压起动。待转速上升至一定数值时，将Q_2投向△侧，恢复定子绕组为三角形联结，使电动机在全压下运行。

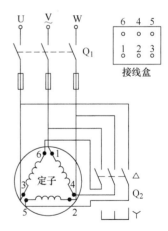

图9.14　三相异步电动机丫-△减压起动接线原理图

设电动机的额定电压为U_N、每相漏阻抗为Z_s，由简化等效电路可得

星形联结时的起动电流为

$$I_{st\curlyvee} = \frac{U_N / \sqrt{3}}{Z_s} \tag{9-22}$$

三角形联结时的起动电流（线电流），即直接起动电流为

$$I_{st\triangle} = \sqrt{3}\frac{U_N}{Z_s} \tag{9-23}$$

于是得到起动电路减小的倍数为

$$\frac{I_{stY}}{I_{st\triangle}} = \frac{1}{3} \tag{9-24}$$

根据 $T_{st} \propto U_1^2$ ，可得起动转矩减小的倍数为

$$\frac{T_{stY}}{T_{st\triangle}} = \frac{(U_N / \sqrt{3})^2}{U_N} = \frac{1}{3} \tag{9-25}$$

可见，丫-△减压起动时，起动电流和起动转矩都降为直接起动的 1/3。

丫-△减压起动操作方便，起动设备简单，应用较为广泛，但它仅适用于正常运行时定子绕组作三角形联结的电动机，因此作一般用途的小型异步电动机，当容量大于或等于 4kW 时，定子绕组都采用三角形联结。由于起动转矩为直接起动的 1/3，这种起动方法多用于空载或轻载起动。

（2）自耦变压器减压起动

这种起动方法是通过自耦变压器把电压降低后，再加到电动机定子绕组上，以达到减小起动电流的目的，其接线原理图如图 9.15a 所示。

起动时，把开关 S_2 投向 "起动"侧，并合上开关 S_1，这时自耦变压器一次绕组加全电压，而电动机定子电压为自耦变压器二次抽头部分的电压，电动机在低压下起动。待转速上升至一定数值时，再把开关 S_2 切换到 "运行"侧，切除自耦变压器，电动机在全压下运行。

设自耦变压器的电压比为 k，采用自耦变压器进行减压起动时，起动电流和起动转矩都降低到直接起动时的 $1/k^2$。自耦变压器减压起动适用于容量较大的低压电动机，这种方法可获得较大的起动转矩，且自耦变压器二次侧一般有几个抽头，如 55%、64% 和 73%。其缺点是设备体积大、投资高。

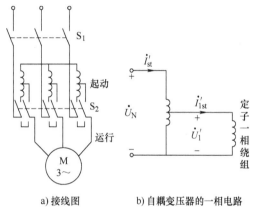

a) 接线图　　b) 自耦变压器的一相电路

图 9.15　异步电动机的自耦变压器减压起动接线原理图

【例 9.2】一台三相笼型异步电动机，$P_N = 75kW$、$n_N = 1470r/min$、$U_N = 380V$、定子为三角形联结、$I_N = 137.5A$、起动电流倍数 $k_1 = 6.5$、起动转矩倍数 $k_{st} = 1.0$，拟带半载起动。试选择适当的减压起动方法。

解：1）丫-△起动：

$$I'_{st} = \frac{1}{3}I_{st} = \frac{1}{3}k_1 I_N - \frac{1}{3}\times 6.5 I_N = 2.17 I_N$$

$$T'_{st} = \frac{1}{3}T_{st} = \frac{1}{3}k_{st} T_N = \frac{1}{3}T_N = 0.33 T_N$$

因为，$T'_{st} < 0.5 T_N$，所以不能采用丫-△降压起动。

2）自耦变压器起动：

选用 55% 抽头比时有

$$k = \frac{1}{0.55} = 1.82$$

$$I'_{st} = \frac{1}{k^2} I_{st} = \frac{1}{1.82^2} \times 6.5 I_N = 1.96 I_N$$

$$T'_{st} = \frac{1}{k^2} T_{st} = \frac{1}{1.82^2} \times 1 T_N = 0.3 T_N < 0.5 T_N$$

可见起动转矩不满足要求。选用 64%抽头比时，计算结果与上相似，起动转矩也不满足要求。

选用 73%抽头比时，有

$$k = \frac{1}{0.64} = 1.37$$

$$I'_{st} = \frac{1}{k^2} I_{st} = \frac{1}{1.37^2} \times 6.5 I_N = 3.46 I_N < 4 I_N$$

$$T'_{st} = \frac{1}{k^2} T_{st} = \frac{1}{1.37^2} \times 1 T_N = 0.53 T_N > 0.5 T_N$$

可见，选用 73%抽头比时，起动电流和起动转矩均满足要求，所以该电动机可以采用 73%抽头比的自耦变压器减压起动。

（3）绕线转子异步电动机的起动

有些要求起动转矩较大的生产机械，如起重机、卷扬机等所用的电动机是绕线转子电动机。这种电动机起动时，常采用在转子电路中串接起动电阻的方法来减小起动电流。

1）转子串电阻起动。如图 9.16 所示为转子串电阻起动，电动机起动时，变阻器应调在最大电阻位置，然后将定子接通电源，电动机开始转动。随着电动机转速的增加，均匀地减小电阻，直到将电阻完全切除。待转速稳定后，将集电环短接，使电动机进入正常运行。

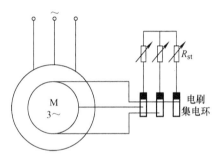

图 9.16　转子串电阻起动

2）转子串频敏变阻器起动。频敏变阻器是一个铁损耗很大的三相电抗器，从结构上看，它好像是一个没有二次绕组的三相心式变压器，它的铁心是用较厚的钢铁叠成的。三个绕组分别绕在三个铁心柱上并作星形联结，然后接到转子集电环上，如图 9.17a 所示。图 9.17b 所示为频敏变阻器一相等效电路，其中 R_1 为频敏变阻器绕组的电阻；X_m 为带铁心绕组的电抗；R_m 为反映铁损耗的等效电阻。因为频敏变阻器的铁心用厚钢板制成，所以铁损耗较大，对应的 R_m 也较大。

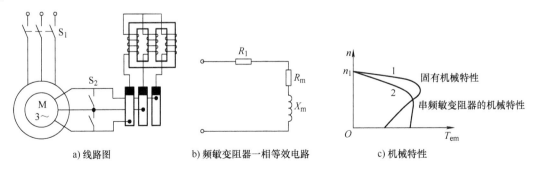

a) 线路图　　　　　　b) 频敏变阻器一相等效电路　　　　c) 机械特性

图 9.17　三相绕线转子异步电动机转子串频敏变阻器起动

使用频敏变阻器起动的过程如下：起动时，如图 9.17a 所示，开关 S_2 断开，转子串入频敏变阻器，开关 S_1 闭合，电动机接通电源开始起动。起动瞬间，$n=0$、$s=1$，转子电流频率 $f_2 = sf_1 = f_1$（最大），频敏变阻器的铁心中与频率二次方成正比的涡流损耗最大，即铁损耗大，反映铁损耗大小的等效电阻 R_m 大，此时相当于转子回路中串入一个较大的电阻。起动过程中，随着 n 上升，s 减小，$f_2 = sf_1$ 逐渐减小，频敏变阻器的铁损耗逐渐减小，R_m 也随之减小，这相当于在起动过程中逐渐切除转子回路串入的电阻。起动结束后，开关 S_2 闭合，切除频敏变阻器，转子电路直接短路。

因为频敏变阻器的等效电阻 R_m 是随频率 f_2 的变化而自动变化的，因此称为"频敏"变阻器，它相当于一种无触点的变阻器。在起动过程中，它能自动无级地减小电阻，使起动过程平稳、快速。这时电动机的机械特性如图 9.17c 中的曲线 2 所示。曲线 1 是电动机的固有机械特性。频敏变阻器的结构简单、运行可靠、使用维护方便，因此使用广泛。

任务 3.2　异步电动机的调速

◆ **任务导入**

有些商场里的自动扶梯，在没有人乘用时，扶梯的运行速度会比较慢；当有人乘用时，扶梯的运行速度又会恢复正常。这说明在扶梯工作过程中，为扶梯提供动力的电动机的转速是不固定的，是随着使用情况的变化而进行速度调整的。三相异步电动机的调速方法有哪些呢？

◆ **任务要求**

掌握三相异步电动机的调速原理。
重难点：变极调速原理。

◆ **知识链接**

根据异步电动机的转速公式

$$n = n_1(1-s) = \frac{60 f_1}{p}(1-s)$$

可知，异步电动机有下列三种基本调速方法：
1）改变定子极对数 p 调速。
2）改变电源频率 f_1 调速。
3）改变转差率 s 调速。

3.2.1　变极调速

在电源频率 f_1 不变的条件下，改变电动机的极对数 p，电动机的同步转速 n_1 就会变化，极对数增加一倍，同步转速就降低一半，电动机的转速也几乎下降一半，从而实现转速的调节。

由电动机原理可知，只有定子和转子具有相同的极数时，电动机才具有恒定的电磁转矩，才能实现机电能量的转换。因此，在改变定子极数的同时，必须改变转子的极数，因笼型电动机的转子极数能自动地跟随定子极数的变化，所以变极调速只用于笼型电动机。

图 9.18 画出了 4 极电动机 U 相绕组的两个线圈，每个线圈代表 U 相绕组的一半，称为半相绕

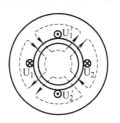
a) 剖视原理图

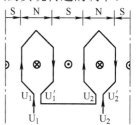
b) 顺串展开图

图 9.18　绕组变极原理图（$2p=4$）

组。两个半相绕组顺向串联（头尾相接）时，根据线圈中的电流方向，可以看出定子绕组产生 4 极磁场，即 $2p=4$，磁场方向如图 9.18a 中的虚线或图 9.18b 中的⊗、⊙所示。

如果将两个半相绕组的连接方式改为图 9.19 所示的样子，则使其中的一个半相绕组 U_2、U'_2 中的电流反向，这时定子绕组便产生 2 极磁场，即 $2p=2$。由此可见，使定子每相的一半绕组中电流改变方向，就可改变极对数。所以通过两个线圈的不同连接，可得到不同的极对数，从而改变电动机的转速。

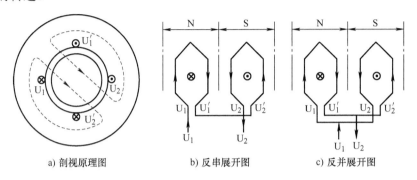

| a) 剖视原理图 | b) 反串展开图 | c) 反并展开图 |

图 9.19　绕组变极原理图（$2p=2$）

3.2.2　变转差率调速

变转差率调速是在不改变同步转速 n 的条件下，通过改变机械特性而实现的调速，通常用于绕线转子异步电动机，是通过转子电路中串接调速电阻来改变转子电路电阻（和起动电阻一样接入，见图 9.20）实现的。设负载转矩为 T_L，当转子电路的电阻为 R_a 时，电动机稳定运行在 a 点，转速为 n_a；若 T_L 不变，转子电路电阻增大为 R_b，则电动机机械特性变软，工作点由 a 点移至 b 点，转差率 s 增大，于是转速降低为 n_b。转子电路串接的电阻越大，则转速越低。

变转差率调速能平滑地调节电动机的转速，调速电阻往往又兼作起动电阻，但调速范围有限，主要用于起重设备中。

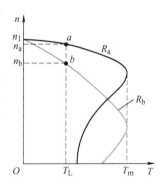

图 9.20　变转差率调速原理

3.2.3　变频调速

变频调速是改变电源频率 f_1，使电动机的同步转速 $n_1=60f_1/p$ 变化，从而达到调速的目的。由转速公式 $n=n_1(1-s)$，考虑到正常情况下转差率 s 很小，故异步电动机转速 n 与电流频率 f_1 近似成正比，改变电动机供电频率即可实现调速。

近年来，随着电力电子技术和微型电子计算机技术的发展，变频调速已得到越来越广泛的应用。目前，已有性能良好、工作可靠的变频器应用于各种电气设备中，除了能调速外，还具有软起动、提高运转准确度、改变功率因数以及完备的保护功能。变频调速已成为异步电动机最主要的调速方式。

任务 3.3　异步电动机的制动

◆ 任务导入

电动机在工作完毕，定子绕组断开电源后，由于转子及拖动系统的惯性，电动机总要经过一段时间才能停转。但在实际应用中，某些生产机械要求能迅速停机，以提高生产效率和安全度。这该如何实现呢？

◆ 任务要求

掌握三相异步电动机的制动方法。

重难点：能耗制动。

◆ 知识链接

异步电动机制动的目的是使电力拖动系统快速停车或者使拖动系统尽快减速，对于位能性负载，制动运行可获得稳定的下降速度。异步电动机制动的方法有三种：能耗制动、反接制动和回馈制动。

3.3.1 能耗制动

三相异步电动机的能耗制动接线图如图 9.21a 所示。制动时，开关 S_1 断开，电动机脱离电网，同时开关 S_2 闭合，在定子绕组中通入直流电流（称为直流励磁电流），于是定子绕组便产生一个恒定的磁场。转子因惯性而继续旋转并切割该恒定磁场的磁力线，转子导体中便产生感应电动势及感应电流。由图 9.21b 可以判定，转子感应电流与恒定磁场作用产生的电磁转矩为制动转矩，因此转速迅速下降，当转速下降至零时，转子感应电动势和感应电流均为零，制动过程结束。制动期间，转子的动能转变为电能消耗在转子回路的电阻上，故称为能耗制动。

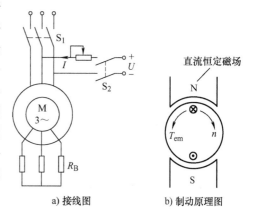

a) 接线图   b) 制动原理图

图 9.21 三相异步电动机的能耗制动

能耗制动的制动力比较强，广泛应用于要求平稳准确停车的场合，也可应用于起重机一类带位能性负载的机械上，用来限制重物下降的速度，使重物保持匀速下降。其缺点是需要一套专门的直流电源，低速制动转矩小，电动机功率较大时，制动直流设备投资大。

3.3.2 反接制动

当异步电动机转子的旋转方向与定子磁场的旋转方向相反时，电动机便处于反接制动状态。

在电动状态下将电源两相反接，使定子旋转磁场的方向由原来的顺转子转向改为逆转子转向，这种情况称为定子两相反接的反接制动。

设电动机处于电动状态运行，其工作点为固有机械特性曲线 1 上的 A 点，如图 9.22b 所示。当把定子两相绕组出线端对调（见图 9.22a），由于改变了定子电压的相序，所以定子旋转磁场方向改变了，由原来的逆时针方向变为顺时针方向，电磁转矩方向也随之改变，变为制动性质，其机械特性曲线变为图 9.22b 中的曲线 2，其对应的理想空载转速为 $-n_1$。

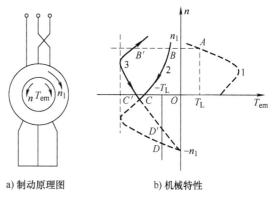

a) 制动原理图   b) 机械特性

图 9.22 异步电动机电源两相反接的反接制动

在定子两相反接瞬间，转速来不及变化，工作点由 A 点平移到 B 点，这时系统在制动的电磁转矩和负载转矩的共同作用下迅速减速，工作点沿曲线 2 移动，当到达 C 点时，转速为零，制动过程结束。如要停车，则应立即切断电源，否则电动机将反向起动。

对于绕线转子异步电动机，为了限制制动瞬间电流以及增大电磁制动转矩，通常在定子两相反接的同时，在转子回路中串接制动电阻 R_B，这时对应两相反接的反接制动曲线是曲线 3，即图 9.22b 中曲线 3 的 $B'C'$ 段。

3.3.3　回馈制动

若异步电动机在电机状态运行时，由于某种原因，使电动机的转速超过了同步转速（转向不变），这时电动机便处于回馈制动状态，即电机处于发电状态。

回馈制动时，$n>n_1$，T_{em} 与 n 反方向，在生产实践中，异步电动机的回馈制动有以下两种情况：一种是出现在位能负载下放；另一种是出现电动机变极调速或变频调速过程。

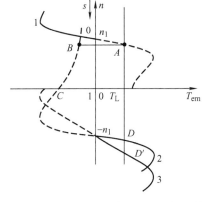

在图 9.23 中，设 A 点是电动状态下提升重物工作点，D 点是回馈制动状态下下放重物工作点。电动机从提升重物工作点 A 过渡到下放重物工作点 D 的过程如下：首先将电动机定子两相反接，这时定子旋转磁场的同步转速为 $-n_1$，机械特性如图 9.23 中的曲线 2。反接瞬间，转速不突变，工作点由 A 平移到 B，然后电机经过反接制动过程（工作点沿曲线 2 由 B 变到 C）、反向电动加速过程（工作点由 C 向同步点 $-n_1$ 变化），最后在位能负载作用下反向加速并超过同步转速，直到 D 点保持稳定运行，即匀速下放重物。在反向加速超过同步转速到稳定的这段过程为回馈制动过程。如果在转子电路

图 9.23　异步电动机回馈制动时的机械特性

中串入制动电阻，对应的机械特性如图 9.23 中的曲线 3，这时的回馈制动工作点为 D'，其转速增加，重物下放的速度增大。为了限制电机的转速，回馈制动时在转子电路中串入的电阻值不应太大。

回馈制动在电气化铁路列车及电力或电、油混合动力汽车上很是常见。电动列车通常是把产生的电力输回电网，而道路车辆则可能把电力储存在蓄电池或电容器内。

扫一扫看视频

任务 4　异步电动机的使用

任务 4.1　异步电动机的铭牌

◆ **任务导入**

我们在选购或者使用电动机时，会发现电动机的机座上贴有标识该台电动机的铭牌，就像人的身份证一样。那么电动机铭牌上一般都要标识哪些参数，它们又具有什么样的意义呢？

◆ **任务要求**

熟悉异步电动机铭牌参数及对应的意义。

重难点：电动机铭牌参数。

◆ **知识链接**

电动机和其他电气设备一样，会在其铭牌上标明各种参数和运行条件。能够正确理解铭牌上参数的意义，是技术人员必须具备的素质之一。笼型三相异步电动机的铭牌示例如图 9.24 所示。

三相异步电动机		
型号 Y100L1-4	**编号** ×××	
功率 2.2 kW	**接法** △/Y	
电压 220 V/380 V	**工作方式** S1	
电流 8.7 A/5 A	**绝缘等级** B	
转速 1420 r/min	**温升** 80K	
频率 50 Hz	**质量** 34 kg	
效率 81%	**出厂日期**	
	××电机厂	

图 9.24 笼型三相异步电动机的铭牌示例

（1）型号

型号用以表明电动机的系列、几何尺寸和极数。图 9.24 所示三相异步电动机铭牌型号：Y100L1-4 中，Y 表示异步电动机（YR 表示绕线转子异步电动机）；100 表示机座中心高为 100mm；L 表示长机座（S 表示短机座，M 表示中机座）；1 表示铁心长度序号；4 表示 4 极电动机。另有其他型号意义如图 9.25 所示。

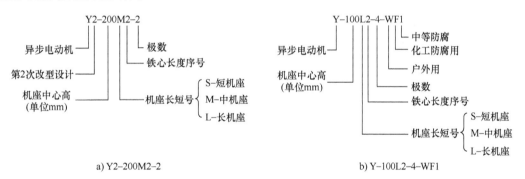

a) Y2-200M2-2

b) Y-100L2-4-WF1

图 9.25 电动机型号意义

（2）接法

接法指电动机三相定子绕组的连接方式。一般笼型电动机的接线盒中有 6 根引出线，标有 U₁、V₁、W₁、U₂、V₂、W₂，其中，U₁、V₁、W₁ 是每一相绕组的始端，U₂、V₂、W₂ 是每一相绕组的末端。如图 9.26 所示，三相异步电动机的连接方法有两种：星形（Y）联结和三角形（△）联结。通常三相异步电动机功率在 3kW 及以下者接成星形；在 4kW 及以上者，接成三角形。

（3）额定电压

额定电压 U_N 是指电动机在额定运行时定子绕组上应加的线电压值。图 9.24 所示铭牌中电动机的额定电压为

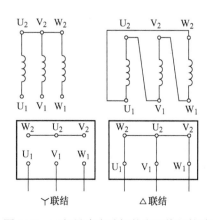

图 9.26 三相异步电动机的定子绕组接法

220V/380V。相应的接法有△/丫联结，其是指线电压为 220V 时采用 △ 联结，线电压为 380V 时采用丫联结。一般规定，电动机的运行电压不能高于或低于额定值的 5%，因为在电动机满载或接近满载情况下运行时，电压过高或过低都会使电动机的电流大于额定值，从而使电动机过热。

（4）额定电流

额定电流 I_N 是指电动机在额定运行时定子绕组的线电流值。图 9.24 所示铭牌中电动机的额定电流为 8.7A/5A。表示三角形联结下电动机的线电流为 8.7A，星形联结下电动机的线电流为 5A；两种接法下相电流均为 5 A。

（5）功率与效率

额定功率 P_N 是指电动机在额定状态下运行时的输出功率 P_{2N}。图 9.24 所示铭牌中电动机的额定功率为 2.2kW。额定效率 η_N 是额定输出功率与额定输入功率的比值。

$$\eta_N = \frac{P_{2N}}{P_{1N}} \times 100\% = \frac{P_N}{\sqrt{3}U_N I_N \cos\varphi} \times 100\% \qquad (9\text{-}26)$$

因此，图 9.24 所示铭牌电动机的额定效率为

$$\eta_N = \frac{P_{2N}}{\sqrt{3}U_N I_N \cos\varphi} \times 100\% = \frac{2.2 \times 10^3}{\sqrt{3} \times 220 \times 8.7 \times 0.82} \times 100\% \approx 81\%$$

（6）功率因数

因为电动机是电感性负载，定子相电流比相电压滞后一个角 φ，$\cos\varphi$ 就是电动机的功率因数。三相异步电动机的功率因数较低，在额定负载时为 0.7～0.9。空载时功率因数很低，只有 0.1～0.2。额定负载时，功率因数最高。

（7）额定转速

额定转速 n_N 是指电动机在额定电压、额定负载下运行时的转速。图 9.24 所示铭牌中电动机的额定转速 n_N 为 1420r/min。

（8）绝缘等级和最高允许温度

指电动机绝缘材料能够承受的极限温度等级，现电动机常用的有 B、F、H、N 四级，各级最高允许温度见表 9.2。目前，国产 Y 系列电动机一般采用 B 级绝缘。温升指在额定负载时，绕组的工作温度与环境温度的差值。

表 9.2　电动机的绝缘等级及最高允许温度

绝缘等级	B	F	H	N
最高允许温度/℃	130	155	180	200

（9）工作方式（工作制）

工作方式是指电动机的运行状态。根据发热条件可分为 10 种，分别用 S1～S10 表示，其中 S1～S3 较常用。S1 表示电动机可以在铭牌标出的额定状态下连续运行；S2 表示短时运行；S3 表示断续周期运行。图 9.24 所示铭牌电动机的工作方式为 S1。

连续运行：电动机连续不断地输出额定功率而温升不超过铭牌允许值。

短时运行：电动机不能连续使用，只能在规定的较短时间内输出额定功率。

断续周期运行：电动机按一定的周期运行，每个周期包括一段时间的额定负载运行和一段时间的断电停机。

（10）频率

频率 f（50Hz）表示电动机定子绕组输入交流电源的频率。

此外，图 9.24 所示铭牌上还标注出效率为 81%、质量为 34kg。除铭牌上标出的参数之外，在产品目录或电工手册中还有其他一些技术数据。

【例 9.3】 一台三相异步电动机的技术数据如下：$P_N = 7.5\text{kW}$、$U_N = 380\text{V}$、丫联结、$n_N = 1440\text{r/min}$、$\eta_N = 0.875$、$\cos\varphi = 0.85$、$I_{st}/I_N = 7.0$、起动能力 $K = 2.5$、$\lambda = 2.2$。试求：1）额定电流 I_N；2）额定转差率 s_N；3）起动电流 I_{st}；4）额定转矩 T_N；5）最大转矩 T_m；6）起动转矩 T_{st}。

解：1）由式（9-26）可知，电动机的额定输入功率为

$$P_{1N} = \frac{P_N}{\eta_N} = \frac{7.5}{0.875}\text{kW} = 8.57\text{kW}$$

额定电流为

$$I_N = \frac{P_{1N}}{\sqrt{3}U_N\cos\varphi} = \frac{8.57\times10^3}{1.73\times380\times0.85}\text{A} \approx 15.34\text{A}$$

2）由题意知：$n_N = 1440\text{r/min}$，又由表 9.1 和式（9-1）可知电动机的同步转速 $n_0 = 1500\text{r/min}$，极对数 $p = 2$，则由式（9-21）可知额定转差率为

$$s_N = (n_0 - n_N)/n_0 = 0.04$$

3）由题意知：$I_{st}/I_N = 7.0$，因此 $I_{st} = 7.0I_N = 107.38\text{A}$

4）由式（9-17）可得额定转矩 T_N 为

$$T_N = 9550\frac{P_2}{n_N} = \frac{9550\times7.5}{1440}\text{N}\cdot\text{m} \approx 49.74\text{N}\cdot\text{m}$$

5）由式（9-20）可得最大转矩 T_m 为

$$T_m = \lambda T_N = 2.2\times49.74\text{N}\cdot\text{m} \approx 109.43\text{N}\cdot\text{m}$$

6）由式（9-21）可得起动转矩 T_{st} 为

$$T_{st} = KT_N = 2.5\times49.74\text{N}\cdot\text{m} = 124.35\text{N}\cdot\text{m}$$

任务 4.2　异步电动机的选用

◆ 任务导入

前面一节我们已经学习了电动机的铭牌识别，知道了它有哪些参数及对应的意义，那么有了这些数据，在实际生产或生活中又该如何选用呢？

◆ 任务要求

熟悉异步电动机选用的方法。

重难点：异步电动机的选用。

◆ 知识链接

合理选择电动机是正确使用电动机的前提，对提高生产率及改善技术经济指标有着重大意义。

（1）类型的选择

使用时要根据生产机械的要求，从技术和经济两方面进行考虑选择采用的异步电动机的类型。

三相异步电动机中的笼型电动机结构简单、价格低廉、运行可靠、控制和维护方便，虽然调速性能差、起动电流大、起动转矩较小、功率因数较低，但在一些不需调速的生产机械，如水泵、压缩机、通风机、运输机械以及一些金属切削机床上，有着广泛的应用。

三相绕线转子异步电动机的起动和调速性能比笼型优越，但其结构复杂、运行维护较困难，价格也较贵。一般只用于对起动转矩和起动电流有特殊要求，或者需要在一定范围内调速的情况，如起重机、卷扬机和电梯等。

（2）结构形式的选择

为保证电动机在不同环境条件下安全可靠地运行，必须正确选择电动机的结构形式。电动机外部防护形式有开启式、防护式、封闭式和防爆式等数种。应根据电动机工作环境的条件来进行选择。

开启式电动机内部空气与外界畅通、散热条件好、价格便宜，适用于干燥、清洁的工作环境。

防护式电动机有防滴式、防溅式和网罩式等数种，可防止水滴、铁屑等杂物落入电动机内部，但不能防止潮气和灰尘侵入，适用于比较干燥、灰尘不多的环境。

封闭式电动机有严密的罩盖，潮气、粉尘等不易侵入，但体积较大、散热性能差且价格较贵，适用于灰尘、湿气较多的环境。

防爆式电动机外壳和接线端完全密封，能防止外部易燃、易爆气体侵入机内，但体积和质量更大、价格更贵，适用于如油库、化工企业、煤矿等有易燃、易爆气体和可燃粉尘的环境。

（3）转速的选择

型式和容量相同的电动机，其额定转速越低，则结构尺寸越大、价格越高。因此，对于低转速工作的生产机械，选用一台高转速电动机（通常是 $n_0 = 1500r/min$），再另配减速器是适宜的。但是，生产机械的工作转速很低，如选用电动机转速太高，则减速器势必庞大而昂贵，同时机械传动效率也会相应降低。因此，电动机转速的选择，要根据具体情况，全面综合考虑。

（4）容量的选择

容量的选择关系到电动机能否得到充分合理的利用。如果容量选得太大，就会出现"大马拉小车"的现象，不仅电动机得不到充分利用，而且由于轻载运行的异步电动机功率因数及效率均较低，使电网线损加大，极不经济。如果容量选得太小，又容易造成电动机过载，使电动机过早地损坏。

一般来说，电动机的容量是由生产机械所需功率来选定的。为适应不同的生产机械的工作方式，电动机相应生产出连续、短时、断续周期和连续周期等多种运行工作方式。

1）连续运行工作方式。连续运行工作方式的电动机适用于长期负载，如长期恒载的水泵、风机等。

恒定负载的电动机容量应满足：

$$P_N \geq \frac{P_{2N}}{\eta_1 \eta_2} \tag{9-27}$$

式中，P_N 为电动机的额定功率；P_{2N} 为生产机械的负载功率；η_1 为生产机械的效率；η_2 为传动效率，联轴器传动 $\eta_2 = 1$，带传动 $\eta_2 = 0.95$。

2）短时运行工作方式。有些生产机械，如小型水电站和渠道的闸门、机床辅助运动机械等，其工作时间短、停歇时间较长，属于短时运行负载。我国有为短时运行负载生产的短时运行电动机，其短时运行的标准有 10min、30min、60min 和 90min 四个级别，额定功率与标准运行时间相对应。因此，凡过载的工作时间与上述标准时间接近时，可按所需功率选择额定功率与之相接近的电动机。

如果无合适的短时运行电动机可选，也可采用连续运行方式的电动机在过载情况下运行。但负载转矩必须小于电动机的最大转矩，一般可近似地用下式选择电动机的容量：

$$P_{\mathrm{N}} \geqslant \frac{P_{2\mathrm{N}}}{\lambda} \tag{9-28}$$

式中，P_{N} 为电动机的额定功率；$P_{2\mathrm{N}}$ 为生产机械的负载功率；λ 为过载系数。

3）断续周期运行工作方式。断续周期运行的特点是运行与停歇是交替进行的，运行与停歇的时间均较短。为适应这种运行方式，厂商制造了断续周期运行电动机的系列产品（JZR、JZ系列）专供重复短时运行的负载使用。选择这种电动机时，应考虑运行与停歇的时间长短，用负载率 ε_{L} 表示：

$$\varepsilon_{\mathrm{L}} = \frac{t_{\mathrm{w}}}{t_{\mathrm{w}} + t_0} \times 100\% \tag{9-29}$$

式中，t_{w} 为工作时间；t_0 为停车时间。

国产断续周期运行电动机的标准负载率有 15%、25%、40% 和 60%四种。断续周期运行周期不超过 10min，电动机的额定功率与标准负载率相对应；同一型号的电动机，负载率越小，额定功率就越大，允许输出的功率就越大。

选择断续周期运行电动机的容量时，应先计算出生产机械的负载率 ε_{L}，然后与电动机的标准负载率 ε_{N} 相对照，找到相应的负载率，再按实际负载功率选用在该负载率下的额定功率与之相近的电动机。如果实际负载率 ε_{L} 与标准负载率 ε_{N} 相差较大，则要将实际负载功率 P_2 换算成与标准负载率 ε_{N} 相对应的等效负载功率 $P_{2\mathrm{N}}$，即

$$P_{2\mathrm{N}} = P_2 \sqrt{\frac{\varepsilon_{\mathrm{L}}}{\varepsilon_{\mathrm{N}}}} \tag{9-30}$$

再根据 $P_{2\mathrm{N}}$ 和 ε_{N} 选用适当的电动机。

【例 9.4】有一桥式起重机，图 9.27 是其负荷图。要求采用绕线转子异步电动机，转速在 720r/min 左右，试选用合适的电动机。

解：由图 9.27 和式（9-29）可知，负载率 ε_{L} 为

$$\varepsilon_{\mathrm{L}} = \frac{t_{\mathrm{w}}}{t_{\mathrm{w}} + t_0} \times 100\% = \frac{134}{434} \times 100\% = 30\%$$

由于实际负载率 $\varepsilon_{\mathrm{L}} = 30\%$，与标准暂载率不一致，取相近标准负载率 $\varepsilon_{\mathrm{N}} = 25\%$ 进行折算。已知桥式起重机 $P_2 = 20\mathrm{kW}$，由式（9-30）可知其等效负载功率为

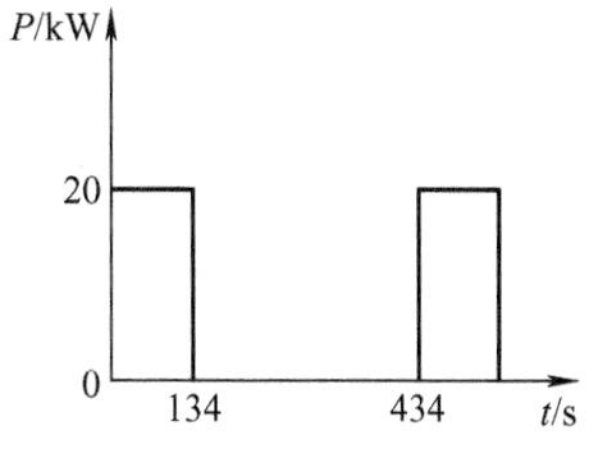

图 9.27 桥式起重机的负荷图

$$P_{2\mathrm{N}} = P_2 \sqrt{\frac{\varepsilon_{\mathrm{L}}}{\varepsilon_{\mathrm{N}}}} = 20 \times \sqrt{\frac{0.3}{0.25}} \mathrm{kW} = 21.9\mathrm{kW}$$

根据 $\varepsilon_{\mathrm{N}} = 25\%$ 和 $P_{2\mathrm{N}} = 21.9\mathrm{kW}$ 查电动机产品目录，选用 JZR51-8 型绕线转子异步电动机，其额定数据：$\varepsilon_{\mathrm{N}} = 25\%$ 和 $P_{\mathrm{N}} = 22\mathrm{kW}$，$n_{\mathrm{N}} = 723\mathrm{r/min}$。因为 P_{N} 稍大于 $P_{2\mathrm{N}}$、$n_{\mathrm{N}} \approx 720\mathrm{r/min}$，所以满足要求。

任务 5 实践验证

任务实施 三相异步电动机的认识与检测

1. 实施目标

1) 熟悉三相异步电动机的结构及组成。

2) 熟悉三相异步电动机的铭牌参数及对应意义。

3) 熟悉三相异步电动机的检测方法。

2. 原理说明

（1）使用前的检查

对新安装或久未运行的电动机，在通电使用前必须进行下列检查工作：

1) 看电动机是否清洁，内部有无灰尘或污物。可用不大于 2 个大气压的干燥压缩空气吹净各部分污物，用干抹布擦抹电动机外壳。

2) 拆除电动机出线端子上的所有外部接线，用绝缘电阻表（俗称为兆欧表）测量电动机各相绕组之间以及每相绕组与地（机壳）之间的绝缘电阻，看是否符合要求。如绝缘电阻较低，可将电动机进行烘干处理，然后再测量绝缘电阻，只有符合要求后才可通电使用。

3) 根据电动机铭牌标明的数据，检查电动机定子绕组的连接方式是否正确（丫 联结还是 △ 联结），电源电压、频率是否合适。

4) 检查电动机轴承的润滑状态是否良好，润滑脂是否有泄漏的痕迹；转动电动机转轴，查看转动是否灵活，有无不正常的异声。

5) 检查电动机接地装置是否良好。

6) 检查电动机的起动设备是否完好，操作是否正常；电动机所带的负载是否良好。

（2）起动中的注意事项

1) 通电试运行时，必须提醒在场人员，不应站在电动机和所拖动设备的两侧，以免旋转物切向飞出造成伤害事故。

2) 接通电源前应做好切断电源准备，以防接通电源后出现不正常的情况。如电动机不能起动、起动缓慢、出现异常声音时，应能立即切断电源。

3) 三相异步电动机采用全压起动时，起动次数不宜过于频繁，尤其是电动机功率较大时要随时注意电动机的温升情况。

（3）运行中的监视

1) 电动机在运行时，要及时观察，当出现不正常现象时要及时切断电源、排除故障。

2) 听电动机在运行时发出的声音是否正常。如果出现尖叫、沉闷、摩擦、撞击、振动等异常声音时，应立即停机检查。

3) 用手背探摸电动机外壳的温度。如果电动机总体温度偏高，就要结合工作电流检查电动机的负载、装备和通风等情况，进行相应处理。

4) 嗅电动机在运行中是否有焦味，如有，应立即停机检查。

（4）电动机维护

1) 经常保持电动机清洁，特别是接线端和绕组表面清洁。不允许水滴、油污及杂物落到电动机上，更不能让杂物和水滴进入电动机内部。

2) 要定期检查电动机的接线是否松动，接地是否良好；润滑脂是否新鲜；轴承转动是否灵活。要定期清扫内部，更换润滑脂等。

3）不定期测量电动机的绝缘电阻，特别是在电动机受潮时，如发现绝缘电阻过低，要及时进行干燥处理。

4）要经常检查电动机三相电流是否平衡，如果超过要求，须查明原因及时排除。

3. 实施设备及器材（见表 9.3）

表 9.3 实施设备及器材

序　号	名　称	型号与规格	数　量	备　注
1	三相交流电源	0～380V	1	
2	交流电压表	0～500V	1	
3	交流电流表	结合电动机的额定电流选择	3	
4	绝缘电阻表		1	
5	试验电动机		1	
6	活扳手、木槌、螺丝刀、毛刷等		若干	自备

4. 实施内容

1）观察电动机的结构，将电动机的铭牌数据填入表 9.4 中。

表 9.4 电动机铭牌数据

型　号		额定转速/(r/min)		频率/Hz	
额定功率/kW		额定电压/V		额定电流/A	
绝缘等级		接法		工作制	

2）检查电动机是否清洁，内部有无灰尘或污物。若有将电动机吹擦干净。

3）拆除电动机出线端子上的所有外部接线，用绝缘电阻表测量电动机各相绕组之间以及每相绕组与地（机壳）之间的绝缘电阻，看是否符合要求。如绝缘电阻较低，可将电动机进行烘干处理，然后再测量绝缘电阻。

4）用手拨动电动机的转子，检查电动机转动是否灵活。

5）测量电源电压，根据电源电压和铭牌数据连接电动机绕组，接好外部接线，包括外壳接地线。

6）根据图 9.28 连接线路，选择合适的交流电流表和交流电压表量程。

7）合上开关 Q，将电动机直接起动时的起动电流记入表 9.4 中，并假定该转动方向为正转方向。

8）待电动机转速稳定后，测量电动机空载运行时的转速和电流 I_U、I_V、I_W，记入表 9.5 中。

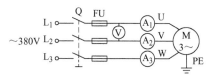

图 9.28 实验电路图

9）断开开关 Q，将电动机三根电源线中的任意两根线对调，然后合上开关 Q，再次测量起动电流和空载电流等，记入表 9.5 中，并观察电动机的转向是否与正转方向一致。

表 9.5 三相异步电动的起动和空载运行的测试数据

电源线电压/V	电动机转向	起动电流/A	空载转速/(r/min)	空载电流/A		
				I_U	I_V	I_W
	正转					
	反转					

5. 实施注意事项

1）对新安装或久未运行的电动机，在通电使用前必须做检查。

2）绝缘电阻表量前必须将被测设备电源切断，并对地短路放电，决不允许设备带电进行测量，以保证人身和设备的安全。

3）兆欧表测量前要检查绝缘电阻表是否处于正常工作状态，主要检查其"0"和"∞"两点。即摇动手柄，使电动机达到额定转速，绝缘电阻表在短路时应指在"0"位置，开路时应指在"∞"位置。

4）绝缘电阻表使用时应放在平稳、牢固的地方，且远离大的外电流导体和外磁场。

5）实施过程中坚决避免带电操作，注意用电安全和实验规范。

6. 思考题

1）绝缘电阻表的使用。

2）电动机的结构和性能特点。

7. 实施报告

完成实验数据的测试并进行分析。

✿✿ 项 目 小 结 ✿✿

1）三相交流异步电动机由两个基本部分组成：定子和转子，转子按结构的不同分为笼型和绕线式两种，笼型转子结构简单、维修方便；绕线转子可外接变阻器用于起动或调速。它们的定子结构是一样的，定子上有三相绕组用于产生旋转磁场，三相定子绕组有星形和三角形两种接线方法。

2）三相异步电动机的转动原理是：三相交流异步电动机通电后会在铁心中产生旋转磁场，通过电磁感应在转子绕组中产生感应电流，转子电流受到磁场的电磁力作用产生电磁转矩并使转子旋转。

3）旋转磁场的转速 $n_0 = \dfrac{60 f_1}{p}$ (r/min)，称为同步转速。

4）转子转速 n 与同步转速 n_0 之间的关系可用转差率 s 表示：$s = \dfrac{n_0 - n}{n_0} \times 100\%$，若旋转磁场旋转，而转子尚未转动（合闸瞬间），则 $n = 0$、$s = 1$；若转子的转速趋于同步转速，则 $n \approx n_0$、$s \approx 1$；由此可知，转差率 s 在 0～1 之间变化，转子转速越高，转差率越小。三相异步电动机在额定负载时，其转差率在 1%～6% 之间。

5）电动机的旋转方向与旋转磁场的旋转方向相同，若改变通入三相绕组中电流的相序，即调换定子三相绕组中的任意两相，就能改变旋转磁场的转向，也就改变了电动机的旋转方向。

6）转子各量与转差率的关系。

① 转子转速：

$$n = n_0(1 - s) = \frac{60 f_1}{p}(1 - s)$$

② 转子电动势（或转子电流）的频率：

$$f_2 = s f_1$$

③ 转子的感应电动势：

$$E_2 = 4.44 K_2 s f_1 N_2 \varPhi$$

④ 转子感抗 X_2：

$$X_2 = \omega_2 L = 2\pi f_2 L = 2\pi s f_1 L = s X_{20}$$

转子绕组既有电阻 R_2 又有漏感抗 X_2，故其阻抗为 $Z_2 = \sqrt{R_2^2 + X_2^2}$，则转子阻抗的模为

$$|Z_2| = \sqrt{R_2^2 + X_2^2}$$

⑤ 转子电流 I_2。

转子导线中的电流 I_2 的有效值为

$$I_2 = \frac{E_2}{|Z_2|} = \frac{E_2}{\sqrt{R_2^2 + X_2^2}} = \frac{s E_{20}}{\sqrt{R_2^2 + (s X_{20})^2}}$$

定子电流为

$$I_1 = \frac{1}{k} I_2$$

式中，k 为异步电动机的电流变换系数，与定子绕组和转子绕组的结构有关。

⑥ 转子电路的功率因数为

$$\cos\varphi_2 = \frac{R_2}{\sqrt{R_2^2 + X_2^2}} = \frac{R_2}{\sqrt{R_2^2 + (s X_{20})^2}}$$

7）电磁转矩为

$$T = C U^2 \frac{s R_2}{R_2^2 + (s X_{20})^2}$$

式中，C 为常数；R_2 为转子绕组电阻；X_{20} 为转子静止时的绕组电抗。可以看出，电动机的转矩与电源电压 U 的二次方成正比。

8）在电源电压 U、频率 f_1 和转子电阻 R_2 不变的条件下，电动机的转速 n 与电磁转矩 T 之间的函数关系称为机械特性。

① 额定转矩 T_N 为

$$T_N = \frac{P_2 \times 10^3}{\frac{2\pi n_N}{60}} = 9550 \frac{P_2}{n_N}$$

式中，P_2 为额定输出功率（kW）；n_N 的单位为 r/min；T 的单位为 N·m。

② 最大转矩 T_m 为

$$T_m = \frac{C U^2}{2 X_{20}}$$

最大转矩反映了异步电动机短时的过载能力，它与额定转矩的比值 λ 称为过载系数或过载能力。一般电动机的过载系数为 1.8～2.3。特殊用途电动机的值可到 3 或更大。

③ 起动转矩 T_{st} 为

$$T_{st} = C U^2 \frac{R_2}{R_2^2 + X_{20}^2}$$

起动转矩 T_{st} 的大小反映了电动机的起动性能。T_{st} 越大，电动机起动能力越强；T_{st} 越小，电动机起动能力越差。通常用起动转矩与额定转矩的比值 K 表示异步电动机的起动能力。

9）三相异步电动机的起动方法主要有直接起动和减压起动两种。

Y-△ 减压起动：操作方便、起动设备简单，应用较为广泛，但它仅适用于正常运行时定子绕组作三角形联结的电动机，因此作一般用途的小型异步电动机，当额定功率大于或等于 4kW 时，定子绕组都采用三角形联结。由于起动转矩为直接起动的 1/3，这种起动方法多用于空载或轻载起动。

自耦变压器减压起动：起动电流和起动转矩都降低到直接起动时的 $1/k^2$（k 为异步电动机的电流变换系数）。自耦变压器减压起动适用于容量较大的低压电动机，这种方法可获得较大的起动转矩，且自耦变压器二次侧一般有几个抽头，如 55%、64% 和 73%。其缺点是设备体积大、投资高。

转子串电阻起动：仅适用于绕线转子电动机，这种起动方法既能减小起动电流又能增大起动转矩。频敏变阻器的结构简单、运行可靠、使用维护方便，因此使用广泛。

10）三相异步电动机的调速有变频调速、变极调速、变转差率调速三种方法。

变频调速：通过改变电源的频率 f 来实现调速，为使工作磁通保持不变，在改变频率的同时要同步改变电源电压，以保持 U/f 比值为恒定。这种方法改变了旋转磁场的转速 n_0，是无级调速，常用于笼型电动机调速。

变极调速：通过改变定子绕组的接法改变定子所形成的磁极对数，即改变旋转磁场的转速 n_0，这种方法属于有级调速，适用于笼型电动机调速。

变转差率调速：通过在转子绕组电路中串联电阻来改变转差率，即加大机械特性运行段斜率，实现对电动机的调速。它不改变旋转磁场的转速 n_0，用于绕线转子电动机调速。

11）三相异步电动机的制动方法主要有：能耗制动、反接制动和回馈制动。

能耗制动：在电动机断电之后，立即在定子绕组中通入直流电流，以产生一个恒定的磁场。它与继续转动的转子相互作用，产生一个与转子旋转方向相反的电磁转矩，迫使电动机迅速停下来。

反接制动：通过改变正在运转电动机三相电源的相序，使电动机旋转磁场立即反向旋转，这时产生的电磁转矩方向与电动机原来的转动方向相反，使电动机转速迅速降为零，此时应及时切断电源，否则电动机将反向起动。在反接制动时，通常串入限流电阻 R 来限制定、转子中产生的大电流。

回馈制动：当转子转速 n 超过旋转磁场转速 n_0 时，转子中产生的感应电动势及感应电流方向均与电动机的电动状态时相反，由此产生制动转矩，在制动转矩的作用下，使电动机转速减小。在电动机从高速调到低速的过程中，就会出现这种情况。

12）三相异步电动机的铭牌数据包括型号、额定电压、频率、接法、额定电流、功率与效率、功率因数、额定转速、绝缘等级和允许温升、工作方式（工作制）等。

13）选择电动机应以实用、合理、经济、安全为原则，选用三相异步电动机主要从类型、外形结构、额定容量、额定转速等几方面考虑。

14）新的或长期不用的电动机，使用前应用绝缘电阻表检查绝缘电阻，运行前应检查电动机的安装情况；起动时要按规定操作，注意转向，避免堵转；运行中应保持通风良好，防止温度过高，注意异常现象。绕线转子异步电动机还应注意电刷与集电环之间的工作情况。

✦ 思考与练习 ✦

9.1　三相异步电动机在一定负载下运行，当电源电压因故降低时，电动机的转矩、电流及转速将如何变化？

9.2 三相异步电动机电磁转矩与哪些因素有关？三相异步电动机带动额定负载工作时，若电源电压下降过多，往往会使电动机发热，甚至烧毁，试说明原因。

9.3 有的三相异步电动机有 380V/220V 两种额定电压，定子绕组可以接成星形或者三角形，试问何时采用星形联结？何时采用三角形联结？

9.4 在电源电压不变的情况下，如果将三角形联结的电动机误接成星形联结，或者将星形联结的电动机误接成三角形联结，将分别出现什么情况？

9.5 当绕线转子异步电动机的转子三相集电环与电刷全部分开时，在定子三相绕组上加上额定电压，转子能否转动起来？为什么？

9.6 已知某三相异步电动机在额定状态下运行，其转速为 1430r/min，电源频率为 50Hz。求：电动机的磁极对数 p、额定运行时的转差率 s_N、转子电路频率 f_2 和转差 Δn。

9.7 某 4.5kW 三相异步电动机的额定电压为 380V、额定转速为 950r/min、过载系数为 1.6。试求：1）T_N、T_m；2）当电压下降至 300V 时，能否带额定负载运行？

9.8 一台三相异步电动机，已知旋转磁场有 4 个磁极，额定转速为 $n_N = 1440r/min$，电源频率为 $f = 50Hz$。求额定转差率 s_N。

9.9 一台三相异步电动机，其额定转速 $n_N = 975r/min$、电源频率 $f = 50Hz$。试求该电动机的磁极对数和额定负载时的转差率。

9.10 Y160L-6 型电动机的额定功率为 11kW、额定转速为 970r/min、电源频率 $f = 50Hz$、过载系数为 2.0。求最大转矩。

9.11 下列三台三相异步电动机，如电源线电压为 380V，试分析哪一台电动机可以采用丫/△起动方法来起动电动机，三台电动机的铭牌标记分别为：1）380V，△联结；2）660V/380V，丫/△联结；3）380V/220V，丫/△联结。

9.12 某三相异步电动机的额定数据如下：$P_N = 5.5kW$、$n_N = 960r/min$、$\eta_N = 85.3\%$、$\cos\varphi_N = 0.78$、$I_{st}/I_N = 6.5$、$\lambda_m = 2$、$\lambda_{st} = 2$、$U_N = 380V$、△联结，$f_N = 50Hz$。求：磁极对数 p、额定转差率 s_N、额定转矩 T_N、起动转矩 T_{st}、额定电流 I_N 和起动电流 I_{st}。

项目十 继电-接触器控制电路安装与调试

项目描述

　　现代的生产机械绝大多数是由电动机拖动的，称为电力拖动或电气传动。应用电力拖动是实现生产自动化的一个重要前提。为了使电动机能够按照生产机械的要求运作，必须用一定的器件组合成控制电路，对电动机进行控制。利用继电器、接触器、按钮等有触点电器组成控制电路，是对生产机械实现电气控制的一种常用基本方式，称为继电-接触器控制。本项目首先通过实物了解继电-接触器控制电路中常用的低压电器，介绍它们的结构、功能和图形符号等，然后通过对电动机的起动和正反转控制的分析，讲述继电-接触器控制电路的自锁、互锁等基本环节。最后通过点动控制电路、单向运转控制电路和正反转控制电路的安装，掌握电气控制系统的原理分析、接线工艺和电气测量。

学习目标

- 知识目标
❖ 掌握电动机的点动、连续运行、减压起动以及正反转的控制。
❖ 掌握低压电器的工作原理及作用、电气符号、接线方法。

- 能力目标
❖ 能正确使用接线工具和万用表。
❖ 能判别常用低压电器的好坏。
❖ 能根据原理图进行控制电路的接线与故障排查。

● 素质目标

❖ 培养较强的政治理论基础，培养良好的道德修养和专业素养。
❖ 培养创新意识、创新精神和良好的职业素质。

思政元素

　　在学习三相异步电动机起动内容时可以查阅中国工程院马伟明院士在遇到电动机"固有振荡"问题时，是如何带领团队解决问题的相关资料和视频。通过学习先进事迹，汲取科学家身上的精神力量，学习他们刻苦钻研、自主创新、追求卓越的工作态度和矢志强军、科技强国的责任担当。

　　在学习方式、方法上，建议多关注国家重点工程项目，如高铁牵引电动机等，从项目角度出发，来学习理解本项目内容。

　　在任务实施环节，强化严谨的工作态度和解决问题的能力。在线路安装的过程中，要时刻保持严谨细致、认真负责的工作态度，培养独立思考解决问题的能力，以及相互协助的团队精神。

思维导图

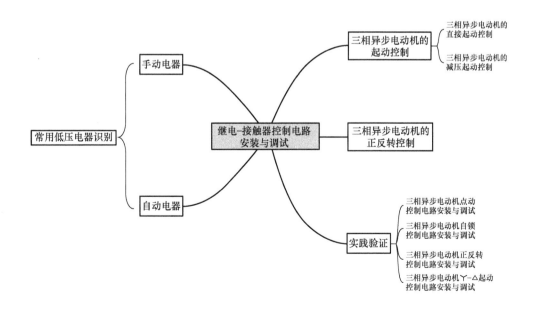

任务 1 常用低压电器识别

任务 1.1 手动电器

◆ **任务导入**

现代的生产机械绝大部分是由电动机拖动的，称为电气传动或电力拖动。应用电力拖动是实现生产自动化的一个重要前提。为了使电动机按照生产机械的要求运转，必须用一定的器件组合成控制电路，对电动机进行控制。利用电压电器对电动机进行控制是一种基本控制方式。

◆ **任务要求**

熟悉常用手动电器的工作原理和电气符号。

重难点：电路中常用元件的表示方法。

◆ **知识链接**

用于交流电压 1200V 及以下、直流电压 1500V 及以下的电路，起通断、保护和控制作用的电器称为低压电器。低压控制器按照动作原理可以分为手动电器和自动电器。其中手动电器包括刀开关、组合开关和按钮等。

1.1.1 刀开关

刀开关又称为闸刀开关或者隔离开关，它是最简单且使用较为广泛的一种低压电器。一般用于不频繁操作的低压电路中，用作接通和切断电源，或用来将电路与电源隔离，有时也用来控制小容量电动机的直接起动与停机。

刀开关由操作手柄、闸刀（动触点）、刀座夹（静触点）、熔丝、接线端子等组成，如图 10.1 所示。

刀开关种类很多，按极数分为单极、两极和三极，电气图形符号如图 10.2 所示；按结构分为平板式和条架式；按操作方式分为直接手柄操作式、杠杆操作机构式和电动操作机构式；按转换方向分为单投和双投等。

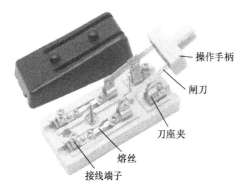

图 10.1 刀开关

图 10.2 刀开关电气图形符号

刀开关一般与熔断器串联使用，以便在短路或过负荷时熔断器熔断而自动切断电路。

刀开关的额定电压通常为 250V 和 500V，额定电流在 1500A 以下。

安装刀开关时，电源线应接在静触点上，负荷线接在与闸刀相连的端子上。对有熔断丝的刀开关，负荷线应接在闸刀下侧熔断丝的另一端，以确保刀开关切断电源后闸刀和熔断丝不带电。在垂直安装时，手柄向上合为接通电源，向下拉为断开电源，不能反装。

刀开关的选用主要考虑回路额定电压、长期工作电流以及短路电流所产生的动热稳定性等因素。刀开关的额定电流应大于其所控制的最大负荷电流。用于直接起停 3kW 及以下的三相异步电动机时，刀开关的额定电流必须大于电动机额定电流的 3 倍。

1.1.2　组合开关

组合开关经常作为转换开关使用，实质上也是一种刀开关。但在电气控制电路中也作为隔离开关使用，起不频繁接通和分断电气控制线路的作用。组合开关示意图如图 10.3 所示。

图 10.3 的组合开关沿转轴自下而上分别安装了三层开关组件，每层上均有一个动触点、一对静触点及一对接线柱，各层分别控制一条支路的通与断，形成组合开关的三极。当手柄每转过一定角度，就带动固定在转轴上的三层开关组件中的三个动触点同时转动至一个新位置，在新位置上分别与各层的静触点接通或断开。

根据组合开关在电路中的不同作用，组合开关图形与文字符号有两种。当在电路中用作刀开关时，其图形符号如图 10.4 所示，其文字标注符为 QS，有单极、两极和三极之分，机床电气控制线路中一般采用三极组合开关。

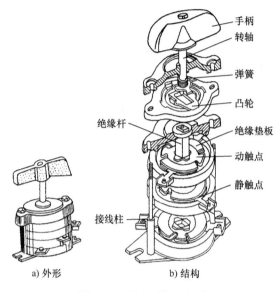

图 10.3　组合开关示意图

图 10.5 所示为组合开关作转换开关时的图形及文字符号，图示是一个三极组合开关，图中 I 与 II 分别表示组合开关手柄转动的两个操作位置，I 位置线上的三个空点右方画了三个黑点，表示当手柄转动到 I 位置时，L_1、L_2 与 L_3 支路线分别与 U、V、W 支路线接通；而 II 位置线上三个空点右方没有相应黑点，表示当手柄转动到 II 位置时，L_1、L_2 与 L_3 支路线与 U、V、W 支路线处于断开状态。文字标注符为 SA。

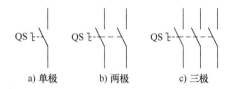

图 10.4　组合开关作刀开关时的图形符号

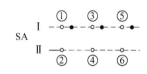

图 10.5　组合开关作转换开关时的图形及文字符号

1.1.3　按钮

按钮是一种结构简单，用来闭合或断开控制电路，以发出指令或作程序控制的开关电器。这种发出指令的电器称为主令电器。控制按钮不能直接控制电动机主电路，只能在控制电路中发出手动"指令"控制接触器、继电器等，再用这些电器线圈的得电或失电进而控制主电路通断。结构一般由按钮帽、复位弹簧、桥式动触点、静触点和外壳等组成。按钮的作用是避免误操作，通常在按钮帽上做出不同标记或涂上不同的颜色。一般红色表示停止按钮；绿色表示起动按钮。

常见的按钮及电气符号如图 10.6 所示。

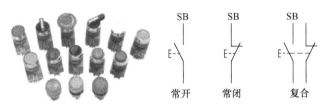

图 10.6　常见的按钮及电气符号

任务 1.2　自动电器

◆ **任务导入**

在电动机的控制电路中，有一些电器元件可以根据某种信号变化接通或断开控制电路，从而实现电路的自动控制，这类电器元件在电气控制中称为自动电器。熟悉掌握各类自动电器的工作原理、使用场合、电气符号等，对电动机的电气控制十分重要。

◆ **任务要求**

熟悉常用自动电器的工作原理和电气符号。

重难点：电路中常用元件的表示方法。

◆ **知识链接**

自动电器包括行程开关、熔断器、接触器、时间继电器、自动空气断路器、热继电器等。

1.2.1　熔断器

熔断器是一种最简单有效的保护电器。在使用时，熔断器串接在所保护的电路中，用作电路及用电设备的短路保护。

按熔断器结构和类型分类有插入式、螺旋式等类型。

（1）插入式熔断器

图 10.7 所示为插入式熔断器，它主要由瓷盖、瓷座、动触点、静触点和熔丝等组成。常用的产品有 RC1A 系列，主要用于低压分支电路的短路保护。

（2）螺旋式熔断器

图 10.8 所示为螺旋式熔断器的外形和结构示意图，其主要由瓷帽、熔管、瓷套、上接线端、下接线端和底座等组成。熔管由电工陶瓷制成，熔管内装有熔体和石英砂填料，熔管上盖中有一个熔断指示器，当熔体熔断时指示器跳出显示熔体熔断。主要用于低压配电柜线路中的短路保护。

熔断器的额定电流 I_{RN} 选择办法有

1）对照明和电热等的短路保护，熔体的额定电流应等于或稍大于负载的额定电流 I_N。

2）对一台不经常起动且起动时间不长的电动机的短路保护，应有 $I_{RN} \geqslant (1.5 \sim 2.5)I_N$。

3）对多台电动机负载的短路保护，熔体的额定电流 I_{RN} 应等于 1.5～2.5 倍容量最大的电动机额定电流 I_{Nmax}，加上其余电动机额定电流的总和 $\sum I_N$，即 $I_{RN} \geqslant (1.5 \sim 2.5)I_{Nmax} + \sum I_N$。

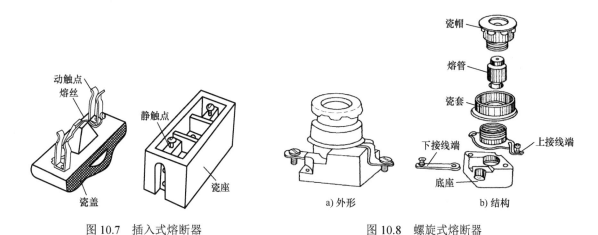

图 10.7　插入式熔断器　　　　　图 10.8　螺旋式熔断器

熔断器图形与文字符号如图 10.9 所示。

图 10.9　熔断器图形与文字符号

1.2.2　低压断路器

　　低压断路器又称自动开关、空气开关，不但能用于正常情况时不频繁接通和断开电路，而且当电路中出现过载、短路以及失电压等故障时，能自动切断故障电路，有效地保护串接在后面的电气设备，因此在电气控制电路中使用广泛。

　　图 10.10 所示为低压断路器结构示意图。主触点由操作机构手动或电动合闸，在合闸位置上自由脱扣机构将主触点锁扣在闭合状态。电气控制电路正常工作时，过电流脱扣器线圈所产生的吸力不能将上方的摆杆吸合，电气控制线路中出现短路故障，短路过电流使过电流脱扣器线圈吸力增加，将线圈上方的摆杆式衔铁吸合使之绕支点逆时针转动，自由脱扣机构上升并和主触点脱扣，主触点在拉簧作用下左移分断电路。

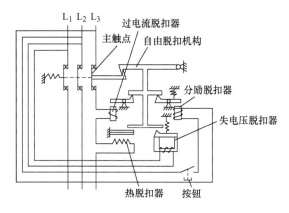

图 10.10　低压断路器结构示意图

电气控制电路中出现过载故障时，热脱扣器的热元件因发热对上方的双金属片进行加热，因双金属片的下层金属材料的线胀系数大于上层，加热后双金属片产生上翘，推动自由脱扣机构上升而使主触点脱扣分断电路。

电气控制电路中出现失电压现象时，失电压脱扣器线圈的吸力减少而不能吸合上方的衔铁，从而使衔铁上升导致自由脱扣机构随之上升，主触点脱扣而分断电路。

分励脱扣器则作为远程控制分断电路用，受按钮控制，按下远地的常按钮，则分励脱扣器线圈吸合上方的摆杆式衔铁，自由脱扣机构上升，使主触点分断电路。

图 10.11　低压断路器的简化电气图形与文字符号

低压断路器的简化电气图形与文字符号如图 10.11 所示。

1.2.3　接触器

接触器是一种用于频繁地接通或切断带有负载的主电路的自动控制电器。按照接触器主触点通过电流的种类，可分为交流接触器和直流接触器。

交流接触器主要由电磁系统、触点系统、灭弧装置等部分组成，如图 10.12 所示。

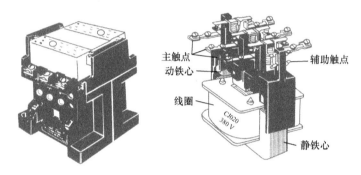

图 10.12　三相交流接触器

（1）电磁系统

电磁系统的作用是操作触点闭合与分断，包括线圈、动铁心和静铁心。线圈一般采用电压线圈通入单相交流电，为了减少交变磁场在铁心中产生的涡流与磁滞损耗，防止铁心过热，一般用硅钢片制成铁心。交流接触器的线圈电压为额定电压的 85%～105% 时其能够正常工作，电压过低或过高都会造成线圈过热而损坏。

由于交流电磁铁吸力是脉动的，当电磁吸力小于作用在动铁心上的弹簧力时，动铁心将从静铁心闭合处分开，使铁心释放；当电磁吸力大于弹簧力时，动铁心又被吸合。电源电压变化一个周期，电磁铁吸合两次，对于频率为 50Hz 的交流电源，1s 内电磁铁将吸合 100 次，由此造成动铁心剧烈振动并产生噪声，降低了电磁铁的使用寿命。

消除动铁心振动的方法是在电磁铁铁心端面上开一小槽，并在小槽内嵌入铜质短路环，如图 10.13 所示。加入短路环后，线圈内形成两个大小相近、相位相差 90° 的两相磁通 Φ_1 和 Φ_2。两相磁通产生的合成电磁力在电磁铁通电期间始终不为零且大于弹簧反力，使铁心牢牢吸合，消除了动铁心的振动和噪声。

（2）触点系统

交流接触器的触点通常用纯铜制成。动触点在动铁心带动下起分断和闭合电路的作用。接触器的触点系统分为主触点和辅助触点，主触点用以通断电流较大的主电路，一般由三个常开触点组成，体积较大。辅助触点用以通断小电流的控制电路，有常开、常闭两种，体积较小。

辅助触点一般采用点接触桥式结构，而主触点则采用面接触桥式和线接触指式结构。交流接触器触点结构如图 10.14 所示。

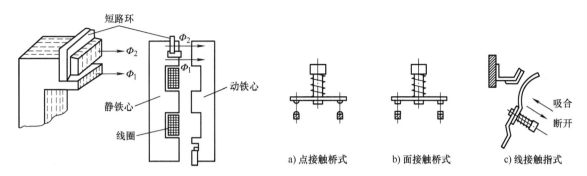

图 10.13　交流电磁铁短路环作用　　　　　　图 10.14　交流接触器触点结构

（3）灭弧装置

接触器触点在分离瞬间，因动触点与静触点之间的间隙很小，电路电压几乎全部降落在触点之间，在触点间形成了很强的电场。在强电场作用下，金属内部的自由电子就从阴极逸出并向阳极加速运动，在电场中高速运动的自由电子就会撞击气隙间的中性气体分子并使之分离为正离子和电子，分离出的电子在强电场作用下也向阳极移动又去撞击其他中性分子，从而形成撞击电离。撞击分离出的正离子则向阴极运动并撞击阴极而使阴极温度升高，当阴极的温度升高到 3000℃ 以上时，更多电子将会从阴极逸出参与撞击电离，并引发触点间的原子以极高速度作不规则运动并相互撞击，使原子也产生电离，形成热电离。撞击电离与热电离共同作用的结果是在触点间形成炽热的电子流，即电弧。

电弧一方面烧灼触点，降低了电器的寿命和可靠性，另一方面延长了触点分断时间，严重时还会产生故障，因此必须灭弧。

图 10.15 所示为灭弧栅的灭弧原理，灭弧栅片由许多镀铜薄钢片组成，片间距离为 2～3mm，安放在触点上方的灭弧室内。当电弧产生时，电弧周围产生磁场，导磁钢片将电弧吸入栅片中，栅片将电弧分割成若干个短电弧，当交流电压过零时电弧自动熄灭。由于相邻栅片间绝缘强度为 150～250V，电源电压不足于维持 150～250V 这一栅间电压，所以电弧很难重燃。

图 10.16 所示为桥式结构双断点灭弧原理，即在一个回路中有两个产生和断开电弧的间隙。当触点打开时，在两断口处均产生电弧，根据右手定则，电弧电流在两电弧之间就会产生图示"⊗"方向的磁场。根据左手定则，两断口处的电弧都会受到一个指向外侧的力 F，在力 F 的作用下，电弧向外运动并拉长且迅速穿越外侧的冷却介质导致电弧快速熄灭。双断点灭弧效果较弱，常用于小容量低压电器。

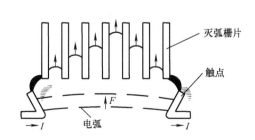

图 10.15　灭弧栅的灭弧原理

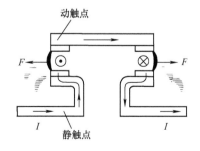

图 10.16　桥式结构双断点灭弧原理

图 10.17 所示为 RC 阻容吸收式灭弧器，当电气控制电路中的感性负载如接触器、异步电动

机等通断转换时，会产生强烈的脉冲导致电弧，接在感性负载处的 *RC* 吸收电路通过吸收瞬态脉冲能量抑制电弧。

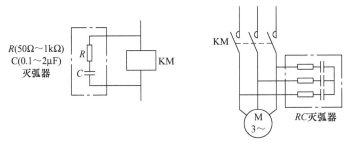

a) 交流接触器线圈并接*RC*灭弧器　　　　b) 三相交流异步电动机并接*RC*灭弧器

图 10.17　　*RC* 阻容吸收式灭弧器

（4）工作原理

图 10.18 所示的交流接触器是根据电磁原理工作的，当电磁线圈通电后产生磁场，使静铁心产生电磁吸力吸引动铁心向下运动，使主触点闭合，同时常闭辅助触点断开，常开辅助触点闭合。当线圈断电时，电磁力消失，动触点在弹簧的作用下向上复位，各触点复原。

接触器在机床电器原理图中常按各部件作用分别画到各条控制支路中，接触器各部件图形和文字符号如图 10.19 所示。

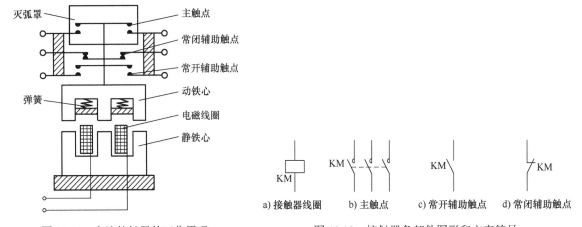

图 10.18　交流接触器的工作原理　　　　图 10.19　接触器各部件图形和文字符号

（5）接触器选用原则

额定电压：接触器的额定电压是指主触点的额定电压，应等于负载的额定电压。

额定电流：接触器的额定电流是指主触点的额定电流，应等于或稍大于负载的额定电流。

电磁线圈的额定电压：电磁线圈的额定电压等于控制回路的电源电压。

触点数量：接触器的触点数目应能满足控制线路要求。

额定操作频率：接触器的额定操作频率是每小时接通次数。

1.2.4　热继电器

热继电器就是利用电流的热效应工作的保护电器，在电气控制电路中主要用于电动机的过载保护。热继电器根据过载电流的大小自动调整动作时间，过载电流大，热继电器动作时间较短；过载电流小，热继电器动作时间较长；而在正常额定电流时，热继电器长期保持无动作。

热继电器由加热元件、双金属片、触点系统等组成，其中双金属片是关键的测量元件。双金属片由两种热膨胀系数不同的金属通过机械碾压形成一体，热膨胀系数大的一侧称为主动层，小的一侧称为被动层。双金属片受热后产生热膨胀，但由于两层金属的热膨胀系数不同，且两层金属又紧密地结合在一起，致使双金属片向被动层一侧弯曲，因受热而弯曲的双金属片产生的机械力就带动动触点产生分断电路的动作。

图 10.20 所示为热继电器的工作原理。加热元件串接在电动机定子绕组中，电动机绕组电流即为流过加热元件的电流。

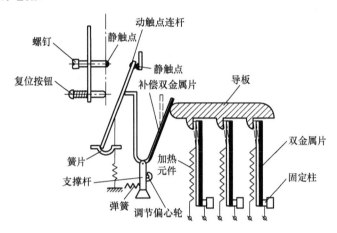

图 10.20　热继电器的工作原理

电动机正常运行时，热元件产生的热量虽能使双金属片弯曲，但不足以使热继电器动作，只有当电动机过载时，加热元件产生大量热量使双金属片弯曲位移增大从而推动导板左移，通过补偿双金属片与簧片将动触点连杆和静触点分开。

动触点连杆和静触点是热继电器串接于接触器电气控制线路中的常闭触点，一旦两触点分开，就使接触器线圈断电，再通过接触器的常开主触点断开电动机的电源，使电动机获得保护。热继电器各部件图形与文字符号如图 10.21 所示。

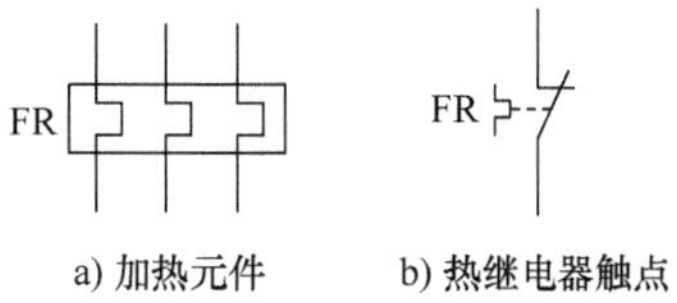

具有断相保护能力的热继电器可以在三相中的任意一相或两相断电时动作，自动切断电气控制线路中接触器的线圈，从而使主电路中的主触点断开，使电动机获得断相保护。

a) 加热元件　　b) 热继电器触点

图 10.21　热继电器各部件图形与文字符号

电动机断相运行是电动机烧毁的主要原因。星形联结电动机绕组的过载保护采用三相结构热继电器即可；而对于三角形联结的电动机，断相时在电动机内部绕组中，电流较大的一相绕组的相电流将超过额定相电流，由于热继电器加热元件串接在电源进线位置，所以不会动作，导致电动机绕组因过热而烧毁，因此必须用带断相保护的热继电器。

热继电器加热元件的额定电流按被保护电动机的额定电流选用，即加热元件的额定电流应接近或略大于电动机额定电流。对于星形联结的电动机选用两相结构的热继电器，而对于三角形联结的电动机则选用三相结构或三相结构带断相保护的热继电器。

1.2.5　时间继电器

继电器吸引线圈通电或断电以后，其触点经过一定延时以后才能动作的继电器称为时间继电器。时间继电器有通电延时与断电延时之分，吸引线圈通电后延迟一段时间触点动作，吸引线圈一旦断电，触点瞬时动作的为通电延时型时间继电器；吸引线圈断电后延迟一段时间触点动作，吸引线圈一旦通电，触点瞬时动作的为断电延时型时间继电器。

图 10.22a 所示为空气阻尼式通电延时型时间继电器结构示意图。当线圈通电后，铁心将衔铁吸合，推板使微动开关立即动作，而活塞杆在塔形弹簧的作用下将带动活塞及橡皮膜向上移动。

由于橡皮膜下气室空气须经进气孔缓慢补充，因此橡皮膜下气室短期内形成负压，导致活塞杆不能迅速上移产生延时，活塞杆缓慢升到最上端时才能通过杠杆触动微动开关，延时时间长短取决于进气孔的大小，可通过调节螺杆进行调节。

图 10.22b 所示为断电不延时工作原理图。当线圈断电时，衔铁在复位弹簧的作用下将活塞推至最下端时的状态。由于橡皮膜下气室内的空气可通过活塞杆与橡皮膜之间的间隙进入上气室，上下气室间不形成负压，因此微动开关与都可迅速复位。

图 10.22c 所示为将电磁机构倒置安装构成断电延时型时间继电器示意图。

空气阻尼式时间继电器延时精度较低，不能精确设定延时时间，延时精度要求较高的电气控制线路中不宜采用。

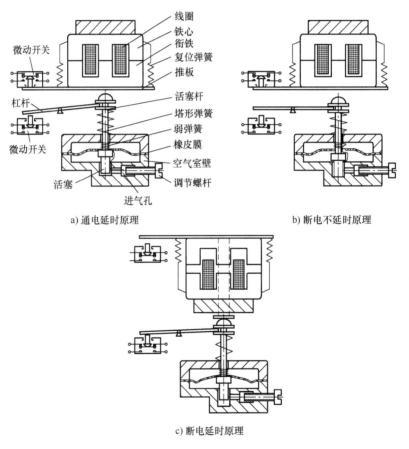

a) 通电延时原理　　　　　　　　　　b) 断电不延时原理

c) 断电延时原理

图 10.22　空气阻尼式时间继电器原理

图 10.23 所示为能精确设定延时时间的晶体管式和电动机式时间继电器。新型电子式时间继电器具有体积小、延时精度高、延时可调范围大、调节方便、寿命长等优点，其内部延时电路则由晶体管组成，可应用于延时精度要求高的电气控制电路中。

电动机式时间继电器由永磁式同步电动机、电磁离合器、减速齿轮组、断电记忆杆及带动延时触点动作的延时滑板、带动瞬时触点动作的瞬时滑板、凸轮等组成，内部结构较为复杂。

时间继电器各种部件的图形与文字符号如图 10.24 所示，各种延时触点的动作方向总是指向触点上圆弧图形的圆心。

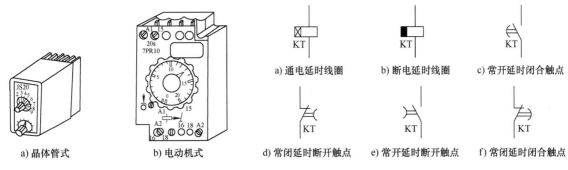

图 10.23　精确延时时间继电器

图 10.24　时间继电器各种部件的图形与文字符号

任务 2　三相异步电动机的起动控制

任务 2.1　三相异步电动机的直接起动控制

◆ **任务导入**

在日常生产设备中，如车床，在调试和对刀过程中，操作人员按着按钮，使刀具移位，快到终点位置时，松开按钮设备停止运行；车床在正常运行时，按下按钮后，机床正常运行，要运行停止，必须按下停止按钮。那么这两种控制电路有哪些差异呢？

◆ **任务要求**

掌握三相异步电动机的直接起动控制方法。

重难点：三相异步电动机连续运转控制。

◆ **知识链接**

2.1.1　点动控制

点动控制就是按下按钮时，电动机就转动，松开按钮时电动机就停止。在设备的安装调试或维护调试过程中，常常要对工作机构作微量的调整或瞬间运动，即点动。如图 10.25 所示的点动控制电路图，由组断路器 QF、熔断器 FU₁、FU₂、按钮 SB、接触器 KM 和电动机 M 组成。当电动机点动时，先合上 QF，再按下 SB，使接触器 KM 线圈得电，铁心吸合，主触点 KM 闭合，电动机接通开始运转；松开 SB 后，接触器 KM 线圈失电，动铁心复位，主触点 KM 断开，电动机失电，停止运转。

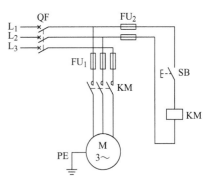

图 10.25　点动控制电路图

2.1.2　直接起动连续运转控制

大多数的生产机械需要连续运转工作，例如车床、通风机、水泵等。为了保持连续运转，则需要把接触器的一对辅助常开触点与按钮并联，还需要增加一个停止的常闭按钮作为停车使用。

扫一扫看视频

（1）起动过程

在图 10.26 所示的电路中，闭合断路器 QF，按下起动按钮 SB_2，接触器 KM 线圈得电，与按钮 SB_2 并联的接触器辅助常开触点和电动机主回路上的主触点同时得电闭合，电动机得电运转，松开 SB_2 后，由于与 SB_2 并联的辅助常开触点是闭合的，所以接触器线圈不失电，电动机还是保持运转。像这样利用接触器自身辅助常开触点保持自身线圈得电，从而保持电路持续工作的环节称为自锁环节，这种辅助触点称为自锁触点。

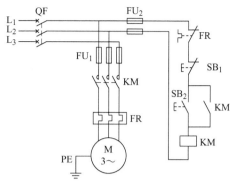

图 10.26　电动机连续运转控制图

（2）停止过程

按下停止按钮 SB_1，接触器 KM 线圈失电，接触器主触点和辅助自锁常开触点断开，电动机停止运转。

当松开 SB_1 时，其常闭触点虽恢复为闭合位置，但因接触器自锁触点在其线圈失电的瞬间已断开并解除了自锁（SB_2 的常开触点也已断开），所以接触器 KM 的线圈不能得电，电动机停止运转。

（3）电路的保护环节

1）短路保护。由熔断器 FU_1 作主电路的短路保护（若选用断路器作电源开关时，断路器本身已经具备短路保护功能，故熔断器 FU_1 可不用）、FU_2 用作控制电路的短路保护。

2）过载保护。热继电器 FR 用作电动机的过载保护和断相保护。当电动机出现长期过载时，串接电动机定子绕组电路中的热元件使双金属片受热弯曲，这时串接在控制电路中的常闭触点断开，切断接触器线圈电路，使电动机断开电源，实现过载保护。

3）欠电压和失电压（零电压）保护。这种电路本身具有失电压和零电压保护功能。在电动机运行中，当电源电压降低到一定值（一般在额定电压的 85% 以下）时，接触器线圈磁通量减小，电磁吸力不足，使衔铁释放，主触点和自锁触点断开，电动机停转，实现欠电压保护；在电动机运行中，电源突然停电，电动机停转。

当电源恢复供电时，由于接触器主触点和自锁触点均已断开，若不重新起动，电动机不会自行工作，实现了失电压保护。因此，带有自锁功能的接触器控制电路具有欠电压、失电压保护作用。

任务 2.2　三相异步电动机的减压起动控制

◆　任务导入

在日常生活中，打开某一大功率电器，电路出现跳闸现象。这是因为大功率电器的起动电流超过了电路保护电器的最大电流，保护电器起动了自动保护功能，对电路进行了保护。大功率的三相异步电动机在起动过程中是否也会出现此现象呢？

◆　任务要求

掌握三相异步电动机的 丫-△ 减压起动控制。
掌握三相异步电动机的自耦减压起动控制。
重难点：减压起动控制的互锁和联锁控制。

◆ **知识链接**

减压起动的目的是限制起动电流。起动时，通过起动设备使加到电动机上的电压小于额定电压，待电动机转速上升到一定数值时，再使电动机承受额定电压，保证电动机在额定电压下稳定工作。

2.2.1 丫-△ 减压起动控制

在图 10.27 所示的丫-△ 减压起动电气控制电路图中，用 3 个交流接触器（KM，KM丫，KM△）、时间继电器 KT、起动按钮 SB₁、停止按钮 SB₂ 等组成控制电路，进行丫-△ 减压起动控制。

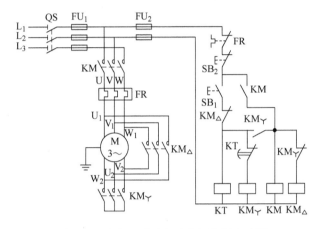

图 10.27 丫-△ 减压起动电气控制电路图

控制原理分析：按下起动按钮 SB₁，时间继电器 KT 线圈和接触器 KM丫线圈得电，接触器 KM丫主触点和常开辅助触点闭合，常闭辅助触点断开，接触器 KM 得电，常开辅助触点闭合，控制电路形成自锁，常开主触点闭合，电动机丫起动。延时继电器 KT 线圈得电 20s（时间按照丫起动稳定时间设定）后，延时继电器常闭触点断开，接触器 KM丫线圈失电，主触点和常开辅助触点断开，常闭辅助触点闭合，接触器 KM△线圈得电，常开主触点闭合，常闭辅助触点断开，电动机定子绕组接线由丫联结变换为△联结，完成丫-△ 减压起动，电动机正常运行。在电气控制电路中 KM丫常闭辅助触点和 KM△常闭辅助触点分别串联在对方线圈电路中，形成相互制约的关系，称为互锁控制（又称联锁控制）。

按下停止按钮 SB₂，控制回路断电，接触器 KM△线圈失电，常开主触点断开，电动机失电，停止运行。

丫-△ 减压起动操作方便，起动设备简单，应用较为广泛，但它仅适用于正常运行时定子绕组作三角形联结的电动机，因此作一般用途的小型异步电动机，当容量大于或等于 4kW 时，定子绕组都采用三角形联结。由于起动转矩为直接起动的 1/3，这种起动方法多用于空载或轻载起动。

2.2.2 自耦变压器减压起动控制

在图 10.28 所示的自耦变压器减压起动电气控制图中，利用 3 个交流接触器（KM₁、KM₂、KM₃）和 1 个时间继电器 KT 来实现自耦变压器降压起动控制。

控制原理分析：按下起动按钮 SB₂，接触器 KM₁ 线圈得电，其常闭辅助触点断开、主触点闭合、常开辅助触点闭合，时间继电器 KT 得电，开始计时，接触器 KM₂ 线圈得电，其常开辅助触点得电，形成自锁，主触点闭合，电动机得电起动，所得电压为自耦变压器降压后的电压。20s（假设减压起动时间）后，时间继电器 KT 常开触点闭合，常闭触点断开，KM₁ 线圈失电，

主触点 KM_1 断开，常闭辅助触点 KM_1 闭合，接触器 KM_3 线圈得电，其主触点 KM_3 得电，电动机电压恢复为额定电压，KM_3 常闭辅助触点断开，线圈 KM_2 失电，常开主触点 KM_2 断开，自耦变压器切断，KM_3 常开辅助触点闭合，形成自锁，使时间继电器 KT 常开触点断开后，常压运行控制回路仍能正常通电。

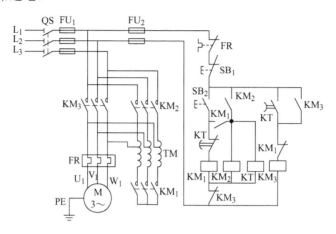

图 10.28　自耦变压器减压起动电气控制图

任务3　三相异步电动机的正反转控制

扫一扫看视频

◆ 任务导入

在工业自动化系统中，有很多工作场合需要设备进行双方向运行，如机床主轴正转和反转，电梯的上升和下降，工作台的前进和后退等，这些情况下电动机的正反转是如何控制的呢？

◆ 任务要求

掌握三相异步电动机正反转控制的方法。

重难点：接触器双重联锁控制。

◆ 知识链接

通过对旋转磁场形成过程分析还可知，旋转磁场转向与通入电动机定子绕组的电流相序有关。若要使旋转磁场反转，只需把三根电源线中的任意两根对调，旋转磁场与原来旋转方向相反。如图 10.29 所示，可以利用 2 个交流接触器和 3 个按钮来实现电动机的正反转控制。接触器 KM_1 为正转控制接触器，接触器 KM_2 为反转控制接触器。SB_2 为正转按钮，SB_3 为反转按钮。主回路中，KM_1 主触点闭合，三相电与电动机绕组的接线是 L_1—U、L_2—V、L_3—W；KM_2 主触点闭合，三相电与电动机绕组的接线是 L_1—W、L_2—V、L_3—U，W 和 U 相的相序改变了，从而实现电动机反转。

控制原理分析：按下 SB_2，接触器 KM_1 线圈得电，主回路中 KM_1 主触点闭合，电动机正转，控制电路中，KM_1 常开辅助触点闭合实现自锁，KM_1 常闭辅助触点断开，实现反转控制电路的互锁，杜绝 KM_1 线圈和 KM_2 线圈同时得电的情况。按下 SB_1，控制电路断电，电动机停止运转，互锁解除。按下 SB_3，接触器线圈 KM_2 得电，主电路中 KM_2 主触点闭合，电动机反转，控制电路中 KM_2 常开辅助触点闭合，KM_2 常闭辅助触点断开，分别实现自锁和互锁。

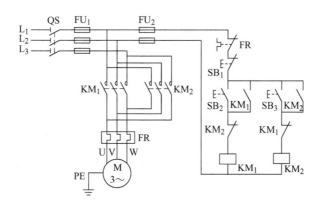

图 10.29 三相异步电动机正反转控制电路图

图 10.30 所示的控制电路理论上能有效控制主电路中触点 KM_1 和触点 KM_2 同时闭合,但是,为防止交流接触器使用时间过长,出现失灵状况,在实际控制回路中会使用按钮、接触器双重联锁正反转控制电路,从而有效地控制主回路中触点 KM_1 和触点 KM_2 同时闭合的情况。

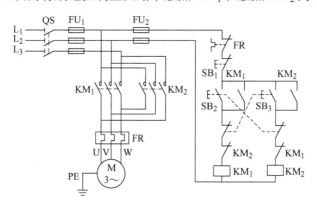

图 10.30 按钮、接触器双重联锁正反转控制电路

任务 4 实践验证

任务实施 4.1 三相异步电动机点动控制电路安装与调试

1. 实验目标

1)熟悉接触器控制电路的原理。

2)掌握电动机点动控制的工作原理及应用。

3)掌握电动机点动控制的安装接线方法和故障排除方法。

2. 原理说明

在点动控制电路中,由于电动机的起动停止是通过按下或松开按钮来实现的,所以电路中不需要停止按钮;而在点动控制电路中,电动机的运行时间较短,无需过热保护装置。

三相电动机点动控制电路如图 10.31 所示。当合上

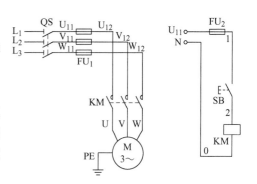

图 10.31 三相电动机点动控制电路

电源开关 QS 时, 电动机是不会起动运转的, 因为这时接触器 KM 线圈未能得电, 它的触点处在断开状态, 电动机 M 的定子绕组上没有电压。若要使电动机 M 转动, 只要按下按钮 SB, 使接触器 KM 通电, KM 在主电路中的主触点闭合, 电动机即可起动, 但当松开按钮 SB 时, KM 线圈失电, 而使其主触点断开, 切断电动机 M 的电源, 电动机即停止转动。

3. 实施设备及器材 (见表 10.1)

表 10.1 实施设备及器材

代 号	名 称	型 号	数 量	备 注
QS	断路器	DZ47-63LEP-3P-6A	1	
FU_1	熔断器	RT18-32/3P	1	3A
FU_2	熔断器	RT14-20	1	2A
KM	交流接触器	CJX2-0910　220V	1	线圈电压 220V
SB	按钮	Φ22-LAY16	1	
M	三相笼型异步电动机		1	380V/△

4. 实施内容

如图 10.32 所示, 按实施设备及器材表选择熔断器 FU_1、断路器 QS、接触器 KM_1、按钮 SB_3 等器件安装在网孔板上, 然后开始接线, 动力电路的接线用红色, 控制电路的接线用黑色, 接线工艺应符合要求。

在通电试车前, 应仔细检查各接线端连接是否正确、可靠, 并用万用表检查控制电路是否短路或开路、主电路有无开路或短路。

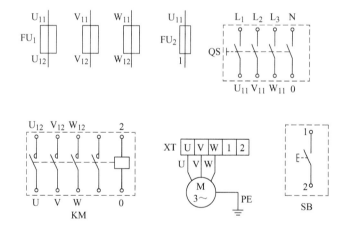

图 10.32　点动控制电路接线图

5. 实施注意事项

1) 接线前, 认真检查各元器件完好情况, 确保元器件可以正常使用。

2) 接线时, 按接线标准工艺进行接线。

3) 接线完成, 检查接线无误后, 接通交流电源, 合上开关 QS, 此时电动机不转, 按下按钮 SB_3, 电动机即可起动, 松开按钮电动机即停转。若电动机不能点动控制或出现熔丝熔断等故障, 则应分断电源, 分析排除故障后使之正常工作。

6. 思考题

1) 如何检查交流接触器是否完好?

2) 交流接触器是利用什么原理工作的?

7．实施报告

1）接线过程中遇到哪些问题，如何解决？

2）接线成果展示（照片展示）。

任务实施 4.2　三相异步电动机自锁控制电路安装与调试

1．实施目标

1）掌握电动机自锁控制的工作原理及应用。

2）掌握电动机自锁控制的安装接线方法和故障排除方法。

2．原理说明

在点动控制电路中，要使电动机转动，就必须按住按钮不放，而在实际生产中，有些电动机需要长时间连续地运行，使用点动控制是不现实的，这就需要具有接触器自锁的控制电路。

相对于点动控制的自锁触点必须是常开触点且与起动按钮并联。因电动机是连续工作，必须加装热继电器以实现过载保护。具有过载保护的自锁控制电路图如图 10.33 所示，它与点动控制电路的不同之处在于控制电路中增加了一个停止按钮 SB₁，在起动按钮的两端并联了一对接触器的常开触点，增加了过载保护装置（热继电器 FR₁）。

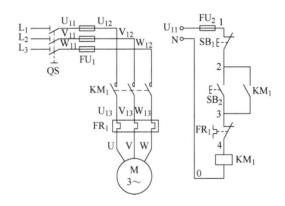

图 10.33　三相异步电动机自锁控制电路图

电路的工作过程：当按下起动按钮 SB₂ 时，接触器 KM₁ 线圈通电，主触点闭合，电动机 M 起动旋转，当松开按钮时，电动机不会停转，因为这时，接触器 KM₁ 线圈可以通过辅助触点继续维持通电，保证主触点 KM₁ 仍处在接通状态，电动机 M 就不会失电停转。这种松开按钮仍然自行保持线圈通电的控制电路叫作具有自锁（或自保）的接触器控制电路，简称自锁控制电路。与 SB₂ 并联的接触器常开触点称自锁触点。

（1）欠电压保护

"欠电压"是指电路电压低于电动机应加的额定电压。这样的后果是电动机转矩要降低，转速随之下降，会影响电动机的正常运行，欠电压严重时会损坏电动机，发生事故。在具有接触器自锁的控制电路中，当电动机运转时，电源电压降低到一定值时（一般低到 85%额定电压以下），由于接触器线圈磁通减弱，电磁吸力克服不了反作用弹簧的压力，因此动铁心释放，从而使接触器主触点分开，自动切断主电路，电动机停转，达到欠电压保护的作用。

（2）失电压保护

当生产设备运行时，由于其他设备发生故障，引起瞬时断电，而使生产机械停转。当故障排除后，恢复供电时，由于电动机的重新起动，很可能引起设备与人身事故的发生。采用具有接触器自锁的控制电路时，即使电源恢复供电，由于自锁触点仍然保持断开，接触器线圈不会通电，所以电动机不会自行起动，从而避免了可能出现的事故。这种保护称为失电压保护或零电压保护。

（3）过载保护

具有自锁的控制电路虽然有短路保护、欠电压保护和失电压保护的作用，但实际使用中还不够完善。因为电动机在运行过程中，若长期负载过大或操作频繁，或三相电路断掉一相运行等原因，都可能使电动机的电流超过其额定值，有时熔断器在这种情况下尚不会熔断，这将会引起电动机绕组过热，损坏电动机绝缘，因此，应对电动机设置过载保护，通常由三相热继电器来完成过载保护。

3. 实施设备及器材（见表 10.2）

表 10.2　实施设备及器材

代　号	名　称	型　号	数量	备　注
QS	断路器	DZ47-63LEP-3P-6A	1	
FU$_1$	熔断器	RT18-32/3P	1	3A
FU$_2$	熔断器	RT14-20	1	2A
KM$_1$	交流接触器	CJX2-0910　220V	1	线圈电压 220V
FR$_1$	热继电器	JRS1D-25/Z(0.63-1A)	1	
	热继电器座	JRS1D-25 座	1	
SB$_1$	按钮开关	Φ22-LAY16（红）	1	
SB$_2$	按钮开关	Φ22-LAY16（绿）	1	
M	三相笼型异步电动机		1	380V/△

4. 实施内容

如图 10.34 所示，按实施设备及器材表选择熔断器 FU$_1$、断路器 QS 等器件安装在网孔板上，然后进行接线，接动力线时用黑色线，控制电路用红色线。

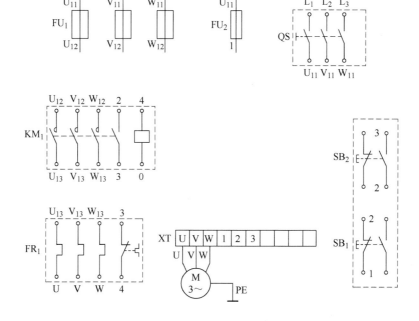

图 10.34　自锁控制电路接线图

5. 实施注意事项

1）接线前，认真检查各元器件完好情况，确保元器件可以正常使用。

2）接线时，按接线标准工艺进行接线。

3）接线完成，检查接线无误后，接通交流电源，合上开关 QS，按下 SB$_2$，电动机应起动并连续转动，按下 SB$_1$ 电动机应停转。若按下 SB$_2$ 电动机起动运转后，电源电压降到 180V 以下或电源断电，则接触器 KM$_1$ 的主触点会断开，电动机停转。再次恢复电压为 220V（允许±10%的波动），电动机应不会自行起动，即具有欠电压或失电压保护。

如果电动机转轴卡住而接通交流电源，则在几秒内热继电器应动作断开加在电动机上的交流电源（注意：不能超过 10s，否则电动机会过热冒烟导致损坏）。

6. 思考题

1）电气控制是如何实现自锁的？

2）热继电器的作用是什么？

7. 实施报告

1）接线过程中遇到哪些问题，如何解决？

2）接线成果展示（照片展示）。

任务实施 4.3　三相异步电动机正反转控制电路安装与调试

1. 实施目标

1）掌握电动机正反转控制的工作原理及应用。

2）掌握电动机正反转控制的安装接线方法和故障排除方法。

2. 原理说明

如图 10.35 所示，当需要改变电动机的转向时，只要直接按反转按钮就可以了，不必先按停止按钮。这是因为如果电动机已按正转方向运转时，线圈是通电的。这时，如果按下按钮 SB$_4$，按钮串在 KM$_1$ 线圈回路中的常闭触点首先断开，将 KM$_1$ 线圈回路断开，相当于按下停止按钮 SB$_1$ 的作用，使电动机停转，随后 SB$_4$ 的常开触点闭合，接通线圈 KM$_2$ 的回路，使电源相序相反，电动机即反向旋转。同样，当电动机已作反向旋转时，若按下 SB$_2$，电动机就先停转后正转。该线路是利用按钮动作时，常闭先断开、常开后闭合的特点来保证 KM$_1$ 与 KM$_2$ 不会同时通电，由

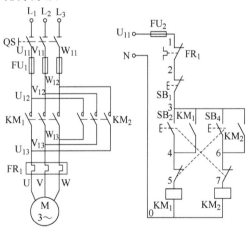

图 10.35　三相异步电动机正反转控制电路图

此来实现电动机正反转的联锁控制。所以 SB$_2$ 和 SB$_4$ 的常闭触点也称为联锁触点。

3. 实施设备及器材（见表 10.3）

表 10.3　实施设备及器材

代　号	名　称	型　号	数量	备　注
QS	断路器	DZ47-63LEP-3P-6A	1	
FU$_1$	熔断器	RT18-32/3P	1	3A
FU$_2$	熔断器	RT14-20	1	2A
KM$_1$、KM$_2$	交流接触器	CJX2-0910　220V	2	

（续）

代 号	名 称	型 号	数 量	备 注
FR₁	热继电器	JRS1D-25/Z(0.63-1A)	1	
	热继电器座	JRS1D-25 座	1	
SB₁	按钮开关	Φ22-LAY16（红）	1	
SB₂、SB₄	按钮开关	Φ22-LAY16（绿）	2	
M	三相笼型异步电动机		1	380V/△

4. 实施内容

如图 10.36 所示，选择 QS、FU₁、FU₂、KM₁、KM₂、FR₁、SB₁、SB₂、SB₄ 等器件安装在网孔板上。图中，各端子的编号法有两种：1）用器件的实际编号，例：KM₁ 的 1、3、5、13、A₁；FR₁ 的 95 等。2）用器件端子的人为编号，例 FU₁ 的 1、3、5 等。一般器件的端子已有实际编号应优先采用，因为编号本身就表示了元件的结构。例 KM₁ 的 1 与 2、3 与 4 代表常开主触点；SB₁ 的①与②表示常闭触点，③与④代表常开触点。

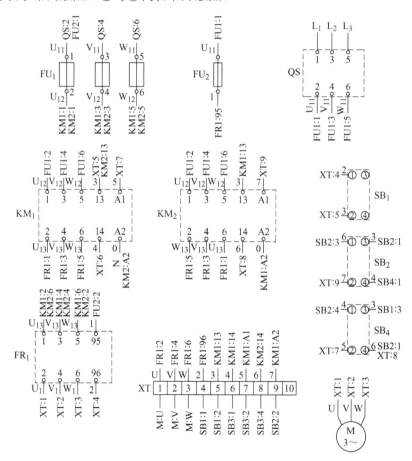

图 10.36　电动机正反转控制电路接线图

图 10.36 是按国家标准用中断线表示的单元接线图，图中各电器元件的端子号及中断线所画的接线图虽然画起来比用连续线画的接线图复杂，但接线很直观（每个端子应接一根还是两根线，每根线应接在哪个器件的哪个端子上），查线也简单（从上到下、从左到右，用万用表分别检查端子①及端子②直至全部端子都查一遍）。因此操作者不仅要熟悉而且要学

会看这种接线图。

5. 实施注意事项

1) 接线前，认真检查各元器件完好情况，确保元器件可以正常使用。

2) 接线时，按接线标准工艺进行接线。

3) 接线完成，确认接线正确后，接通交流电源，按下 SB_2，电动机应正转；按下 SB_4，电动机应反转；按下 SB_1，电动机应停转。若不能正常工作，则应分析并排除故障。

6. 思考题

1) 控制过程如何实现正反转？

2) 控制电路中没有设置互锁，电动机在正转过程中按下反转按钮，会出现何种情况？

7. 实施报告

1) 接线过程中遇到哪些问题，如何解决？

2) 接线成果展示（照片展示）。

任务实施 4.4　三相异步电动机 丫–△ 起动控制电路安装与调试

1. 实施目标

1) 掌握电动机 丫–△ 起动控制的工作原理及应用。

2) 掌握电动机 丫–△ 起动控制的安装接线方法和故障排除方法。

2. 原理说明

三相异步电动机 丫–△ 起动控制电路图如图 10.37 所示。电路的动作过程如下所述。

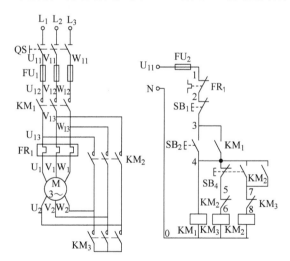

图 10.37　三相异步电动机 丫–△ 起动控制电路图

（1）丫 联结起动

按下 SB_2，线圈 KM_1 和线圈 KM_3 得电，辅助常开触点 KM_1 闭合，辅助常闭触点 KM_3 断开，主回路常开主触点 KM_1 和 KM_3 闭合，电动机定子线圈实现 丫 联结，电动机通电起动。

（2）△ 联结起动

当电动机转速上升到一定值时，按下按钮 SB_4，线圈 KM_3 失电，主回路常开触点 KM_3 断开，控制回路辅助触点 KM_3 闭合，线圈 KM_2 得电，控制回路辅助常开触点 KM_2 闭合，辅助常闭触点 KM_2 断开，主回路常开触点 KM_2 闭合，电动机做 △ 联结全压起动。

（3）按下 SB_1，电动机停止运转

3. 实施设备及器材（见表 10.4）

表 10.4　实施设备及器材

代　号	名　称	型　号	数　量	备　注
QS	断路器	DZ47-63LEP-3P-6A	1	
FU_1	熔断器	RT18-32/3P	1	3A
FU_2	熔断器	RT14-20	1	2A
KM_1、KM_2、KM_3	交流接触器	CJX2-0910 220V	3	F4-11
FR_1	热继电器	JRS1D-25/Z(0.63-1A)	1	
	热继电器座	JRS1D-25 座	1	
SB_1	按钮开关	Φ22-LAY16（红）	1	
SB_2、SB_4	按钮开关	Φ22-LAY16（绿）	2	
M	三相笼型异步电动机		1	380V/△

4. 实施内容

丫-△起动控制电路接线图如图 10.38 所示，按照此图把各元器件连接起来，接线时要仔细，不能有漏接或错接现象。

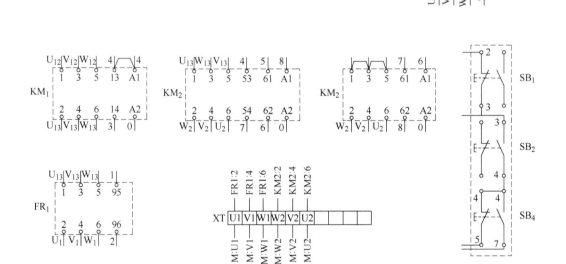

图 10.38　丫-△起动控制电路接线图

5. 实施注意事项

1）接线前，认真检查各元器件完好情况，确保元器件可以正常使用。

2）接线时，按接线标准工艺进行接线。

3）接线完成，确认接线正确方可接通交流电源，合上 QS，按下 SB_2，控制线路的动作过程应按原理所述，若操作中发现有不正常现象，应断开电源分析，排除故障后重新操作。

6. 思考题

1）三相异步电动机丫-△起动的优缺点是什么？

2）三相异步电动机丫-△起动的使用场合是哪些？

7. 实施报告

1）接线过程中遇到哪些问题，如何解决？

2）接线成果展示（照片展示）。

项目小结

1）继电接触器控制是一种有触点控制系统。常用的继电接触控制电器分为控制电器与保护电器两大类。其中，刀开关、组合开关、按钮和接触器等属于控制电器，用来控制电路的通断；熔断器和热继电器等属于保护电器，用来保护电路或电动机的安全。

2）电动机电路分为主电路与控制电路两大部分。主电路是从电源到电动机的供电电路，其中有较大的电流通过，主电路一般画在电路图的左边或上边，用粗实线表示，主电路应设隔离开关、短路保护、过载保护等；控制电路是用来控制主电路的电路，保证主电路安全正确地按照要求工作，控制电路以及信号、照明等辅助电路中通过的是小电流，一般画在线路图的右边或下边，用细实线来表示。同一个电器的线圈、触点分开画出，并用同一文字符号标明。控制电路应具有短路保护、欠电压与失电压保护等功能。

3）三相笼型异步电动机单向连续运转控制电路正常工作的关键是自锁的实现。而电动机正反转控制电路的关键则是改变电源相序，但必须设置互锁，使得换向时避免电源短路并能正常工作。电动机的丫-△减压起动则是利用时间继电器来实现电动机定子绕组丫联结降压起动到定子绕组△联结全压运行的自动切换，这种减压起动可以使电压降到工作电压的$1/\sqrt{3}$，电流降到直接起动的$1/3$。

思考与练习

10.1　常用的低压电器有哪些？

10.2　交流接触器是利用什么原理工作的？

10.3　热继电器在电路中的作用是什么？带断相保护和不带断相保护的三相式热继电器各用在什么场合？

10.4　热继电器与熔断器各起什么保护作用？

10.5　自锁环节是如何组成的？它在控制线路中起什么作用？

10.6　互锁环节是如何组成的？它在控制线路中起什么作用？

10.7　试画出笼型异步电动机直接起动的起、停控制电路。

10.8　设计一个分别在甲、乙两地起、停同一台电动机的控制电路，画出电路图。

10.9　试画出三相异步电动机正反转控制电路图，并叙述起动原理和停机原理。

10.10　设计两台电动机 M_1、M_2 按顺序起动的电路，设 M_1 由接触器 KM_1 控制，需先起动；M_2 由接触器 KM_2 控制，应后起动，画出电路图，并简要说明控制原理。

参 考 文 献

[1] 徐超明. 电工技术项目教程[M]. 北京：北京大学出版社，2013.

[2] 田丽鸿，许小军. 电路分析[M]. 南京：东南大学出版社，2016.

[3] 韩东宁. 电工技术基础[M]. 天津：南开大学出版社，2016.

[4] 李锁牢. 电工技术[M]. 成都：电子科技大学出版社，2016.

[5] 颜秋容. 电路理论——基础篇[M]. 北京：高等教育出版社，2017.

[6] 李丽敏. 电路分析基础[M]. 北京：机械工业出版社，2019.

[7] 席时达. 电工技术[M]. 5 版. 北京：高等教育出版社，2019.

[8] 郜志峰. 电路和电子技术（上册）[M]. 3 版. 北京：北京理工大学出版社，2019.

[9] 韩冬，姚磊，田颖，等. 电路原理[M]. 上海：上海科学技术出版社，2020.

[10] 陈锐，孙梅，池丹丹. 电工技术基础[M]. 北京：航空工业出版社，2020.

[11] 涂玲英，王东剑，贺章擎. 电路理论[M]. 3 版. 武汉：华中科技大学出版社，2021.

[12] 刘小斌. 电工基础[M]. 北京：北京理工大学出版社，2021.

[13] 邱光源，罗先觉. 电路[M]. 6 版. 北京：高等教育出版社，2022.

[14] 陈春玲. 电工技术[M]. 沈阳：辽宁科学技术出版社，2022.